AF905545

TECHNOLOGIE DER TEXTILFASERN

HERAUSGEGEBEN VON

DR. R. O. HERZOG

PROFESSOR, DIREKTOR DES KAISER-WILHELM-INSTITUTS FÜR FASERSTOFFCHEMIE
BERLIN-DAHLEM

V. BAND, 2. TEIL

HANF UND HARTFASERN

BEARBEITET VON

O. HEUSER, P. KÖNIG
O. WAGNER, G. v. FRANK, H. OERTEL
FR. OERTEL

BERLIN
VERLAG VON JULIUS SPRINGER
1927

HANF
UND HARTFASERN

BEARBEITET VON

PROF. DR. O. HEUSER, DANZIG · DIREKTOR DR. P. KÖNIG, BERLIN
OBERING. O. WAGNER, GRÜNBERG · DR. G. v. FRANK, BERLIN
H. OERTEL, RÜSTRINGEN · DR. FR. OERTEL, SOFIA

MIT 105 TEXTABBILDUNGEN

BERLIN
VERLAG VON JULIUS SPRINGER
1927

ISBN-13: 978-3-642-89159-5 e-ISBN-13: 978-3-642-91015-9
DOI:10.1007/ 978-3-642-91015-9

ALLE RECHTE, INSBESONDERE DAS DER ÜBERSETZUNG
IN FREMDE SPRACHEN, VORBEHALTEN.

COPYRIGHT 1927 BY JULIUS SPRINGER IN BERLIN.
Softcover reprint of the hardcover 1st edition 1927

Vorwort.

Im vorliegenden Band hat der Hanf, die einheimische Seilerpflanze, naturgemäß die eingehendste Darstellung erfahren, insbesondere die Botanik und Kultur des Hanfes[1]), doch auch seine technische Verarbeitung und Wirtschaft. Bei den anderen Fasern schien sich nach der botanischen Seite ein näheres Eingehen zu erübrigen; der Abschnitt Weltwirtschaft und Landwirtschaft enthält hier wohl alles Notwendige[2]). Die Trennung der technologischen Kapitel entspricht zum Teil der industriellen Gestaltung. Maßgebend war aber der Wunsch nach abgerundeter Behandlung jedes Gebietes; geringfügige Überschneidungen dürften auch als nicht unwillkommene Ergänzungen betrachtet werden.

Berlin-Dahlem, April 1927.

Der Herausgeber.

---

[1]) Dieser Beitrag lag seit 1925 abgeschlossen vor. Der Hanfbau hat unter dem Einfluß der Kriegs- und Nachkriegszeit eine schnelle Entwicklung durchgemacht, in den letzten Jahren ist aber wieder eine Stagnation eingetreten.

[2]) Hier sind zur Orientierung auch einige andere Faserarten aufgenommen.

Inhaltsverzeichnis.

Die Hanfpflanze.

Von Professor Dr. Otto Heuser, Danzig.

Mit 35 Abbildungen.

Die Hanfweltwirtschaft.

Von Direktor Dr. P. König, Berlin.

Mechanische Technologie des Hanfes.

Von Oberingenieur O. Wagner, Grünberg.

Mit 20 Abbildungen.

Chemische Technologie des Hanfes.

Die Weltwirtschaft und Landwirtschaft der Hartfasern und anderer Fasern.

Von Direktor Dr. P. Koenig, Berlin.

Verarbeitung der ausländischen Fasern zu Seilerwaren.

Von Hermann Oertel, Rüstringen und Dr. Ing. Fr. Oertel, Sofia.

Mit 50 Abbildungen.

Zur Einführung.

Die „Technologie der Textilfasern" ist so angelegt, daß die ersten drei Bände die naturwissenschaftlichen und die gemeinsamen technologischen Grundlagen, die weiteren die einzelnen Fasern zum Gegenstande haben.

Der erste Band wird die naturwissenschaftlichen Grundlagen, vor allem Physik und Chemie der Textilfasern, behandeln.

Der zweite Band enthält die mechanische Technologie, das Spinnen, Weben, Wirken, Stricken, Klöppeln, Flechten, die Herstellung von Bändern, Posamenten, Samt, Teppichen, die Stickmaschinen. Hierbei sind beim „Spinnen" und „Weben" nur die wesentlichen Grundlagen übersichtlich dargestellt, während die Ausbildung der Maschinen und Verfahren für den Spezialisten in den späteren Bänden, bei den einzelnen Fasern, eingehend erörtert wird. Dagegen bringen die weiteren oben angeführten Kapitel ausführliche Beschreibungen, so daß nur bei wichtigen Sonderfällen in den späteren Bänden kurze Wiederholungen zu finden sein werden.

Der dritte Band gibt eine moderne Darstellung der Farbstoffe und ihrer Eigenschaften, während die Färberei und überhaupt die chemische Veredelung keine allgemeine zusammenfassende Darstellung erfahren, sondern bei jeder Faser speziell besprochen sind.

Mit dem vierten Bande beginnt die Darstellung der Einzelfasern. Dieser Baumwollband — und analog sind die den anderen Faserstoffen gewidmeten aufgebaut — enthält: Botanik, mechanische und chemische Veredelung, Wirtschaft und Handel.

Der fünfte Band behandelt Flachs, Hanf und Seilerfasern, Jute;
der sechste Seide;
der siebente Kunstseide;
der achte Wolle.

Ergänzungsbände sollen vorläufig ausgeschaltete Sondergebiete enthalten, sowie methodische und analytische Darstellungen aufnehmen.

Durch die gewählte Anordnung sollte insbesondere auch ermöglicht werden, daß, unter möglichster Vermeidung von Wiederholungen in größerem Umfange, der Einzelband oder Teilband, wenn auch ein organisches Glied des Ganzen, doch auch ein abgeschlossenes Einzelwerk darstellt. Dieser Gesichtspunkt erscheint wesentlich; denn bei der Vielseitigkeit der Materie waren nicht nur die Interessen der Textiltechniker und -industriellen, sondern auch die des Maschinenbauers, Chemikers und Physikochemikers, des Botanikers und Zoologen, sowie des Wirtschaftlers zu berücksichtigen und sind in der eingehenden, in vielen Fällen wenigstens in diesem Ausmaße oder in deutscher Sprache erstmaligen, Darstellung auch in vollem Umfange berücksichtigt worden.

Das eigenartige Zusammenströmen der Wissenschaften, ihre Vereinigung durch die Empirie in das gemeinsame Bett der Textilindustrie ist wohl als deren Charakteristikum erkannt, aber bisher nicht zu einem großen systematischen, allgemeingültigen Lehrgebäude aufgebaut worden. In diese Richtung vorwärts zu führen, systematisch durch bewußte wissenschaftliche Analyse die Empirie zu verdrängen, ist das letzte Ziel des umfangreichen Werkes, das durch die mühselige Arbeit und bereitwillige Einordnung der Mitarbeiter und durch die verständnis- und opfervolle Unterstützung des Verlages möglich wurde.

Es sei gestattet, an dieser Stelle den wärmsten Dank an alle Firmen und anderen privaten und öffentlichen Stellen auszusprechen, die die Herstellung des Werkes durch Überlassung, oft durch Anfertigung neuer Zeichnungen und Bilder, durch besondere Mitteilungen und in sonstiger Weise unterstützt haben!

Der Herausgeber.

Die Hanfpflanze.

Von Professor Dr. Otto Heuser, Danzig.

Allgemeines.

Bedeutung und Verbreitung.

Der Hanf ist eine der ältesten und bekanntesten Kulturpflanzen, die wie wenig andere den Namen einer Weltpflanze verdient. Die Hauptbedeutung des Hanfes liegt in seiner Verwendung als Faserpflanze, während seine Nutzung als Fett und Drogenlieferant erst in zweiter Linie steht. Der Hanf liefert eine der stärksten und dauerhaftesten Langfasern des Handels, die ehemals ein wichtiges Material für die Spinnereien der ganzen Welt bildete. In der zweiten Hälfte des vorigen Jahrhunderts ist dann die Hanffaser vielfach von anderen Fasern verdrängt worden, die zwar an Stärke und Haltbarkeit der Hanffaser oft erheblich nachstehen, aber billiger produziert werden können. Vor allen Dingen ist hier die indische Jute zu erwähnen, eine an sich grobe und wenig haltbare Faser, die aber infolge der billigen Arbeitskräfte Indiens billig in großen Massen auf den Markt gebracht werden kann. Auch eine Reihe von Hartfasern, wie Sisal, Manila und andere, haben erfolgreich die Konkurrenz mit der Hanffaser aufgenommen und den Anbau des Hanfes weiter eingeschränkt. Bei Fabrikaten, welche große Festigkeit besitzen müssen oder der Einwirkung des Wassers widerstehen sollen, wie z. B. Segeltuch, manche Seilerwaren und Schiffstaue, ist der Hanf nicht leicht zu ersetzen. Dagegen ist der Hanf bei der Herstellung von Packtuch und Säcken fast ganz durch die Jute, bei vielen Seilerwaren ebenfalls durch tropische Konkurrenten ersetzt worden.

Während des Krieges hat der Hanf namentlich für das von der Zufuhr ausländischer Rohstoffe abgeschnittene Deutschland wieder größere Bedeutung erlangt. Die durch die Abschließung einsetzende Rohstoffknappheit lenkte das Augenmerk auf eine vermehrte Inlandserzeugung. Wenn auch mit Kriegsende der Anbau wieder sehr erheblich nachgelassen hat, so ist doch das Interesse für den Hanfbau in weiten Kreisen noch nicht erloschen. Die Notwendigkeit, Deutschland von der Einfuhr möglichst frei zu machen und auch den Bedarf an Textilrohstoffen im Inland zu decken, besteht nach wie vor.

Neuerdings gewinnt der Hanfbau noch eine besondere Bedeutung durch die Möglichkeit, die Hanffaser durch gewisse Aufschließungsmethoden in ein baumwollähnliches Material zu verwandeln. Da der Hanf außerdem in landwirtschaftlicher Hinsicht eine angenehme und sichere Pflanze darstellt, ferner in seinem Samen eine für die Volksernährung hochwichtige Fettmenge liefert, so kann dem Hanf eine der ersten Stellen unter unseren landwirtschaftlichen Kulturpflanzen eingeräumt werden.

Die Verbreitung des Hanfbaues ist mehr durch wirtschaftliche Momente begrenzt, als durch die klimatischen Anforderungen der Pflanze selbst. Der Hanf ist sehr anpassungsfähig, wir finden ihn sowohl im südlichsten Italien als auch in den Ostseeprovinzen und nördlichen Teilen des europäischen Rußlands. Das Hauptanbaugebiet des Hanfes liegt allerdings auch in Rußland unter dem 55°

nördlicher Breite. Ferner muß man berücksichtigen, daß es zum Teil sehr verschiedene Formen des Hanfes sind, die scheinbar so extreme Klimate umfassen.

Die allgemeine Weltproduktion an Hanffaser hat auch in neuerer Zeit noch erheblich nachgelassen.

Berücksichtigt man den prozentual auf die landwirtschaftlich genutzte Fläche entfallenden Anteil des Hanfbaues, so spielt derselbe eigentlich nur in Rußland, Italien, Ungarn und Serbien eine Rolle, während der Hanfbau in den übrigen europäischen Ländern nicht ein Zehntel der landwirtschaftlich genutzten Fläche beträgt[1]). Eine nennenswerte Verbreitung hat der Hanf nur dort finden können, wo billige Arbeitskräfte zur Verfügung standen. Mit der Handhabung des Anbaues und der weiteren Verarbeitung der Stengel ist nicht nur ein an sich hohes Maß an Arbeitsaufwand verbunden, sondern es ist vorwiegend sogar Handarbeit, die geleistet werden muß, und die nicht ohne weiteres durch Maschinenarbeit ersetzt werden kann.

Die auf den Märkten der ganzen Welt am höchsten bewertete Hanffaser wird in Italien produziert[2]). Diese Faser wird hauptsächlich von besonders hochwachsenden Hanfsorten gewonnen, aber die Qualität der italienischen Hanffaser ist weniger einer Überlegenheit der Pflanze zuzuschreiben, als vielmehr der erhöhten Sorgfalt bei der Herstellung der Faser. Ferner ist die Beschaffenheit des Röstwassers für die Qualität der erzeugten Faser von ausschlaggebender Bedeutung. Die italienische Hanfröste stellt, so primitiv sie gehandhabt wird, eine für diese Rohstoffe unerreichte Erzeugung guten Fasermaterials dar. In neuerer Zeit ist mit Erfolg versucht worden, den Haupterreger dieser Röste aufzusuchen und anderen Röstwassern künstlich zuzusetzen[3]).

In Deutschland hatte der Hanfbau nur in Süddeutschland größere Verbreitung gefunden. Im Jahre 1878 wurden mehr als 20000 ha Hanf angebaut, davon stellten Baden, Württemberg, Bayern und Elsaß-Lothringen etwa vier Fünftel der Anbaufläche. Gegen Ende des Jahrhunderts machten die erstarkende Konkurrenz Rußlands einerseits und der Arbeitermangel in der deutschen Landwirtschaft andererseits den Anbau des Hanfes immer schwieriger, die Flächenziffer fällt ständig. Das starke Zurückgehen der Anbaufläche ist, außer der ausländischen Konkurrenz und dem Arbeitermangel im Inlande, noch der völlig mangelnden Entwicklung von arbeitssparenden Maschinen auf dem Gebiete des Hanfbaues zuzuschreiben. Im Vergleich zu der Entwicklung der Erntemaschinen für andere Feldfrüchte ist die maschinelle Entwicklung im Hanfbau sehr vernachlässigt worden. Man war also auf die teure Handarbeit angewiesen und daher finden wir den Hanfbau vornehmlich auf Kleinbetriebe beschränkt.

Während des Krieges gelang es den Bestrebungen der deutschen Hanfbaugesellschaft den Hanfbau bis auf 5000 ha Anbaufläche zu steigern. Für die Verarbeitung der Stengelmassen wurden industrielle Anlagen geschaffen, die auch eine Zeitlang befriedigend arbeiteten. Die Gesellschaft übernahm die Verarbeitung der Hanfstengel und die Belieferung der Anbauer mit Saatgut. Das Hauptgewicht wurde bei den ganzen Bestrebungen auf die Zusammenhänge zwischen Hanfbau und Moorkultur gelegt. Wie weit diese Voraussetzungen ihre Erfüllung gefunden haben, wird weiter unten zu untersuchen sein. Die mit Kriegsende wieder vorhandene Möglichkeit, Faserstoffe aus dem Auslande zu beziehen, wirkte natürlich auf den Hanfbau insofern ungünstig ein, als damit die zwingende Notwendigkeit zum Anbau nicht mehr bestand. Sehr bald nach Kriegsende ging der Hanfbau wieder erheblich zurück. Die Hanfaufbereitungsanlagen gingen zum Teil in Privathand über, zum Teil wurden sie

[1]) Statistische Angaben über Verbreitung des Hanfbaues sind zusammengestellt in Marquart: Der Hanfbau. Berlin 1919, S. 9ff.

[2]) Bruck: Studien über den Hanfbau in Italien. Tropenpflanzer. Bd. 15, S. 129. 1911. Berichte über Landwirtschaft. Herausgeg. im Reichsamte d. Innern 26, 1913.

[3]) Carbone: La mazeracione industriale delle piante tessili col „Bacillus felsineus". Mailand 1920. — Carbone und Tobler: Die Röste mit Bacillus felsineus. Faserforschung. Bd. 2, S. 163—184. 1922.

umgestellt. Trotzdem ist in landwirtschaftlichen Kreisen das Interesse für den Hanfbau nach wie vor ein reges, da der Hanf zweifellos eine in landwirtschaftlicher Hinsicht sehr wertvolle Pflanze ist. Die Hauptursache des Rückgangs im Hanfbau nach dem Kriege ist darin zu suchen, daß bei dem raschen Tempo der Vergrößerung der Anbaufläche die für den Anbau notwendigen landwirtschaftlichen Erfahrungen nicht in gleicher Schnelligkeit gesammelt und mitgeteilt werden konnten. Die beinahe gewaltsame Einführung und Begünstigung des Hanfbaues zeitigte daher manche Rückschläge; vielfach waren die Anbauer aber auch verärgert durch die verkehrte Preispolitik und das Versagen der oben angeführten Kriegsgesellschaft in landwirtschaftlich-technischer Hinsicht. So ist es zu erklären, daß einmal der Hanfbau in den Nachkriegsjahren wieder sehr stark zurückgegangen ist, und daß ferner über den landwirtschaftlichen Anbauwert des Hanfes nur sehr wenig bekannt ist.

Nur an wenigen Stellen ist der Hanfbau durchgehalten wurden. Den ausgedehntesten Hanfbau betreibt in Deutschland zur Zeit Domänenpächter A. Schurig-Markee, der rund 1000 ha mit Hanf bebaut, also mehr als das doppelte der Gesamtanbaufläche in Deutschland vor dem Kriege.

Die derzeitige Lage im deutschen Hanfbau ist mit kurzen Worten skizziert die, daß die Landwirtschaft gerne bereit wäre, den Anbau des Hanfes auszudehnen, wenn die technischen und industriellen Voraussetzungen gegeben wären. Die Frage der Verarbeitung ist es daher, die bei den Erörterungen über den Hanfbau im Vordergrund zu stehen hat. Und solange diese Frage nicht geklärt ist, entbehren die Bestrebungen, den Hanfbau auszudehnen, der sicheren Grundlage.

Heimat und Geschichte.

Die Geschichte des Hanfes hat in diesem Rahmen weniger kulturhistorisches Interesse. Sie hat jedoch eine gewisse Bedeutung für die einwandfreie Feststellung der Heimat des Hanfes sowohl, als auch für das Zustandekommen der verschiedenen Kulturformen. Historische Zeugnisse gehen dem Vorkommen wilder Pflanzen in diesem Falle vor, denn der Hanf akklimatisiert sich leicht und wird heute in fast allen Ländern wildwachsend gefunden, in denen er eingeführt wurde. Die ursprüngliche Heimat des Hanfes ist Zentralasien. In der Literatur wird sowohl Persien[1]) wie Indien[2]) als Heimat des Hanfes genannt. Zweifellos wilde Formen sind auch nach Engler[3]) südlich des Kaspischen Sees gefunden worden. Hanf wird jedoch heute überall in Zentralasien und Südrußland mehr oder weniger wildwachsend vorgefunden, und seine wilde Natur ist hier vielfach ungewiß. Gegen die Annahme Persiens als Heimat des Hanfes spricht eigentlich die Tatsache, daß er den alten Hebräern unbekannt war. Auch hätte er dann den Griechen früher bekannt sein müssen, während erst Herodot ihn als neue, bisher unbekannte Pflanze beschreibt[4]). Dagegen ist anzunehmen, daß die Ausdehnung des Hanfbaues und die Verbreitung seiner Kultur nach Europa später in Persien ihren Ausgang genommen hat.

Die älteste uns überlieferte Nutzung des Hanfes finden wir nach Dewey[5]) in China. Angeblich soll in einem chinesischen Werk der „Sung"-Dynastie um 500 v. Chr. der Hinweis zu finden sein, daß bereits im 28. Jahrhundert v. Chr. der Kaiser Shen Nung das chinesische Volk gelehrt hat, „Ma" (Hanf) anzubauen, um Kleider daraus anzufertigen. Der in den frühesten chinesischen Schriften vorkommende Name „Ma" bezeichnet eine Pflanze mit zwei verschiedenen Formen, männlich und weiblich, die ursprünglich nur zur Fasergewinnung benutzt wurde. Später wurden die Samen dieser Pflanze auch zu Speisezwecken benutzt. Der genannte Bericht, der weibliche und männliche Formen anführt, die dem Hanfe eigen sind, schließt demnach andere Faserpflanzen aus, die später gleichfalls mit „Ma" bezeichnet wurden. Zuverlässige Angaben finden sich über den chinesischen Hanfbau um 500 v. Chr.[6])

[1]) Humboldt: Ansichten der Natur. 3. Aufl. 2, S. 4.
[2]) v. Wiesner: Die Rohstoffe des Pflanzenreiches. III, S. 185. 1921.
[3]) Notizblatt des Berliner Botanischen Gartens 1904.
[4]) Hehn: Kulturpflanzen und Haustiere. 1894, S. 186—189.
[5]) Dewey, Lyster, H.: Hemp, Yearbook of Dept. of Agrikulture. 1913, S. 283.
[6]) Engler: a. a. O.

Die Chinesen haben den Hanf hauptsächlich zur Faser- und Samengewinnung angebaut. An einigen Stellen sind auch die holzreichen Stengel zur Feuerung benutzt wurden. Die Nutzung der narkotischen Stoffe scheint jedoch unbekannt gewesen zu sein. Die Produktion und der Gebrauch dieser Drogen waren weiter westlich entwickelt.

Die Nutzung der narkotischen Drogen interessiert in diesem Rahmen nur, soweit sie Beziehungen zum Ursprung und zu der Entwicklung der verschiedenen Kulturformen des Hanfes hat. Wir finden diese Nutzung hauptsächlich in Indien, wo sich eine an narkotischen Stoffen besonders reiche Form herausgebildet hat, die häufig als besondere Spezies bezeichnet wird. Der indische Hanf gibt nur eine steife, verholzte und wenig brauchbare Faser.

In der indischen Literatur wird Hanf als Heilpflanze bereits um 800 bis 900 v. Chr. genannt, ein Jahrhundert später auch als Faserpflanze. Es ist allerdings fraglich, ob es sich bei letzterer wirklich um Hanf gehandelt hat, da der betreffende Sanskritname *çaṇa* sich sowohl auf die Hanfpflanze als auch auf Crotalaria beziehen kann. In all den Fällen, wo jedoch von *çaṇa* als Heil- und Faserpflanze die Rede ist, kann sich diese Bezeichnung nur auf Hanf[1]) beziehen. Auch die jüngeren Berichte über Hanfbau in Indien sind häufig unzuverlässig, da unter „hemp“ in Indien auch die Faser anderer Pflanzen verstanden wird[2]).

Die Ägypter kannten den Hanf nicht, in den Umhüllungen der Mumien hat sich keine Spur von Hanffaser gefunden. Erst im Mittelalter wurde der Hanf in Nordafrika eingeführt, wo er nur zur Drogengewinnung angebaut wurde. Hier ist auch die Bezeichnung „Haschisch“ für die aus dem Hanf gewonnenen narkotischen Genußmittel entstanden. Der Name Haschisch leitet sich her von dem Orden der Haschischin, die den Kreuzfahrern im Mittelalter sehr gefährlich wurden, indem sie durch den Genuß der narkotischen Stoffe des Hanfes zu fanatischem Kampfesmut angereizt wurden[3]).

Die Nutzung der narkotischen Stoffe hat sich in Asien bis auf den heutigen Tag erhalten. Der Haschischgenuß ist besonders bei den Mohammedanern verbreitet, aber auch auf andere Völker übergegangen. Er hat, im Übermaß geübt, sehr schlimme Folgen, indem er einen vollkommenen Verfall der Kräfte und geistige Umnachtung herbeiführt.

In Europa wurde der Hanf zur Fasergewinnung bereits im Altertum eingeführt. Wir können an geschichtlichen Daten bei der Verbreitung des Hanfes deutlich zwei getrennte Wege erkennen, auf denen seine Wanderung vorgegangen ist. Ich lege auf diesen Umstand sehr großen Wert, weil die Kenntnis dieser Verbreitungswege zum Verständnis der Entstehung so verschiedener Kulturformen unerläßlich ist.

Einmal können wir einen nördlichen Verbreitungsweg unterscheiden. Die Skyten, die den Hanf als Faserpflanze benutzten, sind an dieser Verbreitung hauptsächlich beteiligt. Sie brachten bei ihren Wanderungen zu Beginn des 7. Jahrhunderts v. Chr. den Hanf zunächst nach Südrußland, dann, nördlich des Kaspischen und Schwarzen Meeres sich weiter schiebend, bis an die Donaumündung. Von Rußland aus fand der Hanf allmählich seine Verbreitung über Litauen und einen Teil Schwedens zu den Slaven und Germanen des nördlichen Europas. Die ersten direkten Nachrichten über den Hanfbau in Nordeuropa stammen von dem Bischof Otto von Bamberg, der 1124 erstmalig über den Hanfbau bei den heidnischen Slaven in Pommern berichtet.

Der andere Weg der Verbreitung des Hanfes ist ein südlicher, der ebenfalls in Asien seinen Ausgang nimmt, von da über Kleinasien zu den Griechen, Römern und Galliern geht. Auch hier sind es die Skyten, die ihn von Zentralasien aus zunächst nach Kleinasien brachten. Außer den Skyten war der Hanfbau noch den Thrakiern bekannt. Die Griechen wurden erst zu Herodots Zeiten (450 v. Chr.) mit dem Hanf bekannt. Von den römischen Schriftstellern nennt zuerst Lucilius (100 v. Chr.) den Hanf als Faserpflanze, Plinius beschreibt den Hanfbau im Sabinerland, wo der Hanf auf fruchtbarem Boden eine außerordentliche Höhe erreichte. Hiero II. von Syrakus baute um 270 v. Chr. in Gallien Hanf für das Tauwerk seiner Schiffe[4]).

[1]) v. Wiesner: a. a. O. S. 194.
[2]) Watt, George: Commercial Products of India. London 1908, S. 253.
[3]) Neger: Grundriß der bot. Rohstofflehre. 1922, S. 89.
[4]) De Candelle, A.: Origine des plantes cultivées. 1886. — Hehn: a. a. O.

Im 8. Jahrhundert nennt Karl der Große den Hanf in seinen Wirtschaftsanweisungen und schreibt seinen Anbau vor. Eine nennenswerte Verbreitung hat der Hanf in Europa jedoch erst im 16. Jahrhundert gefunden. Er wurde zur Fasernutzung angebaut, und seine Samen wurden vielfach mit Gerste und anderem Getreide zusammen gekocht und verzehrt. Dioscorides[1]) nennt die Pflanze Cannabis sativa und schreibt von ihrem Gebrauch zur Herstellung starker Stricke und ebenso von ihren medizinischen Eigenschaften.

Vom heutigen südlichen Frankreich einerseits und von den slavischen Landen andererseits hat sich der Hanf also verhältnismäßig spät nach dem übrigen Europa verbreitet. Die beiden Verbreitungswege, die Mitteleuropa gleichsam eingegabelt haben, bestehen vollständig unabhängig voneinander. Sie mußten, da sie durch klimatisch gänzlich verschiedene Landstriche führten, die Hanfpflanze verschieden beeinflussen. Sie haben daher Hanftypen hervorgebracht, wie den russischen Hanf und den italienischen Hanf, die in ihrer äußeren Erscheinungsform erhebliche Unterschiede zeigen.

Die Einführung des Hanfes nach Amerika erfolgte im Laufe des 16. und 17. Jahrhunderts. In Chile wurde 1545 Hanf aus Spanien eingeführt[2]). Der chilenische Hanf hat sich zu einem hochwachsenden Faserhanf herausgebildet, der sich, bei Versuchsanbauten in unserem Klima, durch einen gummiartig weichen Stengel auszeichnet. In Nordamerika wurde der Hanf etwa ein Jahrhundert später in Neu-England bald nach Errichtung der ersten Puritanersiedlung eingeführt. Es handelte sich um aus England stammenden niedrigwachsenden Hanf, und die Tatsache, daß er hier doppelt so hoch wurde, als im Mutterlande, wurde als Beweis der ungeheuren Fruchtbarkeit des Bodens von Neu-England angesehen[3]). Der Hanfbau konnte jedoch gegenüber dem Anbau von Flachs keine große Bedeutung erlangen. Erst nach der Einführung des chinesischen Hanfes, die 1857 erfolgte, scheint der Hanfbau namentlich im Süden der Union größere Verbreitung gefunden zu haben[4]).

Als weiterer Beweis für die Herkunft des Hanfes können die Namengebungen für den Hanf in den verschiedenen Sprachen Europas und weiter zurückgreifend auch Asiens angesehen werden[5]). Zunächst lassen sich eine ganze Reihe von Bezeichnungen auf das griechisch-lateinische *κανναβις*-cannabis zurückführen; franz. *chanvre*, span. *cañamo*, port. *canhamo*, ital. *canapa*, alb. *canep*, bulg. *kenevir*, russ. *konopli*, altslawisch *konoplja*. Die nordeuropäischen, germanischen Bezeichnungen, althochdeutsch lautverschoben *hanaf*, schwed. *hamp*, dän. *hampa*, holl. *hemmp*, engl. *hemp* machen hier insofern eine Ausnahme, als sie, unabhängig von der griechisch-lateinischen Bezeichnung, mit den slavischen Bezeichnungen und einer großen Zahl von Namen des Hanfes in ural-altaischen und turko-tartarischen Sprachen auf eine noch ältere gemeinsame Stelle zurückzugehen scheinen. In all den letzteren Bezeichnungen läßt sich zunächst ein einfaches „*kanna*" und „*ken*" unterscheiden, womit auch das indische „*çaṇa*" übereinstimmt. Der Sanskritname „*çaṇa*" erscheint 800 bis 900 v. Chr. im Atharvaveda als Bezeichnung einer Heilpflanze, etwa ein Jahrhundert später in den Sûtras als Pflanze, aus der Gewebe und Stricke verfertigt werden[6]). Die berauschende Wirkung der Drogen scheint bereits im 10. Jahrhundert v. Chr. bekannt gewesen zu sein, wie aus dem Namen „*Indraçaṇa*" (Indraspeise) hervorgeht[7]). Die Sanskritnamen „*Bhanga*" und „*Gangika*", leicht umgewandelt in „*Bhang*" und „*Ganja*", sind noch gebräuchlich für die Bezeichnung der Drogen des Hanfes. Die Wurzeln dieser Worte, „*ang*" und „*an*", finden wir gleichfalls in allen indogermanischen und semitischen Sprachen wieder. Es kann daher als feststehend betrachtet werden, daß ebenso wie die verschiedenen Namen, die Hanfpflanze selbst auf eine zentralasiatische Abstammung zurückzuführen ist.

[1]) Dioscorides: Medica Materia. libri sex, S. 147, 1537.

[2]) Husbands, J.: U. S. Dept. of Agr. Bureau of Plant industry, Bulletin 153, S. 42, 1909.

[3]) Morton, Th.: New English Canaan. 1632.

[4]) Moore, Br.: A study of the Past, the Present and the Possibilities of the Hemp Industry in Kentucky. 1905.

[5]) Hehn, a. a. O. und De Candolle: a. a. O.

[6]) v. Wiesner: a. a. O. [7]) Watt, G.: a. a. O., S. 256.

Kulturformen.

Die bereits von Tournefort aufgestellte Gattung Cannabis gehört mit den Gattungen Morus (Maulbeere) und Humulus (Hopfen) zur Familie der Moraceae. In dieser Familie liefert außer dem Hanf noch der Hopfen eine starke und brauchbare Faser, ferner wird auf den Südseeinseln aus verschiedenen Arten der Gattung Morus Bast gewonnen. Botanisch ist der Hanf ferner mit der Familie Urticaceae verwandt, die verschiedene, ebenfalls Fasern liefernde, Nesseln einschließt.

Die Gattung Hanf wird heute von den Botanikern als Einzeltyp angesehen, der nur eine einzige Art, Cannabis sativa, enthält, während früher mehrere Arten der Gattung Cannabis aufgestellt worden sind. Der Hanf wurde ursprünglich für verschiedene Produktionszwecke angebaut. Wir finden nicht nur Fasernutzung, sondern auch Anbau ausschließlich zur Ölgewinnung aus dem Samen, und endlich auch die vorwiegende Nutzung der harzigen Drogen aus Blättern und Blüten. Diese verschiedenen Nutzungen der Hanfpflanze hatten zunächst einmal drei erheblich voneinander abweichende Formengruppen geschaffen. Die extremen, ausgeprägtesten Formen jeder Gruppe sind wohl als verschiedene Arten aufgefaßt und bezeichnet worden, aber das Vorkommen von Zwischenstufen und die Tatsache, daß diese Typen unter geänderten Kulturbedingungen nicht konstant bleiben, machen es unmöglich, sie als echte Arten anzusehen. Wir haben es also nur mit Kulturformen der einen Art Hanf zu tun.

Ich stehe nicht an, mich dieser Ansicht anzuschließen, da nach meinen Beobachtungen die äußeren Merkmale der Hanfpflanze äußerst labiler Natur sind und sich leicht veränderten Wachstumsbedingungen anpassen.

Die heute fast vergessenen Artbezeichnungen, mit denen man verschiedene Arten der Gattung Cannabis zu spezialisieren glaubte, besitzen nurmehr historisches Interesse. Wir finden außer Cannabis sativa (Dioscorides a. a. O., Linnaeus Spez. Plantarum) noch folgende Artbezeichnungen: Cannabis erratica paludosa Anders. Lobel. Stirpium Historia 284, 1576, Cannabis indica Lamark, Enzyklopaedia I, 695, 1788. Cannabis macrosperma Stokes, Bot. Mat. Med. IV. 359, 1812. Cannabis chinensis Delile, Index seminum horti bot. Monsp. 365, 1849. Cannabis gigantea Delile, Vilmorin, Chanvre de Chine, Les plantes de grande culture. 1892.

Im Verhältnis zu anderen landwirtschaftlichen Kulturpflanzen, die, wie z. B. Getreide, oft hunderte von Kulturformen aufweisen, finden wir beim Hanf nur eine ganz geringe Zahl von Formen beschrieben. Obwohl der Hanf eine der ältesten Kulturpflanzen ist, sind kaum 20 verschiedene Formen bekannt. Eine schärfere botanische Unterscheidung dieser Formen ist zudem nicht erfolgt. Der Hanf ist aber auch so leicht variabel in seinen Erscheinungsformen, daß eine derartige Unterscheidung nur bedingten Wert haben würde. Im landwirtschaftlichen Sinne ist jedoch in verschiedenen Ländern eine scharfe Ausprägung von besonderen Fasertypen und besonderen Samentypen erfolgt. In Italien wird neben dem Fasertypus, der als Bologna- oder Ankona-, auch schlechtweg italienischer Hanf bekannt ist, auch ein Samentypus, der sogenannte kleine Hanf, gebaut[1]). Der nach Deutschland eingeführte italienische Hanf entstammt immer der ersten Form, die eine Höhe von 3 m und darüber erreicht, langlebig ist, nur wenig Samen ansetzt und in unserem Klima auch nicht voll ausreift. Der sog. kleine Hanf wird etwa halb so hoch, ist frühreifer, und setzt erheblich mehr Samen an. Ebenso ist in China eine Trennung in mehrere Typen eingetreten. Es findet sich neben einem hohen Faserhanf, der sehr wärmebedürftig ist, ein

[1]) Dodge: Fibre investigations, Rep. 11, 1898, U. S. Dpt. of Agr.

etwas niedrigerer zweiter Fasertypus, der mehr im Gebirge angebaut wird und eine feinere Faser liefert, und endlich ein Samentypus, der nicht zur Fasernutzung herangezogen wird[1]). Einen ausgesprochenen Samentypus finden wir im russischen Hanf vor, der nur eine geringe Höhe besitzt, sehr kurzlebig ist, und auch in Deutschland voll ausreift.

Im übrigen Mitteleuropa wird ein Hanf gebaut, der mehr universeller Natur ist und sich bei dichter Saat vornehmlich zur Produktion von Faser, bei dünnerer Saat aber auch zur vorwiegenden Samennutzung verwenden läßt.

In der Türkei finden wir neben einem hohen, gleichfalls universellen Typus eine Form, die nur geringen Wert zur Fasernutzung besitzt, dichtes Laub trägt, sehr viel Samen ansetzt und als eine Zwischenstufe zwischen Faser- bzw. Samenhanf und Drogenhanf anzusehen ist, die hinüberleitet zu den in Afrika, Arabien und Indien angebauten Formen, die nur der Drogengewinnung dienen[2]). Unter diesen beansprucht nur der in Indien gebaute Hanf, der unter dem Namen Cannabis indica von Lamark[3]) beschrieben worden ist, ein größeres Interesse. Von anderen bekannten Hanfformen unterscheidet er sich mehr durch den Gesamteindruck als durch botanische Merkmale. Dichte Verzweigung, sehr dunkles Laub, das lange grün bleibt, kleine Blättchen zeichnen den indischen Hanf, der häufig als Zierpflanze benutzt wird, aus. Nur in den nördlichen Provinzen Indiens wird, und zwar vornehmlich von den männlichen Pflanzen, Faser gewonnen, im übrigen wird der indische Hanf nur zur Gewinnung der narkotischen Drogen angebaut. Die äußeren Hüllblätter der weiblichen Blüte, vor allem das Perigon selbst, sind mit einer Menge von Drüsenhaaren besetzt, die eine harzige klebrige Masse ausscheiden. Aus dieser Masse wird das bereits erwähnte Haschisch gewonnen.

Auch bei den anderen Hanfformen finden wir die Ausscheidung von narkotischen Stoffen, namentlich bei der Fruchtreife. In unserem Klima sind die dabei erzeugten Mengen jedoch zu gering, um eine Nutzung lohnend zu gestalten. Immerhin wirkt jedoch auch in unserem Klima ein Auszug aus den Blättern betäubend. Hanf in großem Bestande zeichnet sich durch deutlich wahrnehmbaren, starken Geruch aus. Vielfach wird empfohlen, Hanf rings um die Kohlfelder zu säen, um den Geruch des Kohls zu verdecken und die Kohlweißlinge dadurch fernzuhalten. Nach meinen Beobachtungen ist dieses Mittel jedoch nicht sicher wirksam.

Wenden wir uns nunmehr den in Deutschland angebauten Hanfformen zu. Im Kriege wurde unter anderem belgischer, russischer, türkischer und ungarischer Hanfsamen in mehr oder weniger einwandfreier Echtheit beschafft. Diese Formen haben jedoch in unserem Klima ihre Eigenheiten nicht lange zu bewahren vermocht, sie haben sich den veränderten Wachstumsbedingungen angepaßt und sind heute in eine mehr oder weniger ausgeglichene deutsche Form übergegangen. Wir sind zwar in der Lage, heute noch aus unseren Feldbeständen typisch russische oder typisch italienische Formen herauszusuchen, aber im großen ganzen ist eine Nivellierung der früheren unterscheidenden Merkmale erfolgt.

Den größten Einfluß auf den deutschen Hanfbau hat zweifellos der russische Samentyp gewonnen, da er in gemischten Beständen infolge seiner größeren Fruchtbarkeit sehr bald die Oberhand gewinnen mußte. Hinzu kommt, daß der hohe italienische Typus infolge seiner längeren Vegetationszeit hier nur mangelhaft ausreift, der Nachbau aus diesen nur notreifen Samen also ohnehin geschwächt sein muß. In der Tat geht mit dem in unserem Klima angebauten italienischen Faserhanf eine sehr rasche Wandlung vor sich. Der italienische

[1]) Dewey: a. a. O. [2]) Dewey: a. a. O. [3]) Encyclopaedia I, 695, 1788.

Hanf wird zwar im ersten Jahre noch 3 m hoch und darüber, nach 2—3 Jahren des Nachbaues wird er jedoch sehr schnell kürzer. Der Samen reift nicht vollständig aus und der Samenertrag ist nur gering. Wir haben es hier mit einer besonders schnell eintretenden Degenerationserscheinung zu tun.

Umgekehrt hat sich dagegen der russische Samentypus verhalten. Der russische Hanf lohnt die für ihn besseren Wachstumsbedingungen durch ein merkliches Längerwerden des Stengels, ebenfalls bereits nach 2—3 Jahren des Nachbaues. Der Samenertrag bleibt dabei gleich befriedigend.

Abb. 1. Feldbestand des russischen Hanfes, davor Einzelstengel der italienischen Form.

Der russische Samentypus und der italienische Fasertypus stellen nun zwei der extremsten Vertreter der verschiedenen Hanfformen dar (Abb. 1), auf deren Beschreibung ich hier etwas näher eingehe, weil diese beiden Hanfformen oder auch Sorten, als welche sie vielfach bezeichnet werden, für den deutschen Hanfbau von großer Bedeutung sind. In diesen beiden Hanftypen spiegeln sich gleichsam die verschiedenen Richtungen und Strömungen im deutschen Hanfbau wieder.

Der italienische Faserhanf stellt eine 3 bis 3,5 m hohe Pflanze dar, die, auch wenn sie nicht in engem Bestande steht, nur eine feine und lichte Verzweigung aufweist. Der Blütenansatz und dementsprechend die Produktion an Samen ist gering. Der zur Aussaat nötige Samen muß von besonderen, einzeln stehenden Pflanzen gewonnen werden, da die Pflanzen des dichten Feldbestandes nicht genügend Samen erzeugen. Diese Form des Hanfes dient also lediglich der Fasernutzung, die erzielte Faser ist, da von großer Länge, sehr wertvoll. Die Ernte und Fasergewinnung ist aber mit viel Handarbeit verbunden.

Der russische Hanf wird dagegen selten höher als 1,5 bis 1,8 m. Die Verzweigung ist bei einzeln stehenden Pflanzen außerordentlich dicht, der Samenansatz ein reichlicher. Selbst im engen Feldbestand wird noch das Vielfache der Aussaatmenge an Samen produziert. Der weibliche Blütenstand ist durch die dichte Häufung der Blüten an der Spitze mehr kolbenförmig. Der russische Hanf reift in unserem Klima voll aus, woraus hervorgeht, daß er sich für unser Klima besser eignet als der italienische Hanf, der hier nur notreif wird. Allerdings ist der Faserertrag von gleicher Fläche geringer als beim italienischen Hanf. Der russische Hanf eignet sich mehr zur gleichzeitigen Faser- und Samennutzung.

Wie bereits erwähnt, vermag der italienische Hanf seine Eigenschaften in unserem Klima nicht zu erhalten. Andererseits verändert sich jedoch auch der Habitus des russischen Hanfes sehr bald, wenn er wiederholt in unserem Klima nachgebaut wird. Jede Pflanze besitzt mehr oder weniger Baueigentümlichkeiten, die ihr nur unter bestimmten Außenbedingungen ermöglichen, zu leben. Werden diese Bedingungen geändert, so sucht sich die Pflanze den geänderten Verhältnissen anzupassen, soweit und so schnell ihr das möglich ist.

Der Hanf paßt sich außerordentlich schnell veränderten Wachstums- und klimatischen Bedingungen an. Auch seine äußeren Merkmale verändern sich dabei auffallend leicht. Nach einer persönlichen Mitteilung von Herrn Prof. Graebner, Berlin-Dahlem, soll ein Merkmal des italienischen Typs die starke Riefung des Stengels sein, während ein Merkmal des russischen Typs die Zähnung der Blätter sein soll. Auch diese Merkmale fand ich jedoch außerordentlich leicht variabel, um nicht zu sagen, Standortsbedingungen unterworfen.

Wir können uns, wenn wir das bisher Gesagte berücksichtigen, die Entstehung der so sehr verschiedenen Kulturformen des Hanfes sehr gut erklären, wenn wir die Geschichte des Hanfes zu Hilfe nehmen. Wie bereits dargelegt, hat der Hanf sich von Asien aus auf sehr verschiedenen Wegen nach Europa verbreitet. Wir können uns denken, daß ein nördlicher Verbreitungsweg, wie der durch die Skyten zunächst nach Rußland und von da weiter nach Litauen und Norddeutschland, den Hanf ganz anders beeinflussen mußte, als das der südliche Verbreitungsweg über Kleinasien und Italien getan hat. Was wir heute in den beiden extremen Vertretern der Gattung und Art Hanf vor uns sehen, ist das Produkt jahrhundertelanger Akklimatisationseinflüsse.

Auch ist durchaus wahrscheinlich, daß bei den verschiedenen Kulturmethoden eine Beeinflussung der äußeren Merkmale der Hanfpflanze ungewollt stattgefunden hat. Namentlich die Frühreife wird durch das Anbauverfahren stark beeinflußt. Bleiben die weiblichen Pflanzen nach dem Ausziehen der männlichen Pflanzen gesondert stehen, so können sämtliche Samen zur Reife und weiteren Vermehrung gelangen. Findet dagegen kein gesonderter Samenbau statt, so wird immer die Tendenz dahin gehen, möglichst früh zu schneiden, um die männlichen Pflanzen noch mit zu gewinnen. Hierbei werden dann die früh ausreifenden Pflanzen ohne weiteres stärker zur Vermehrung gelangen.

Wir sehen also, was als Hanfsorte bezeichnet wird, ist lediglich die Kulturform, die unter den klimatischen Bedingungen des betreffenden Landes entstanden ist. Es geht weiter daraus hervor, daß eine Ausdehnung des Hanfbaues in Deutschland nur auf der Grundlage eines deutschen Hanfes basieren kann. Der Gedanke, italienischen Hanfsamen aus dem Auslande jedes Jahr neu zu beziehen, erscheint abwegig. Die italienische Form ist außerdem aus betriebswirtschaftlichen Gründen für den Anbau im großen nicht geeignet. Wir brauchen einen Hanf, dessen Ernte sich mit Maschinen bewältigen läßt, der also nur eine Höhe von 1,6 bis 2 m besitzt. Weiter muß dieser Hanf genügend Samen bringen, um die nächstjährige Aussaat sicherzustellen. Im Interesse der Volkswirtschaft liegt es, wenn er außerdem noch einen Überschuß an Samen bringt, der einen Beitrag für die Behebung des Fettmangels bilden kann.

Es leuchtet ohne weiteres ein, daß der russische Hanf am ehesten als Ausgangspunkt einer derartigen Bestrebung dienen kann, da er bereits die wertvolle Eigenschaft eines hohen Samenertrages besitzt. Zum mindesten führt dieser Weg schneller zum Ziel. In der Tat ist es gelungen, aus Hanf russischer Herkunft einen akklimatisierten, örtlich konstanten deutschen Hanf zu züchten, der seinem Zuchtgebiet entsprechend „Havelländischer Hanf“ genannt werden kann. Derselbe wird bei geeigneten Wachstumsbedingungen 1,6 bis 1,80 m hoch und bringt einen Samenertrag von 8 bis 10 dz je ha[1]).

Selbstverständlich kann auch aus dem italienischen Hanf eine brauchbare deutsche Anbauform hervorgehen. Gutsbesitzer Kuhnow, Wilhelminenhof im Oderbruch, ist z. B. diesen Weg gegangen und hat aus italienischer Herkunft eine vorzügliche Form herausgezüchtet[2]). Der Kuhnowsche Hanf wird unter gleichen Wachstumsbedingungen etwas länger als der havelländische, ist langlebiger, bringt jedoch nur etwa den vierten Teil des Samenertrages jener Hanfsorte. Er dürfte sich, da er im Geldertrage von dem havelländischen Hanf nicht abweicht, zum Nebeneinanderbau mit dem letzteren gut eignen, da sich dann die Erntearbeiten über einen größeren Zeitraum verteilen lassen. Selbstverständlich müßte für eine genügende räumliche Trennung der Bestände, von denen Saatgut genommen werden soll, gesorgt werden, Da beim Kuhnowschen Hanf der geringere Samenertrag durch den höheren Faserertrag ausgeglichen wird, so hat man es in der Hand, mit Hilfe dieser beiden Hanfformen je nach der Marktlage den Schwerpunkt entweder auf die Samenerzeugung oder auf die Fasererzeugung zu legen, indem man im ersteren Falle den havelländischen Hanf, im letzteren Falle den Kuhnowschen Hanf im Anbauverhältnis bevorzugt.

Das beste Beispiel für eine befriedigende Akklimatisation der italienischen Hanfform in Deutschland bietet der in Baden und im Elsaß angebaute Hanf. Der ganze Habitus des dort angebauten Hanfes weist, wie ich mich überzeugen konnte, auf italienische Abstammung. Der Samenertrag des badischen Hanfes ist dabei gleicherweise befriedigend wie der des russischen.

In den badischen Hanfanbaugebieten um Renchen[3]) wird auf die Gewinnung des gesamten Samens kein Gewicht gelegt. Der Hanf wird in grünem, unreifem Zustand gerauft, um die Faser der männlichen Pflanzen, die einige Wochen früher als die weiblichen Pflanzen absterben, ebenfalls vollwertig zu erhalten, und es wird durch ein bestimmtes Röstverfahren der sogenannte „Schleißhanf“ gewonnen. Zur Deckung des Saatbedarfs werden einzelne Pflanzen in Kartoffel- oder Maisschlägen gezogen. Mitunter werden auch bei der Ernte des Schleißhanfes einige weibliche Pflanzen am Rande des Feldes stehen gelassen, die dann zur Reife gelangen.

In einer anderen badischen Anbaugegend, im Amtsbezirk Emmendingen, wird der Hanf dagegen „gefemelt“, das heißt, die männlichen Pflanzen werden nach dem Abblühen ausgerissen, die weiblichen Pflanzen dagegen erst nach eingetretener Samenreife geerntet.

[1]) Schurig-Markee: Der Anbau des Hanfes Ill. Landw. Ztg. 1922, S. 387.

[2]) Kuhnow: Anleitung für den Anbau von Hanf. Ill. Landw. Ztg. 1917, S. 147. — Der Hanf und seine Entwicklung. Mittl. der Landesst. f. Spinnpflanzen. 1919, I. 5—6.

[3]) Lips: Der Hanfbau in Mittelbaden. Bad. Landw. Wochenschr. Karlsruhe 1921, Nr. 50.

Leider ist in einigen Ortschaften während des Krieges italienische und russische Saat eingeführt worden. Trotzdem das nur in geringen Mengen der Fall gewesen ist, können überall, infolge der äußerst weitgehenden Fremdbestäubung, Bastardierungen festgestellt werden. Man kann aus diesem Grunde den badischen Hanf nicht mehr als konstante Landsorte bezeichnen. Ihn als Ausgangsmaterial für die Züchtung eines deutschen Hanfes zu nehmen, hätte daher keinen Vorzug vor der Wahl des russischen, wie er tatsächlich von uns benutzt worden ist. Trotzdem haben wir aber auch die badische Hanfsaat in den Kreis unserer Züchtungsversuche gezogen. Bis jetzt hat sie jedoch noch keinerlei Überlegenheit vor dem russischen Hanf an den Tag gelegt.

Bei einem Vergleichsanbau zwischen badischer Saat und deutschem Hanf erzielten wir in Markee folgendes Ergebnis (die Erträge beziehen sich auf 1 ha):

	Gesamtertrag	Fasergehalt	Faserertrag	Samenertrag
Badischer Hanf	52,4 dz	16,9 %	884 kg	8,4 dz
Havelländischer Hanf . . .	60,6 „	17,1 %	1036 „	10,4 „

Es ist ohne Zweifel zweckmäßiger, den Hanf aus schlechteren Wachstumsbedingungen in bessere zu bringen, als umgekehrt aus besseren in geringere. Das erstere Verfahren bedingt eine Heraufzüchtung aller Eigenschaften, während das letztere mehr oder weniger eine Depression der Eigenschaften zur Folge haben würde. Dementsprechend verspricht die Heraufzüchtung des russischen Hanfes einen größeren Erfolg, als das Herabzüchten des italienischen Hanfes, wenn man das Ziel vor Augen hat, einen brauchbaren deutschen Hanf zu bekommen von mittlerer Stengellänge und befriedigendem Samenertrag.

Morphologisch-biologische Charakteristik.

Beschreibung.

Der Hanf, Cannabis sativa, ist eine einjährige Pflanze. Er besitzt einen steifen, krautartigen Stengel, der eine Höhe von 1 bis 5 m erreichen kann. In der Jugend ist der Stengel saftig, er verholzt jedoch sehr schnell. Um das weiße Holz des Stengels finden wir die Faserbündel gelagert, den Bast, umschlossen von der mattgrünen Rinde. Der Bast läßt sich in einem bestimmten Reifestadium sehr leicht mit der Hand abschälen. Die Höhe des Stengels ist sehr stark abhängig von den Vegetationsbedingungen, ebenso zeichnen sich die verschiedenen Kulturformen des Hanfes oft durch außerordentliche Unterschiede in der Stengellänge aus. Der Stengel ist stumpf sechseckig, mehr oder weniger gerieft oder gefurcht. In Abständen von 10 bis 40 cm zeigen sich Knoten, die von den Blattansatzstellen herrühren oder bei jüngeren Stengeln auch noch Blätter tragen (Abb. 2).

Wenn der Hanf nicht gedrängt steht, die einzelne Pflanze also einen großen Wachstumsraum einnimmt, so verzweigt er sich sehr stark, so daß eine mehr oder weniger baumartige Erscheinung zustande kommt (Abb. 3). Der Mittelstengel solch stark verzweigter Pflanzen erreicht häufig eine Stärke von 6 cm und darüber, je nach den Vegetationsbedingungen. Die Rinde derartig grober Stengel zeigt an der Basis rauhe Beschaffenheit. Im dichten Bestande, so, wie der Hanf zur Fasergewinnung angebaut wird, unterbleibt die Verzweigung oder findet sich höchstens in geringer Ausdehnung an der Spitze der Stengel. Die Stengel haben dann einen Durchmesser von 6 bis 20 mm.

Häufig zeigt der erwachsene Stengel im unteren Drittel eine Krümmung. Diese sogenannten Windbiegungen entstehen durch den Winddruck auf die junge Pflanze. Die Krümmungen setzen sich oft durch einen ganzen Bestand in gleicher

Weise fort, so daß sämtliche Hanfstengel des Schlages annähernd die gleiche Biegung aufweisen. Auch durch Hagelschlag finden häufig Verletzungen statt, die eine auffällige Krümmung der Stengel hervorrufen können. Im übrigen ist der Besprechung des Hanfstengels ein besonderes Kapitel gewidmet, wo auch noch auf einzelne äußere Merkmale des Stengels zurückzukommen ist.

Der Hanfstengel ist beblättert, doch fallen an den älteren Stengelteilen die Blätter zeitig ab, so daß im Bestande nur die Spitze der Stengel beblättert erscheint. Die Blätter stehen unten gegenständig und in weiten Abständen, in der Blütenregion wechselständig und dicht zusammen. Sie sind aus 5 bis 11, gewöhnlich 7 bis 9 Blättchen zusammengesetzt. Diese einzelnen Blättchen sind rauh, dunkelgrün, an der Unterseite heller, schmal, an beiden Enden zugespitzt, häufig gezähnt. Im Durchschnitt sind sie 1 bis 2 cm breit und 5 bis 15 cm lang. Sie sitzen wie Finger einer Hand an einem 4 bis 6 cm langen Blattstiel (Abb. 4).

Abb. 2. Junge Hanfstengel vor der Blüte. Höhe: 1,10 m.

Die einzelne Hanfpflanze besitzt nur einen einzigen, aufrechten Stengel — Verzweigungen an der Basis kommen nur äußerst selten vor — und eine radiäre Hauptwurzel, welche die Stammachse senkrecht nach unten verlängert. An der Hauptwurzel entstehen horizontale Seitenwurzeln erster Ordnung, deren stärkste sich bis zu 80 cm nach allen Seiten ausdehnen können. Die daran entspringenden, sich wieder verzweigenden Seitenwurzeln niederer Ordnung bilden dann ein allseits ausstrahlendes Wurzelnetz.

Die Tiefe, bis zu der die Hauptwurzel herabreicht, ist außerordentlich verschieden. In gut gelockertem Mineralboden mit durchlässigem Untergrund fand ich in 2 m Tiefe noch nicht das Ende der Hauptwurzel. Die Seitenwurzeln sind hier nur mäßig stark angelegt, die Hauptbefestigung der Pflanze erfolgt im Mineralboden ausschließlich durch die Hauptwurzel. Das Wurzelsystem als solches ist in Anbetracht der großen Pflanze verhältnismäßig schwach zu

Abb. 3. Hanfstengel aus lichtem Bestande, stark verzweigt.

nennen. Ihre Haupttätigkeit entfalten die Wurzeln in der Bodenschicht von 20 bis 40 cm, um dann nach unten hin allmählich abzunehmen.

Ganz anders liegen die Verhältnisse beim Anbau der Hanfpflanzen auf Moorboden. Hier reicht die Hauptwurzel selten tiefer als 30 bis 40 cm. Die Seitenwurzeln höherer Ordnung sind außerordentlich stark angelegt, häufig so stark wie die Hauptwurzel selbst, und dienen wohl hier zusammen mit der Hauptwurzel in erster Linie der mechanischen Verankerung der starken Pflanze. Die Verjüngung der Hauptwurzel sowohl wie der tragfähigen Nebenwurzeln erfolgt im Moor im Gegensatz zum Mineralboden nicht allmählich, sondern ziemlich kurz abgesetzt. Zahlreiche feinere Nebenwurzeln bilden dann ein dichtes Wurzelwerk, das sich hauptsächlich nach der Seite, weniger nach der Tiefe hin erstreckt. Die Hauptmasse der Wurzeln fand ich hier in 10 bis 20 cm Tiefe. Das ganze Wurzelsystem macht einen kurzgedrungenen Eindruck.

Abb. 4. Blatt der Hanfpflanze. $^1/_3$.

Die verschiedene Ausbildung des Wurzelsystems unserer Kulturpflanzen auf Moorboden einerseits und Mineralboden andererseits ist eine Tatsache, die erst wenig erforscht ist. Bei der Kartoffel fand ich ähnliche Verschiedenheiten vor, nämlich auf Moorboden die außerordentlich starke Entwicklung eines Luftwurzelsystems, feine Würzelchen, die bis zu 0,5 cm aus der Erde ragten. Es scheint, daß die ständige Sättigung der unteren Moorschichten mit Feuchtigkeit die Pflanze verhindert, in die Tiefe zu gehen, und Veranlassung gibt, ein besonders starkes Wurzelsystem an der Oberfläche zu treiben. Beim Hanf kommt hinzu, daß die Wurzeln neben ernährungsphysiologischen Zwecken die Aufgabe einer wirksamen Verankerung der hohen, aufrecht wachsenden Pflanze zu erfüllen haben. Da im Moor hierzu die Hauptwurzel nicht ausreicht, müssen die Nebenwurzeln höherer Ordnung weitgehendst mit herangezogen und daher stärker ausgebildet werden.

Abb. 5. Links weibliche, rechts männliche Pflanze aus dichtem Feldbestand.

Gegen stauende Nässe ist der Hanf sehr empfindlich. Bei zunehmender Sättigung des Bodens mit Feuchtigkeit verliert die Hauptwurzel ihr gerades Wachstum und krümmt sich.

Entgegen den Getreidearten findet beim Hanf die Entwicklung der oberirdischen Teile schneller statt, als die Ausbildung des Wurzelsystems. Dieser Umstand weist darauf hin, daß der Hanf eine ausreichende Menge gelöster und leicht aufnehmbarer Nährstoffe vorfinden muß, wenn er in seiner Entwicklung nicht behindert sein soll. Ich fand dies auch durch meine weiterhin angegebenen Düngungsversuche vollauf bestätigt.

Der Hanf ist eine zweihäusige Pflanze, die Bestäubung erfolgt durch den Wind. Die Verteilung der Individuen auf die beiden Geschlechter ist eine annähernd konstante, auf die Beeinflussung dieses Verhältnisses komme ich weiter unten zurück. In der Regel ist die Zahl der männlichen Pflanzen etwas geringer als die Zahl der weiblichen Pflanzen.

Die männlichen Blüten stehen in schmalen, wenig dicht verästelten Rispen (Abb. 5). Sie haben ein tief-fünfteiliges Perigon und 5 Staubblätter. Die 5 grünlich-gelben oder rötlichen Kelchzipfel sind bei der reifen Blüte weit ge-

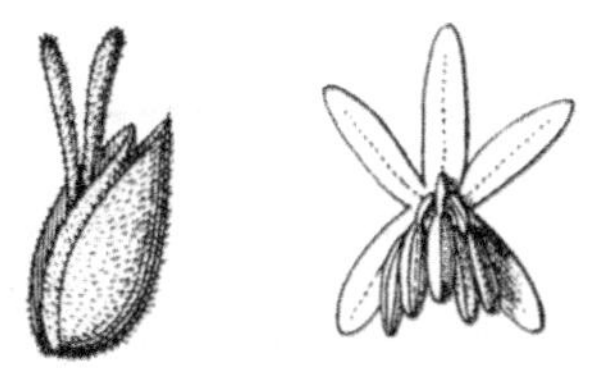

Abb. 6. Links weibliche, rechts männliche Blüte. $^3/_1$.

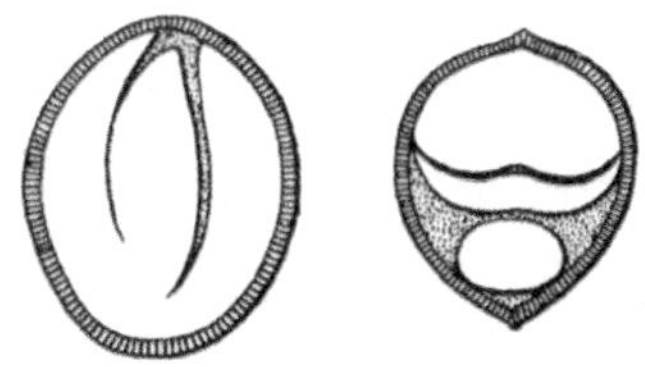

Abb. 7. Hanfsamen (Frucht) links Längsschnitt, rechts Querschnitt. $^6/_1$.

spreizt (Abb. 6). Die Staubblätter, die an langen Fäden hängen, enthalten reichlich Pollen, der weiß, kugelig und mit feinen Wärzchen bedeckt ist.

Der weibliche Blütenstand bildet einen mehr oder weniger dichtbuschig erscheinenden laubigen Sproß (Abb. 5). Die weiblichen Blüten sitzen ungestielt und einzeln in den Blattachseln, nach der Spitze zu dicht gehäuft. Die Blüte selbst ist unscheinbar (Abb. 6). Sie besteht aus dem grünen, einblättrigen Perigon, das scheidenartig über dem Fruchtknoten geschlossen bleibt, und nur die beiden schmalen Narben aus dem seitlichen Schlitz hervortreten läßt. Der Fruchtknoten ist einsamig, er entwickelt sich zu einer glatten, seitlich zusammengepreßten oder fast runden Frucht. Der sogenannte Hanfsamen ist also eine Frucht, und zwar ein Nüßchen (Abb. 7).

Form und Größe des Hanfsamens wechselt bei den einzelnen Kulturformen und auch innerhalb einer Form sehr. Ich fand im Durchschnitt vieler Messungen folgende mittleren Ausmaße: Länge 4,3 mm, für den spitzeiförmigen Querschnitt die beiden Durchmesser 2,75 und 3,3 mm. Die Schale des eigentlichen Samens ist reduziert und besitzt keine Verstärkungen. Den Schutz des Samens gewährleistet die Fruchtschale, das trockene harte Perikarp. Die Fruchtschale setzt sich aus drei Zellschichten zusammen, aus der Epidermis, dem Parenchym mit Gefäßbündeln und der Palisadenschicht (Abb. 8). Die Oberhaut besteht aus eingebuchtet sternförmigen, mehr oder weniger stark verdickten, farblosen, hornartig verhärteten Zellen, die von zahlreichen feineren Poren durchsetzt sind und mit ihren Ausbuchtungen polypenartig ineinandergreifen. Unter der Epidermis liegen in einem chlorophyllhaltigen Parenchym zahlreiche Spiralgefäßbündel, welche die feine, mit bloßem Auge bemerkbare Äderung der Schale bewirken.

Die Palisadenzellen sind im Querschnitt knotig verdickt, zeigen deutliche Schichtungen und erscheinen in der Oberflächenansicht nach genügender Aufhellung sternförmig mit kreisrundem Lumen, ihre zahnförmigen Ausbuchtungen greifen kammartig ineinander. Die Farbe der Hanffrucht ist silbergrau bis braun, in unreifem Zustande grün. Das Tausendkorngewicht beträgt im Durchschnitt 16,5 g.

Das Endosperm der Samenanlage ist im reifen Samen vollständig durch den Embryo verdrängt. Die Reservestoffe sind im ganzen Körper des Embryo aufgespeichert. Diese Reservestoffe bestehen im Mittel aus 32$^0/_0$ Fett, 24$^0/_0$ Rohprotein, 21$^0/_0$ N-freien Extraktstoffen. Außerdem enthält der Samen etwa 13$^0/_0$ Rohfaser, 4,2$^0/_0$ Aschenbestandteile und 4$^0/_0$ Wasser.

Die Ausbeute an fettem Öl beträgt je nach dem Verfahren der Ölgewinnung 23 bis 30 $^0/_0$. Das Hanföl hat einen eigenartigen Geruch und einen etwas faden Geschmack. Als Speiseöl ist es sehr gut zu verwenden, wenn man das Öl vor dem Gebrauch aufkocht, um den mitunter vorkommenden bitteren Beigeschmack zu entfernen. Die Farbe des frischen Öls ist hellgrün bis grünlichgelb, später wird die Färbung braungelb.

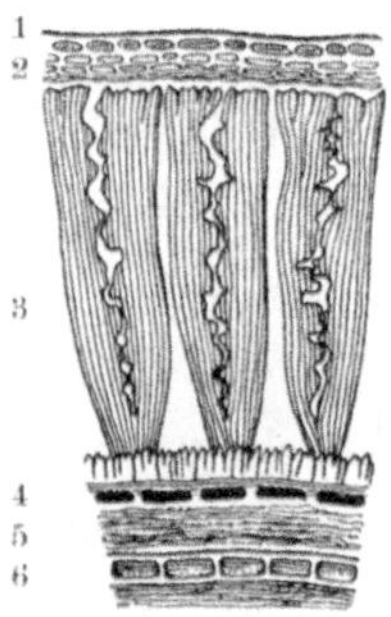

Abb. 8. Teilquerschnitt durch Frucht und Samenschale.

1 Epidermis, 2 Gefäßbündelschicht, 3 Pälisaden } der Fruchtschale
4, 5 u. 6 darunter liegende Schichten der Samenschale und des Endosperms. (Nach König.) $^{200}/_1$.

Technisch ist das Öl ebenfalls gut zu verwenden. Es ist stark trocknend. Das spezifische Gewicht beträgt bei 15° C 0,925 bis 0,931. Bei —15° wird das Öl dick, bei —27° erstarrt es. Neben Triglyzeriden der Stearin- und Palmitinsäure enthält das Hanföl noch freie Linolsäure neben wenig Linolen- und Isolinolensäure, die Jodzahl ist 143. Der Schmelzpunkt der freien Fettsäuren beträgt 19°, der Erstarrungspunkt —15°. In 30 Teilen Alkohol ist Hanföl kalt löslich, in kochendem in jedem Verhältnis. Eine Lösung in 12 Teilen Alkohol scheidet beim Erkalten Stearin aus[1]).

Die technische Gewinnung des Öles ist einfach. Das Öl kann durch warmes und kaltes Pressen sowohl als auch durch Extrahieren gewonnen werden. Die beim Pressen zurückbleibenden Ölkuchen stellen ein wertvolles Viehfutter dar, welches im Durchschnitt 4,3$^0/_0$ Fett, 23,9$^0/_0$ Rohprotein, 10,3$^0/_0$ Kohlehydrate enthält.

Bei Krafft[2]) findet sich noch immer die veraltete Angabe, daß Hanfkuchen nur zu Düngungszwecken Verwendung finden können. Durch Fütterungsversuche an Pferde und Rindvieh haben wir in unseren Betrieben festgestellt, daß die Kuchen sich sehr wohl zur Verfütterung eignen.

Die Keimung der Samen erfolgt epigäisch, die Kotyledonen breiten sich oberirdisch aus. Der Hanfsame keimt sehr rasch, bei normaler Keimfähigkeit ist — das Vorhandensein genügender Feuchtigkeit vorausgesetzt — nach 2 Tagen bereits das Keimwürzelchen sichtbar, das die Fruchtschale an der Stelle der Mikropyle durchbricht.

Geschlechtsverteilung.

Die Verteilung der männlichen und weiblichen Blüten auf zwei verschiedene Individuen bringt eine Reihe Fragen, da die Geschlechter sich in bezug auf Reife und Nutzungswert sehr verschieden verhalten. Im landwirtschaftlichen Betriebe hat diese Tatsache daher große Bedeutung. Man unterscheidet hier genau

[1]) Bauer, Hazura, Grüßner: Monatsschr. f. Chemie. 1886, 7, S. 216; Zeitschr. f. ang. Chemie. 1888, S. 312.

[2]) Pflanzenbaulehre, 10. Aufl. 1918, S. 151.

zwischen männlichen und weiblichen Pflanzen. Zahlreiche Bezeichnungen, z. T. auf irrtümlicher Ableitung beruhend, sind dafür bekannt. So wurde die männliche Hanfpflanze, durchschnittlich die kleinere und unscheinbarere, zuerst von den Römern als weibliche betrachtet, und wird auch heute noch im Deutschen als „Fimmel“ oder „Femel“ (von femella = die Jungfrau) bezeichnet. Die weibliche Pflanze wurde gleichfalls irrtümlich „Mäschel“ oder „Mastel“ (nach römischer Bezeichnung masculus = männlich) genannt. Die männlichen Pflanzen reifen erheblich, um etwa 2 bis 3 Wochen, früher ab als die weiblichen. Will man sie auf der Stufe des höchsten Faserwertes gewinnen, andererseits aber auch die weiblichen Samenträger reif werden lassen, so müssen die männlichen Pflanzen früher entfernt werden. Im Kleinbetrieb ist diese Methode bekannt unter dem Namen „Femeln“, der von der Bezeichnung des männlichen Hanfes als Femelhanf herrührt. Man versteht hierunter das Ausziehen der männlichen Pflanzen mit der Hand, das nach dem Abblühen des Bestandes erfolgt.

Bei einem größeren Anbau ist eine derartige Methode, die viel Handarbeit erfordert, natürlich undurchführbar. Man muß hier entweder auf den Samen verzichten und muß den Hanf zu einer Zeit ernten, zu der männliche Pflanzen und weibliche Pflanzen gleichgute Faser liefern. Es ist dies die Zeit kurz nach dem Abblühen der männlichen Pflanzen. In Baden wird der Schleißhanf auf diese Weise gewonnen, zur Samengewinnung bleiben dann einzelne weibliche Pflanzen bis zur vollständigen Samenreife stehen. Legt man dagegen Gewicht auf die Ernte des gesamten Samens, so muß man darauf verzichten, die Faser der männlichen Pflanzen restlos zu erhalten. Bis zur Samenreife sind die männlichen Pflanzen vollständig abgestorben, die Faser ist, soweit noch nicht ganz verholzt, so doch minderwertig.

Da es bei dem Anbau des deutschen Hanfes sowohl auf Fasernutzung als auch Samengewinnung abgesehen ist, so erscheint es wünschenswert, auf diesen Punkt etwas näher einzugehen und den Anteil der männlichen Pflanzen an der Faserernte näher zu untersuchen[1]).

Zu Beginn der Wachstumsperiode zeigen sich in dem Pflanzenbestand keinerlei Unterschiede, die auf eine geschlechtliche Differenzierung schließen lassen. Stengelwuchs und Beblätterung ist vollständig gleichmäßig. Erst von der 3. bis 6. Woche ab — je nach den Wachtumsbedingungen — beginnen sich die Geschlechter zu unterscheiden, indem die männlichen Pflanzen etwa 4 bis 10 cm über die weiblichen Pflanzen hinwegwachsen. Durch diese Streckung entsteht aus dem dichtlaubigen Sproß, der bisher beiden Geschlechtern gemeinsam war, und dessen Form die weiblichen Blütenstände beibehalten, bei den männlichen Pflanzen eine lockere Rispe, die kennzeichnend auch für den späteren Blütenstand ist. Gleichzeitig werden die männlichen Blütenknospen wahrnehmbar. Der Streckung der Blütenachse geht häufig eine Verfärbung der jüngsten Blätter in ein dunkleres grün bis bräunlichgrün vorauf. Diese Färbung ist etwa 8 Tage vor der Streckung bereits bei den männlichen Pflanzen wahrzunehmen, doch bietet sie für die Unterscheidung kein absolut sicheres Merkmal, da sie mitunter sehr schwach ist. Eine sichere Unterscheidung kann erst nach eingetretener Streckung der Blütenachse erfolgen.

Den Vorsprung im Wachstum behalten die männlichen Pflanzen bis zum Eintritt der Blüte bei. Von da ab ist das Wachstum der männlichen Pflanzen beendet. Die weiblichen Pflanzen wachsen jedoch noch eine Zeitlang weiter, holen den Vorsprung der männlichen Pflanzen ein und wachsen je nach den

[1]) Ich füge an dieser Stelle eine Untersuchung ein, die ich über den Anteil der Geschlechter an der Erntemasse beim deutschen Hanf russischer Abstammung vorgenommen habe.

Wachstumsbedingungen auch noch einige Zentimeter über diese hinaus. Diese Verschiebung der Stengelhöhen bringt es mit sich, daß ein Hanffeld vor der Blüte eine Zeitlang den Eindruck erweckt, als ob die männlichen Pflanzen im Bestande überwiegen (Abb. 9). Nach der Blüte hingegen treten die männlichen Pflanzen mehr zurück, und es hat den Anschein, als bildeten die weiblichen Pflanzen den bei weitem größeren Anteil (Abb. 10 u. 11). Das wirklich herrschende Verhältnis ist jedoch annähernd ein gleiches, ich komme darauf weiter unten noch zurück.

Der Eintritt der Geschlechtsreife erfolgt bei beiden Geschlechtern nahezu gleichzeitig, 1 bis 2 Tage nach dem Aufblühen der männlichen Blütenstände finden sich auch auf den weiblichen Pflanzen belegungsfähige Narben. Männliche wie weibliche Blütenstände blühen von unten nach oben auf. Innerhalb eines Bestandes finden sich immer mehr oder weniger spät blühende Pflanzen, an einer Pflanze dauert die Blüte 6 bis 10 Tage.

Die Aufgabe der männlichen Pflanzen ist mit der Abgabe von Pollen erfüllt, sie beginnen bald nach der Blüte zu welken und sterben ab. Für die weiblichen Pflanzen beginnt jedoch nunmehr erst die Hauptaufgabe, die Fruchtbildung. Außer der erwähnten Fortsetzung des Längenwachstums zeigen die weiblichen Pflanzen nach der Blüte, wie zahlreiche Messungen ergeben haben, noch eine weitere Zunahme der Stengeldicke, die noch vergrößert wird durch das Fehlen der Konkurrenz der männlichen Pflanzen. Das sekundäre Dickenwachstum ist selbstverständlich ebenfalls von den Wachtumsbedingungen abhängig, es haben sich Zunahmen von 7 bis 34% des ursprünglichen Stengeldurchmessers nach der Blüte ergeben. Auch die Zunahme des Fasergehaltes ist um diese Zeit nicht unerheblich. Der Ring der primären Faserbündel erfährt eine Zunahme durch einen zweiten Ring von sekundären Faserbündeln, oft bilden sich in den unteren Stengelteilen sogar noch ein dritter und vierter Ring von allerdings kleinen Faserbündeln.

Mit dem Zeitpunkt des Abblühens der männlichen Pflanzen beginnt auch die Faser derselben an Qualität einzubüßen. Die Faserbündel werden brüchig und lassen sich leicht in kurze Stücke zerreißen, die Faser selbst ist häufig verholzt.

Im Kleinbetrieb ist es üblich, zu „femeln", d. h. die männlichen Pflanzen nach der Blüte herauszuziehen und für sich zu verwerten. Diese Maßnahme ist im Großbetrieb nicht durchführbar. Eine Möglichkeit, die Faser beider Geschlechter vollwertig zu gewinnen, besteht darin, daß man auf den Samenertrag verzichtet und den Hanf grün erntet (Badische Schleißhanfgewinnung.). Dies setzt jedoch voraus, daß der Faseranteil der männlichen Pflanzen an der Erntemasse ungleich höher zu veranschlagen ist, als der Samenertrag der weiblichen Pflanzen. Das mag vielleicht bei dem hochwachsenden badischen Hanf, der verhältnismäßig wenig Samen ansetzt, der Fall sein. Für den deutschen Hanf trifft dies im allgemeinen jedoch nicht zu. Im Durchschnitt mehrerer Versuchsjahre und zahlreicher Einzelfeststellungen haben sich für unseren Hanf folgende Zahlen (lufttrocken) ergeben:

Zusammensetzung der Erntemasse.

a) Der Zahl nach: Weibliche Pflanzen	53,0%
Männliche „	47,0%
b) dem Gewicht nach: Weibliche Pflanzen (geriffelte Stengel)	79,0%
Männliche „	21,0%
Fasergehalt der weiblichen Pflanzen	16,0%
„ „ männlichen „	26,0%
Fasergehalt der Erntemasse	18,1%
Am Faserertrag haben Anteil:	
Weibliche Pflanzen	69,8%
Männliche „	30,2%

Abb. 9. Hanffeld kurz vor dem Aufblühen der männlichen Pflanzen. Durch den Höhenunterschied wird der Anschein erweckt, als ob die männlichen Pflanzen im Bestande überwiegen. Durchschnittliche Höhe des Hanfes am Meßstock 1,20 m.

Abb. 10. Hanffeld nach dem Abblühen der männlichen Pflanzen. Die Höhenunterschiede sind ausgeglichen, der Bestand erscheint gleichmäßig zusammengesetzt. Durchschnittliche Höhe des Hanfes am Meßstock 1,80 m.

Abb. 11. Bestand von hochwachsendem Hanf kurz vor der Samenreife. Die männlichen Pflanzen treten in der Gesamterscheinung fast vollkommen zurück. Durchschnittliche Höhe des Hanfes am Meßstock 2,50 m.

Auffallend ist zunächst das erheblich höhere absolute Gewicht der weiblichen Pflanzen einerseits und der ebenfalls erheblich höhere Fasergehalt der männlichen Pflanzen andererseits. Beide Tatsachen finden durch den verschiedenen Reifezustand ihre Erklärung. Die Ernte erfolgt bei der Fruchtreife, die männlichen Stengel sind also ungleich mehr abgewelkt als die weiblichen Stengel. Selbstverständlich läßt sich der Fasergehalt verschiedener Pflanzen nur vergleichen, wenn es sich um Pflanzen im gleichen Reifezustand handelt. Da die Faserbildung jedoch bei den weiblichen Pflanzen noch weiter geht, während sie bei den männlichen Pflanzen bereits beendet ist, und andererseits unter allen Umständen Pflanzen aus dem gleichen Bestande genommen werden müssen, so ist es praktisch unmöglich, in bezug auf die Faserbestimmung einwandfrei gleiche Versuchsbedingungen zu schaffen. Ich habe den obenerwähnten Mangel bewußt in Kauf genommen, da es im vorliegenden Falle ja nicht auf einen Vergleich, sondern nur auf den endgültigen Effekt ankommt. Maßgebend ist nur der Faserertrag, und hier ergibt sich die Tatsache, daß die männlichen Pflanzen, obwohl sie nahezu die Hälfte der Pflanzenzahl ausmachen, am Faserertrag nur zu etwa 30 % beteiligt sind. Die männlichen Pflanzen produzieren also ungleich weniger Faser als die weiblichen Pflanzen.

Krais und Biltz[1]) haben bei absolut trockenen Pflanzen mit wenigen Ausnahmen ebenfalls einen im Durchschnitt höheren Fasergehalt der männlichen gegenüber den weiblichen Pflanzen festgestellt. Es geht aus der betreffenden Mitteilung nicht hervor, in welchem Reifezustand sich die Pflanzen befanden. Ferner sind die untersuchten Stengel nach der Dicke sortiert. Ein Vergleich männlicher und weiblicher Hanfstengel gleicher Dicke ohne Berücksichtigung der Zusammensetzung des Bestandes ist aber irreführend, da die männlichen Stengel durchschnittlich dünner bleiben als die weiblichen Stengel des gleichen Bestandes. Immerhin stimmt das Ergebnis mit meinen Befunden überein, die Faserleistung der männlichen Stengel ist auch hier im Durchschnitt geringer.

Wenn die Hanfernte mit Rücksicht auf die Samenreife auch erst nach dem völligen Absterben der männlichen Pflanzen erfolgt, so handelt es sich doch nicht um den vollständigen Verlust der männlichen Faser, sondern in der Hauptsache nur um eine Qualitätsverschlechterung dieses Faseranteils, die in Rechnung gestellt werden muß. Allerdings geht auch ein Teil der Faser verloren, da die männlichen Stengel mit der Zeit zu Boden sinken und von der Mähmaschine nicht mehr gefaßt werden. Dieser Umstand tritt jedoch erst fühlbar ein, wenn der Hanf noch lange über die Fruchtreife hinaus auf dem Felde stehen bleibt. Die Qualitätsverschlechterung ist erheblich, sie trifft aber, wie oben gezeigt, nur den kleineren Teil der gesamten Faserernte.

Die Qualitätsverringerung ist nicht in exakte Zahlen zu fassen. Die Reißlänge der Faserbündel bei abgestorbenen Pflanzen sinkt bis zu einem Zehntel der Reißlänge bei rechtzeitiger Ernte herab. Die Festigkeit der Einzelfaser wird jedoch nicht erheblich beeinflußt, wie Bestimmungen mit Einspannlängen unter 10 mm gezeigt haben. Es kommt also sehr auf den Verwendungszweck an, wenn man die Frage entscheiden will, ob die Einbuße an Faser bei Ausreifenlassen des Hanfes so erheblich ist, daß sie den Zuwachs der weiblichen Pflanzen und den Samenertrag übertrifft. Mit Hinblick auf den hohen und wertvollen Samenertrag des deutschen Hanfes kann für unsere Verhältnisse gesagt werden, daß es unbedingt richtig ist, den Hanf voll ausreifen zu lassen.

Es entsteht nun die Frage, ob es nicht möglich ist, den Anteil der männlichen Pflanzen herabzusetzen, da für die Bestäubung eine weit geringere

[1]) Krais und Biltz: Ausbeutebestimmungsversuche an Hanfpflanzen. Textile Forschung IV. 1922, S. 16.

Zahl männlicher Pflanzen ausreichend ist. Die Versuche hierüber auch von anderer Seite sind zahlreich[1]), aber bisher ohne nennenswerten Erfolg. Ich selbst habe versucht: Auswahl verschiedener Herkünfte, Auslese der Samen nach Form, Größe und Farbe, verschiedene Ernährung der beiderseitigen Elternpflanzen; der Anteil der männlichen Pflanzen schwankte jedoch stets nur um wenige Prozent.

Größere Unterschiede haben sich jedoch bei der Prüfung von Individualauslesen ergeben. Bei der züchterischen Prüfung ist es natürlich in erster Linie auf den Faserertrag der einzelnen Nachkommenschaften abgesehen. Dabei hat sich jedoch auch für die vorliegende Frage ein reiches Material ergeben. Ich führe nachstehend nur den Anteil der männlichen Stengel nach Zahl und Gewicht an, um an Raum zu sparen.

1. Anteil der männlichen Stengel an 26 Nachkommenschaften der Auslesegruppe E.

Lfd. Nr.	Gewicht %	Zahl %	Lfd. Nr.	Gewicht %	Zahl %
E 1	16,3	47,9	E 14	18,7	48,8
E 2	19,4	50,9	E 15	21,4	46,3
E 3	21,6	41,3	E 16	19,8	52,3
E 4	15,3	36,3	E 17	24,6	50,0
E 5	20,0	49,0	E 18	18,0	44,7
E 6	16,9	41,7	E 19	20,2	47,1
E 7	21,6	45,5	E 20	22,4	47,6
E 8	18,9	49,5	E 21	19,1	46,9
E 9	15,4	49,0	E 22	16,1	35,7
E 10	28,6	59,4	E 23	25,6	54,3
E 11	24,2	45,8	E 24	23,1	50,5
E 12	22,5	53,6	E 25	19,1	48,8
E 13	18,0	48,8	E 26	22,1	59,2

2. Anteil der männlichen Stengel an 16 Nachkommenschaften der Auslesegruppe A.

Lfd. Nr.	Gewicht %	Zahl %	Lfd. Nr.	Gewicht %	Zahl %
A 1	16,8	45,3	A 9	16,5	41,5
A 2	20,6	56,1	A 10	16,8	35,1
A 3	23,8	56,2	A 11	21,1	47,9
A 4	20,6	45,5	A 12	28,1	57,1
A 5	21,9	46,9	A 13	20,0	45,0
A 6	22,0	52,0	A 14	15,3	42,7
A 7	19,2	44,0	A 15	22,7	46,5
A 8	21,2	47,5	A 16	21,0	49,0

Durchschnittlicher Anteil an	Gewicht %	Zahl %
Gruppe E	20,3	48,1
„ A	20,5	47,3

Wie aus beiden Tabellen hervorgeht, schwankt in den einzelnen Individualauslesen der Anteil der männlichen Pflanzen sowohl der Zahl als auch dem Gewicht nach außerordentlich. Es ist jedoch ohne weiteres ersichtlich, daß Zahl und Gewicht nicht in dem Zusammenhang stehen, den man vermuten möchte. Die

[1]) Briosi G.: Intorno alla anatomia della canapa. Mailand 1895/96. — Fruwirth: Handbuch der landw. Pflanzenzüchtung. Bd. 3, 1919, S. 67ff.

Ursache liegt darin, daß in jeder Nachkommenschaft Kümmerpflanzen in wechselnder Zahl sowohl auf Seite der männlichen als auch auf Seite der weiblichen Pflanzen auftreten, die das Gewichtsverhältnis naturgemäß sehr beeinflussen. Für die züchterische Beurteilung der Nachkommenschaft ist dieser Umstand natürlich ebenfalls sehr wesentlich.

Der Anteil der männlichen Pflanzen der Zahl nach schwankt in der Gruppe E von 35,7 % bis 59,4 %, in der Gruppe A von 25,1 % bis 57,1 %. Die Mehrzahl der Einzelbeobachtungen gruppieren sich in beiden Fällen dicht um das durchschnitt-Mittel, die Häufigkeit großer Abweichungen ist gering. Interessant ist, daß der aus den 26 bzw. 16 Einzelbestimmungen errechnete Durchschnittsanteil an Zahl und Gewicht nicht nur in beiden Tabellen, sondern auch mit der eingangs mitgeteilten Untersuchung von Proben aus dem Feldbestand fast genau übereinstimmt. Dabei stellen die beiden angeführten Tabellen nicht etwa die Untersuchung einer beliebig oder willkürlich gewählten Zahl von Nachkommenschaften dar. In beiden Fällen sind sämtliche Nachkommenschaften der betreffenden Gruppe untersucht worden, es ist also der gesamte Bestand aufgearbeitet worden. Die gleiche Übereinstimmung hat sich bisher auch bei meinen sämtlichen Feststellungen in dieser Richtung herausgestellt.

Die Übereinstimmung zwischen Zahl- und Gewichtsverhältnis im Bestande läßt vermuten, daß es sich, immer innerhalb einer Herkunft, bei der Verteilung der beiden Geschlechter auf Zahl und Gewicht um einen Gleichgewichtszustand handelt, den die Natur stets wieder zu erreichen versuchen wird, wenn er gestört werden sollte. Wenn daher auch die großen individuellen Abweichungen in der Geschlechtsverteilung zunächst den Eindruck erwecken, als müsse eine Beeinflussung dieser Verteilung durch Individualauslese leicht möglich sein, so beweist andererseits gerade die oben angeführte Übereinstimmung der beiden völlig getrennten Auslesegruppen mit den feldmäßigen Befunden, daß das wenig wahrscheinlich ist. In der Tat hat sich bei allerdings erst einjährigem Nachbau eine im allgemeinen nur mangelhafte Vererbung des Geschlechtsverhältnisses herausgestellt. Die meisten der nachgebauten Pflanzen haben sich dem durchschnittlichen Verhältnis mehr oder weniger wieder angenähert. Einige Nachkommenschaften bilden allerdings auch eine Ausnahme und haben ein vom Durchschnitt abweichendes Verhältnis vererbt. Ob sich dieses Verhältnis aber auch im feldmäßigen Bestande zu erhalten vermag, können erst jahrelange und mühevolle Versuche entscheiden.

Von großer praktischer Bedeutung, sowohl im allgemeinen als besonders in züchterischer Hinsicht, ist die Frage, ob es möglich sein wird, einhäusige Pflanzen, die beim Hanf zweifellos wie bei anderen zweihäusigen Pflanzen vorkommen, zu isolieren und die Eigenschaft der Einhäusigkeit zur Vererbung zu bringen. Einhäusige Pflanzen, sowohl weibliche Pflanzen mit eingesprengten männlichen Blüten als auch umgekehrt, kommen häufiger vor und liefern auch keimfähigen Samen. Meist handelt es sich jedoch dabei um sogenannte Hungerformen, die als Standortsmodifikationen keinen züchterischen Wert besitzen. Immerhin steht Baur[1]) auf dem Standpunkt, daß es möglich sei, eine einhäusige Form zu ziehen.

Der Hanfstengel.

Von den einzelnen Teilen der Hanfpflanze interessiert hier natürlich in erster Linie der Stengel, weil er das Ausgangsmaterial für die Fasergewinnung bildet. Die relativen Gewichtsanteile der verschiedenen Teile der Hanfpflanze betragen im Durchschnitt lufttrocken:

---

[1]) Baur: Die wissenschaftlichen Grundlagen der Pflanzenzüchtung. Berlin 1921, S. 110.

Wurzeln	8—10 %
Stengel.	60—65 %
Blätter.	18—20 %
Samen	10—12 %.

Je nach den Vegetationsbedingungen, dem Standort, Standraum usw. kommen natürlich mehr oder weniger große Abweichungen dieser durchschnittlichen Zusammensetzung vor. So nimmt mit zunehmendem Standraum der Anteil der Blätter und Samen am Gesamtgewicht sehr erheblich zu. Reichlich zur Verfügung stehende Stickstoffmengen können einseitig den Blattanteil sehr erhöhen. Selbstverständlich unterscheiden sich auch die verschiedenen genannten Kulturformen sehr erheblich in ihrem Blatt- und Samenanteil voneinander. So gelangte Marquart[1]) bei seinen Sortenversuchen zu folgenden Zahlen:

Sorte	Samenertrag in % des Stengelertrages	Wurzelanteil in % des Stengelertrages	Blattanteil in % des Stengelertrages	Stengellänge in cm
Belgische Originalsaat	16,3	14,6	20,4	193
Serbische Absaat.	12,4	16,4	23,0	206
Türkische Originalsaat	3,8	15,3	19,9	295
Italienische Originalsaat	5,6	13,8	20,4	298
Rumänische Originalsaat	23,8	15,4	22,7	186
Badische Saat	7,0	15,3	19,3	295
1. Russische Absaat	33,9	16,2	25,6	126
2. Russische Absaat	34,3	15,8	26,3	125
3. Russische Absaat	35,2	16,4	26,3	126
Türkische Absaat	32,9	14,3	24,2	118

Die Zahlen dieser Tabelle sind mit den oben angeführten nicht ohne weiteres vergleichbar, da sie sich auf das Gewicht der geriffelten Stengel beziehen, während die von mir mitgeteilten Durchschnittszahlen auf das Gesamtgewicht bezogen sind. Die Tabelle gibt aber einen deutlichen Aufschluß über die außerordentlich wechselnde Zusammensetzung der Erntemasse bei den verschiedenen Kulturformen des Hanfes.

Der Stengel beginnt an der Keimblattachse, die Länge eines Stengels ist daher zu messen von der Keimblattnarbe bis zur Stengelspitze. Der technische Hanfstengel ist jedoch gewöhnlich 8 bis 15 cm kürzer, weil der Hanf nur sehr selten gerauft, meistens dagegen geschnitten wird. Bei meinen nachfolgend angeführten Untersuchungen habe ich jedoch alle sich auf die Länge des Stengels beziehenden Messungen an eigens dazu gerauften Stengeln vorgenommen und als Anfangspunkt des Stengels stets die Keimblattnarbe angenommen. Hypokotyl und Wurzel kommen beim Hanf für die Fasergewinnung nicht in Frage.

Als Ausgangsmaterial für die angeführten eigenen Untersuchungen dient der mittelhohe, hier akklimatisierte Hanf, der von uns als „Deutscher Hanf" bezeichnet wird. Derselbe weicht in seinen Merkmalen von den seither beschriebenen Hanfformen mehr oder weniger ab. Die Stengeluntersuchungen beziehen sich, soweit nicht anderes bemerkt ist, ausschließlich auf weibliche Pflanzen, da die männlichen Pflanzen bei der Ernte abgestorben und durch Witterungseinflüsse mehr oder weniger verändert sind. Die absoluten Maße der äußeren Merkmale männlicher Pflanzen weichen zwar von denen der weiblichen Pflanzen etwas ab, die in diesem Abschnitt besonders wichtigen Korrelationen zwischen den Merkmalen stimmen jedoch bei beiden überein.

[1]) a. a. O. S. 74.

Die Länge des Hanfstengels ist naturgemäß sehr von den Wachstumsbedingungen abhängig. Bei meinen Untersuchungen[1]) erhielt ich innerhalb einer ausgeglichenen Zuchtsorte Stengelhöhen von 0,80 bis 1,80 m auf verschiedenen Bodenarten. Annähernd gleich extrem stellten sich die Unterschiede in den Stengelhöhen bei verschiedener Düngung heraus, wobei namentlich die Stickstoffdüngung eine ausschlaggebende Rolle spielt. Geringer, aber immer noch deutlich vorhanden, ist der Einfluß, den der Standraum auf die Länge der Stengel ausübt. Bis zu einer gewissen Grenze steigt die Stengellänge mit der Vergrößerung des Standraumes an.

Sehr erhebliche Längenunterschiede finden sich auch bei Vergleichsanbauten verschiedener Hanfsorten unter sonst gleichen Bedingungen. In der mitgeteilten Tabelle der Marquartschen Versuche (S. 23) beträgt die geringste Stengellänge (türkische Absaat) 118 cm, während der italienische Hanf eine Höhe von 298 cm erreichte.

Endlich wären noch die individuellen Unterschiede in der Stengellänge zu erwähnen, die in einem sonst gleichmäßigen Bestande häufig zu finden sind. Abgesehen von Kümmerpflanzen, die nicht zur normalen Entwicklung kommen, finden sich individuelle Unterschiede in der Stengellänge bis zu 15 % der Gesamtlänge. Ich komme hierauf bei Besprechung der Züchtungsfragen noch zurück. Es muß jedoch betont werden, daß die Ansprechung eines Längenunterschiedes als individuell äußerst vorsichtig zu erfolgen hat. Auf äußerlich ganz gleichmäßigem Boden zeichnet sich die geringste Verschiedenheit des Untergrundes, jede Wasserader durch deutlich ausgeprägte Unterschiede in der Länge der Stengel an. Der Hanf reagiert außerordentlich fein mit seinem Längenwachstum auf nur geringfügige Veränderungen seiner Wachstumsbedingungen, so daß er sich dazu benutzen läßt, um Feldstücke, auf denen Versuche angelegt werden sollen, auf ihre gleichmäßige Beschaffenheit zu prüfen.

Erhebliche individuelle Unterschiede bestehen jedoch in der Länge der einzelnen Stengelabschnitte bei sonst gleicher Stengellänge. Der Hanfstengel ist gegliedert, die einzelnen Gliedstücke sind, weniger deutlich als bei Getreide, durch Knoten voneinander getrennt. Beim Getreide hebt sich die Trennungsstelle der Halmglieder besonders deutlich durch den an dieser Stelle befindlichen Blatt- oder Scheidenknoten hervor. Eigentliche Halmknoten, d. h. Anschwellungen des Halmes, sind ja auch nur beim Mais und bei den Hirsearten vorhanden, bei den Hauptgetreidearten treten sie nicht auf.

Beim Hanf haben wir keine Bildung von Scheidenknoten, die Blätter sind gestielt und hinterlassen bei ihrem zeitigen Abfallen nur unscheinbare Narben. Da ferner an der Berührungsstelle der Gliedstücke auch keinerlei Anschwellung des Stengels auftritt, so treten die Stengelknoten als solche nach außen hin weniger in Erscheinung. Sie stellen eine Verstärkung des Holzteiles im Innern des Stengels dar. Der Hohlraum, bei reifen Stengeln, verengt sich an der Knotenstelle bis auf $^1/_4$ bis $^1/_6$ seines Durchmessers. Im oberen Drittel des Stengels ist der restliche Hohlraum an den Knotenstellen häufig auf 1 bis 2 mm Länge mit Mark erfüllt, während die Gliedstücke selbst auch hier hohl sind. Äußerlich prägt sich die Gliederung in einzelne Stengelabschnitte nur durch die Narben der gegenständigen Seitenachsen sowie durch eine Verringerung des Durchmessers aus.

Ich verwende im folgenden als Bezeichnung für die Gliedstücke den bei Gramineen üblichen Ausdruck: Internodien. Die Bezeichnung Halm- oder Stengelknoten vermeide ich tunlichst, weil beim Hanf eine äußerlich sichtbare

[1]) Heuser: Der Deutsche Hanf. Leipzig 1924.

Anschwellung nicht vorhanden ist, im Gegenteil an der Stelle des Internodialgelenkes eine Einbuchtung sich zeigt. Ich bezeichne die Berührungspunkte der Internodien als gegenständige Seitenachsen, zum Unterschiede von den wechselständigen Seitenachsen der Blütenregion. Zu den nachfolgenden Bestimmungen der Internodien sind jeweils nur die Stengelglieder zwischen den gegenständigen Blättern herangezogen. Die wesentlich kürzeren Stengelabschnitte zwischen den wechselständigen Blättern der Blütenregion sind außer Betracht gelassen. Diese stellen auch keine eigentlichen Gliedstücke dar, da sie nur auf jeweils einer Stengelseite begrenzt sind.

Es kommt übrigens bei einzelnen Pflanzen vor, daß auch in der mittleren Stengelregion die beiden zusammengehörigen Blattansatzstellen um $^1/_2$ bis mehrere Zentimeter auseinandergezogen sind, so daß die Blätter hier nicht als streng gegenständig bezeichnet werden können.

Die Länge des einzelnen Internodien an einer Pflanze nimmt von unten nach oben zunächst zu und dann wieder ab. Die Zahl der Internodien bei sonst gleich langen Stengeln schwankt außerordentlich stark. Unter 20 Hanfstengeln vom anmoorigen Sandboden mit einer Stengellänge, die zwischen 94 und 98 cm sich bewegte, waren vorhanden:

	Durchschn. Internodienlänge
1 mit 3 Internodien	32 cm
3 „ 4 „	24 „
8 „ 5 „	19 „
3 „ 6 „	16 „
1 „ 7 „	14 „

Unter 20 Hanfstengeln von Lehmboden, deren Länge zwischen 1,87 und 1,89 m sich bewegte, waren vorhanden:

	Durchschn. Internodienlänge
1 mit 6 Internodien	31 cm
2 „ 7 „	27 „
12 „ 8 „	24 „
5 „ 9 „	21 „

Für die Züchtung des Hanfes ist die Internodienlänge ein wichtiges Auslesemerkmal in der Richtung, daß Pflanzen mit langen Internodien bevorzugt werden, da die Faser solcher Pflanzen besser ausgebildet und weniger oft durch Knotenstellen unterbrochen ist. Auch die amerikanischen Züchter benutzen dieses Merkmal bei ihrer Auslesetätigkeit.

Der Durchmesser des Stengels wechselt, entsprechend der Länge des Stengels, ebenfalls sehr stark, je nach den Wachstumsbedingungen. Auf verschiedenen Bodenarten wurden Unterschiede in der Stengeldicke von 3,5 bis 8,4 mm Durchmesser festgestellt. Der Einfluß der Düngung auf die Stengeldicke war weniger erheblich. Dagegen machte sich der Standraum in bezug auf das Dickenwachstum sehr stark bemerkbar. Bei einer Vergrößerung der Reihenentfernung von 20 auf 50 cm steigt der Stengeldurchmesser gewöhnlich auf das Doppelte an. Bei ganz einzeln gestellten Pflanzen werden Durchmesser von mehreren Zentimtern erreicht.

Der Einfluß des Standraumes macht sich also auf das Dickenwachstum relativ stärker bemerkbar als auf das Längenwachstum, während der Einfluß der übrigen Wachstumsfaktoren auf beide Merkmale etwa gleich stark einwirkt.

Die exakte Ermittlung des mittleren Durchmessers eines Hanfstengels ist mit großen Schwierigkeiten verbunden, da der Stengel einmal mehr oder weniger starke Riefungen aufweist und zum andern der Durchmesser in den einzelnen Stengelzonen sehr stark wechselt. Ähnlich eingehende Messungen, wie ich sie beim deutschen Hanf vorgenommen habe, sind am Leinstengel erfolgt[1]). Hier ist der mittlere Durchmesser durch zwei senkrecht aufeinanderstehende Messungen in bestimmter Stengelhöhe ermittelt. Beim Hanf würde die Messung in einer bestimmten Stengelhöhe ein durchaus falsches Bild ergeben. Der Hanfstengel verjüngt sich zwar ebenso wie der Leinstengel nach der Spitze hin. Diese Verjüngung besteht aber nicht an sämtlichen Stengelteilen, sondern nur, wenn man den Stengel als Ganzes betrachtet. In Wirklichkeit stellt jedes Internodium einen Abschnitt dar, der mit einer Einschnürung beginnt, zunächst an Durchmesser zunimmt und dann allmählich wieder abnimmt. Im Mittelstück des Internodiums haben wir gegenüber dem unteren und oberen Stück eine mehr oder weniger starke Ausbuchtung. Um diese wechselnden Durchmesserwerte möglichst genau zu erfassen, habe ich bei den untersuchten Stengeln innerhalb der gegenständigen Seitenachsen jedes Internodium einzeln für sich an zwei Stellen gemessen, und zwar 2 cm oberhalb der unteren und 2 cm unterhalb der oberen gegenständigen Seitenachsen. Im Gegensatz zu Tammes habe ich bei den einzelnen Messungen nicht senkrecht aufeinanderstehende Richtungen angenommen, sondern vielmehr mit Hilfe eines Fühlfedermikrometers an jeder Meßstelle den größten und den kleinsten Durchmesser bestimmt, um der kantigen Beschaffenheit des Stengels gerecht zu werden. Die derart durchgeführte Messung eines Stengels ergibt folgendes Zahlenbild:

Internodium	Meßstelle	Durchmesser in mm		
		Maxim.	Minim.	im Mittel
1	unten	6,9	6,5	6,7
1	oben	7,3	6,5	6,9
2	unten	7,3	6,6	6,95
2	oben	8,2	7,0	7,6
3	unten	7,1	6,5	6,8
3	oben	6,7	6,2	6,45
4	unten	6,4	5,9	6,15
4	oben	6,1	5,7	5,9
5	unten	6,3	5,8	6,05
5	oben	5,7	5,4	5,55

Der durchschnittliche Wert aus den oben angeführten Messungen beträgt 6,5 mm. Durch diese scheinbar umständliche Methode, die aber bei einiger Übung sehr schnell vonstatten geht, ist bei sämtlichen hier angeführten Messungen der mittlere Durchmesser ermittelt worden (Abb. 12). Aus der Tabelle geht hervor, daß der Stengel seinen größten Durchmesser nicht an der Basis, sondern in $^1/_3$ der Stengelhöhe etwa besitzt. Die Messung in bestimmter Stengelhöhe kann kein einwandfreies Ergebnis liefern ohne Berücksichtigung der Lage der Meßstellen zu den Internodien. Es handelt sich trotzdem in allen Fällen nur um die Ermittelung angenäherter Werte.

Die Beziehungen der Stengellänge zum Stengeldurchmesser sind in meinen angeführten Arbeiten am deutschen Hanf zum Gegenstand eingehender Untersuchungen gemacht worden. Diese Beziehungen sollten nach dem Vorausgegangenen ziemlich genau übereinstimmen bei verschiedenem Standort und verschiedener Düngung, da beide Faktoren die Merkmale Länge und Dicke gleichmäßig beeinflussen. Sie müßten sich jedoch mit dem Standraum sehr stark abändern, da der Standraum die Stengeldicke erheblich stärker beeinflußt als die Stengellänge. Beides trifft jedoch nur in begrenztem Umfange zu. Der Grund hierfür liegt in folgendem Umstand.

[1]) Tine Tammes: Der Flachsstengel. Haarlem 1907.

Während die individuellen Unterschiede im Längenwachstum zwar auch vorhanden, aber doch nur verhältnismäßig gering sind, treten sie in bezug auf das Dickenwachstum erheblich stärker in Erscheinung. Selbst die durch mehrjährige Auslesetätigkeit bearbeitete Zuchtsorte des Hanfes stellt noch immer einen großen Formenkreis dar, und da die Eigenschaften des Hanfes im allgemeinen labiler Natur sind, so ist es erklärlich, daß in den Feldbeständen beim Hanf nicht die Ausgeglichenheit der Einzelindividuen zu finden ist, wie wir sie beim Getreide erreicht haben. Besonders groß sind nun die individuellen Unterschiede in der Stengeldicke, und sie treten deutlich in Erscheinung, wenn man sie in Beziehung zur Stengellänge bringt.

Ich gebe nachstehend eine Untersuchung an 18 Hanfstengeln wieder, die in Handvollem aus einem gleichmäßigen Bestand genommen waren. Bis auf zwei sind diese Stengel annähernd gleich lang, während das Verhältnis von Stengeldicke zur Stengellänge außerordentlich wechselt.

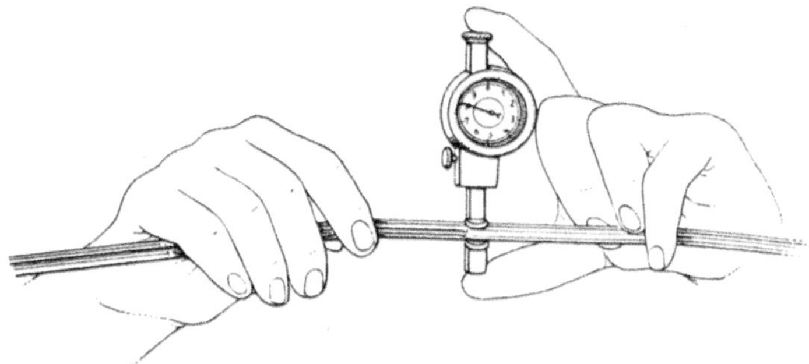

Abb. 12. Ausführung der Dickenmessung mit Fühlfedermikrometer.

Stengel Nr.	Länge in cm	Mittlerer Durchmesser in mm	Stengellänge: Stengeldicke Quotient
1	150	8,6	174,4
2	150	12,65	118,5
3	152	9,5	160,0
4	150	6,57	228,3
5	152	10,6	143,4
6	152	9,3	163,4
7	153	10,4	147,1
8	154	6,72	229,1
9	155	10,55	147,0
10	155	9,15	169,4
11	157	11,1	141,4
12	157	13,5	116,3
13	158	9,52	166,0
14	157	9,95	157,0
15	158	9,5	166,3
16	158	10,0	158,0
17	180	10,0	180,0
18	180	14,07	128,0

Aus der Tabelle geht hervor, daß der Quotient von Stengellänge : Stengeldicke in erheblich weiten Grenzen schwankt. Von großer praktischer Bedeutung ist dabei, daß zwischen dem untersuchten Verhältnis und dem Fasergehalt der betreffenden Pflanze sehr enge Zusammenhänge bestehen. Das oben angeführte Material entstammt meinen Züchtungsarbeiten, bei denen auch der Fasergehalt der einzelnen Pflanzen festgestellt wurde. Es hat sich dabei ergeben, daß in der weitaus größten Mehrzahl der Fälle der Fasergehalt um so größer ist, je geringer die Stengeldicke im Verhältnis zur Stengellänge ist, oder mit anderen Worten, je größer der oben berechnete Quotient sich darstellt. Gruppiert man die ersten 16 Stengel mit annähernd gleicher Länge derart, daß die berechneten Quotienten kleiner werden, so erhielt ich, von wenigen Ausnahmen abgesehen, ein gleichsinniges Abfallen des Fasergehaltes von 23,7 % bei Stengel Nr. 8 bis auf 15,9 % bei Stengel Nr. 12[1]).

An und für sich ist diese Übereinstimmung erklärlich. Die Aufgabe der Faser besteht ja darin, dem Stengel eine gewisse Festigkeit zu verleihen und der bei gleicher Länge dickere Stengel bedarf zu seiner Festigkeit der Fasern weniger als der dünnere, schwanke Stengel. Auf die Aufgaben des mechanischen Gewebes werde ich an anderer Stelle noch näher eingehen. Jedenfalls gibt uns die Übereinstimmung zwischen Fasergehalt und äußeren Merkmalen ein wichtiges Mittel in die Hand, die Auslesetätigkeit wesentlich zu vereinfachen. Selbstverständlich werden damit bei züchterischen Arbeiten die Bestimmungen des Fasergehaltes nicht überflüssig gemacht. Wir sind aber in der Lage, ein sehr viel umfangreicheres Material zu verarbeiten, wenn wir durch die Feststellung der äußeren Merkmale zunächst eine gewisse, sei es auch nur rohe, Sichtung des Materials vornehmen können, als wenn sämtliche Stengel auf ihren Fasergehalt geprüft werden müßten. Die Zahl der zu untersuchenden Auslesepflanzen kann also eine sehr viel größere sein, was für die Züchtung selbst außerordentlich wertvoll ist.

Wachstum.

Der Hanf wächst außerordentlich schnell und erreicht seine immerhin auch beim deutschen Hanf noch beträchtliche Höhe in der verhältnismäßig kurzen Zeit von 90 bis 100 Tagen. Das Längenwachstum des Stengels schreitet nicht über die ganze Vegetationszeit gleichmäßig hinweg, sondern bewegt sich in einer Kurve. Ich gebe hier eine Durchschnittsmessung an mittleren Stengeln wieder:

Tage nach der Saat	Gesamtlänge in cm	Zuwachs in cm	Durchschn. täglicher Zuwachs
8	0		
12	2	2,0	0,16
26	7	5,0	0,35
38	38	31,0	2,58
52	70	32,0	2,28
62	100	30,0	3,0
74	144	44,0	3,66
88	166	12,0	1,57
100	172	6,0	0,50
110	172	0,0	—

Die Schwankungen der Längenzunahme im Beginn der Vegetation finden ihre Erklärung in einer Trockenperiode, die um diese Zeit das Wachstum beeinträchtigt. Im übrigen bildet die Wachstumsgeschwindigkeit eine Kurve, die an- und wieder absteigt. Wir haben also eine große Periode des Wachstums vor uns, deren Maximum gewöhnlich in den Anfang des Monats Juli fällt. Die Berechnung der täglichen Zunahme des Stengels ist natürlich nur annähernd genau, weil innerhalb eines jeden Intervalls die Zunahme an verschiedenen Tagen eine verschieden große sein kann. Tägliche Messungen, die ich an einzelnen

[1]) Heuser a. a. O., S. 68.

Pflanzen ausführte, gaben eine erhebliche Variation innerhalb eines bestimmten Zeitraumes. Ich stellte an einem Tage ein größtes Wachstum von 7,2 cm fest.

Das Dickenwachstum des Stengels ist unregelmäßig. Ein primäres Dickenwachstum findet nur an den jüngsten Stengelteilen statt. Die Hauptzunahme erfolgt durch sekundäres Dickenwachstum. Letzteres bewirkt jedoch nicht nur eine Zunahme des Stengeldurchmessers, sondern außerdem noch ein Zusammenpressen der peripheren Teile. Daraus erklärt sich, daß es Perioden gibt, wo trotz lebhaften sekundären Dickenwachstums keine meßbare Zunahme des Stengeldurchmessers erfolgt. Ich führe hierauf die Unregelmäßigkeit der Zahlenbilder zurück, die ich bei periodischen Dickenmessungen während der Vegetationszeit bekommen habe.

Der Bau des Stengels.

Der Querschnitt des Hanfstengels bietet für eine eingehende Untersuchung auch makroskopisch bereits eine Reihe von interessanten morphologischen Einzelheiten. Das Innere des Hanfstengels ist mit Mark erfüllt, bei reiferen Stengeln jedoch hohl. Der Anteil dieses Hohlraums wechselt sehr stark in den einzelnen Stengelzonen und je nach dem Vegetationsalter. In den unteren und oberen Stengelteilen kommt bei frischen Stengeln ein Hohlraum selten vor, hier finden wir das Stengelinnere durch das Mark gewöhnlich ausgefüllt. Der Hohlraum entsteht, indem das Mark eintrocknet, zerreißt und sich der inneren Wand des Holzkörpers anlagert. Es leuchtet ein, daß die Bildung des Hohlraumes mit zunehmendem Alter der Hanfpflanze fortschreiten muß und zuletzt, wenn der Stengel abreift, auch die bisher noch mit Mark erfüllten oberen und unteren Stengelteile ergreifen muß. Voll massiv ist der Stengel nur im Hypokotyl, häufig beginnt das Mark und dementsprechend der spätere Hohlraum aber bereits 2 cm unter der Keimblattachse.

Zusammenhängend mit dem Anteil des Markes bzw. des späteren Hohlraumes wechselt auch der Anteil des Holzkörpers am Volumen und dementsprechend auch am Gewicht des Stengels in den einzelnen Stengelzonen sehr stark. Vom Hypokotyl aus, wo der Holzkörper noch den ganzen Stengel erfüllen kann, beginnt ganz allmählich das Mark, das zunächst nur ein Zehntel des Holzkörperdurchmessers ausmacht, nach der Spitze zu jedoch stetig anwächst und den Holzkörper auf eine immer geringere Ausdehnung zurückdrängt. Unterhalb der Stengelmitte sind Mark und Holz bereits zu gleichen Teilen am Durchmesser des Stengels beteiligt, während im oberen Stengeldrittel der Holzkörper nur noch etwa den fünften Teil des Stengeldurchmessers beträgt. Der Anteil des Holzkörpers am Stengeldurchmesser wird also nach der Spitze zu erheblich geringer. Dieser Umstand ist wichtig für die Beurteilung des gewichtsmäßigen Anteils der einzelnen Stengelbestandteile, namentlich des Fasergehalts, in den verschiedenen Stengelzonen.

Ferner ist die Entwicklung der Form des Stengelquerschnittes sehr interessant, sie bildet ein Beispiel für die außerordentliche Exaktheit, mit der die Natur bei ihren Bauwerken vorgeht. Wir finden ein getreues Abbild der mit fortschreitender Entwicklung eintretenden Veränderungen auch innerhalb eines einzelnen Stengels vor, wenn wir die einzelnen Stengelzonen eines Stengels, der sein Wachstum noch nicht völlig abgeschlossen hat, für sich betrachten. Aus dem vielfach und tief eingestülpten Viereck der noch wachsenden Stengelspitze wird allmählich durch die beim sekundären Dickenwachstum einsetzende Nivellierung der Einstülpungen ein regelmäßiges Sechseck, wie wir es in der Stengelmitte gewöhnlich vorfinden, und welches wiederum in die kreisrunde Form der Stengelbasis überleitet (Abb. 13).

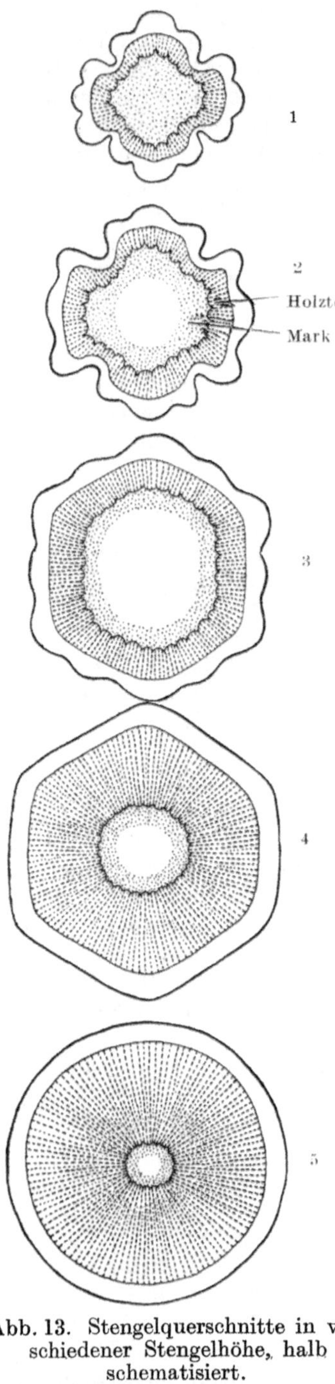

Abb. 13. Stengelquerschnitte in verschiedener Stengelhöhe, halb schematisiert.
1 Stengelspitze (jüngstes Stadium). 2 Oberes Drittel. 3 Stengelmitte. 4 Unteres Drittel. 5 Stengelbasis (ältestes Stadium).

Der gewichtsmäßige Anteil des Holzkörpers an der Gesamternte beträgt nach unseren Untersuchungen im Durchschnitt 55 bis 60 % der Gesamterntemasse. Danach wäre bei einer mittleren Ernte von 60 dz je Hektar die Erzeugung an Holz auf etwa 35 dz zu berechnen, was ungefähr 5,5 bis 6 cbm entspricht. Bei einem Kiefernwald mittlerer Güte rechnet man mit einer jährlichen Holzproduktion von etwa 5 cbm je Hektar. Der Hanf würde also neben Faser, Blättern und Früchten eine Holzmasse produzieren, die den jährlichen Zuwachs eines Waldes noch übertrifft.

In der Literatur finden sich über die Holzproduktion des Hanfes oft abweichende Angaben. Das kann, soweit die Angaben auf Versuchsgrundlagen beruhen, daran liegen, daß andere Hanfformen zu den Untersuchungen herangezogen worden sind. Wenn aber von der Holzproduktion des Hanfes behauptet wird, daß sie das Doppelte der jährlichen Produktion eines Waldes ausmache oder sogar noch übertrifft[1]), so dürfte in diesen Fällen doch eine optimistische Überschätzung der beim Hanfbau möglichen Ernteerträge vorliegen.

Holz- und Markkörper der Hanfstengel fallen bei der Gewinnung der Hanffaser als sogenannte Hanfschäben ab. Diese recht beträchtlichen Mengen werden gewöhnlich an Ort und Stelle gleich verfeuert und dienen oft dazu, die für die Verarbeitung notwendige maschinelle Kraft zu liefern. In gut geleiteten Betrieben reicht die Masse der anfallenden Schäben vollständig aus, um den Brennstoffbedarf zu decken. Ihr Heizwert ist etwa halb so groß wie der der Steinkohle.

Eine chemische Untersuchung der Hanfschäben ergab folgende Zusammensetzung:

Feuchtigkeit	8,9 %
Aschenbestandteile	8,4 %
Kohlenstoff	42,1 %
Stickstoff	0,7 %

Eine versuchsweise Verkokung im Tiegel ergab 68,0 % flüchtige Bestandteile und eine Koksausbeute von 23,1 %. Die kalorimetrische Untersuchung ergab eine Verbrennungswärme von 3911 WE sowie einen Heizwert von 3670 WE. Die chemische Untersuchung der nach der Verbrennung der Hanfschäben zurückbleibenden Aschenbestandteile ergab fol-

[1]) Marquart: Der Hanfbau. Berlin 1919. S. 54.

gende Zahlen, die namentlich für die Verwendung der Hanfasche als Dünger wertvoll sind:

$N = 0{,}11\,\%$
$K_2O = 5{,}26\,\%$
$P_2O_5 = 3{,}66\,\%$ (Gesamt)
$P_2O_5 = 2{,}22\,\%$ (zitr. s. löslich)
$CaO = 26{,}77\,\%$.

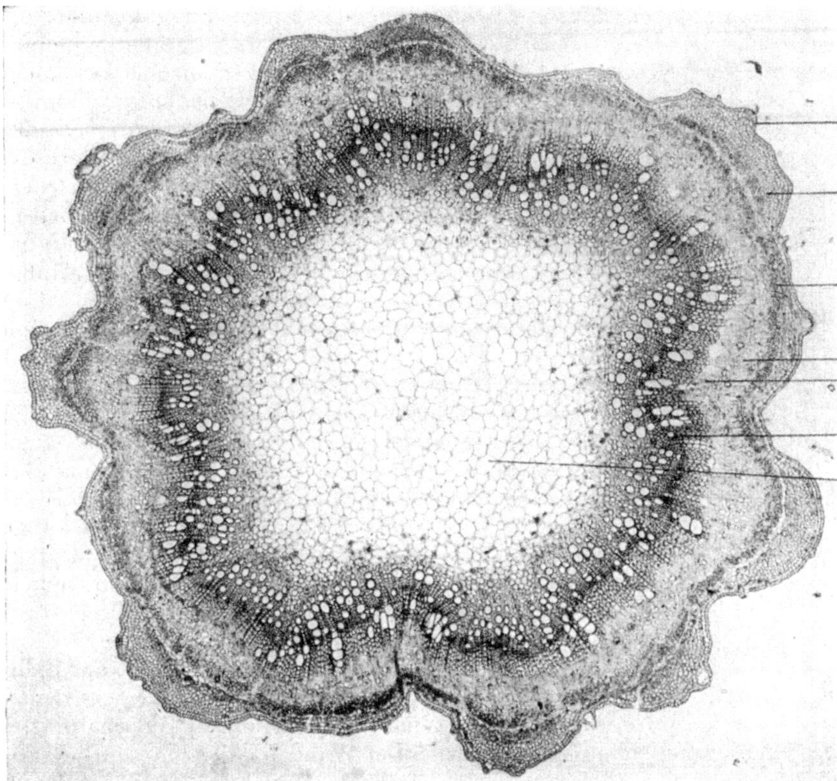

Abb. 14. Übersichts-Querschnitt durch den oberen Teil eines noch wachsenden Hanfstengels. Im Holzkörper fallen die weitlumigen Gefäße auf. Die in den Markzellen hier und da sichtbaren schwarzen Punkte entsprechen Kristalldrusen von Kalziumoxalat. $^{33}/_{1}$. (Nach A. Herzog.)

Die bei der Hanfbereitung abfallenden Schäben geben ferner einen brauchbaren Rohstoff für die Papierfabrikation ab. Der Zellstoff aus Hanfschäben ist zwar sehr kurzfaserig, mit einem Zusatz von Nadelholzzellstoff kann er jedoch verarbeitet werden und sowohl als Druck- wie auch als Schreibpapier dienen[1]).

Unter dem Mikroskop betrachtet, zeigt der Querschnitt des Hanfstengels einen Kreis von Gefäßbündeln in wechselnder Anzahl, die nach außen vom Rindenparenchym, nach innen vom Mark begrenzt sind. Zwischen den einzelnen Gefäßbündeln finden sich vom Mark ausgehend Markstrahlen, die ein die Bündel seitlich trennendes Gewebe darstellen. Wie an Radialschnitten durch

[1]) Herzog, A.: Form- und Strukturverhältnisse des Zellstoffs aus Hanfschäben. Textile Forschung. 1922, S. 145. — Schwalbe: Die chemische Aufschließung pflanzlicher Rohstoffe, Spinnfaser- und Zellstoffgewinnung. Zeitschr. f. ang. Chem. 1923, S. 173.

den Holzkörper zu bemerken ist, sind die einzelnen Markstrahlzellen tangential stark zusammengedrückt und etwa doppelt so hoch als breit. Der Markkörper selbst besteht aus dünnwandigen Zellen von beträchtlichem Durchmesser. Die Wandung dieser Zellen ist deutlich verholzt, häufig finden sich Kristalldrusen von Kalziumoxalat, die in mikroskopischen Schnitten als schwarze Punkte auffallen (Abb. 14).

Die Gefäßbündel sind kollateral, sie setzen sich zusammen aus dem rindenwärts gelegenen Phloëm und dem markwärts gelegenen Xylem. Die Zahl der Gefäßbündel variiert in verschiedenen Stengelhöhen, es findet Zerteilung und Verschmelzung statt. Bereits bei schwacher mikroskopischer Vergrößerung eines Stengelquerschnittes fallen die Gefäße des Holzkörpers durch einzelne besonders grobe Poren auf, die sich bei stärkerer Vergrößerung als besonders großlumige Gefäße herausstellen (Abb. 15). Diese Unregelmäßigkeit der Gefäße unterscheidet den Holzkörper des Hanfes ohne weiteres von dem des Flachses, bei dem die Größenunterschiede der einzelnen Gefäße im Querschnitt nur gering sind. Die Gefäße des Holzkörpers sind beiderseits offen und stets sehr zartwandig. Die notwendige Festigkeit erhalten sie durch Tüpfel, die in beträchtlicher Anzahl mehrreihig angeordnet die Längswände der Gefäße besetzen. Nach dem Mark zu kommen alle möglichen Übergänge zu Netz-, Treppen-, Ring- und Spiralgefäßen vor.

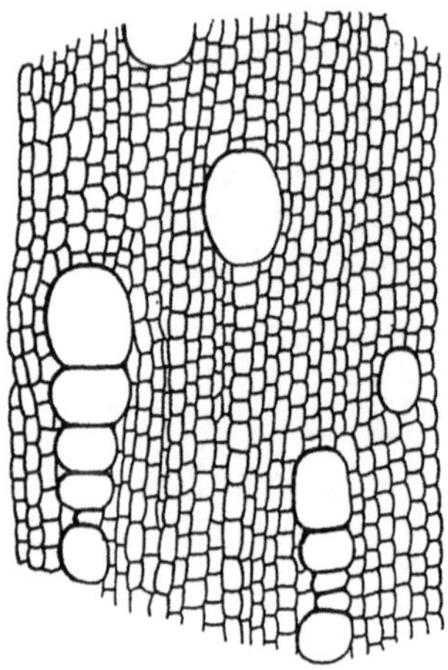

Abb. 15. Teil des Holzkörpers mit auffallend groben Poren (Gefäße). $^{140}/_{1}$ (Nach A. Herzog).

Die Hauptmasse des Holzkörpers wird von den Holzfasern gebildet, deren Enden im Gegensatz zu den Gefäßen geschlossen sind. Die Wandung der Holzfasern zeigt keine Tüpfelung. Die Länge der Holzfasern ist, wie bereits erwähnt, nur gering, die Länge der einzelnen Zellen beträgt gewöhnlich nicht über 0,5 mm. Auffallend ist die große Gleichmäßigkeit in der Zellänge. Die Zellenden sind häufig abgerundet und gegabelt.

Das Phloëm des Hanfstengels besteht aus Siebröhren mit vergitterten Enden, sowie verschiedenen parenchymatischen Geleitzellen. Außerhalb des Phloëms finden sich Zellen mit stark verdickten Wänden, die sich deutlich aus dem umgebenden Gewebe abheben und die nicht der Ernährung, sondern lediglich der Festigkeit der Plfanze dienen. Diese Bastfasern[1]) genannten Zellen werden für gewöhnlich dem Phloëm zugerechnet, sie liegen jedoch außerhalb, im sogenannten Perikambium, einer Zone zwischen Rinde und Phloëm. Die Bastfasern sind in wechselnder Zahl einzeln und in Gruppen angeordnet.

Im unteren Stengelteil ist die Anordnung der Fasern sowohl wie der Gefäßstränge in peripherer Richtung ausgedehnt, während sie im oberen Stengelteil infolge des enger werdenden Querschnittes mehr radiale Richtung einnehmen.

Im Längsschnitt gesehen, zeichnet sich die Bastfaser vor den Zellen des Perikambiums und den Siebröhren des Phloëms durch ihre Größe und Form ebenfalls deutlich aus. Die Länge beträgt 1 bis 10 cm. Die häufigsten Werte liegen bei 3,5 bis 4,0 cm. Die Breite der Faser schwankt zwischen 18 und 25 μ, doch kommen auch erheblich breitere Fasern namentlich im unteren Stengelteil vor. Das Lumen, der Hohlraum zwischen den Zellwänden, beträgt etwa ein Drittel des Gesamtdurchschnitts der Bastzelle (Abb. 16).

[1]) Zum Unterschied von den Fasern des Holzes.

Die Bastfasern verjüngen sich nach beiden Seiten und enden in ungleicher Höhe. Sie sind untereinander durch eine noch zu besprechende Substanz verkittet, und bilden einen der Länge des Stengels entsprechenden Faserstrang, der das mechanische Gewebe der Pflanze darstellt. Die technische Hanffaser besteht gewöhnlich aus einem Verband von mehreren solcher, einem einzelnen Gefäßbündel entsprechenden Stränge. Die technische Faser enthält also neben den reinen Bastzellen noch die erwähnten verkittenden Substanzen, sowie parenchymatische Bestandteile der Rinde und des Markes, je nach der Zubereitung des Materials auch noch Teile des Holzkörpers. Die Trennung in einzelne Stränge ist auch an sich nicht vollständig möglich, weil die einzelnen Fasern anastomosieren, das heißt aus einem Faserbündel in das andere hineinwachsen. Das mechanische Gewebe der Hanfpflanze stellt einen in sich festen Verband, ein fein verzweigtes Netz mit Maschen von wechselnder Größe dar. Die Teilbarkeit der technischen Hanffaser ist infolgedessen verhältnismäßig gering.

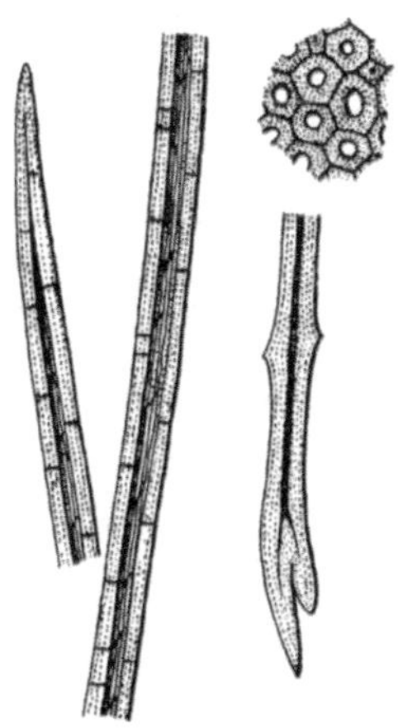

Abb. 16. Einzelfaser in Längs- und Querschnitt. $^{200}/_{1}$.

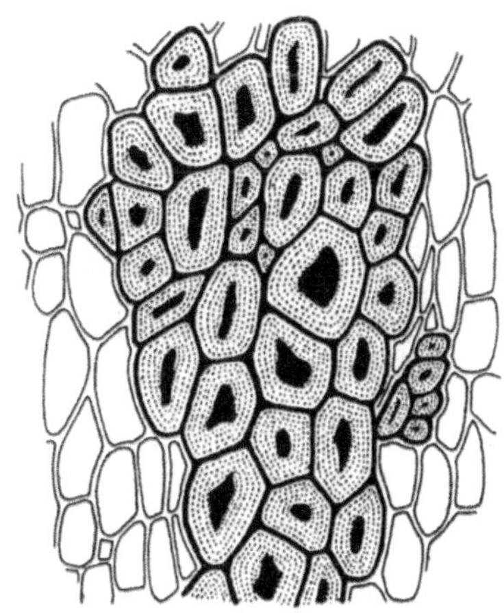

Abb. 17. Querschnitt eines Faserbündels. $^{330}/_{1}$. (Nach A. Herzog.)

Die Bastfaser besteht in jungen Pflanzenteilen aus der dünnen Mittellamelle, an die sich sekundäre Verdickungsschichten anlagern. Junge Fasern, die noch unverdickt sind, zeigen größere Vakuolen und nur einen dünnen protoplasmatischen Wandbelag. Mit zunehmender Membranverdickung wird das Protoplasma auf einen engeren Raum zusammengepreßt, so daß unter Umständen das Lumen mit körnigem Protoplasma ganz erfüllt sein kann. In reifen Fasern finden sich jedoch meist nur Spuren von eingetrockneten Protoplasmaresten. Das Lumen ist länglich oval, häufig springt es unregelmäßig in die Zellwandung ein.

Der Querschnitt der Einzelfaser ist 3- bis 7eckig, Fasern sowohl wie Faserbündel zeigen abgerundete Ecken (Abb. 17). Die Fasern werden durch das sekundäre Wachstum der übrigen Stengelteile stark zusammengepreßt, in jungen Pflanzenteilen sind sie nahezu kreisrund. Mit zunehmendem Alter finden auch Einlagerungen bzw. Veränderungen der Zellwand statt, die ihre Festigkeit bedeutend erhöhen, ihre Elastizität dagegen herabsetzen.

Die Enden der Faserzellen sind abgerundet, mitunter auch gegabelt. Das Auftreten der Gabelung galt früher als Unterscheidungsmerkmal zwischen nördlichen und südlichen Hanfsorten, bei letzteren sollten die Gabelenden häufiger auftreten als bei ersteren[1]). Nach neueren Forschungen ist es jedoch möglich, Gabelenden beim Hanf experimentell zu erzeugen[2]). Damit entfällt natürlich ihre Bedeutung für das Erkennen der Hanfsorten.

Die Oberhaut des Hanfstengels besitzt nur spärlich Spaltöffnungen, etwa 12 auf ein Quadratzentimeter. Sie unterscheidet sich dadurch grundsätzlich von der des Flachses, die pro Quadratzentimeter etwa 3000 Spaltöffnungen besitzt. Dagegen ist die Oberhaut des Hanfes mit zahlreichen derben, warzigen Borstenhaaren besetzt, die leicht abbrechen und auf der Oberhaut kreisrunde Narben zurücklassen. Die Haare sind einfach kegelförmig und an der Basis etwas gekrümmt (Abb. 18). Die Oberhautzellen sind viel kleiner und niemals so in die Länge gestreckt wie die des Flachses.

Die Untersuchung von Stengeln in verschiedenen Vegetationsstadien ergab, daß im Laufe der Vegetation erhebliche Veränderungen der ursprünglich angelegten Gefäße sowie der Fasern vor sich gehen. Es findet mit zunehmendem Alter der Pflanze ein sekundäres Wachstum sowohl der Phloëmstränge als auch des Xylems statt, das sowohl die gebildeten Fasern wie die primären Gefäßteile stark zusammenpreßt.

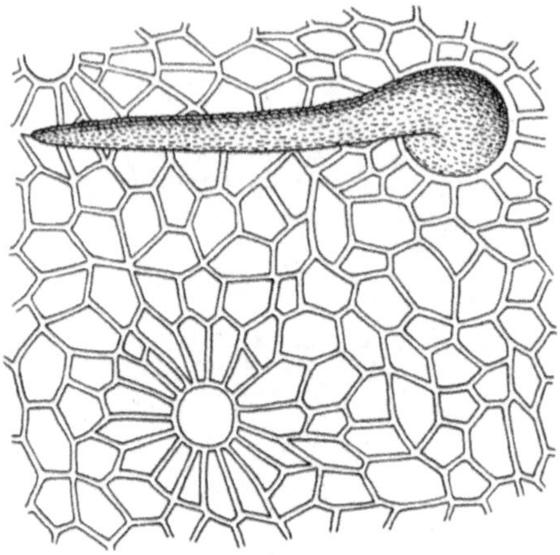

Abb. 18. Oberhaut des Hanfstengels mit Haar. (Nach Wiesner.) $^{300}/_{1}$.

Während im allgemeinen der Bau des Hanfstengels dem des Leinstengels verhältnismäßig nahe steht, und sich die Bastfasern des Hanfes von denen des Leins nur sehr wenig unterscheiden, bestehen doch in der Bildung und Anordnung dieser Fasern sehr erhebliche Unterschiede zwischen den beiden Faserpflanzen. Beim Leinstengel wird die Faser lediglich primär angelegt[3]), beim Hanf werden dagegen durch Zuwachs aus dem Kambium längere Zeit hindurch den ersten Faserbündeln neue zugefügt. Namentlich in den älteren Stengelteilen finden sich diese sekundären Fasern als Ring kleinerer Faserbündel innerhalb eines Ringes größerer Faserbündel sehr schön ausgeprägt (Abb. 19). Mitunter treten auch außer dem zweiten Ring von Faserbündeln noch ein dritter und vierter Ring von wiederum kleineren Faserbündeln auf, die um so weiter nach außen liegen, je älter sie ihrer Entstehung nach sind. Die jüngsten Faserbündel liegen nächst dem Kambium. Die kleineren sekundären Faserbündel unterscheiden sich noch dadurch von den primären Bündeln, daß die Einzelfasern, aus denen sie zusammengesetzt sind, auch an sich etwas schwächeren Durchmesser besitzen und im allgemeinen erheblich kürzer sind. Sie haften außerdem häufig beim Brechen der Hanfstengel am Holz fest und entgehen so ihrer Gewinnung.

Die primäre und nachträglich entstehende sekundäre Rinde bilden beim Hanf eine bedeutend stärkere Schicht, wie es beim Lein der Fall ist. Das völlige Durchdringen der Rinde mit Wasser bei der Röste, sowie das Vordringen der

[1]) v. Höhnel: Zur Mikroskopie der Hanf- und Flachsfaser. Zeitschr. für Nahrungsmitteluntersuchung, Hygiene und Warenkunde. 1892.

[2]) Schilling: Zur Morphologie, Physiologie und diagnostischen Bewertung der Bastfaser von Cannabis sativa. Ber. d. Bot. Ges. 16, 121. 1923.

[3]) Tammes: a. a. O.

Röstbakterien in der Rinde geht aus diesem Grunde beim Hanf wesentlich langsamer vonstatten als beim Lein[1]).

Die Bildung der sekundären Faserbündel hat für die Pflanze eine außerordentlich wichtige mechanische Bedeutung. Die Faserstränge, die das mechanische Gewebe der Pflanze darstellen, haben die Aufgabe, der Pflanze die genügende Festigkeit und Elastizität zu verleihen. Wenn diese Aufgabe auch bereits beim Lein eine technische Leistung von der Natur verlangt, die uns Bewunderung abnötigt[2]), so ist die Aufgabe des mechanischen Gewebes beim Hanf eine noch schwierigere. Der Hanfstengel hat an seiner Spitze ein sehr viel größeres Gewicht zu tragen als der Stengel des Leins. Das Gewicht des Samen- und Blattanteils beim Hanf beträgt, auf das Gewicht des ganzen Stengels bezogen, das vielfache des Anteils, den die kleinen Samenkapseln des Leins am Gewicht des Leinstengels betragen. Die erhöhten Anforderungen an die Festigkeit der Pflanze haben nun beim Hanf zur Ausbildung eines etwas komplizierten mechanischen Gewebes geführt, wie wir es in der Natur bei ähnlichen Gelegenheiten häufig vorfinden.

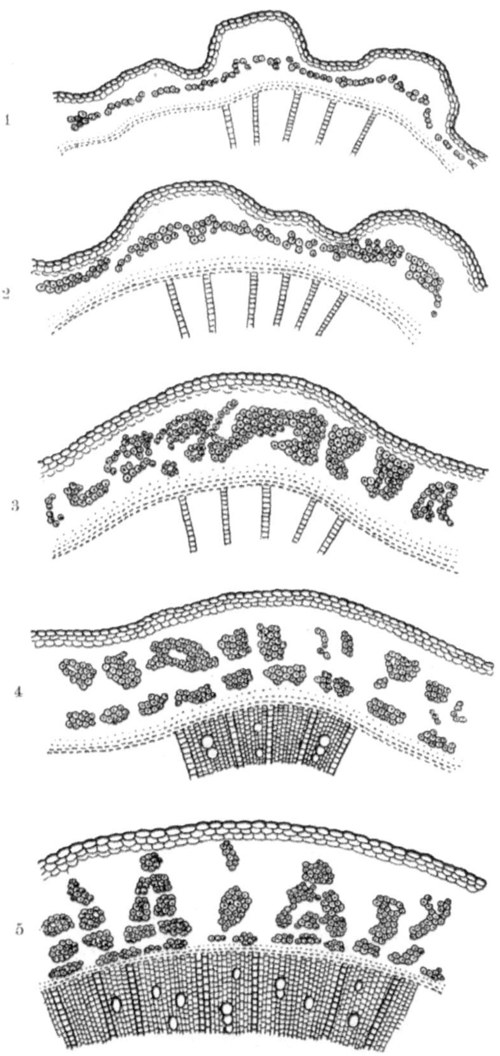

Abb. 19. Teilquerschnitte in verschiedenen Stengelhöhen.

1 Stengelspitze. 2 Oberes Drittel. 3 Stengelmitte. 4 Unteres Drittel. 5 Stengelbasis. (Halb schematisiert, um die Anordnung der Faserbündel in den einzelnen Stengelzonen zu zeigen.)

Der Bastkörper einer Pflanze stellt im Verein mit dem Holzkörper eine mechanische Konstruktion dar, die den Regeln unserer Bautechnik vollkommen entspricht[3]). Da die oberirdischen Teile einer Pflanze hauptsächlich auf Biegung beansprucht werden, so finden wir in der Pflanze Einrichtungen vor, die vor allem eine hohe Biegungsfestigkeit gewährleisten. Das ist vorzugsweise eine Konstruktion, die wir Doppel-T-Träger nennen und die in der hohlen Säule ebenfalls zum Ausdruck kommt. Hierbei stellen die Bastbündel im Verein mit dem starken Holzkörper die sog. Gurtungen dar, während die weniger beanspruchte Füllung durch das weiche

[1]) Vgl. auch Ruschmann: Grundlagen der Röste. Leipzig 1923.

[2]) Herzog, A.: Was muß der Flachskäufer vom Flachsstengel wissen? Sorau 1918, S. 10ff.

[3]) Schwendener: Das mechanische Prinzip im Bau der Monokotylen. Leipzig 1874.

Mark gebildet wird. Ein derartiges kombiniertes Trägersystem finden wir auch beim Hanf vor, und die außer dem primären Faserbündelring noch entstehenden sekundären Ringe stellen eine ganz bedeutende Verstärkung des Systems durch Einfügung von Trägern zweiter Ordnung dar. Der gefährdetste Punkt in dieser Konstruktion liegt an der Basis des Stengels, infolgedessen finden wir auch die Bildung sekundärer Faserringe vornehmlich im unteren Drittel des Stengels vor.

Die Bastfaser.

Die technische Hanffaser besteht, wie bereits erwähnt, aus einem Verband von einzelnen Faserzellen, die untereinander durch die Mittellamellen verkittet sind. Diese Mittellamellen stellen die ursprünglichen Trennungswände der Fasern dar, an die sich sekundär Verdickungsschichten angelagert haben. Durch ebensolche Mittellamellen werden die Faserstränge mit dem sie umgebenden Gewebe verbunden. Bei der Aufbereitung der Hanffaser kommt es nun darauf an, diese verkittenden Mittellamellen aufzulösen bzw. zu zerstören, was sowohl auf biologischem als auch auf chemischem Wege erreicht werden kann. Grundlegend für diese Arbeit ist daher die Kenntnis der chemischen Zusammensetzung sowohl der Faser als vor allem ihrer Mittellamellen.

Die eigentliche Faser besteht vorwiegend aus Zellulose, die aber mit einer Reihe von anderen, zum Teil verwandten Stoffen vergesellschaftet ist. Als solche sind zu nennen Hemizellulosen, Pentosane, Pektine und Lignine, auf die im einzelnen noch näher eingegangen werden muß. An der Bildung der Mittellamellen sind hauptsächlich Pektinstoffe beteiligt. Die Pektinstoffe sind polysaccharidartig zusammengesetzte Kolloide, welche ihrem physikalischen und chemischen Verhalten nach nur sehr unscharf von den Hemizellulosen, Pentosanen, Pflanzenschleimen und Gummiarten abgegrenzt erscheinen[1]). Sie sind sowohl für Bakterien als auch für Chemikalien leicht angreifbar, während die Zellulose ihrer Zersetzung größeren Widerstand entgegensetzt und sowohl chemisch wie biologisch nur sehr schwer anzugreifen ist. Auf dieser verschiedenen Widerstandsfähigkeit beruht die Trennung der Fasern von dem sie umgebenden Gewebe. Wird der Hanf nur bis zu einem gewissen Grade aufgeschlossen, wie es im allgemeinen üblich ist, so gewinnt man die bekannte Langfaser, die einen Verband der einzelnen Zellen zu mehr oder weniger langen Strängen darstellt. Geht die Aufschließung weiter bis zur Zerstörung der die Einzelfasern verkittenden Mittellamellen, so daß die Einzelfaser freigelegt ist, so gewinnt man eine Textilfaser, die baumwollartigen Charakter besitzt. Man spricht in diesem Falle von Verbaumwollung oder Kotonisierung[2]).

Die Zellulose, die von der Industrie wegen der gleichen Eigenschaften hochgeschätzt wird, um derentwillen die Pflanze sie sich geschaffen hat, zeichnet sich außer durch große Festigkeit, die der des Eisens gleicht, durch ihre geringe Empfindlichkeit gegen chemische Einflüsse aus[3]). Theoretisch ist diese chemische Inaktivität am größten bei reiner Zellulose. Praktisch gibt es jedoch keine reine Zellulose in der Pflanzenfaser. Die Zellulose in der Pflanzenfaser ist kein einheitlicher Stoff, sondern ein Stoffgemenge, das je nach dem Vegetationsalter der Pflanze eine wechselnde Zusammensetzung zeigt. Als wichtigste Stoffgruppe ist neben der echten Zellulose die Gruppe der Hemizellulosen zu nennen. Die Hemizellulosen spalten sich bedeutend leichter als die reine Zellulose auf. Nun entstehen nach dem heutigen Stande der Wissen-

[1]) v. Wiesner: a. a. O.
[2]) Kränzlin: Prinzipien der Kotonisierung. Faserforschung 1921, S. 121—138.
[3]) Herzog, R. O.: Der Hanf als Faserpflanze. Faserstoffe und Spinnpflanzen 1923, S. 85.

schaft[1]) die Zellwandkohlehydrate nicht synthetisch beim Assimilationsprozeß, die Bildung derselben geht vielmehr erst sekundär durch Abbau anderer Kohlehydratgruppen oder durch Desamidierung von Plasmaeiweiß vor sich. Diese Bildung geht über Hemizellulosen, die in der jungen Faserzelle den Hauptbestandteil ausmachen, zur Zellulose. Es müssen sich also je nach dem Reifegrad der Faser wechselnde Zusammensetzungen dieser beiden Stoffgruppen in der Zellwand vorfinden. Da die Hemizellulosen durch Chemikalien aber ungleich stärker angegriffen werden als die reine Zellulose, so ist dieser Umstand, wie wir später sehen werden, von großer Wichtigkeit bei der Bestimmung des Fasergehaltes von Hanf auf chemischem Wege.

Weiter finden mit zunehmendem Alter der Pflanzenfaser Einlagerungen in die Zellwand statt, die wir „Verholzung" nennen. Diese Einlagerungen beeinflussen die Eigenschaften der Faser in hohem Maße auch bei der Hanffaser. Die Stoffe, die die Verholzung hervorrufen und die man unter dem Namen „Lignine" zusammenfaßt, zeichnen sich durch einen höheren Kohlenstoffgehalt aus. Sie erhöhen die Druckfestigkeit der Faser bedeutend, setzen aber andererseits ihre Zugfestigkeit und Elastizität herab[2]). Der Vorgang der Verholzung besteht jedoch nicht nur in der Einlagerung der Ligninstoffe in die Zellwand. Hand in Hand mit dieser Inkrustation, die wohl quantitativ den Hauptanteil an der Verholzung bildet, findet in ganz geringen Mengen eine Umwandlung der Zellulose in Substanzen statt, die für den Nachweis der Verholzung höchst wichtig sind, weil sie es sind, die die bekannten Holzreaktionen hervorrufen. Daß es zwei verschiedene Vorgänge sind, die bei der Verholzung der Faser teilhaben, geht daraus hervor, daß häufig Fasern, die in ihren sonstigen Merkmalen deutlich verholzt sind, keine Holzreaktion geben, während andererseits oft ganz junge Pflanzenteile, an denen im übrigen keine Spur von Verholzung zu bemerken ist, Holzreaktion geben. Sehr stark verholzt sind gewöhnlich die Mittellamellen, welche die Fasern innerhalb eines Faserbündels untereinander verbinden.

Es geht aus alledem hervor, daß die Zellwand kein unbewegliches chemisches System ist. Sie ist trotz ihrer chemischen Stabilität einer Kette von ununterbrochenen Veränderungen ausgesetzt, und nimmt jedenfalls bis zum Absterben der Zelle Teil an den physiologischen Vorgängen in ihrem Innern. Auch das Flächenwachstum der verholzten Zellen ist nach Tammes noch nicht als abgeschlossen zu betrachten.

Der Träger der Ligninreaktion ist ein aromatischer Aldehyd unbekannter Konstitution, der bei der Oxydation Vanillin liefert[3]). Behandelt man verholzte Fasern mit Natronlauge, so wird der farbgebende Aldehyd verseift. Es liefern daher Hanffasern, die durch Aufschließung mit Natronlauge gewonnen sind, keine Holzreaktion, obwohl sie in ihren sonstigen Merkmalen deutlich verholzt sein können. Ein Umstand, der bei der Qualitätsbeurteilung der chemisch aufgeschlossenen Faser beachtet werden muß.

Während die Faserzellen des Leins und der Baumwolle durch Jod-Schwefelsäure gebläut werden, tritt bei der Hanffaser nur selten, höchstens bei jungen Zellen, eine rein blaue Färbung auf. Meist spielt dieselbe mehr ins Grünliche oder Bräunliche hinüber. Reine Zellulosereaktion ergeben dagegen gebleichte oder durch chemische Aufschlußmittel behandelte Hanffasern. Alles, was an Oberhaut, Parenchym und Holzgewebe der Faser anhaftet, wird durch Jod-Schwefelsäure gelb bis braun gefärbt.

---

[1]) Grafe: Chemie der Pflanzenzelle. Berlin 1922, S. 92ff.

[2]) Sonntag: Die Beziehungen zwischen Verholzung, Festigkeit und Elastizität vegetabilischer Zellwände. Landw. Jahrb. Bd. 21, S. 839. 1892.

[3]) Grafe: a. a. O.

Die unbehandelte ausgereifte Hanffaser zeigt, mit Anilinsulfat behandelt, immer gelbliche Färbung, durch Phlorogluzin und Salzsäure wird sie schwach rötlich-violett gefärbt. Unausgereifte jüngere Faserzellen geben dagegen nur höchst selten diese Holzreaktion. Eine mäßige Verholzung gilt als Charakteristikum der technischen Hanffaser gegenüber manchen anderen Pflanzenfasern. Es leuchtet ein, daß diese Verholzung sich um so stärker bemerkbar machen wird, je ausgereifter die Faser geerntet wird. Die Verholzung tritt namentlich lebhaft während und nach der Fruchtreife auf, ein Umstand, der gelegentlich gegen die gleichzeitige Faser- und Samennutzung der Hanfpflanze geltend gemacht wird. Die Frage, ob die fortschreitende Verholzung die Brauchbarkeit der Hanffaser erheblich herabzusetzen vermag, hängt sehr von dem Verwendungszweck ab, den die Faser später findet und läßt sich nicht allgemein entscheiden. Stärkere Verholzung gilt jedenfalls allgemein als Zeichen geringerer Qualität.

Der Verholzungsprozeß ist aus dem Streben der Pflanze nach erhöhter Festigkeit zu erklären. Biologisch gedacht muß daher die Verholzung schon mit steigender Größe der Pflanze zunehmen. An der Basis des Stengels ist die Pflanze der größten Belastung ausgesetzt, daher finden wir hier die verholzten Zellen zahlreicher vor. Im basalen Stengelteil finden sich nicht nur verholzte Fasern, oft sind hier auch die Membranen der umgebenden parenchymatischen Gewebeteile verholzt. Immer geben deutliche Holzreaktion nur einzelne Faserzellen, später einzelne Zellgruppen, nie aber ein ganzer Faserstrang einheitlich. Diese Erscheinung bietet nach allem Vorausgesagten nichts Merkwürdiges. Die sekundäre Bildung der Zellwände, die Verdickung des Zellulosegerüstes, stellt bereits den eigentlichen Prozeß der Verholzung dar. Sie wird aber histologisch gewöhnlich nicht Verholzung genannt, weil die aromatischen, farbgebenden Leitsubstanzen des Holzes nicht nachzuweisen sind, die eben erst einer nachträglichen Umwandlung der Verdickungssubstanz entstammen. Diese endgültige Umwandlung kann sehr wohl in einzelnen Zellen sporadisch auftreten, sie stellt das letzte Glied in der Kette der Umwandlungen dar, welche die Zellwand durchzumachen hat.

Die Mittellamellen, die die Faserbündel mit dem umgebenden parenchymatischen Gewebe verbinden, sind chemisch anders zusammengesetzt als diejenigen Mittellamellen, die den Zusammenhalt der Einzelfasern innerhalb des Faserbündels bewirken. Während die ersteren vorwiegend aus Pektinstoffen bestehen, sind die Mittellamellen zwischen den einzelnen Bastfasern meist verholzt. Gewisse Farbreaktionen zeigen allerdings neben der Anwesenheit von Holzstoff auch die von Pektinstoffen[1]). Diese Tatsache ist begreiflich, da die Bindesubstanz anfänglich wie alle Mittellamellen aus Pektinstoffen bestanden hat. Die Verholzung ist auch hier erst sekundär nach völliger Ausbildung des Gewebes eingetreten.

Die Pektinstoffe sind nun für eine gewisse Gruppe von Bakterien, die pektinvergärenden Bakterien, leicht angreifbar. Durch die sogenannte „Röste" findet eine Zerstörung der Pektinstoffe durch Bakterienarbeit statt, und die einzelnen Faserbündel werden freigelegt. Da die Mittellamellen der Einzelfasern selbst infolge ihrer Verholzung den Bakterien größeren Widerstand entgegensetzen, so macht die Bakterienarbeit hier zunächst einmal halt, solange sich noch leichter vergärbare, holzfreie Substanzen vorfinden. Erst bei der sogenannten Überröste geht die Zerstörungsarbeit auch auf die verholzten Mittellamellen über, und es findet eine Zerlegung der Bastbündel in die Einzelfasern statt. Nun ist der Hanf

---

[1]) Ruschmann: a. a. O.

infolge stärkerer Verholzung seiner Mittellamellen im allgemeinen gegen Überröste nicht so empfindlich wie der Lein. Diese kurzen Andeutungen zeigen jedoch bereits, wie außerordentlich wichtig für die Erhaltung des Zellverbandes der Faserbündel die richtige Leitung der Röste ist.

Analoge Verhältnisse liegen bei der Behandlung des Bastes mit Chemikalien vor, der sogenannten chemischen Aufschließung. Die Pektinstoffe sind als solche in verdünnten Alkalien verhältnismäßig leicht löslich. Auch hier setzen die verholzten Mittellamellen den chemischen Einflüssen größeren Widerstand entgegen. Während also eine Freilegung der Faserbündel bereits durch Behandlung mit verdünnten Alkalien erfolgen kann, sind für die Auflösung des Zellverbandes stärkere Mittel notwendig[1]. Unter anderem gelingt es durch eine Behandlung mit Chlor, auch die verholzten Mittellamellen restlos aufzulösen[2].

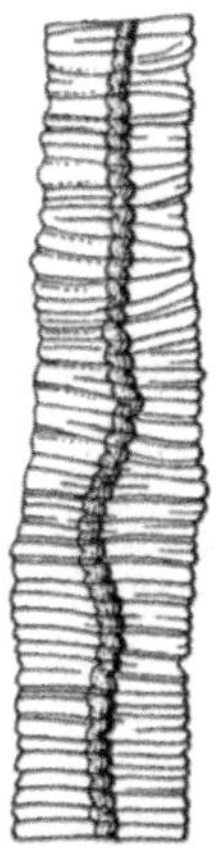

Abb. 20. Faserfragment nach Behandlung mit Kupferoxydammoniak, Innen- und Außenhaut quergefaltet. 250/1. (Nach Wiesner.)

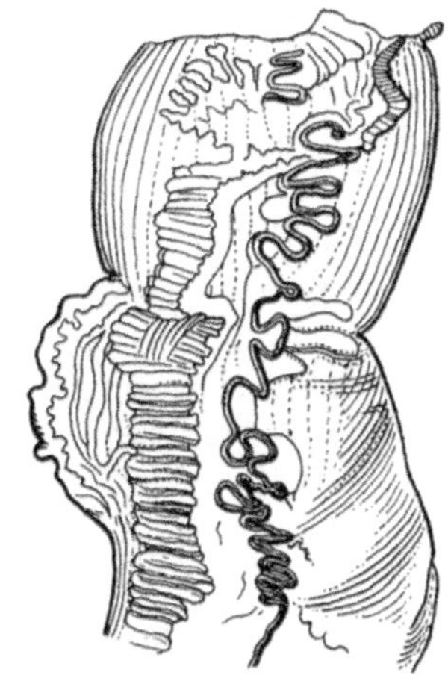

Abb. 21. Faserfragment nach Behandlung mit Kupferoxydammoniak. Membran stark gequollen, Plasmafäden hin und her gewunden. 320/1. (Nach Reinitzer.)

Das in Alkalien unlösliche Lignin wird in leichtlösliches Chlorlignon verwandelt und ist durch nachfolgende Behandlung mit verdünnten Alkalien leicht zu entfernen.

Läßt man auf die Hanffaser Kupferoxydammoniak einwirken, so tritt, bevor sich die Zellulose in der Lösung auflöst, eine starke Quellung der Zellmembran ein. Die gequollenen Membranen nehmen eine blaugrüne bis blaue Färbung an und zeigen hierbei oft eine feine Streifung[3]. Die anhaftenden Mittellamellen, die nicht in gleichem Maße der Quellung ausgesetzt sind, ziehen sich auf Streifen zusammen. Mitunter werden die Mittellamellen auch quer gefaltet, und die Membran quillt seitlich hervor. Die Mittellamellen sowohl als auch der protoplasmatische Innenschlauch widerstehen länger der Einwirkung des Reagens als die Zellmembran selbst. Der Innenschlauch erscheint hierdurch als ein quergefalteter oder schraubig gestreifter Schlauch, die äußere Begrenzung der Faser

---

[1] Vgl. die verschiedenen Kotonisierugnsverfahren. Faserforschung 1922, S. 63—76.

[2] Waentig: Über die technische Verwertung von Chlor zur Aufschließung von Pflanzenfasern. Textile Forschung 1922, S. 61.

[3] Wiesner: a. a. O.

zeigt zu Beginn der Quellung morphologisch denselben Charakter (Abb. 20). Die Faser verkürzt sich durch die Quellung, weil sie in Richtung des Querschnitts stärker aufquillt als in Richtung des Längsschnitts. Da das Protoplasma bei der reifen Hanffaser häufig nur noch in geringen Resten vorhanden ist, so finden wir meist keinen vollkommenen Schlauch mehr vor, sondern nur einzelne Protoplasmafäden. In der gequollenen Zellulosemasse erscheinen die Protoplasmafäden hin und her gewunden, da sie an dem Zusammenhang der in die Dicke quellenden Membran keinen Anteil haben (Abb. 21).

Die Bastfaser des Hanfes, die den Prozeß des Brechens und Knickens durchgemacht hat, weist in ihrer Struktur Veränderungen auf, die die natürliche, sorgfältig aus dem Zellverband gelöste Faser nicht zeigt. Beim Flachs, bei dem analoge Verhältnisse vorliegen, sind diese Strukturveränderungen, die v. Höhnel[1]) „Verschiebungen" genannt hat, eingehend untersucht worden. Die Verschiebungen geben sich bei Betrachtung der Hanffaser unter dem Mikroskop durch stellenweise auftretende feine Querstreifen, Spalten oder auch Vorwölbungen zu erkennen. Beim Hanf treten diese Strukturveränderungen an und für sich seltener auf als beim Flachs, bei dem ihr Auftreten durch das Maß der mechanischen Behandlung bedingt ist. Bei der stärker verholzten Bastfaser des Hanfes führt die mechanische Behandlung häufig zu Querbrüchen der Faser.

Die selbst bei sorgfältig ohne mechanische Schädigung aus dem Zellverband gelösten Hanffasern häufig sichtbaren Querlinien, die aus je einer einzelnen Linie bestehen, haben mit den genannten Verschiebungen nichts gemeinsam. Sie gehören nicht der Faser selbst an, sondern sind die Reste der aufgelagerten Parenchymzellen. Man unterscheidet sie sehr leicht von wirklichen Verschiebungen, da sie regelmäßig auftreten und stets fast senkrecht zur Längsachse der Faser verlaufen. Die Verschiebungen dagegen bestehen aus mindestens zwei Linien, die meist in einem kleineren Winkel zur Faserachse stehen und sich häufig im Lumen der Faserzellen x-förmig kreuzen.

Als Unterscheidungsmerkmal der Hanffaser von anderen ähnlichen Fasern, z. B. Flachs, kann die Streifung der Zellwände dienen. Der Querschnitt einer Hanffaser zeigt bei genügender Vergrößerung konzentrische Lamellen, die beim Flachs zunächst nicht ohne weiteres sichtbar sind, erst nach chemischer Behandlung auftreten und schmäler sind als beim Hanf. Es scheint, daß die Hanfzelle aus wenigen, aber dickeren konzentrischen Lamellen besteht. Es lassen sich nun beim Hanf zwei Lamellengruppen unterscheiden, von denen die dünne äußere, als primäre Membran bezeichnete, eine stark linksgeneigte Streifung aufweist, während die dickere, innere sekundäre Membran eine steil linksläufige, nur wenige Grade von der Faserrichtung abweichende Streifung zeigt. Beim Flachs finden wir dagegen in der sekundären Membran zwei Schichtkomplexe mit entgegengesetzter Streifungsrichtung, von denen die äußere rechts, die innere links verläuft. Im Zusammenhang mit den verschiedenen Streifungsrichtungen steht die Torsion der Hanf- und Flachsfaser. Die angefeuchtete Einzelfaser des Hanfes dreht beim Austrocknen nach links, also gegen den Uhrzeiger, während die Flachsfaser mit dem Uhrzeiger dreht[2])[3]).

[1]) v. Höhnel: Über den Einfluß des Rindendrucks auf die Beschaffenheit der Bastfasern der Dikotylen. Jahrb. f. wiss. Bot. Bd. 15, S. 311. 1884.

[2]) Reimers: Verschiedenheiten im strukturellen Aufbau der Bastfasern in ihrer Bedeutung für die technische Warenkunde. Mittl. d. d. Forschungsinst. f. Textilstoffe. Karlsruhe 1922, S. 109.

[3]) Müller, W.: Zur Struktur der Zellmembran von Flachs und Hanf. Faserforschung. Bd. 3, S. 166. 1923.

Neuerdings ist die Unterscheidung der Fasern des Hanfes und des Flachses auf optischem Wege versucht worden[1]). Die Bastzellen dieser beiden Pflanzen sind infolge ihrer kristallinischen Struktur stark doppelbrechend. Die Doppelbrechung der vegetabilischen Zellhaut wurde zuerst von Kindt[2]) und zwar an der Baumwolle nachgewiesen, sie ist für alle Pflanzenfasern spezifisch, nur ist ihr Grad häufig sehr verschieden. Für das unterschiedliche Verhalten ist weniger maßgebend die Dicke der Membran einer Faser, als vielmehr ihre innere Organisation oder Molekularstruktur. Die Polarisationsfarben steigen also nicht stetig mit der Membrandicke. Es hat sich nun bei den Untersuchungen von A. Herzog herausgestellt, daß an eine Trennung von Hanf- und Flachsfasern auf Grund ihres Hauptlichtbrechungsexponenten nicht zu denken ist, da die Lichtbrechung bei beiden Fasern annähernd gleich groß ist. In ganz bestimmten Stellungen, und zwar bei schiefer Lage der größten Achse der Elastizitätsellipsoids, lassen sich jedoch Hanf und Flachs im polarisierten Licht unterscheiden. Während beim Flachs in dieser Lage die größte Achse der durch die äußere Spiralstreifung gegebenen Richtung folgt, also von rechts unten nach links oben verläuft, ist beim Hanf das entgegengesetzte Verhalten zu beobachten. Dieses Verhalten äußert sich bei der Prüfung der Fasern im Polarisationsmikroskop (Nikols gekreuzt, Gipsplatte rot I) in der Weise, daß in den Orthogonalstellungen der Fasern Interferenzfarben auftreten, die beim Hanf und Flachs entgegengesetzt sind. Die beiden Fasern können also auf dem angegebenen optischen Wege voneinander unterschieden werden. Dieser Umstand hat besondere Bedeutung für Fasern, die in vollkommen gebleichtem Zustand vorliegen, in welchem sie der für die Unterscheidung sonst so wertvollen Leitelemente ermangeln. Gerade für die im Aufleben begriffene Verwendung kotonisierter Fasern ist die Möglichkeit der Unterscheidung auf optischem Wege äußerst wertvoll.

Die Festigkeit der Faser.

Die Festigkeit der Hanffaser ist außerordentlich groß. Als allgemein gültiger Maßstab für die Festigkeit einer Faser gilt die — auf Kilometer bezogene — Reißlänge[3]). Die Bestimmung der Reißlänge berücksichtigt neben der absoluten Festigkeit gleichzeitig die Dicke des Fadens. Sie ist ein Ausdruck, mit Hilfe dessen verschieden dicke Fäden und entsprechend auch Fasern in bezug auf Festigkeit miteinander verglichen werden können. Ein Faden von doppeltem Querschnitt besitzt wohl eine doppelte Festigkeit, indessen ist sein Gewicht auch doppelt so groß, so daß bei gleicher Festigkeit des Materials seine Reißlänge derjenigen eines Fadens von nur einfachem Querschnitt entspricht.

Untersuchungen ergaben auf verschiedenen Bodenarten und bei verschiedenen Düngungen Unterschiede in der Reißlänge von 46 bis 72 km, bei 10 mm Einspannlänge. Im allgemeinen war die Faser des auf Moorboden gewachsenen Hanfes derjenigen des auf Mineralboden gewachsenen Hanfes in bezug auf Festigkeit unterlegen. Bei verschiedenen Düngungen ließ sich kein übereinstimmendes, gesetzmäßiges Verhalten erkennen. Aus der am unversponnenen Material ermittelten Reißlänge lassen sich nicht ohne weiteres Schlüsse auf die Festigkeit des daraus hergestellten Gespinstes ziehen, da hierbei bekanntlich noch andere Faktoren, wie z. B. die Länge der Faserbündel, der Grad der beim Hecheln erzielten Feinheit, sowie die Oberflächenbeschaffenheit der Fasern eine Rolle

[1]) Herzog, A.: Zur Unterscheidung von Flachs und Hanf auf optischem Wege. Textile Forschung 1922, S. 58.

[2]) Poggendorffs Annalen. Bd. 70, S. 167. 1847.

[3]) Herzog, A.: Was muß der Flachskäufer vom Flachsstengel wissen? Sorau 1918, S. 16ff.

spielen. Die ermittelten Zahlen haben nur insofern eine Bedeutung, als sie die oberste Grenze der erreichbaren Garnfestigkeit darstellen, die auch bei bester Verarbeitung nicht überschritten werden kann. Allem Anschein nach haben auf die Reißlänge weniger die Düngung und Bodenbeschaffenheit als vielmehr andere Momente großen Einfluß, wohin in erster Linie das Reifestadium der Pflanzen sowie die Art der Fasergewinnung zu zählen ist.

Zu wesentlich geringeren Reißlängen gelangten Krais und Biltz[1]) bei ihren Untersuchungen an einer Sorte, die als besonders schön und lang gewachsen bezeichnet wird, also vermutlich italienischer Abstammung gewesen sein dürfte. Das Gesamtmittel dieser Untersuchungen schließt mit einer Reißlänge von 30 km ab. Dabei sind die Fasern der männlichen Pflanzen denen der weiblichen in bezug auf Festigkeit etwas überlegen. Innerhalb der einzelnen Stengelzonen zeigen die Fasern der unteren Stengelteile die größten Reißlängen, dann folgt die Mitte, und am schwächsten sind die Fasern der Stengelspitze.

Nach Müller[2]) besteht ein geringer Unterschied in der Festigkeit zwischen Hanfgarnen aus italienischem und solchen aus russischem Fasermaterial, der mit den beobachteten Unterschieden in der Dehnungsfähigkeit dieser beiden Herkünfte in gewisser Beziehung steht. Bei den Prüfungen mit dem Schopperschen Festigkeitsprüfer zeigte der russische Hanf eine Reißlänge von 41,7 km bei 5 mm Einspannlänge, während der italienische eine Reißlänge von 54,8 km hatte, d. h. also der italienische Hanf hält etwa 25 % mehr als der russische. Die Dehnung betrug bei geringer Belastung (500 g) und einer Einspannlänge von 50 mm beim russischen Material 1,32 %, beim italienischen 0,98 %. Bei stärkerer Belastung (1500 g) dehnten sich beide Hanfsorten etwa gleich, um 1,52 bzw. 1,56 %. Bei noch größerer Belastung überwog endlich die Dehnung des italienischen Materials diejenige des russischen. Demnach dehnt sich schwächeres Material bei geringer Belastung mehr als stärkeres Material, während andererseits eine hohe Belastung schwächeres Material schneller zum Reißen bringt, wodurch sich das schwächere Material bei großer Belastung weniger dehnt als stärkeres Material. Diese Untersuchungen sind angestellt worden, um eine in der Industrie gemachte Erfahrung mit Transmissionsseilen aus Hanf verschiedener Herkunft aufzuklären. Die Belastung der Transmissionsseile ist im Verhältnis zu ihrer tatsächlichen Reißfestigkeit eine sehr geringe. Sie beträgt in den meisten Fällen kaum den 100. Teil derselben. Es hat sich nun gezeigt, daß bei Verwendung von russischem Hanf diese Seile sich mehr dehnen als die aus italienischem Schleißhanf hergestellten. Wir haben es hier ebenfalls mit einer Dehnung bei verhältnismäßig schwacher Belastung zu tun.

Irgendwelche Schlüsse auf absolute Festigkeitswerte der einzelnen Hanfsorten lassen sich aus dem Mitgeteilten nicht ableiten. Die erheblichen Schwankungen in der Reißlänge innerhalb des deutschen Hanfes zeigen bereits an, daß die Festigkeit der Faser weniger eine Sorteneigentümlichkeit zu sein scheint, als vielmehr in den natürlichen Grundlagen des Hanfbaues und vor allen Dingen der Fasergewinnung bedingt ist. Gerade die Art der Fasergewinnung, Aufschließung usw. kann einen großen Einfluß auf die Festigkeit ausüben.

Der Faseranteil.

Aus mehrfachen Gründen ist es notwendig, neben den Eigenschaften der Hanffaser auch die Mengen kennen zu lernen, in denen sie im Stengel sich findet. Bei den Erwägungen, ob der Hanf die Konkurrenz mit anderen Faserpflanzen (Flachs) aufnehmen bzw. diese verdrängen kann, ist die Frage der Faserleistung von großer Bedeutung und zwar kommt weniger der absolute Fasergehalt der Einzelpflanze, als vielmehr der Faserertrag von der Flächeneinheit in Frage. Selbstverständlich spielen auch die Verwendungsmöglichkeiten der Faser bei diesen Erwägungen eine große Rolle.

[1]) a. a. O.

[2]) Müller, W.: Über die Dehnung von Hanffertigfabrikaten. Dtsch. Seilerzeitung 1923, Nr. 18.

Im Anbau verdienen diejenigen Hanfsorten oder -formen den Vorzug, welche die höchste Faserleistung aufweisen. Hier kommt es ebenfalls weniger auf den Fasergehalt an, als auf den Faserertrag von der Flächeneinheit. Hanfformen mit niedrigerem Fasergehalt können trotzdem im Faserertrag solche mit höherem Fasergehalt übertreffen, wenn der Gesamtertrag ein größerer ist. Immer aber ist es notwendig, den Fasergehalt erst zu bestimmen.

Auch zu einer Erfolg versprechenden züchterischen Bearbeitung des Hanfes gehört eine möglichst exakte Faserbestimmung der Zuchtstämme sowohl als auch der einzelnen Auslesepflanzen.

Was nun die Prüfung von Zuchtstämmen anbetrifft, so kann die fabrikmäßige getrennte Aufarbeitung von genügend großen Proben bereits recht deutliche Unterschiede erweisen, während wir bei der Bestimmung des Fasergehaltes von Einzelpflanzen vorwiegend auf chemische Aufschließungsmethoden angewiesen sind. Obwohl die Faserbestimmung auf chemischem Wege im Laboratorium an sich natürlich viel exakter erfolgen kann als die fabrikmäßige Aufarbeitung von größeren Einzelproben, so hat doch gerade die letztere den Vorzug, daß sie uns den wirklichen Effekt, die Menge der technisch nutzbaren Faser angibt. Die Faserbestimmung auf chemischem Wege liefert uns in den meisten Fällen ein wesentlich anderes Material als das, was unter technischer Faser verstanden wird. Außerdem ist sie außerordentlich stark beeinflußt durch den Reifegrad der Stengel, und selbst geringfügige Unterschiede in demselben können ein ganz verschiedenes Endresultat hervorrufen. Die Faserzelle macht, wie dargelegt, im Laufe der Vegetation eine Reihe von Veränderungen durch. Diese Veränderungen betreffen nicht nur ihre physikalischen Eigenschaften, sondern gerade ihre chemische Zusammensetzung. Je nachdem, wie weit die Umwandlung der Hemizellulosen in Zellulose abgeschlossen ist, wie weit der Verholzungsprozeß vorgeschritten ist, erhalten wir in der chemisch aufgeschlossenen Faser ganz andere Mengenverhältnisse. Ebenso wie es in der Pflanze praktisch den Begriff reine Zellulose nicht gibt, gibt es auch keine quantitative Faserbestimmungsmethode im Sinne des Chemikers. Je nach dem Grad der Aufschließung, der erreicht wird, werden wechselnde Mengen von Verbindungssubstanzen an der Faser haften bleiben oder es wird gar die Faser selbst mehr oder weniger angegriffen.

Außerdem entstehen bei den relativ geringen Mengen, die bei den chemischen Faserbestimmungsmethoden verarbeitet werden, sehr große Fehlerquellen durch die Ungleichheit des Materials. In verschieden dicken Stengeln schwankt der Fasergehalt außerordentlich, worauf ich weiter unten zurückkomme.

Damit soll der Wert der Aufschließungs- und Bestimmungsmethoden nicht verkleinert werden. Man wird die chemische Faserbestimmung, namentlich bei Untersuchungen einzelner Stengel, nie missen können. Die erzielten Resultate sind jedoch nur vergleichbar mit solchen, die an gleich reifen Stengeln möglichst im gleichen Arbeitsgang der Aufschließung oder unter genauester Innehaltung der Aufschließungsbedingungen erhalten werden. Es soll hier nur auf die Schwierigkeit hingewiesen werden, brauchbare Vergleichsresultate zu erhalten.

Die gleichen Schwierigkeiten wie bei der chemischen Aufschließung gelten natürlich auch, wenn man die biologische Röstarbeit als Grundlage für Faserbestimmungen an Einzelstengeln benutzt. Dagegen liefert die biologische Aufschließungsmethode sehr gute Resultate, wenn es sich um die Bestimmung des Fasergehaltes einer größeren Zahl von Pflanzen, etwa der Nachkommenschaft einer Auslesepflanze, handelt. Eine derartige Menge ist noch zu klein, um fabrikmäßig aufgearbeitet zu werden. In solchen Fällen ist von mir mit Erfolg eine Warmwasserröste in einer kleineren Versuchsanlage angewendet worden, die man sich einfach und zweckmäßig durch möglichst lange röhrenförmige Gefäße aus beliebigem, für Mikroorganismen natürlich indifferentem Material herstellen kann. Eine Menge von 100 bis 200 Pflanzen ist immerhin ausreichend, um für diese Art der Faserbestimmung genügend Material zu liefern, das zudem der technisch wirklich nutzbaren Faser entspricht. Ferner lassen sich bei einem derartigen Verfahren auch die qualitativen Eigenschaften der Hanffaser weitgehend beurteilen.

Endlich wäre noch die rein mechanische Trennung des Bastes vom übrigen Stengel zu erwähnen. Bei ganz ausgereiften Pflanzen läßt sich nach scharfer Trocknung des Stengels der Bast sehr leicht vom Holz trennen, auch die Rinde durch einiges Reiben mit der Hand ziemlich entfernen. Diese Methode kann natürlich nur als verhältnismäßig roh angesehen werden. Immerhin liefert sie brauchbare Resultate, wenn es sich darum handelt, die sogenannte Vorsichtung einer größeren Zahl von Einzelstengeln vorzunehmen. Auch bei diesem Verfahren gilt als selbstverständliche Voraussetzung ein möglichst gleicher Reifegrad, da bei verschieden reifen Stengeln die Rinde mehr oder weniger stark haften bleibt.

Quantitative Faserbestimmungen sind bisher beim Hanf verhältnismäßig wenig ausgeführt worden, beim Lein dagegen häufiger. Bis zu einem gewissen Grade kann man auch auf die beim letzteren gemachten Erfahrungen zurückgreifen, wenn es sich darum handelt, die zweckmäßigste Methode der Faserbestimmung beim Hanf zu ermitteln.

Was die einzelnen Bestimmungsmethoden anbetrifft, so sind sowohl chemische Methoden, als auch solche, die sich der Röstarbeit der pektinvergärenden Bakterien bedienen, von verschiedenen Autoren angewendet worden. Schindler[1]) bestimmte den Fasergehalt beim Flachs in der Weise, daß er von den zu untersuchenden Proben 30 je 10 cm lange, dem mittleren Teil des Stengels entnommene, Teilstücke einer natürlichen Röste aussetzte und die Fasern durch Abstreifen mit der Hand usw. isolierte. Behrens[2]) führte bei seinen Untersuchungen am Hanf die Aufschließung mittels der Baurschen Röste (aufeinanderfolgende Behandlung mit Mineralsäure und Alkali) aus. Fruwirth[3]) schlägt zur Ermittlung der Fasermengen beim Hanf vor, die Rinde durch Knicken der gerösteten oder ungerösteten Stengel abzulösen und die Faser durch mechanische Behandlung, z. B. Reiben mit der Hand, zu reinigen. Ferner führt er Behandlung des Fasergutes mit Kupferoxydammoniak zur Bestimmung der Reinfaser an, die Bastzellen werden darin gelöst und das Gewicht der Faser durch Trocknen und Zurückwiegen des ungelösten Restes erhalten. Krais und Biltz[4]) haben bei ihren Ausbeutebestimmungsversuchen an Hanfpflanzen eine 3 bis 4tägige Röste in einer 0,8 %igen Bikarbonatlösung angewendet. Hierbei wurden die Stengel in der 20fachen Menge Lösung in 1 mm hohen Glasröhren in ein Wasserbad eingesetzt und auf einer konstanten Rösttemperatur von 34 bis 37° erhalten. Nach Beendigung der Röste wurden die Stengel an der Luft getrocknet, das Fasermaterial sorgfältig mit der Hand abgezogen und gesammelt. Die hierbei erhaltene Fasermenge entspricht natürlich vollkommen der technischen Faser. Ein Verfahren zur Ermittlung des Gehaltes an reiner Faser ist von Waentig und Gierisch[5]) ausgearbeitet worden. Die Stengel werden zur Durchweichung und Auflösung

---

[1]) Schindler: Studien über den russischen Lein usw. Landw. Jahrb. 28, S. 170. 1899.

[2]) Behrens: Untersuchungen über den Einfluß äußerer Verhältnisse auf den Hanf und die Hanffaser. Ber. d. Gr. Bad. Landw. Versuchsanst. Augustenberg 1904, S. 41—45.

[3]) Fruwirth: Handb. d. landw. Pflanzenzüchtung. Bd. 3, S. 72. 1919.

[4]) Krais und Biltz: a. a. O.

[5]) Waentig und Gierisch: Aufschließung von verholzten Fasern mit Chlor zur Gewinnung von Zellstoff und Spinnfasern. Textile Forschung Bd. 2, S. 69—79. 1920.

der die Faserbündel zusammenhaltenden Pektinstoffe einer Vorbehandlung mit Natronlauge unterworfen, hierauf gewaschen und der Einwirkung eines Chlorgasstromes ausgesetzt. Das gechlorte Material wird hierauf wieder mit Natronlauge behandelt und endlich die Reinfaser aus dem Faserbrei durch einen Abschlemmprozeß von dem Zellstoff befreit. Aus der Menge des bei dieser Behandlung aufgenommenen Chlors läßt sich ferner der Verholzungsgrad der Faser bestimmen.

Zur Bestimmung des Reinfasergehaltes können natürlich mehr oder weniger sämtliche Kotonisierungsverfahren dienen, bei denen es ja auch darauf ankommt, die reine Bastzelle von dem umgebenden Gewebe zu lösen. Viele dieser Verfahren bezwecken freilich nur eine Veredelung bereits gewonnener technischer Faser oder ihrer Abfallprodukte, mit wenigen Ausnahmen lassen sich jedoch auch diese zur Aufschließung ganzer Stengelteile verwenden.

Auf ein erst in neuerer Zeit ausgearbeitetes Verfahren zur Bestimmung des Fasergehaltes möchte ich noch näher eingehen, weil ich bei meinen weiterhin angegebenen Untersuchungen an Einzelstengeln mit geringfügigen Abänderungen den gleichen Weg eingeschlagen habe. Wenn es auch bei der züchterischen Arbeit wünschenswert ist, die Bestimmung des Fasergehaltes möglichst auf die Nachkommenschaft zu verlegen, bei der ein größeres Material auf biologischem Wege oder fabrikmäßig aufgearbeitet werden kann, und andererseits die Bestimmung des Fasergehaltes in Einzelpflanzen bzw. an nur geringenMengen Stengelmaterials möglichst einzuschränken, so gibt es doch genug Fälle, wo eine solche aus züchterisch-praktischen Gründen oder auch in wissenschaftlichem Interesse nicht zu umgehen ist. Für derartige Fälle kann ein Verfahren gute Dienste leisten, das Bredemann[1]) zur Bestimmung des Fasergehaltes in Einzelpflanzen sowohl als auch in Nachkommenschaften benutzt. Das zu untersuchende Material wird genau gewogen, wobei eine gesonderte Probe zur Bestimmung des Wassergehaltes genommen wird. Die Stengel werden in 22 bis 25 cm lange Stücke zerschnitten, zunächst in flachen Schalen in Natronlauge von $2^1/_2{}^0$ Baumé $^3/_4$ Stunden lang unter Ersatz des verdampfenden Wassers gekocht. Nach Abgießen der Lauge und Abkühlen mit kaltem Wasser wird der Bast von den Stengeln abgezogen. Die Rindenteile werden durch Quetschen weiter gelockert, gewaschen und einer nochmaligen Kochung mit Natronlauge von $1^1/_2{}^0$ Baumé $^1/_4$ Stunde im Erlenmeyer-Kolben unterzogen. Dann werden die Fasern durch Waschen von den übrigen Rindenteilen entfernt, getrocknet und gewogen. Durch dieses Verfahren wird eine ziemlich weitgehende Mazeration der Fasern erreicht. Bredemann trägt dem Umstand, daß diese Fasermenge nicht der technischen Faser entspricht, dadurch Rechnung, daß er durch Multiplikation der „Reinfaser" mit einem Korrektionsfaktor von 1,25 die zu erwartende technische Faserausbeute angibt. Dieser Korrektionsfaktor ist ermittelt worden, indem technisch gewonnene Hanffasern dem gleichen Verfahren unterworfen wurden.

Ganz abweichend von allen seither angeführten Verfahren bestimmte A. Herzog[2]) den Fasergehalt auf mikroskopisch-graphischem Wege. In Querschnitten aus der Mitte des Stengels wird die von den Faserzellwänden gedeckte Fläche des Querschnitts graphisch ausgemessen. Das Fasergewicht wird dann berechnet aus der gefundenen Querschnittsfläche, dem durchschnittlichen spezifischen Gewicht der Fasersubstanz ($s = 1,5$ g) und dem vorher zu bestimmenden Trockensubstanzgewicht eines 10 cm langen Stengelstückes, welches unmittelbar an den untersuchten Querschnitt angrenzt.

---

[1]) Bredemann: Die Bestimmung des Fasergehaltes in Bastfaserpflanzen bei züchterischen Untersuchungen. Faserforschung 1922, S. 239ff.

[2]) Herzog, A.: Über eine mikroskopisch-graphische Methode zur Bestimmung des Fasergehaltes von Gespinstpflanzen. Angew. Botanik Bd. 1, S. 65—73. 1919.

Soweit es sich um die Bestimmung des Fasergehaltes in einzelnen Pflanzen bzw. um die Verteilung des Faseranteils innerhalb einer Pflanze in den einzelnen Stengelzonen handelt, habe ich die Reinfaser durch mehrmaliges Kochen in Natronlauge und nachfolgendes Quetschen und Auswaschen von Rinde und Holz getrennt. In allen übrigen Fällen ist, soweit die Menge der zu untersuchenden Stengelpartie eine fabrikmäßige Aufarbeitung noch nicht zuließ, die Röste in kleiner Versuchsanlage vorgenommen worden und es sind die hierbei erzielten Ergebnisse zur Grundlage meiner Schlußfolgerungen gemacht worden. Es erübrigt sich zu betonen, daß nur auf gleicher Grundlage gewonnene Ergebnisse direkt miteinander verglichen werden können.

Infolge dieser mangelnden Vergleichbarkeit ist es auch außerordentlich schwierig, Angaben über den absoluten Fasergehalt des Hanfes zu machen. Da die technische Faser stets wechselnde Mengen von Nichtfaser enthält, die je nach der Art der Fasergewinnung außerordentlich schwanken, so kann eine derartige Angabe nur einen gewissen Anhalt geben unter Berücksichtigung des Verfahrens, mit Hilfe dessen die Faser gewonnen wurde. Ferner wechselt bei einzelnen Hanfformen der Anteil der Blätter- und Samenmasse ganz erheblich. Es empfiehlt sich aus diesem Grunde, die Faserausbeute nicht auf das Gesamtstengelgewicht zu beziehen, sondern auf die von Blättern und Samen befreiten Stengel, sogenannte geriffelte Stengel. Bei allen folgenden Angaben, die meinen eigenen Arbeiten entstammen, ist das Fasergewicht stets zu dem Gewicht der geriffelten Stengel in Beziehung gebracht.

Bei der fabrikmäßigen Ausarbeitung erhielten wir, bezogen auf das Gewicht der geriffelten Stengel, im Durchschnitt 18 bis 26 % Ausbeute an technischer Faser. Bei den mehrfach angezogenen Untersuchungen von Krais und Biltz bleiben die Faserausbeuten zum Teil wesentlich unter diesen Grenzen, hier wurden bei Stengeln mit mittleren Ausmaßen 14,1 bis 19,6 % erzielt. Bredemann kommt bei vier schnittreifen Hanfsorten auf eine Ausbeute an technischer Faser zwischen 15 und 18,5 %, während die unreifen Sorten noch hinter dieser Ausbeute zurückbleiben.

Da in allen drei Fällen jedoch die Faser auf verschiedene Weise gewonnen bzw. ermittelt wurde, so lassen diese Zahlen durchaus keinen Vergleich zu. Immerhin geben sie aber einen gewissen Anhalt, mit welcher Faserleistung beim Hanf gerechnet werden kann.

Zwischen den einzelnen Kulturformen bestehen zum Teil ebenfalls erhebliche Unterschiede in der Faserleistung. Ich habe bereits einige Zahlen, die bei der fabrikmäßigen Aufarbeitung größerer Mengen gewonnen wurden, mitgeteilt (s. S. 11). Bredemann[1]) erhielt bei seinen Züchtungsversuchen bei neun verschiedenen Hanfsorten folgende Ausbeute:

Sorten	Gehalt an Reinfaser %
Russischer Nachbau	14,02
Chilenische Originalsaat	14,78
Italienische Originalsaat	13,63
Italienischer Nachbau	12,04
Spanische Originalsaat	11,58
Amerikanische Orig. Tochimington	13,23
„ „ Kymington	12,35
„ „ Chington	9,78
„ „ Tochigi	8,67

[1]) Bredemann: Über Faserausbeutebestimmungen bei Hanfzüchtung. Angew. Botanik 1922. S. 233.

Innerhalb einer ausgeglichenen Zuchtsorte bestehen auf verschiedenen Bodenarten erhebliche Abweichungen im Fasergehalt. So erhielten wir bei der fabrikmäßigen Aufarbeitung größerer Mengen folgende Zahlen:

Herkunft	Fasergehalt %	Faserertrag je ha kg
Mineralboden, humoser Lehm	24,2	1412
Moorboden, reines Niederungsmoor	19,4	1300
Anmooriger Sandboden, sehr leicht	20,7	744

Die erheblichen Unterschiede des Faserertrages sind natürlich durch die großen Unterschiede im Ernteertrag bedingt, der auf Sandboden im Durchschnitt etwa die Hälfte des Gesamtertrages der besseren Böden beträgt.

Außerordentlich groß sind die Unterschiede, die im Fasergehalt der einzelnen Stengel innerhalb eines sonst gleichmäßigen Bestandes auftreten. Diese Unterschiede können einmal individueller Natur sein und für die Züchtung faserreicher Sorten außerordentlich wertvoll werden. Diese individuellen Eigenschaften werden jedoch häufig überdeckt von Unterschieden im Fasergehalt, die durch die äußeren Merkmale oder Ausmaße des Stengels herrühren.

Im allgemeinen steigt der Fasergehalt mit abnehmender Dicke des Stengels an. Krais und Biltz[1]) fanden bei ihren Untersuchungen im Durchschnitt einen Fasergehalt bei

dünnen	Stengeln	von	14,2 %
mitteldicken	„	„	13,5 %
dicken	„	„	12,1 %

Bredemann stellt in seinen angeführten Untersuchungen ebenfalls den höchsten Fasergehalt bei den dünnsten, umgekehrt den niedrigsten Fasergehalt bei den dicksten Stengeln fest. Zu gleichen Ergebnissen gelangte ich bei der Prüfung von Stengeln eines Reihenweiten-Versuchs, bei dem infolge des verschieden großen Wachstumsraumes erhebliche Unterschiede in der Stengeldicke auftraten. Es stellten sich im Durchschnitt folgende Zahlen heraus:

Reihenweite	Stengeldicke	Fasergehalt
20 cm	8,2 mm	24,4 %
50 „	14,1 „	15,7 %
100 „	18,7 „	10,8 %

Bei den Untersuchungen an Einzelstengeln hat es sich als zweckmäßig herausgestellt, nicht ohne weiteres von der Stengeldicke zu sprechen und darnach die Stengel einzugruppieren, sondern den Durchmesser des Stengels in Beziehung zu der Länge des Stengels zu bringen. Ein Hanfstengel von 1 m Höhe und 8 mm Durchmesser ist im Verhältnis zu seiner Länge als außerordentlich dick zu bezeichnen, während ein Stengel von 1,80 m Höhe und dem gleichen Durchmesser als mitteldick bis dünn bezeichnet werden kann. Es erhellt ohne weiteres, daß der letztere Stengel zu seiner mechanischen Festigung eines besser ausgebildeten Gewebes bedarf als der erstere, mithin auch einen höheren Fasergehalt aufweisen wird. Ich habe, um diesem Umstand gerecht zu werden, bei meinen Arbeiten den Durchmesser des Stengels in Beziehung zu der Stengellänge gebracht und die erhaltene Zahl den „Stengelquotienten“ genannt. Daß selbst bei gleicher Länge erhebliche Abweichungen im Quotienten vorkommen können, habe ich

[1]) a. a. O.

bei Besprechung der äußeren Merkmale des Hanfstengels (S. 27) bereits zahlenmäßig belegt. Es hat sich bei der Faserbestimmung einer größeren Zahl von Einzelstengeln herausgestellt, daß dieser Quotient gewisse, gesetzmäßig zu nennende Beziehungen zu dem Fasergehalt aufweist. So erhielt ich bei der Untersuchung von 16 Stengeln, deren Länge sich zwischen 1,50 und 1,58 m bewegte, folgendes Zahlenbild:

Stengelquotient = Länge: Durchmesser	Fasergehalt %	Stengelquotient = Länge: Durchmesser	Fasergehalt %
229,1	23,7	158,0	18,7
228,3	23,8	157,0	18,7
174,4	20,4	147,1	18,5
169,4	19,3	147,0	18,3
166,3	19,0	143,4	18,4
166,0	19,3	141,4	18,0
163,4	18,9	118,5	16,1
160,0	19,1	116,3	15,9

Die Tatsache, daß mit zunehmender Stengeldicke der Fasergehalt abnimmt, wird ohne weiteres verständlich, wenn wir die Anzahl der Einzelfasern im Stengelquerschnitt zu dem Fasergehalt in Beziehung bringen. Die Anzahl der Fasern im Querschnitt wechselt zunächst sehr stark in den einzelnen Stengelzonen. Sie ist am größten etwa in der Mitte des Stengels[1]). Es empfiehlt sich also, aus dieser Zone der größten Fasernzahl mehrere Querschnitte zu nehmen, und die durchschnittliche Faserzahl für die Mitte des Stengels festzustellen. Bei der Auszählung von Querschnitten verschieden dicker Stengel fand ich, daß die Anzahl der Fasern bei Stengeln mit verhältnismäßig großem Quotienten mit der Stengeldicke zunimmt. Von einer gewissen Grenze des Stengeldurchmessers ab nimmt die Zahl der Fasern jedoch nicht mehr zu, sondern bleibt mit geringen Ausschlägen nach oben und unten konstant. Es scheint also, als ob das Bildungsvermögen des Vegetationskegels ein begrenztes sei und lediglich für die Bildung einer gewissen Höchstzahl an Fasern befähigt ist. Bedarf die Pflanze darüber hinaus noch der Unterstützung des mechanischen Gewebes, so bilden sich sekundäre Faserbündel, die bei den oben angeführten Auszählungen nicht berücksichtigt sind. Ferner wird mit zunehmender Stengeldicke die Einzelfaser gröber, d. h. die durchschnittliche Querschnittsfläche der einzelnen Faserzelle ist in dicken Stengeln größer als in dünnen Stengeln. Es geht daraus ohne weiteres hervor, daß schon aus letzterem Grunde Fasergewicht und Fasernzahl nicht in direktem Zusammenhang stehen. Wenn jedoch auch durch die gröbere Ausbildung der Einzelfaser und durch die Bildung sekundärer Fasern noch eine gewisse Zunahme des Fasergehalts bei gleichbleibender Anzahl primärer Fasern eintreten kann, so ist diese Zunahme nur beschränkt. Es muß daher mit zunehmender Stengeldicke, also zunehmendem Gesamtgewicht, der Fasergehalt abnehmen.

Ebenso wie die Zahl der Fasern in verschiedener Stengelhöhe variiert, weist auch der Fasergehalt in den einzelnen Stengelabschnitten zum Teil erhebliche Unterschiede auf. Nach Krais und Biltz ist der gewichtsmäßige Faseranteil in der Mitte des Stengels am größten und nimmt nach unten und oben ab. Ich habe ein solches Ergebnis bei unserem Hanf nie erzielen können. Ich führe nachstehend einige Resultate meiner Untersuchungen an. Die Bestimmungen sind vorgenommen an 20 cm langen Stengelstücken, Ausschnitten aus verschiedener

---

[1]) Heuser: a. a. O., S. 25, 26.

Stengelhöhe, deren mittlerer Durchmesser auf die beschriebene Weise durch je vier Messungen ermittelt wurde.

Pflanze Nr.	Mittlere Höhe des Ausschnittes an der Pflanze gemessen in cm	Mittlerer Durchmesser in mm	Gesamtgewicht des Stengelausschnittes in g	Fasergewicht in g	Faseranteil %
	15	6,8	1,548	0,333	21,5
	38	7,275	1,376	0,350	25,4
I.	75	6,625	1,258	0,356	28,3
	102	6,025	1,102	0,335	30,3
	128	5,8	0,960	0,303	31,5
	15	8,3	3,317	0,525	15,8
	35	8,025	2,664	0,503	18,8
II.	72	7,725	2,272	0,475	20,9
	110	6,7	1,998	0,405	20,2
	135	6,2	1,721	0,411	23,8
	165	5,725	1,487	0,370	24,8
	18	7,625	2,661	0,416	15,6
	40	7,575	2,296	0,416	18,1
III.	72	7,325	2,033	0,392	19,2
	105	6,5	1,797	0,340	18,9
	132	5,95	1,553	0,325	20,9
	165	5,65	1,393	0,293	21,0
	15	9,075	3,260	0,610	18,7
	38	8,725	2,713	0,480	17,6
	65	8,475	2,348	0,413	17,5
IV.	98	7,9	2,055	0,367	17,8
	125	7,425	1,800	0,343	19,0
	154	7,225	1,604	0,336	20,9
	178	6,60	1,428	0,310	21,7
	205	5,9	1,190	0,280	23,5

Es geht aus diesem Zahlenbild hervor, daß die Kurve des Faseranteils ununterbrochen bis zur Spitze des Stengels ansteigt. Die Kurve der Fasergewichte steigt entweder bis in $^1/_2$ der Stengelhöhe an und nimmt dann wieder ab, oder sie nimmt kontinuierlich von unten nach oben ab. Die Kurve der Gesamtgewichte nimmt von unten nach oben gleichmäßig ab, und zwar erfolgt die Abnahme schneller als die Abnahme der Fasergewichte. Infolgedessen nimmt der Fasergehalt nach der Spitze kontinuierlich zu. Das schnellere Sinken der Gesamtgewichte erklärt sich daraus, daß nach der Stengelspitze zu der Anteil des Holzes am Stengeldurchmesser geringer wird, der Hohlraum dagegen relativ größer.

Infolge des in den einzelnen Stengelzonen stark wechselnden Fasergehaltes ist es daher wichtig, bei der Faserbestimmung in Einzelpflanzen stets den ganzen Stengel und nicht nur Stengelabschnitte zu untersuchen.

Endlich wäre hier noch der Fasergehalt der männlichen und der weiblichen Hanfpflanzen zu vergleichen. Ich habe bereits dargelegt, daß in der Erntemasse selbst die Faser der männlichen Pflanzen nur zu etwa 30 % vertreten ist, trotzdem die männlichen Pflanzen der Zahl nach etwa 47 % des Bestandes ausmachen (S. 18). Die Faserleistung der männlichen Pflanzen ist also jedenfalls erheblich geringer als die der weiblichen Pflanzen. Dieses Resultat ergibt sich aber lediglich durch die gewichtsmäßige Zusammensetzung der Erntemasse, an der die männlichen Pflanzen nur zu 21 % beteiligt sind. Der Fasergehalt der männlichen Pflanzen ist an sich höher als derjenige dei weiblichen Pflanzen. Bredemann kommt bei seinen Untersuchungen zu dem Resultat, das bei ausgewachsenem Hanf die männlichen Pflanzen den weiblichen in bezug auf Fasergehalt überlegen sind, während bei den nicht ausgereiften Sorten kein Unterschied im Fasergehalt zu beobachten war. Es scheint demnach der höhere Fasergehalt nicht so sehr Eigentümlichkeit der männlichen Hanfpflanzen zu sein, als vielmehr durch den fortgeschritteneren Reifegrad und damit verbundenen Gewichtsverlust der übrigen Stengelsubstanz bedingt zu werden. Die Untersuchungen von Krais und Biltz lassen in diesem Sinne keinen sicheren Schluß zu, weil die untersuchten Stengel nach der Dicke sortiert waren (vgl. auch S. 20).

Botanisch-Landwirtschaftliche Charakteristik.

Klima und Standort.

Der Hanf hat, wie wir gesehen haben, auch über klimatisch sehr verschiedene Gebiete seine Verbreitung gefunden. Es läßt sich also nicht ohne weiteres aus der Verbreitung des Hanfes ein Schluß ziehen auf die klimatischen Ansprüche dieser Pflanze. Nach Marquart[1]) benötigt Faserhanf 1800 bis 2000 Wärmegrade in 100 bis 150 Tagen, während der Samenhanf 2200 bis 2800 Wärmegrade in 130 bis 180 Tagen braucht. Diese Zahlen sind nach den Durchschnittstemperaturen in einem der Hauptproduktionsländer für Hanf, in Italien berechnet. Bei der Anpassungsfähigkeit des Hanfes in bezug auf klimatische Bedingungen ist anzunehmen, daß er nach genügend langer Akklimatisation auch mit entsprechend geringeren Wärmegraden auskommen wird. Aber selbst die oben angegebenen Zahlen übersteigen durchaus nicht das durchschnittliche Wärmebedürfnis unserer gewöhnlichen bekannten Kulturpflanzen. Nach Krafft[2]) benötigen die Kulturpflanzen folgende Wärmemengen:

Sommerweizen	1870—2275° C
Sommerroggen	1750—2190° C
Sommergerste.	1700—2500° C
Hafer	2340—2730° C
Erbsen.	2100—2800° C
Sommerraps	1700—1900° C
Lein	1600—1850° C
Kartoffeln	1300—3000° C
Runkelrüben	2400—2700° C

Es geht aus dieser Tabelle hervor, daß das Klima in Deutschland dem Hanf zusagen müßte, soweit die Wärmemenge in Betracht kommt. Der Beweis dafür, daß der Hanf unter die deutschen Kulturpflanzen eingereiht werden kann, ist ja auch durch die Praxis bereits im großen erbracht worden. Die Erträge unseres akklimatisierten deutschen Hanfes sind durchaus zufriedenstellend und sicher.

Neben der Temperatur muß die Menge der Niederschläge in der Vegetationsperiode berücksichtigt werden. Der Hanf stellt gerade an die Wasserversorgung sehr große Ansprüche, so daß im allgemeinen gesagt werden kann, daß ein gemäßigtes aber feuchtes Klima dem Hanf am besten zusagt. Unbedingt vermieden werden muß jedoch stauende Nässe. Hierin stimmen unsere Erfahrungen mit den älteren Erfahrungen der italienischen sowohl als auch der amerikanischen Hanfanbauer überein. In Italien hat der Hanfbau zwar hauptsächlich in der fruchtbaren Poebene und weiter südlich in der Ebene von Kampanien

[1]) a. a. O. S. 48.

[2]) Lehrbuch der Landwirtschaft. 2. Bd. Pflanzenbaulehre. Berlin 1918.

Bedeutung erlangt, doch auch hier wird vermieden, ihn in direkte Sumpfgebiete zu verpflanzen. Das gleiche gilt für Nordamerika, wo der Hanf vorzugsweise in Flußtälern, z. B. im Mississippital, gebaut wird, aber auch nur dort, wo keine Gefahr der stauenden Nässe vorliegt.

Was die Menge der Niederschläge anbetrifft, so stehen wir nicht hinter den Hauptproduktionsgebieten des Hanfes zurück. Die Regenmenge in der Vegetationsperiode ist z. B. in Italien verhältnismäßig gering, sie wird im Mittel von April bis Juli mit 250 mm berechnet werden können. Das ist eine Niederschlagsmenge, die wir in Deutschland auch vorfinden. Allerdings kommt es hierbei wesentlich darauf an, zu welchem Zeitpunkt der Regen fällt. Nicht die absolute Niederschlagshöhe ist maßgebend, sondern ihre Verteilung über die Vegetationsperiode. Die benötigten Regenmengen können sich sehr vorteilhaft in kleinen wirksamen Mengen über die ganze Wachstumsperiode verteilen. Sie können aber auch in wenigen Wolkenbrüchen niedergehen und dazwischen Perioden der Dürre entstehen lassen. Für die Erzeugung eines faserreichen Hanfes scheinen nach den Erfahrungen der Hauptanbauländer derartige Dürreperioden, die gleichbedeutend mit Wachstumsunterbrechungen sind, außerordentlich nachteilig zu wirken. Es ist daher angebracht, gerade diesem Punkte besondere Beachtung zu schenken. Wir haben ja häufiger lange Trockenperioden zu überwinden, die natürlich mehr oder weniger jede Feldfrucht schädigen. Der Hanf scheint jedoch in dieser Beziehung mit zu den empfindlichsten unserer Kulturpflanzen zu gehören.

Nun können jedoch klimatisch ungünstige Einflüsse bis zu einem gewissen Grade durch die Kultur des Bodens überwunden werden, d. h. wir sind in der Lage, durch zweckentsprechende Bodenbearbeitung den Wasserhaushalt im Boden so zu regulieren, daß den Pflanzen auch über eventuelle Dürreperioden hinweg Wasser in genügendem Maße zur Verfügung steht. Diese Kulturmaßnahmen, die natürlich auch im Vordergrund der allgemeinen Ackerbautechnik stehen, haben für den Hanf insofern eine besondere Bedeutung, als der Ertrag des Hanfes unmittelbar von dem Kulturzustand des Bodens und von der Intensität der Bearbeitung abhängt. Die allgemeinen Kulturmaßnahmen, wie z. B. Bodenbearbeitung und Pflege, können den Ertrag des Hanfes ungleich mehr beeinflussen, als es die Düngung imstande ist, worauf ich weiter unten noch zurückkommen werde.

Entgegen der landläufigen Meinung, daß der Hanf mit jedem Boden vorliebnehme, muß gesagt werden, daß der Hanf in bezug auf den Boden eine sehr anspruchsvolle Pflanze ist. Von der richtigen Auswahl des Bodens hängt außerordentlich viel ab. Der Hanf stellt, wie wir gesehen haben, an den Wasservorrat sehr große Ansprüche. Es lag daher nahe, ihn vorzugsweise auf denjenigen Böden anzubauen, bei denen an Wasser kein Mangel ist. Es sind dies die Moorböden, von denen ja eine verhältnismäßig große Fläche immer noch ihrer Erschließung harrt. Die Wiederbelebung des Hanfbaues während der Kriegszeit geschah im Zusammenhang mit den Bestrebungen, die großen noch unkultivierten Moorflächen ihrer landwirtschaftlichen Nutzung zuzuführen. Man setzte voraus, daß der Hanf besonders geeignet sei, als Pionierpflanze zu dienen. Es hat sich jedoch gezeigt, daß der Hanf nicht geeignet ist, auf rohem unzersetzten Moorboden als erste Pflanze nach dem Umbruch mit Erfolg angebaut zu werden, wie das z. B. mit der Kartoffel geschehen kann. Wir haben den Hanf sowohl auf reinen Moorböden wie auf anmoorigen Böden häufig als erste Pflanze nach dem Umbruch angebaut. Hierbei hat sich jedoch herausgestellt, daß der Hanf auf den Böden, die verhältnismäßig roh und wenig vererdet waren, nur sehr schlecht fortkommt. Wenn es gelungen ist, Hanf scheinbar auf Ödland mit befriedigendem Erfolge zu ziehen, wie in der Zeitschriftenliteratur der Kriegsjahre häufig berichtet worden ist, so hat es sich in diesem Falle immer um mehr oder weniger gut vererdeten Moorboden gehandelt, der in seinen Eigenschaften gutem Gartenboden gleichzusetzen ist. Es hat sich bei unseren Arbeiten gezeigt, daß der Hanf vor allen Dingen gegen Säure im Boden außerordentlich empfindlich ist. Wir sind ferner zu der Überzeugung gekommen, daß der Hanf eine der anspruchsvollsten Pflanzen unter unseren Feldfrüchten ist. Er verlangt vom Boden gerade das, was man unter der Bezeichnung „Kultur“ zusammenfaßt.

Für den Moorboden hat der Hanf jedoch eine ganz besondere Bedeutung, auf die ich hier an dieser Stelle etwas näher eingehen möchte. Wenn auch die Hoffnung, daß der Hanf eine vorzügliche Pionierpflanze sei, nicht in allen Fällen zutrifft, so kann doch unter gewissen Umständen der Hanf für den Moorboden sogar unentbehrlich werden. Die Nutzung des Moorbodens — ich spreche hier ausschließlich von dem stickstoffreichen Niederungsmoorboden, da das Hochmoor infolge seiner sauren Eigenschaften an und für sich für den Hanfbau weniger in Frage kommt — erfolgt hauptsächlich in Form von Wiesen und Weiden. Die Nutzung des Moorbodens für Ackerland hat dagegen keine große Verbreitung gefunden, da der Ackerbau auf Moorboden eine Reihe von großen Schwierigkeiten in sich birgt, die dem Bewirtschafter des Mineralbodens fremd bleiben. Der Moorboden erfordert in bezug auf Bodenbearbeitung, auf Pflege der Pflanzen, auf Düngung, auf Auswahl der Feldfrüchte ein besonders sorgfältiges Eingehen auf die Wachstumsbedingungen, die hier vorliegen. Oft ist das Gegenteil der Maßnahmen angebracht, die beim Mineralboden richtig wären. Aus diesem Grunde hat der Ackerbau auf reinem Moorboden in Form der Schwarzkultur bisher nur in verhältnismäßig kleinem Umfange Platz gegriffen. Einer der wenigen Großbetriebe, die größere Flächen in Schwarzkultur bewirtschaften, ist die Domäne Hertefeld bei Nauen. Hier sind gerade mit dem Hanf in dieser Beziehung außerordentlich günstige Erfahrungen gemacht worden, über die ich kurz berichten werde.

Die Zahl der auf reinem Niederungsmoor anbaufähigen Pflanzen ist beschränkt. Am besten gedeiht noch die Kartoffel. Der häufige Kartoffelbau bringt jedoch zwei Übelstände mit sich. Einmal wächst nach dem Absterben des Kartoffelkrautes das Unkraut sehr stark nach. Auf stark verunkrautetem Moorboden überwuchert das Unkraut bereits die junge Kartoffelpflanze, wenn nicht eine der krautwüchsigsten Sorten gewählt wurde. Dieser Unkrautwüchsigkeit des Moorbodens wirkt der Hanfbau einschränkend entgegen. Der Hanf wächst außerordentlich rasch, wenn er die ihm zusagenden Bedingungen vorfindet, und ist dann imstande, das Unkraut in hohem Maße zu unterdrücken, weil sich unter dem dichten Blätterdach des Hanfes eine treibhausartige Wärme und feuchte Luftschicht entwickelt. Diese Treibhausluft ist der Keimung des Unkrautes außerordentlich günstig und man kann bei der Beobachtung der Hanfbestände feststellen, daß so ziemlich alle Unkrautsamen, die unter den gegebenen Bedingungen keimen können, auflaufen und nach kurzer Zeit absterben.

Der zweite Übelstand, den der häufige Kartoffelbau auf Moorboden mit sich bringt, ist die Vermullung oder das Puffigwerden des Bodens. Der Kartoffelbau erfordert, wie bekannt, eine häufige Bodenlockerung. So günstig diese stete Lockerung für den Mineralboden ist, so ungünstig wirkt sie sich auf Moorboden aus. Sie bringt hier eine Verschlechterung der Bodenstruktur mit sich, die nur sehr schwer rückgängig zu machen ist. Es ist dies eine Erscheinung, die auf Zerstörung der Bodenkolloide beruht, auf deren Zusammenhänge ich jedoch hier nicht näher eingehen kann. Es mag daher die bekannte Bezeichnung „Puffigwerden“ genügen. Wenn der Boden puffig wird, so verliert er sowohl die Fähigkeit, sich dicht zu lagern, als auch die Fähigkeit, Wasser anzunehmen. Er stellt dann eine lockere, tote, völlig unnütze Masse dar. Walzen nutzt in solchem Falle nichts mehr, ebensowenig reichen die atmosphärischen Niederschläge eines Jahres aus, um einen total puffig gewordenen Boden wieder in normale Struktur zurückzubringen. In besonders krassen Fällen ist das nur möglich durch eine tiefe Pflugfurche und Anstauen des Wassers über Winter bis dicht unter die Oberfläche. Ein derart gewaltsames Mittel ist aber für die Fruchtbarkeit des Moorbodens außerordentlich schädlich. Der Niederungsmoorboden stellt in seinen Pflanzenresten ein ungeheures Kapital an Stickstoff dar, bei dem es nur darauf ankommt, es mit Hilfe von nitrifizierenden Bakterien flüssig zu machen. Der Stickstoff befindet sich jedoch in der Humussubstanz in einer für die Pflanze nicht aufnehmbaren Form. Es ist notwendig, ihn durch Bakterienarbeit Umsetzungen erleiden zu lassen, damit er von den Pflanzen aufgenommen werden kann. Diese Bakterienarbeit kann jedoch nur vor sich gehen, wenn wir den nitrifizierenden Bakterien die bekannten, für alle aëroben Bakterien gültigen Lebensbedingungen geben. Das Puffigwerden des Moorbodens, das ein völliges Austrocknen der oberen Schicht bis zu einer Tiefe von 30 cm und mehr bedeutet, stellt bereits eine große Gefahr für das Bakterienleben dar. Eine noch größere liegt jedoch darin, wenn das Wasser über Winter angestaut wird, um den puffig gewordenen Boden wieder in normale Verfassung zurückzubringen. Ein derart gewaltsames Mittel muß einen großen Teil der aëroben Bakterienflora zerstören.

Eine vorzügliche Abhilfe stellt der Anbau des Hanfes dar. Einmal vermeidet der Hanfbau selbst die Entstehung solcher unliebsamen Erscheinungen. Der Hanf beschattet den Boden unter normalen Verhältnissen frühzeitig und sehr stark. Dies ist das beste Vorbeugungsmittel gegen das Puffigwerden. Auf Böden, die durch häufigen Kartoffelbau stark puffig geworden sind, kann der Hanfbau ebenfalls heilsam wirken. Aus diesem Grunde ist der Hanf als unentbehrlich für die Schwarzkultur auf Niederungsmoorboden anzusehen, weil es keine zweite Frucht gibt, die den dabei auftretenden Schwierigkeiten auch nur annähernd so gewachsen wäre, wie der Hanf. Er bildet auf dem Niederungsmoorboden eine zweckmäßige Ergänzung zum Kartoffelbau. Da er mit sich selbst sehr gut verträglich ist, kann er sowohl ständig hintereinander, als auch mit einjähriger Zwischenschaltung von Kartoffeln oder einer anderen Frucht angebaut werden.

Was die übrigen Böden angeht, die für den Hanfbau als geeignet in Frage kommen, so muß auch hier wieder betont werden, daß für den Anbau von Hanf der beste Boden nicht zu schade ist. Der Hanf erfordert einen nährstoffreichen, feuchten, aber gut durchlässigen Boden und ist besonders dankbar für einen gewissen Humusgehalt. Es eignen sich also am besten zum Hanfbau die Böden von ziemlich lockerer Struktur, die mit Rücksicht auf die Durchlässigkeit keinen zu starken Tongehalt haben dürfen, vor allen Dingen die fruchtbaren Alluvialböden. Nicht geeignet sind dagegen die festen undurchlässigen Tonböden einerseits und die ganz leichten Sand- oder Kiesböden andererseits. Er gedeiht ferner nicht auf solchen Böden, die eine saure Reaktion zeigen. Im Gegenteil ist besonders nach den amerikanischen Erfahrungen der Hanf für alkalische Reaktion im Boden dankbar. In Italien sind es zwei Gegenden, in denen der Hanfbau eine große Rolle spielt, und zwar in Süditalien die Provinzen Neapel und Caserta, die auch als die kampanischen Ebenen bezeichnet werden, und in Norditalien der südlichste Teil der Poebene. Kampanien ist alter Kulturboden, der bereits unter den alten Römern als Getreidekammer und Garten Italiens berühmt war. Der Boden besteht aus vulkanischem Tuffkalk, und ist ein lockerer, körniger, grauschwarzer Boden, der sich leicht bearbeiten läßt, die Niederschlagsmengen schnell ansaugt und andererseits ein schnelles Austrocknen des Bodens verhindert. Auch das norditalienische Hanfanbaugebiet zeigt besonders kalkhaltigen Boden. Die Hanfböden im bolognesischen Bezirk bestehen aus marschartigem, tiefgründigem Lehm, der stellenweise von sehr bindiger Beschaffenheit ist, so daß nach häufigen Regenfällen die Gefahr der Verkrustung besteht. Aber auch hier ist die Durchlässigkeit für Wasser sowohl als auch die Fähigkeit des Bodens, die Feuchtigkeit genügend festzuhalten, mit einem natürlichen Reichtum an Nährstoffen vereinigt. Besonderes Gewicht wird von den italienischen Hanfbauern auf den Umstand gelegt, daß die Wurzeln des Hanfes eine genügende Entwicklungsmöglichkeit in die Tiefe finden, ohne auf stagnierendes Wasser zu stoßen. Infolgedessen ist an den Stellen, wo es notwendig ist, durch die mühevolle Arbeit von Jahrhunderten sowohl als auch durch moderne Meliorationen ein vorzügliches Entwässerungssystem geschaffen worden.

Auf unsere deutschen Verhältnisse übertragen würde das bedeuten, daß wir den Hanf, soweit nicht nur Moorboden in Frage kommen soll, auf den frischen Alluvialböden sowohl als auch auf den kalkhaltigen diluvialen Geschiebelehmböden mit Erfolg bauen können. Wir sind in Markee auch noch auf verhältnismäßig leichte Böden mit dem Hanfbau gegangen und haben auch hier befriedigende Erträge erzielt. Als notwendige Voraussetzung hat sich jedoch immer erwiesen, daß wenigstens der Untergrund eine gewisse Bindigkeit und vor allen Dingen einen ausreichenden Kalkgehalt aufweisen muß. Mit anderen Worten, die Böden mit Mergel im Untergrund sind für den Hanfbau als die sichersten zu bezeichnen.

Vom Standpunkte des Nährstoff- und Düngerbedürfnisses des Hanfes eignet sich für dessen Anbau am besten unstreitig der Niederungsboden, während der reine Mineralboden erst in zweiter Linie in Frage kommt. Der Hanf verlangt große Mengen an Stickstoff sowohl als auch große Mengen an Wasser. Beides stellt ihm der Niederungsmoorboden in ausreichendem Maße zur Verfügung, vorausgesetzt, daß der allgemeine Kulturzustand des Moores für eine so anspruchsvolle Pflanze, wie es der Hanf ist, ausreicht. Das Niederungsmoor an sich bietet dem Hanf denkbar günstige Wachstumsbedingungen, und gerade auf dem lockeren Humusboden gedeiht der Hanf außerordentlich gut. Ist das Moor gut entwässert, so daß keine stauende Nässe sowie Säurebildung eintreten kann, so kann der Hanf hier auch als Pionierpflanze gute Dienste leisten. Breithaupt[1]) berichtet, daß der Hanf namentlich zum Zermürben der Bülten, die nach dem Umbruch auf Moor häufig störend auftreten, geeignet sei. Auch wir haben die Erfahrung gemacht, daß der Hanf unter günstigen Umständen als Pionierpflanze dienen kann. 1916 wurde durch ein etwas gewaltsames Experiment der Beweis dafür erbracht. Auf einer bis dahin noch nie berührten Moorfläche wurde Hanfsamen mit dem künstlichen Dünger an einem Tage ausgestreut; dann wurde mit einem Landbaumotor die Oberfläche zerkleinert und damit gleichzeitig Hanf und Dünger untergebracht. Der Hanf stand auf dieser Fläche ausgezeichnet und lieferte einen befriedigenden Ertrag, allerdings handelte es sich um gut vererdetes Moor.

Man kann also sagen, daß dem Hanf gerade im Zusammenhang mit der Moorkultur die größte Bedeutung zukommt. Wenn wir uns davor hüten, den Hanf auf nicht zusagende Böden zu bringen, so wird er uns ein vorzügliches Mittel an die Hand geben, in der Urbarmachung unserer Moore einen Schritt vorwärts zu kommen. Ganz besonders ist es die Wirkung auf den in Schwarzkultur bewirtschafteten Moorflächen, die uns den Hanf außerordentlich wertvoll macht. Die Verhältnisse haben sich ja inzwischen so gestaltet, daß bei den enormen

[1]) Illustr. Landw. Ztg. 1922, Nr. 23/24.

Kosten der Urbarmachung nur eine Schwarzkultur und keine Sanddeckkultur in Frage kommt, wenn Ackerbau auf Moorboden getrieben werden soll. Für die mancherlei Gefahren und Schwierigkeiten, die einer solchen Schwarzkultur im Wege stehen, kann der Hanf uns als natürlicher Helfer wertvolle Dienste leisten.

Die einzelnen Bodenarten haben besonders auf den Reifegrad des Hanfes einen großen Einfluß. Der Hanf hat eine um so längere Vegetationszeit, je mehr Wasser ihm der Boden zur Verfügung stellt. Er wird also im allgemeinen auf dem Mineralboden früher zur Reife gelangen als auf dem mehr wasserreichen Moorboden. Es ist jedoch ein Irrtum, anzunehmen, daß auf Moorboden dem Hanf unbeschränkt Wasser zur Verfügung steht und hier die Vegetationszeit demnach eine außerordentlich lange sei. Der reine Humus des Moorbodens besitzt neben seiner Wasserkapazität eine starke Wasserbegierigkeit. Sinkt der Feuchtigkeitsgehalt des Moores auf ein bestimmtes Maß herab, so sind die Pflanzenwurzeln nicht mehr imstande, das von dem Humus hygroskopisch festgehaltene Wasser demselben zu entreißen. Trotzdem ein derartiger Boden sich noch verhältnismäßig feucht anfühlen kann, leidet die Pflanze bereits unter Wassermangel. Wir haben daher vielfach beim Moorboden die Erscheinung, daß der Hanf nach sehr üppiger Vegetation plötzlich abstirbt. Diese mit einer Notreife zu vergleichende Erscheinung bringt für die Ernte der großen Massen ziemliche Schwierigkeiten mit sich. Es liegt das eben daran, daß trotz der großen Wasservorräte des Bodens der Hanf plötzlich Wassermangel gelitten hat. Die tieferen Bodenschichten, die im Moor natürlich reichlich Wasser führen, kommen hier für den Hanf nicht mehr in Frage. Die Bewurzelung des Hanfes erstreckt sich, wie ich bereits im biologisch-morphologischen Teil dieser Arbeit ausgeführt habe, im Moor nur auf die obere Bodenschicht. Selbst wenn das Moor in seinen unteren Schichten keine direkte Säurebildung zeigt, so ist doch die Hauptwurzel des Hanfes sehr empfindlich gegen den höheren Wassergehalt und erstreckt sich meist nur bis zu einer Tiefe von 30 bis 40 cm. Auf Mineralboden liegen die Verhältnisse dagegen anders. Hier ist gerade der Hanf als Tiefwurzler imstande, aus verhältnismäßig tiefen Schichten des Untergrundes die Feuchtigkeit noch heraufzuholen.

Was die Wirkungen des Hanfbaues auf den Boden angeht, so ist der Hanf an erster Stelle unter denjenigen Pflanzen zu nennen, welche den Kulturzustand unserer Ackerböden günstig beeinflussen. Als Tiefwurzler erschließt er die tieferen Bodenschichten und hinterläßt in seinen abgestorbenen Wurzelresten wertvolle Wurzelbahnen für nachfolgende Pflanzen mit geringerem Bewurzelungsvermögen. Die Wurzelreste, die bei der Ernte im Boden verbleiben, zersetzen sich verhältnismäßig rasch und bereichern den Boden mit Humus. Der Hanf ist daher auf allen Bodenarten als eine vorzügliche Vorfrucht für die nachfolgenden Feldfrüchte anzusehen, wie dies ja auch häufig durch praktische Erfahrungen bestätigt worden ist. Er kann in gewissem Sinne in dieser Beziehung die Stelle der Zuckerrübe einnehmen, nicht nur weil er die gleichen günstigen Einflüsse auf den Kulturzustand des Bodens hervorbringt, sondern auch weil beim Hanfbau, ähnlich wie beim Zuckerrübenbau, nur Assimilationsprodukte aus der Wirtschaft ausgeführt werden, während alle wertvollen, dem Boden entnommenen Mineralstoffe in der Wirtschaft verbleiben, vorausgesetzt, daß die Fasergewinnung im eigenen Betriebe erfolgt.

Nährstoff- und Düngerbedürfnis.

In bezug auf den Nährstoffgehalt des Bodens ist der Hanf sehr anspruchsvoll. Ohne dem Boden besonders große Mengen an Nährstoffen zu entziehen, verlangt er einen sehr erheblichen Vorrat an solchen, um sich kräftig entwickeln zu können. Dieser Umstand hängt damit zusammen, daß die Wurzeln des Hanfes zwar in große Tiefen zu dringen vermögen und während der Vegetation auch intensive Arbeit leisten, die Bewurzelung als solche im Verhältnis zum oberirdischen Stengel jedoch eine schwache genannt werden muß. Namentlich im frühen Jugendstadium des Hanfes stellt sich ein Mißverhältnis in dieser Beziehung heraus. Der Hanf unterscheidet sich dadurch wesentlich von unseren Getreidearten. Bei den Getreidearten findet zunächst die Ausbildung eines kräftigen Wurzelsystems statt, ehe die Pflanze in die Höhe geht. Der Hanf treibt jedoch sehr schnell hoch bei zunächst nur mäßiger Wurzelbildung. Wenn der Hanf trotz seiner in der Jugend geringen Bewurzelung im Durchschnitt 2 bis 3 cm pro Tag zuwächst, also demnach auch eine erhebliche Menge an Trockensubstanz bildet, so erscheint es einleuchtend, daß die Nährstoffe in genügender Menge und leicht löslicher Form im Boden vorhanden sein müssen. Bei der vielfachen Aufgabe des Wurzelsystems kann die verhältnismäßig schwache Jugendbewurzelung des Hanfes nicht auch noch Aufschließungsarbeit an weniger leicht löslichen Nährstoffen verrichten. Dieser Umstand ist von besonderer Bedeutung für die Zeit der Düngung und es hat sich auch bei meinen sämtlichen Versuchen herausgestellt, daß eine frühzeitige Gabe sämtlicher Düngemittel beim Hanf angebracht ist, damit die dem Boden einverleibten Nährstoffe inzwischen in lösliche Form übergeführt sind, wenn der Hanf sein größtes Wachstum beginnt.

Im Vergleich zu anderen Feldfrüchten entzieht der Hanf dem Boden im Durchschnitt keine das gewöhnliche Maß übersteigenden Nährstoff-Mengen. Der Ernteentzug an wichtigen Nährstoffen beträgt je Hektar nach Lierke[1]):

Frucht	Bei einer Ernte von dz			Nährstoffe in kg		
	Korn	Stroh	Spreu	N	P_2O_5	K_2O
Roggen	21	50	3	62,70	32,08	56,74
Gerste	25	30	5	59,20	26,70	48,63
Mais	45	65	15	106,00	50,05	127,0
Raps	24	50	17	113,76	58,34	95,50
Lein	6	45	5	90,00	28,68	56,90
Hanf	10	60		100,00	29,35	42,33
		Knollen				
Kartoffeln. . .		250		96,00	44,47	154,58
Zuckerrüben. .		350		77,00	35,21	160,16

Nach meiner Berechnung entzieht eine derartige Hanfernte dem Boden noch außerdem eine Menge von 111,17 kg CaO. Das Kalkbedürfnis des Hanfes ist demnach als außerordentlich hoch zu bezeichnen. Er wird in dieser Beziehung von keiner Kulturpflanze übertroffen. Der Lein entzieht dem Boden nur die halbe Menge an Kalk, wenn wir die gleichen Erntegewichtsmengen annehmen. Es muß hierbei jedoch beachtet werden, daß das Düngerbedürfnis des Hanfes sein Nährstoffbedürfnis bedeutend übersteigt, daß wir also mit erheblich größeren Vorräten an Nährstoffen im Boden rechnen müssen, als der Ernteentzug einer einmaligen Hanfernte beträgt. Mit anderen Worten, das Gelingen des Hanfbaues kann einen Gradmesser für den Kulturzustand des Bodens darstellen, denn der in größter Kultur befindliche Boden wird einmal den größten Nährstoffvorrat aufweisen und zum andern werden die Umsetzungen, die nötig sind, um die Nährstoffe in die leicht lösliche Form überzuführen, den Hanfwurzeln also zugänglich zu machen, auf einem derartigen Boden bedeutend schneller vonstatten gehen.

[1]) Zitiert in Marquart a. a. O.

Was die einzelnen Nährstoffe anbetrifft, so ist das Stickstoffbedürfnis des Hanfes an erster Stelle zu nennen. Auch dieses geht jedoch nicht über den Rahmen desjenigen hinaus, was andere Kulturpflanzen verbrauchen. Auf dem stickstoffreichen Niederungsmoorboden kommt eine Zugabe an Stickstoffdünger nicht in Frage. Es handelt sich hier nur darum, die latente Form des Stickstoffs

Versuche über das Stickstoffbedürfnis des Hanfes. Markee 1922—23.

Parzellengröße 100 qm. Vorfrucht: Zuckerrüben. Bodenbeschaffenheit: wie unten angegeben.

Düngung je ha: Grunddüngung = 4 dz 40% Kali + 4 dz Thomasmehl. Stickstoffdüngung N = 1922 Versuch I und II Ammonsulfatsalpeter. 1923 Versuch I und II Natronsalpeter.

Erträge in dz je ha. Stickstoffmengen in kg reinem N wie unten angegeben.

Düngung	1922				1923			
	Stengel		Samen		Stengel		Samen	
	Einzelerträge	Mittel	Einzelerträge	Mittel	Einzelerträge	Mittel	Einzelerträge	Mittel
Versuch I. Schwach lehm. Sandboden								
	12,4		2,0		22,8		3,0	
Ungedüngt	15,2	14,2 ± 0,72	2,4	2,2 ± 0,08	24,4	23,0 ± 0,56	2,6	2,8 ± 0,12
	15,0		2,2		21,8		2,6	
	18,0		3,8		25,6		3,6	
Grunddüngung ohne N .	18,0	18,6 ± 0,52	3,6	3,8 ± 0,08	22,8	24,8 ± 0,80	3,4	3,6 ± 0,08
	20,0		4,0		26,0		3,8	
	32,6		5,2		42,6		4,6	
Grnuddüngung + 48 kg N	35,0	35,4 ± 1,32	5,2	5,4 ± 0,20	41,6	42,0 ± 0,24	5,4	5,2 ± 0,20
	38,8		6,0		41,8		5,4	
	51,0		8,0		47,8		5,8	
Grunddüngung + 96 kg N	48,0	48,6 ± 0,92	7,8	7,8 ± 0,08	47,4	47,4 ± 0,16	6,2	6,0 ± 0,08
	47,0		7,6		47,0		6,0	
Versuch II. Sandiger Lehmboden.								
	16,2		5,2		40,4		6,0	
Ungedüngt	13,6	16,4 ± 1,16	4,0	5,2 ± 0,44	46,2	43,6 ± 1,28	6,4	6,2 ± 0,12
	19,2		6,2		44,2		6,0	
	15,8		5,0		44,2		6,2	
Grunddüngung ohne N .	16,6	16,6 ± 0,32	6,4	6,2 ± 0,52	42,0	43,4 ± 0,56	6,4	6,4 ± 0,04
	17,4		7,4		44,0		6,4	
	39,8		10,4		56,4		9,6	
Grunddüngung + 96 kg N	36,4	40,0 ± 1,56	9,0	10,2 ± 0,56	65,8	60,0 ± 2,32	9,2	9,2 ± 0,20
	44,0		11,6		57,8		8,6	
	49,0		10,6		77,4		12,0	
Grunddüngung + 144 kg N	51,8	48,8 ± 1,32	9,6	9,8 ± 0,32	76,8	74,8 ± 1,88	11,8	12,0 ± 0,12
	45,4		9,2		70,0		12,4	

im Moorboden durch entsprechende Kulturmaßnahmen in eine für die Kulturpflanze aufnehmbare Form zu bringen. Auf Mineralböden steht dagegen die Frage der Stickstoffdüngung im Vordergrund des Interesses. Namentlich auf den etwas leichteren Böden ist die Stickstoffdüngung von ausschlaggebender Bedeutung für den Hanfertrag. Wir haben, da wir etwa 4000 Morgen Hanf auch auf Mineralboden verschiedener Bodenklassen anbauen, über das allgemeine Nährstoffbedürfnis sowohl als im besonderen über das Stickstoffdüngebedürfnis eingehende Versuche angestellt. Es hat hat sich dabei herausgestellt, daß der Hanf ein vorzüglicher Stickstoffverwerter ist und daß selbst außerordentlich hohe Stickstoffgaben beim Hanf immer noch eine Rente abwerfen, ja es scheint sogar, als ob beim Hanf erst von einer gewissen Höhe der Stickstoffdüngung ab ein lohnender Mehrertrag durch weitere Stickstoffgaben einsetzt, eine Erscheinung, die hin und wieder auch bei anderen Feldfrüchten beobachtet werden kann, aber nicht so deutlich wird, wie gerade beim Hanf (Abb. 23 u. 24). In welcher Form der Stickstoff zugeführt wird, ob als Ammoniak oder Salpeter, scheint unter normalen

Versuche über das Stickstoffbedürfnis des Hanfes. Markee 1923—24.

Parzellengröße: 100 qm. Vorfrucht: Kartoffeln. Boden: Nährstoffarmer Sand mit sand. Lehm im Untergrund.

Düngung je ha. Grunddüngung = 6 dz Kainit, 4 dz Thomasmehl.
Stickstoffdüngung in Form von Natronsalpeter.
Stickstoffmengen in kg reinem N wie unten angegeben.

Erträge in dz je ha.

Düngung	Stengel		Samen	
	Einzelerträge	Mittel	Einzelerträge	Mittel
1923				
Grunddüngung ohne N	13,6 11,8 13,4	13,0 ± 0,44	1,6 0,8 1,8	1,4 ± 0,24
Grunddüngung + 48 kg N	21,2 19,2 21,0	20,4 ± 0,52	2,6 3,0 2,2	2,6 ± 0,16
Grunddüngung + 96 kg N . . .	43,0 41,0 46,0	42,4 ± 1,08	4,8 4,6 4,2	4,6 ± 0,12
1924				
Grunddüngung ohne N	14,2 19,8 27,2	20,4 ± 2,68	2,7 3,7 5,1	3,8 ± 0,50
Grunddüngung + 40,5 kg N . . .	26,0 35,0 49,6	36,8 ± 5,08	4,9 6,6 7,4	6,3 ± 0,56
Grunddüngung + 81 kg N . . .	47,8 50,2 48,2	48,8 ± 0,60	7,5 7,1 7,2	7,3 ± 0,10
Grunddüngung + 121,5 kg N . . .	58,4 60,8 58,6	59,2 ± 0,60	8,7 7,3 8,4	8,1 ± 0,34
Grunddüngung + 162 kg N . . .	63,8 70,0 58,4	64,0 ± 2,36	8,4 7,4 8,7	8,2 ± 0,30

Bodenverhältnissen gleichgültig zu sein. In allen den Fällen, wo eine Erhöhung des Säuregrades zu befürchten ist, ist es jedoch angebracht, die Salpeterform zu wählen, da der Hanf gegen Säure außerordentlich empfindlich ist.

Neben der Menge der Stickstoffdüngung ist außerordentlich wichtig die Zeit der Anwendung. Die Berücksichtigung des oberirdischen Zuwachses in der ersten Vegetationsperiode läßt vermuten, daß die Hauptaufnahme an Nährstoffen, namentlich an dem wachstumsfördernden Stickstoff, sehr früh stattfindet. Es hat sich bei unseren Versuchen herausgestellt, daß die Stickstoffgabe ohne Verluste 2 bis 3 Wochen vor der Bestellung des Hanfes erfolgen kann. Als bester

Zeitpunkt hat sich die Gabe kurz vor der Bestellung herausgestellt, dagegen hat in allen Fällen die Gabe nach der Bestellung, die sogenannte Kopfdüngung, bei weitem am schlechtesten abgeschnitten. Selbst auf leichteren Böden, auf

Abb. 22. Düngungsversuche zu Hanf in Markee.

Abb. 23. Stickstoffwirkung auf sandigem Lehmboden 1923.
I: ohne Stickstoff. II: 6 dz Natronsalpeter je ha. (Vergl. S. 57.)

denen man im allgemeinen die Stickstoffgabe infolge der Auswaschungsgefahr nicht so früh gibt, braucht beim Hanfbau ein Verlust des Stickstoffs nicht so sehr befürchtet zu werden. Gerade in diesen Böden erreichen die Hanfwurzeln außerordentliche Tiefen und sind daher in der Lage, den Stickstoff, der etwa in den Untergrund gewaschen sein sollte, wieder heraufzuholen. Eine gewisse Ausnahme hiervon bilden diejenigen Böden, deren Untergrund aus Kies oder Sand besteht. Hier kann unter Umständen der Stickstoff in Tiefen geführt werden, die für die Pflanzenwurzeln unerreichbar sind. Aber nach dem, was über

Abb. 24. Steigerung der Stickstoffwirkung.
1: 6 dz Natronsalpeter. 2: 9 dz Natronsalpeter. (Vergl. S. 57.)

Abb. 25. Stickstoffwirkung auf leichtem, nährstoffarmen Sandboden 1923.
I: ohne Natronsalpeter. II: 3 dz Natronsalpeter. (Vergl. S. 58.)

die Ansprüche des Hanfes in bezug auf die Bodenarten gesagt ist, kommen ja derartige Böden für den Hanfbau nicht in Frage. Wenn auch die Oberkrume verhältnismäßig leicht sein darf, so erfordert der Hanfbau doch zumindest einen besseren Untergrund. Wir können also allgemein sagen, daß es zweckmäßig ist, den Stickstoff zu Hanf bei der Bestellung zu geben und vor der Drillmaschine mit einzueggen. Die Stickstoffgabe zu teilen, könnte bei den leichteren Böden

Versuche über die zweckmäßigste Anwendungszeit der Stickstoffdüngung zu Hanf. Markee 1922—23.

Parzellengröße: 100 qm. Vorfrucht: Zuckerrüben. Bodenbeschaffenheit: wie unten angegeben.

Düngung je ha: Grunddüngung = 4 dz 40% Kali + 4 dz Thomasmehl.
Stickstoffdüngung (N) = 1922 Versuch I 2 dz, Versuch II 4 dz Ammonsulfatsalpeter. 1923 Versuch I und II 3 dz Natronsalpeter.

Erträge in dz je ha:

Düngung	1922				1923			
	Stengel		Samen		Stengel		Samen	
	Einzelerträge	Mittel	Einzelerträge	Mittel	Einzelerträge	Mittel	Einzelerträge	Mittel
Versuch I. Schwach lehmig. Sandboden								
1. Grunddüngg. ohne N	18,0 18,0 20,0	18,6 ± 0,52	3,8 3,6 4,0	3,8 ± 0,08	25,6 22,8 26,0	24,8 ± 0,80	3,6 3,4 3,8	3,6 ± 0,08
2. Grunddüngung + N 6 Wochen vor der Bestellung gegeben	26,8 38,4 32,0	32,4 ± 2,40	4,4 5,8 5,4	5,2 ± 0,32	36,0 35,6 36,4	36,4 ± 0,16	4,2 4,2 4,0	4,2 ± 0,04
3. Grunddüngung + N zur Bestellung gegeben	32,6 35,0 38,8	35,4 ± 1,32	5,2 5,2 6,0	5,4 ± 0,20	42,6 41,6 41,8	42,0 ± 0,24	4,6 5,4 5,4	5,2 ± 0,20
4. Grunddüngung + N 2 Wochen nach der Bestellung gegeben .	34,0 32,8 27,8	31,6 ± 1,48	5,2 5,0 4,6	5,0 ± 0,12	37,4 38,0 39,2	38,2 ± 0,40	4,6 4,4 4,2	4,4 ± 0,08
Versuch II. Sandiger Lehmboden.								
1. Grunddüngg. ohne N	15,8 16,6 17,4	16,6 ± 0,32	5,0 6,4 7,4	6,2 ± 0,52	44,2 42,0 44,0	43,4 ± 0,56	6,2 6,4 6,4	6,4 ± 0,04
2. Grunddüngung + N zur Bestellung gegeben	39,8 36,4 44,0	40,0 ± 1,56	10,4 9,0 11,6	10,2 ± 0,56	56,4 65,8 57,8	60,0 ± 2,32	9,6 9,2 8,6	9,2 ± 0,20
3. Grunddüngung + N 2 Wochen nach der Bestellung gegeben.	32,8 37,4 27,9	32,7 ± 1,92	11,4 8,2 8,6	9,4 ± 0,80	59,8 61,8 57,0	59,6 ± 1,00	8,8 9,2 9,2	9,0 ± 0,12

unter Umständen angebracht sein. Da ich im allgemeinen jedoch nur den Anbau des Hanfes im Großbetriebe im Auge habe und sich meine Erfahrungen auch vornehmlich auf den Großanbau des Hanfes beziehen, so kann ich eine derartige Maßnahme nicht empfehlen. Geteilte Stickstoffgaben erfordern, da unsere heutigen Düngerstreumaschinen nicht in der Lage sind, kleinere Mengen Stickstoff gleichmäßig auszustreuen, ein Ausstreuen mit der Hand. Eine derartige Methode ist aber im Großbetrieb nicht mehr durchführbar.

Für Kali und Phosphorsäure herrscht, wie aus den beigegebenen Versuchstabellen (S. 62ff.) hervorgeht, ein nahezu gleichmäßiges Bedürfnis. Bei den mehrjährig auf der gleichen Stelle durchgeführten Versuchen hat sich gewöhnlich im ersten Jahre noch kein erheblicher Unterschied bei den Kali- und Phosphorsäuremangel-Parzellen herausgestellt. Im zweiten Jahre trat jedoch bei einigen Böden bereits der Minderertrag gegen Volldüngung deutlich zutage, während

Versuch mit verschiedenen Stickstofformen zu Hanf. Markee 1924.

Parzellengröße: 100 qm. Vorfrucht: Zuckerrüben. Boden: Schwach lehm. Sand.
Düngung je ha: K = 2 dz 40% Kali.
P = 2 dz Superphosphat.
N = 80 kg reiner Stickstoff in verschiedenen Formen, wie unten angegeben.
Erträge in dz je ha.

Düngung	Stengel		Samen	
	Einzelerträge	Mittel	Einzelerträge	Mittel
K + P ohne N	21,2 20,4 15,4	19,0 ± 1,42	3,2 3,1 3,2	3,2 ± 0,02
K + P + N (Natronsalpeter)	46,6 56,4 50,0	51,0 ± 2,16	6,3 6,6 6,7	6,5 ± 0,10
K + P + N (Schwefelsaures Ammoniak)	56,4 50,6 44,0	50,4 ± 2,52	6,0 6,6 6,0	6,2 ± 0,16
K + P + N (Ammonsulfatsalpeter)	58,0 52,8 41,0	50,6 ± 3,84	7,2 7,4 6,1	6,9 ± 0,32

Versuch mit verschiedenen Kaliformen zu Hanf. Markee 1924.
(Wie oben.)

Düngung je ha: P = 2 dz Superphosphat.
N = 3 dz Ammonsulfatsalpeter.
K = 80 kg K_2O in verschiedenen Formen, wie unten angegeben.
Erträge in dz je ha.

Düngung	Stengel		Samen	
	Einzelerträge	Mittel	Einzelerträge	Mittel
P + N ohne K	40,0 39,2	39,6	5,0 5,4	5,2
P + N + K (40% Kali)	40,4 41,6	41,0	5,6 5,4	5,5
P + N + K (Kainit)	41,0 48,0	44,5	5,8 5,9	5,9
P + N + K (Schwefelsaure Kalimagnesia)	41,5 40,8	41,2	5,8 5,4	5,6

andererseits solche Böden, die in den Jahren vorher starke Vorratsdüngungen bekommen hatten, keine deutlichen Ausschläge in dieser Richtung zeigen.

Bei der Kalidüngung muß bemerkt werden, daß sich der Hanf auf einigen Bodenarten außerordentlich dankbar für die Kalidüngung in Form von Kainit gezeigt hat. Die bessere Wirkung des Kainits im Vergleich zum 40 proz. Kali ist wahrscheinlich neben der wasserhaltenden Eigenschaft auf die Nebensalze dieses Düngemittels zurückzuführen. Vielfach wird ja auch eine Düngung mit Chlornatrium (Viehsalz) empfohlen[1]).

Ferner ist der Hanf außerordentlich dankbar für eine Stallmistdüngung sowie überhaupt für die Anreicherung des Humusvorrates im Boden. Namentlich

Versuche über das Kali- und Phosphorsäurebedürfnis des Hanfes.
Markee 1922—24.

Parzellengröße: 100 qm. Vorfrucht: Zuckerrüben. Boden: Sandiger Lehm.

Düngung je ha: K = 4 dz 40% Kali
P = 4 dz Thomasmehl
N = 4 dz Ammonsulfatsalpeter.

Erträge in dz je ha.

Düngung	Stengel		Samen	
	Einzelerträge	Mittel	Einzelerträge	Mittel
1922				
Ungedüngt	16,2 13,6 19,2	16,4 ± 1,16	5,0 6,4 7,4	6,2 ± 0,52
Volldüngung K + P + N . . .	39,8 36,4 44,0	40,0 ± 1,56	10,4 9,0 11,6	10,2 ± 0,56
P + N ohne K	38,2 35,0 35,8	36,4 + 0,76	10,2 9,8 9,4	9,8 ± 0,16
K + N ohne P	35,8 33,0 38,6	35,8 ± 1,12	9,2 8,4 9,2	9,0 ± 0,20
1923				
Ungedüngt	40,4 46,2 44,2	43,6 ± 1,28	6,0 6,4 6,0	6,2 ± 0,12
Volldüngung K + P + N . . .	56,4 65,8 57,8	60,0 ± 2,32	9,6 9,2 8,6	9,2 ± 0,20
P + N ohne K	59,0 59,0 57,4	58,4 ± 0,44	9,4 9,2 8,8	9,2 ± 0,12
K + N ohne P	54,4 57,0 55,6	55,6 ± 0,52	8,4 8,0 9,0	8,5 ± 0,20
1924				
Ungedüngt	43,0 34,0 36,0	37,6 ± 1,92	6,0 5,8 5,4	5,7 ± 0,14
Volldüngung K + P + N . . .	70,4 71,4 70,0	70,6 ± 0,32	10,9 11,2 10,6	10,9 ± 0,12
P + N ohne K	65,0 64,4 62,0	63,8 + 0,72	9,9 9,8 9,7	9,8 ± 0,04
K + N ohne P	70,0 68,5 67,3	68,6 ± 0,56	9,1 8,2 8,7	8,6 ± 0,20

[1]) Krafft: Pflanzenbaulehre. Berlin 1918. S. 148.

auf dem anmoorigen Sandboden hat sich sowohl die Stallmistdüngung als auch die Gründüngung außerordentlich bewährt.

Bei sämtlichen Versuchen hat sich gezeigt, daß die einzelnen Düngungen sowie das Fehlenlassen bestimmter wichtiger Nährstoffe zu außerordentlichen Schwankungen sowohl der Samen- als auch der Stengelerträge führen können.

Abb. 26. Zum Nährstoffbedürfnis des Hanfes. Versuch auf sand. Lehmboden 1922. Links Volldüngung ohne Stickstoff, rechts Volldüngung. (Vergl. S. 57.)

Abb. 27. Zum Nährstoffbedürfnis des Hanfes. Versuch auf sand. Lehmboden 1922. Links Volldüngung, rechts Volldüngung ohne Kali. (Vergl. S. 63.)

Die Hauptdifferenzierung des Ertrages bei verschiedener Düngung wird durch die Stengel gegeben, deren Längenwachstum außerordentlich fein auf alle Unterschiede in der Nährstoffzufuhr reagiert. Am stärksten macht sich das Fehlen von Stickstoff bemerkbar, das auf Mineralboden oft dem ungedüngten Zustande gleichkommt. Der Einfluß der Düngung auf den Fasergehalt ist nicht genau festzustellen. Es haben sich zwar bei verschiedener Düngung Unterschiede auch im Fasergehalt der geernteten Stengel ergeben. Da die Düngung aber vor allen Dingen Unterschiede in dem Längenwachstum der Stengel hervorgerufen hat, so ist nicht ohne weiteres zu entscheiden, ob ein erhöhter Fasergehalt auf die Düngung selbst oder indirekt auf die im Verhältnis längeren Stengel zurückzuführen ist. Ich habe bei der Besprechung des Faseranteils besonders darauf hingewiesen, daß der Fasergehalt bei den einzelnen Stengeln sehr von dem Verhältnis der Stengellänge zum Stengeldurchmesser abhängig ist. Die dort bekannt gegebenen Feststellungen sind an einem Material gemacht worden, welches in bezug auf seine natürlichen Wachstumsbedingungen vollkommen gleichgestellt war. Wenn demnach schon bei gleicher Düngung unter den einzelnen Stengeln Unterschiede im Fasergehalt auftreten können, die auf das Verhältnis der oben erwähnten äußeren Merkmale zurückzuführen sind und die unter Umständen sehr erheblich sein können, so ist es nicht möglich,

Abb. 28. Zum Nährstoffbedürfnis des Hanfes. Versuch auf sand. Lehmboden 1922. Links Volldüngung, rechts Volldüngung ohne Phosphorsäure. (Vergl. S. 63.)

bei verschiedener Düngung Unterschiede im Fasergehalt der Erntemasse ohne weiteres der Düngung zuzuschreiben. Es ist jedoch durchaus nicht ausgeschlossen, daß neben dem indirekten Einfluß der Düngung auf den Fasergehalt auch eine direkte Beeinflussung stattfindet. Zweifellos beeinflußt wird die Qualität der Faser, und zwar sowohl indirekt wie direkt. Eine indirekte Beeinflussung besteht insofern, als bei der Fabrikation die Ausbeute an Langfasern um so größer und der Anteil des Abfallwergs um so geringer ist, je länger die Stengel sind, die zur Verarbeitung kommen. Aber auch eine direkte Beeinflussung der Faserqualität ist in bezug auf ihre Rösteigenschaften und auch Festigkeit, z. B. durch Düngung mit Kainit gegenüber anderen Kaliformen, erzielt worden.

Zusammenfassend kann über das Nährstoffbedürfnis des Hanfes gesagt werden, daß der Hanf eine kräftige Volldüngung braucht, in der der Stickstoff oben anzustehen hat. Ferner ist auf allen Böden, die nicht von Natur aus kalkreich sind, die Kalkdüngung außerordentlich wichtig. Sämtliche Nährstoffe einschließlich des Stickstoffs müssen vor der Bestellung gegeben werden, damit der Hanf bei seiner verhältnismäßig langsamen Wurzelbildung genügende Mengen aufnehmbarer Nährstoffe auch in der Jugend bereits vorfindet.

Als Beweis dafür, daß das Düngerbedürfnis des Hanfes größer ist als sein Nährstoffbedürfnis, daß ferner der Hanf die Nährstoffvorräte des Bodens durch-

Nährstoffmangelversuche zu Hanf in Hertefeld 1921—23.

Parzellengröße: 100 qm. Vorfrucht: Zuckerrüben. Boden: Anmooriger Sand mit Untergrund von weißem Talsand.

Düngung je ha: K = 4 dz 40% Kali, P = 4 dz Thomasmehl, N = 2 dz Ammonsulfatsalpeter.

Erträge in dz je ha.

Düngung	1921				1922				1923			
	Stengel		Samen		Stengel		Samen		Stengel		Samen	
	a b	Mittel	a b	Mittel	a b	Mittel	a b	Mittel	a b	Mittel	a b	Mittel
Ungedüngt	41,4	40,2	8,0	8,6	28,4	29,0	7,2	7,5	30,2	25,7	4,0	4,6
	39,0		9,2		31,2		7,8		21,2		5,2	
Volldüngung K+P+N	45,6	47,2	10,6	10,4	38,6	38,3	9,4	9,5	47,4	47,5	7,4	7,2
	48,8		10,2		38,0		9,6		47,6		7,0	
K + P ohne N	44,4	43,2	9,6	10,0	33,8	35,6	8,6	8,9	43,7	47,6	7,2	7,3
	42,0		10,4		37,4		9,2		51,6		7,4	
K + N ohne P	44,6	44,3	9,2	9,8	31,6	33,0	7,8	8,3	32,8	35,6	4,8	5,3
	44,0		10,4		34,4		8,8		38,4		5,8	
P + N ohne K	45,6	45,8	9,8	10,2	31,8	32,1	9,0	9,3	39,2	40,8	5,4	5,9
	46,0		10,6		32,4		9,6		42,4		6,4	

Sehr deutlich tritt auf diesem Boden die allmähliche Verarmung des Bodens an K und namentlich an P durch die Mangeldüngung zutage. Stickstoffdüngung gelangt auf dem anmoorigen Boden nur unter bestimmten Voraussetzungen zur Wirkung, siehe die Erweiterung dieses Versuches 1924.

Erweiterung und Fortsetzung des Nährstoffmangelversuchs zu Hanf Hertefeld 1924 (s. oben).

Vorfrucht: Zuckerrüben. Boden: Anmooriger Sand mit Untergrund von weißem Talsand.

Düngung je ha: K = 2 dz 40% Kali, P = 2 dz Superphosphat, N = 3 dz Natronsalpeter, Stallmist = 200 dz.

Erträge je ha.

Düngung	Stengel			Samen		
	a	b	Mittel	a	b	Mittel
Ungedüngt	37,6	37,6	37,6	6,0	6,2	6,1
Volldüngung K + P + N	67,2	71,2	69,2	9,2	9,6	9,4
K + P ohne N	61,6	59,6	60,6	8,2	8,4	8,3
K + N ohne P	53,6	49,6	51,6	8,4	8,0	8,2
P + N ohne K	56,0	56,8	56,4	7,8	7,6	7,7
Stallmist	63,2	60,8	62,0	8,2	8,6	8,4
Stallmist + N	84,8	76,8	80,8	9,8	10,6	10,2
Einseitige Kainitdüngung (6 dz)	49,6	54,4	52,0	8,0	8,4	8,2

Die Mangelerscheinungen haben sich gegenüber dem vorhergehenden Versuchsjahre verstärkt. Der Versuch bringt ferner zum Ausdruck, daß die N-Düngung in Verbindung mit Stallmist sehr viel besser zur Wirkung kommt als ohne diese, eine Erscheinung, die für anmoorige Sandböden typisch ist. Merkwürdig und einstweilen noch ungeklärt ist die Ertragssteigerung, die eine einseitige Düngung mit Kainit unter Umständen hervorbringen kann. Die Nebensalze des Kainits scheinen, auch nach anderweitig gemachten Beobachtungen, wie eine Peitsche auf diesen Boden zu wirken.

aus nicht stärker angreift als andere Feldfrüchte, sondern im Gegenteil einen geringeren Nährstoffverbrauch hat, stelle ich bei folgendem, zweijährig auf Moor durchgeführtem Düngungsversuch die entsprechenden Kartoffelerträge mit den Hanferträgen zusammen. Die Fruchtfolge in diesem Versuch ist Kartoffeln — Hanf, die Versuchsreihe, die 1921 Kartoffeln getragen hatte, trug 1922 Hanf und umgekehrt. Ich gebe lediglich die Mittelzahlen der Erträge an. Parzellengröße

100 qm. Düngung je Hektar: K = 4 dz 40 % Kali, P = 4 dz Thomasmehl. Stickstoffdüngung kommt hier in Fortfall, da es sich um reinen Moorboden handelt.

Düngung	Hanferträge dz je ha				Kartoffeln dz je ha	
	1921		1922			
	Stengel	Samen	Stengel	Samen	1921	1922
Ungedüngt	56,8	10,1	41,4	7,4	280,7	264,0
Volldüngung	57,2	10,9	52,8	10,6	296,4	268,9
Volldüngung ohne K	56,8	10,4	42,2	8,4	288,0	264,0
Volldüngung ohne P	56,0	10,2	45,2	9,0	292,1	267,5

Im ersten Versuchsjahr machte sich das Fehlen von P und K bei den betreffenden Hanferträgen nur wenig bemerkbar. Im zweiten Jahr zeigten diese Erträge jedoch bereits ein erhebliches Abfallen gegenüber Volldüngung. Dagegen brachten die Kartoffeln im zweiten Jahre noch kein erhebliches Abfallen der Erträge auf den Parzellen ohne K bzw. ohne P. Während die Bodenvorräte bzw. die Vorratsdüngung der früheren Jahre für die Kartoffeln im zweiten Jahre noch ausreichten, war das für den Hanf nicht mehr der Fall. Es geht daraus hervor, daß der Hanf die Bodenvorräte im ersten Versuchsjahre weniger beansprucht hatte als die Kartoffel, so daß im zweiten Versuchsjahre die Mangelerscheinungen sich nach der Vorfrucht Kartoffeln stärker bemerkbar machten, als nach der Vorfrucht Hanf.

Als wesentlich für die Kultur des Hanfes ist noch die Stallmistdüngung zu erwähnen. Namentlich auf humusarmen Mineralböden ist der Hanf außerordentlich dankbar für die Anreicherung des Bodens mit Humus, wie sie durch den Stallmist geschieht. Die wasserhaltende Kraft der leichten Böden wird durch die Stallmistzufuhr nicht unwesentlich erhöht. Bei dem großen Wasserbedarf des Hanfes ist es außerordentlich wichtig, die Wasserzufuhr möglichst sicherzustellen. Gewöhnlich gerät das Wasser als Wachstumsfaktor zuerst ins Minimum und setzt der Ertragshöhe eine Grenze. Auch dem Bedürfnis des Hanfes nach lockerem Boden kommt die Stallmistdüngung entgegen, da sie wie keine andere Maßnahme zur Lockerung des Bodens beiträgt.

Bodenbearbeitung.

Entsprechend den hohen Ansprüchen, die der Hanf an den Kulturzustand des Bodens stellt, hat die Bodenbearbeitung für den Hanfanbau sehr sorgfältig zu geschehen. Der Hanf ist außerordentlich dankbar für eine gründliche Durcharbeitung des Bodens, die möglichst mit einer Lockerung des Untergrundes verbunden sein soll. In Italien wird häufig, da die Geräte zur Tieflockerung noch vielfach fehlen, während der Pflugarbeit die Pflugsohle noch besonders mit dem Spaten nachgegraben, um eine tiefere Lockerung des Bodens zu erzielen. Im Kleinbetriebe wird dort der Boden gewöhnlich nur mit der Hand umgegraben und dann oft auf 1 m Tiefe durchrigolt. Ferner wird die Pflugarbeit 2- bis 3mal wiederholt, um eine gründliche Lockerung des Bodens herbeizuführen. Doch wird darauf geachtet, daß die Pflugarbeit vor dem 1. Dezember beendet ist, weil durch das spätere Pflügen sehr viel Feuchtigkeit verloren geht. Gerade beim Hanfbau muß jedoch die Feuchtigkeit dem Boden möglichst erhalten bleiben.

Für deutsche Verhältnisse hat sich gleichfalls die Pflugfurche im Herbst der Pflugfurche im Frühjahr überlegen gezeigt, aus den gleichen Gründen, wie sie für Italien maßgebend sind. Durch das Umwenden der Bodenschichten geht sehr viel Wasser verloren, das nach der Herbstfurche reichlich durch die Winterfeuchtigkeit ersetzt wird. Nach der Pflugfurche im Frühjahr kann sich der Boden jedoch nicht mehr mit Feuchtigkeit anreichern. Wir bekommen sehr häufig im Frühjahr niederschlagsarme Zeiten und haben daher alle Ursache, die Winterfeuchtigkeit dem Boden zu erhalten und dem Hanf möglichst vollständig zugute kommen zu lassen. Alle Bodenbearbeitungsmaßnahmen müssen also dahin zielen, die Winterfeuchtigkeit im Boden aufzuspeichern und den Pflanzen möglichst ohne Verlust zu erhalten. Zu diesen Maßnahmen gehören neben der sorgfältigen Vorbereitung des Saatbettes, die im zeitigen Frühjahr bereits mit der ersten Schlepparbeit beginnt, auch die Pflegearbeiten nach der Bestellung zu Beginn der Vegetation. Wenn der Hanf auch bei ihm zusagenden Bedingungen sehr schnell wächst und mit dem Unkraut auch ohne Unterstützung durch Hackarbeit fertig wird, so ist es doch zu Beginn der Vegetation, namentlich auf bindigen Böden, geboten, eine oder zwei Hacken mit der Maschine zu geben. Diese Maßnahme soll weniger eine Unkrautbekämpfung darstellen, als vielmehr die Verkrustung des Bodens und die damit verbundene Austrocknung verhüten. Vom Pflug bis zur Hacke erfordert der Hanf die Handhabung der Ackerbautechnik nach den modernsten Gesichtspunkten, die eben darin bestehen, dem Boden durch zweckentsprechende Maßnahmen das Wasser zu erhalten.

Erscheint eine gründliche Auflockerung des Bodens aus irgendwelchen Gründen im Frühjahr nochmal geboten, so kann diese Lockerung besser als durch Umwenden des Bodens, durch bloßes Durchwühlen erreicht werden. Dieses Durchwühlen kann sowohl mit eigens dazu geschaffenen Geräten, als auch mit dem gewöhnlichen Pfluge, von dem nur das Streichblech entfernt wird, erfolgen. Hierbei wird keine Umwendung des Bodens erreicht, sondern während das Schar durch die unteren Schichten sich durchwühlt, fallen die oberen Schichten, gleichfalls gelockert, in ihre ursprüngliche Lage zurück[1]). Diese Methode der Bodenbearbeitung erfordert bei gleicher Arbeitstiefe etwa $^1/_4$ Zugkraft weniger als die gewöhnliche Pflugarbeit. Es ist also möglich, bei gleicher Zugkraft durch das Wühlen eine tiefere Bodenbearbeitung vorzunehmen als durch das Pflügen. Dabei hat sich bei unseren Versuchen die Wühlarbeit auch im Herbst bereits der Pflugarbeit überlegen gezeigt, so daß auch die Herbstvorbereitung des Ackers zweckmäßig so erfolgen kann, daß nach einer Schälfurche, die bei unkrautfreien Flächen auch fortfallen kann, der Boden auf die beschriebene Weise tief durchgewühlt wird. Für den Hanf hat die Wühlarbeit noch eine ganz besondere Bedeutung. Der Hanfbau erfordert sogenannte Tiefkultur. Nun wird aber durch das tiefe Pflügen häufig roher und bakterienarmer Boden aus dem Untergrund an die Oberfläche gebracht, wogegen der Hanf außerordentlich empfindlich ist. Bei der Wühlarbeit geschieht das nicht. Der Untergrund wird lediglich gelockert, bleibt jedoch an seiner Stelle, und ebenso bleibt die bakterienreiche Ackerkrume an der Oberfläche. Die für alle Feldfrüchte, für den Hanf aber ganz besonders wichtige Bodengare wird aber schneller erreicht, wenn die mit Bakterien angereicherte und tätige Oberschicht an ihrer Stelle verbleibt und nicht in die Tiefe vergraben wird, wie das bei der Bodenwendung häufig geschieht. Die Vermeidung der Bodenwendung hat außerdem den großen Vorzug, daß das Wasser dem Boden mehr erhalten bleibt. Darüber hinaus schafft uns die Wühlarbeit im Herbst, die auch die tieferen Bodenschichten lockert und sie großporig macht, ein Wasserreservoir von nicht zu unterschätzender Bedeutung, da ein derart gelockerter Boden ungleich mehr Wasser festhalten kann. Wir müssen gerade beim Hanfbau diesen Maßnahmen besondere Beachtung schenken, da der Hanfertrag bis zu einem gewissen Grade von der Menge des zur Verfügung stehenden Wassers abhängt.

---

[1]) Vgl. auch Glanz: Die Wühlarbeit im Ackerboden. Wien 1922.

Das Walzen des Bodens ist beim Hanfbau nach Möglichkeit zu vermeiden. Der Hanf liebt einen lockeren, tiefgründigen Boden und ist gegen jede Verdichtung des Bodens außerordentlich empfindlich. Namentlich zu schwere, in die Tiefe wirkende Walzen können hier unter Umständen sogar Schaden anrichten, selbst wenn die Oberfläche später wieder aufgelockert wird. Bei Flächen, die mit Dampf gepflügt wurden, zeichnen sich stets die Radspuren der Maschinen durch direktes Versagen des Hanfes aus, wenn auch der Boden nachfolgend noch einmal aufgelockert wird. Wir haben es hier mit einer Verdichtung der unteren Schichten zu tun, auf die der Hanf sehr genau reagiert. Selbstverständlich muß der Acker zur Saat möglichst klar und fein hergerichtet werden, aber die Herstellung der feinen Krümelstruktur erfolgt zweckmäßig nicht durch Walzarbeit, sondern durch rechtzeitiges Schleppen in dem dafür günstigen Zeitpunkt, der nicht nach dem Kalender bestimmt werden kann, sondern dem Praktiker gewissermaßen im Gefühl liegt. Ist diese Arbeit richtig und rechtzeitig erfolgt, so wird die Walze unnötig.

Saatzeit.

Die zweckmäßigste Zeit der Aussaat richtet sich naturgemäß sehr nach dem Klima der betreffenden Gegend. Infolgedessen weichen die Literaturangaben häufig voneinander ab. Für die Verhältnisse Mitteldeutschlands kann als zweckmäßigste Saatzeit je nach der Witterung Mitte April bis Mitte Mai angesehen werden. Doch kann auch, namentlich auf Moorboden, noch erheblich später bis Mitte Juni etwa, Hanf mit Erfolg gesät werden. Die durchschnittliche Vegetationszeit beträgt beim deutschen Hanf 150 Tage, doch läßt sich diese Zeit unter Umständen bis auf 120 Tage herabdrücken. Ob spät gesäter Hanf noch zur Samenreife gelangt, hängt sehr von der Witterung ab. Steht kein Wasser mehr zur Verfügung, so erleidet der Hanf eine Notreife und schließt sein Wachstum plötzlich ab.

Im Durchschnitt einer Reihe von Versuchen, die wir zur Ermittlung der zweckmäßigsten Saatzeit angestellt haben, erhielten wir ein Zahlenbild, wonach sowohl bei allzufrüher, als auch allzuspäter Saat Stengelertrag und Samenertrag abfallen, und zwar zeigen die Spätsaaten im Durchschnitt ein geringeres Abfallen der Erträge als die Frühsaaten.

Saatzeit	Ertrag in dz je ha		Saatzeit	Ertrag in dz je ha	
	Stengel	Samen		Stengel	Samen
Mitte März . .	37,6	7,2	Anfang Mai . .	50,4	10,8
Ende März . .	44,0	8,8	Mitte Mai . . .	48,0	10,4
Anfang April .	44,4	9,6	Ende Mai . . .	48,3	10,6
Mitte April . .	53,6	11,2	Anfang Juni . .	46,0	10,0
Ende April . .	56,4	11,2	Mitte Juni . .	45,0	9,6

Das verhältnismäßig stärkere Abfallen der Frühsaaten erklärt sich aus dem Umstand, daß der Hanf im ersten Vegetationsstadium empfindlich gegen Frost ist. Der Bestand der Frühsaaten wird daher gewöhnlich durch Frostschaden etwas gelichtet, und der Ertrag bereits dadurch gemindert. Später schaden jedoch Nachtfröste, die im Moor z. B. fast in jedem Monat des ganzen Jahres auftreten, durchaus nicht, während sich die Kartoffel unter gleichen Verhältnissen im Moor viel empfindlicher gezeigt hat.

Saattiefe.

Die Saat erfolgt am besten mit der Drillmaschine, damit eine gleichmäßige Unterbringung des Samens gesichert ist. Über die zweckmäßigste Saattiefe sind von mir eingehende Versuche angestellt worden. Diese Versuche wurden nicht, wie bei Saattiefenversuchen sonst üblich, in Kästen mit künstlichem Boden, sondern feldmäßig auf Freiland ausgeführt, wobei jeweils eine bestimmte Saatmenge auf eine bestimmte abgegrenzte Strecke kam[1]). Die Versuche erstrecken sich auf die Saattiefen von 1 bis 5 cm. In nach stehender Tabelle sind die erzielten Zahlen angegeben:

Saattiefe in cm	Zahl der aufgelaufenen Pflanzen			
	Versuch I		Versuch II	
	Auszählung nach		Auszählung nach	
	9 Tagen	16 Tagen	9 Tagen	16 Tagen
1	63	83	56	90
2	74	87	89	108
3	82	90	90	117
4	92	125	117	125
5	100	105	101	110

Es geht hieraus hervor, daß für den Hanf unbeschadet eine Saattiefe von 4 bis 5 cm angewendet werden kann, sofern der Boden nicht allzuleicht verkrustet. Dieser Umstand ermöglicht eine billige Unkrautunterdrückung beim Hanfbau, weil der in dieser Tiefe gedrillte Hanf auch kurz nach dem Aufgang noch das Eggen mit leichten Saateggen verträgt. Das zuerst hervorkommende Unkraut kann dadurch bereits im Keim erstickt werden. Eine derartige Eggarbeit ist sehr häufig notwendig auf Böden, die sehr viel Samenunkräuter tragen. Vorausgesetzt, daß diese Arbeit nur bei trockenem Wetter ausgeführt wird, erleidet der Hanf durchaus keinen Schaden. Bei nassem Wetter oder auch nur nach starkem Taufall hat das Eggen jedoch zu unterbleiben, da die zarten Blättchen des Hanfes an den Eggenzinken ankleben und mitgerissen werden. Hat der Hanf erst das vierte Blatt (außer den beiden Keimblättern) gebildet, so kann nicht mehr geeggt werden.

Saatmenge.

Die Wahl der Reihenentfernung, die wir dem gedrillten Hanf geben, hat nicht nur die Möglichkeit der späteren Hackarbeit zu berücksichtigen, sondern auch das Produktionsziel, das dem Hanfanbau zugrunde gelegt ist. Eine größere Reihenentfernung erleichtert zwar die Hackarbeit, hat aber auch eine gröbere Ausbildung der Einzelstengel zur Folge. Weitgestellte Reihen bringen daher ein weniger gutes Fasermaterial, dafür aber reichlichen Samenansatz hervor[2]). Wir haben Versuche mit verschiedenen Reihenentfernungen angestellt, die sich von 20 bis 100 cm erstrecken, und sind im Großanbau bei 20 cm Reihenentfernung geblieben. Bis auf 30 cm Reihenentfernung läßt sich noch ohne Schaden für Fasermenge und Qualität heraufgehen, wenn dafür gleichzeitig die Zahl der Pflanzen in den Reihen erhöht wird, die Saatstärke der 20 cm-Reihenweite also beibehalten wird. Größere Reihenweiten, 50 und 100 cm, werden von uns im Zuchtbetriebe angewendet, wo es darauf ankommt, den Bestand häufiger durchzumustern.

Die Saatstärke richtet sich gleichfalls nach dem Produkt, das erzielt werden soll. Je lichter der Hanf steht, je mehr Platz die einzelnen Stengel zur Verfügung haben, desto mehr bekommt die Pflanze den Typus eines guten Samen-

[1]) Näheres über die Methodik derartiger Versuche in meiner Arbeit: „Versuche über die zweckmäßigste Saattiefe der Zuckerrüben.“ Bl. f. Zuckerrübenbau, 29. Jahrg., N. 6. 1922.

[2]) Vgl. auch Mitscherlich: Ein Beitrag zur Standweite verschiedener Kulturpflanzen. Fühlings Landw. Ztg. 1919, S. 121.

trägers und einer weniger guten Faserpflanze. Je dichter der Hanf dagegen steht, um so dünner und feiner werden bei geringerem Samenansatz die Stengel und um so höher der Faserertrag von der Flächeneinheit. Die Faserqualität wird gleichfalls durch den dichten Bestand günstig beeinflußt. Da der deutsche Hanf auch im dichten Bestande genügend Samen ansetzt, so muß hier im Interesse des Faserertrages angestrebt werden, einen möglichst dichten Bestand zu bekommen. Eine Grenze ist der Standdichte allerdings darin gezogen, daß bei zu dichtem Stand das Längenwachstum beeinträchtigt wird, der Ertrag also durch die verminderte Stengellänge wieder gedrückt wird.

Standdichtenversuch zu Hanf auf humosem Lehmboden, Markee 1923.
Düngung des Versuchsfeldes: je ha 4 dz 40% Kali, 2 dz Thomasmehl vor Bestellung eingeeggt, 4 dz Natronsalpeter bei Bestellung eingeeggt.
Parzellengröße: 100 qm. Lage: eben, inmitten größeren Hanfschlages.
Aussaat am 26. IV. 1923 mit 1 m breiter Versuchsdrillmaschine, dreimalige Wiederholung.
Ernte: 5. IX. 1923. (Um die Übersicht zu erleichtern, sind nur die Ertragsmittel mit der wahrscheinlichen Schwankung angegeben.)

Lfd. Nr.	Saatmenge je ha in kg	Ertrag in dz je ha			Durchschnittliche Stengellänge in cm	Anteil der geriff. Stengel am Gesamtgewicht in %	Anteil der Samen am Gesamtgewicht in %	Anteil der Blätter am Gesamtgewicht in %	Fasergehalt der geriff. Stengel in %	Faserertrag in kg je ha	Fabrikatgehalt der geriffelten Stengel in %	Fabrikatertrag in kg je ha
		Gesamt	Geriffelte Stengel	Samen								
1	42	77,8±0,54	49,0±0,48	11,8±0,08	185	63	15,4	22,2	14,5	710,4	10,0	490,0
2	64	79,6±0,80	51,6±0,72	11,8±0,12	183	65	15,0	20,0	14,8	763,6	10,3	531,2
3	82	81,0±0,38	54,2±0,34	11,6±0,12	183	67	14,5	18,5	15,0	812,8	10,5	541,6
4	120	76,8±0,34	54,4±0,30	10,8±0,08	178	71	14,2	14,8	15,5	843,2	10,6	576,4
5	174	77,2±0,54	55,4±0,46	10,2±0,16	176	72	13,3	14,7	15,7	869,6	10,8	598,0

Wie aus der angeführten Tabelle hervorgeht, nimmt mit zunehmender Saatstärke der Gesamtertrag bis zu einer gewissen Grenze zu, dann jedoch wieder ab. Der Samenertrag nimmt kontinuierlich mit zunehmender Standdichte ab. Auffallend ist, daß der Ertrag an geriffelten Stengeln in keiner Beziehung zum Gesamtertrag steht, sondern mit zunehmender Saatstärke gleichfalls ständig zunimmt. Diese Erscheinung beruht darauf, daß mit zunehmender Standdichte der Blattanteil erheblich abnimmt, der Anteil der geriffelten Stengel am Gesamtgewicht dafür zunimmt. Je dichter die Pflanzen stehen, auf einem um so kleineren Teil wird der Samenansatz an der Spitze der Pflanze zusammengedrängt. Bei lichtem Stand erstreckt sich der Samenansatz häufig über das ganze obere Drittel der Stengellänge, zeigt eine dichtbuschige Infloreszenz und reichliche Blattbildung; dabei steht die Ausbildung des Samenansatzes gewöhnlich zu dem Samenertrag in nur weitläufiger Beziehung, die Zunahme des Blattanteils ist mit vergrößertem Wachstumsraum erheblich größer als die Zunahme des Samenanteils.

Bei der Beurteilung der Stengelerträge ist zu berücksichtigen, daß es sich hier um reichen Boden und ein verhältnismäßig niederschlagsreiches Jahr handelt. Im anderen Falle würden nach unseren sonst gewonnenen Erfahrungen sowohl die Gesamterträge als auch die Erträge an geriffelten Stengeln mit zunehmender Standdichte, namentlich bei den größeren Saatstärken, erheblich abfallen. Die größere Pflanzenzahl beansprucht den Wasservorrat des Bodens ganz erheblich stärker. Auch in dem angeführten Versuch war zu beobachten, daß die Parzellen mit größeren Saatmengen zeitweise mehr unter Trockenheit litten als die Parzellen mit geringeren Saatmengen. Reichliche Niederschläge, die gegen Ende der Vegetation noch einsetzten, haben das Bild in dieser Beziehung etwas verwischt. Infolgedessen konnten auch in der Stengellänge nur verhältnismäßig geringe Unterschiede festgestellt werden.

In bezug auf Fasergehalt und Faserertrag zeigen sich in dem angeführten Versuche die gesetzmäßigen Beziehungen, die nach dem Vorausgesagten zu erwarten waren. Besonders wertvoll für die Beurteilung der Versuchsergebnisse sind natürlich die beiden letzten Spalten, die den Gehalt bzw. Ertrag, an tatsächlichem Fertigfabrikat, in diesem Falle Bindegarn, angeben. Auch hier findet sich ein Ansteigen des Fabrikatgehaltes mit zunehmender Standdichte, während das Ansteigen der Fabrikaterträge bei weniger günstigen Wachstumsbedingungen nach unseren Erfahrungen nur bis etwa 80 kg Saatstärke erfolgen, dann aber sich in ein Abfallen der Erträge umkehren dürfte.

Die Saatstärke läßt sich beim Hanf je nach dem Produktionsziel außerordentlich variieren. Saatstärken von 120 bis 160 kg je Hektar sind empfohlen worden, und anderseits kann man mit 4 kg je Hektar ebenfalls einen vollen Bestand erzielen. Letzterer Weg ist von uns z. B. eingeschlagen worden, wenn es sich darum handelte, eine wertvolle kleine Menge Samen schnell zu vermehren. Die so weit gestellten Pflanzen entwickeln sich außerordentlich kräftig, die Blütenstengel sind mehrfach verzweigt, und der Samenertrag der einzelnen Pflanze ist bedeutend (Abb. 29). Wir haben z. B. 1920 von 1 ha Elitevermehrung, die mit 4 kg je Hektar in 50 cm Reihenentfernung gedrillt waren, 6,5 dz Samen geerntet. Die verwendeten 4 kg Aussaat haben also in einem Jahre die 160fache Menge Samen erzeugt. Vergleicht man diesen Samenertrag mit dem Samenertrag normal bestandener Flächen, so stellt sich heraus, daß selbst ein so starkes Herabgehen in der Saatstärke auf den Samenertrag nur geringen Einfluß besitzt, weil mit der weiten Stellung der Pflanzen der Samenertrag der einzelnen Pflanze sehr stark zunimmt. Hierdurch findet die geringere Zahl der Pflanzen fast vollen Ausgleich.

Anders verhält es sich jedoch mit dem Stengel- bzw. Faserertrag. Die Faser dieser Pflanzen war natürlich eine wenig wertvolle, sowohl durch die tief herabreichende Verzweigung als auch durch die an und für sich gröbere Ausbildung der Einzelpflanzen. Derart stark ausgebildete, grobe und verzweigte Stengel sind für die Fasernutzung wenig zu gebrauchen. Sie liefern nur eine kurze, minderwertige, auch grobe Faser. Die an Qualität beste Faser liefert der dünnstenglige unverzweigte Hanf mit möglichst kurzem, an der Spitze dicht zusammengedrängtem Samenansatz. Der quantitative Faserertrag der Flächeneinheit ist bis zu einer gewissen Grenze ebenfalls um so höher, je mehr Pflanzen auf diesem Raume stehen. Das günstigste Verhältnis, das sowohl in bezug auf Samenertrag, als auch auf Faserertrag gleicherweise befriedigt, liegt zwischen 60 und 80 kg Aussaatstärke je Hektar.

Auch die Reifezeit ist bis zu einem gewissen Grade durch die Standdichte zu beeinflussen. Je dichter die Pflanzen stehen, um so eher ist das zur Verfügung stehende Wasser aufgebraucht, und um so früher tritt die Reife ein. Endlich ist es mit Rücksicht auf die Maschinenverwendung bei der Ernte wünschenwert, wenn die einzelnen Hanfstengel möglichst dünn sind, was wiederum nur durch dichten Stand zu erreichen ist. Wir sehen also, bei der Wahl der Standdichte ist auf eine ganze Reihe von Faktoren Rücksicht zu nehmen.

Die Bestandsdichte ist jedoch nicht ohne weiteres von der Aussaatstärke abhängig. Auszählungen des Bestandes sowie der geernteten Stengelmasse haben ergeben, daß ein erheblicher, je nach den Bodenarten sehr verschiedener, Prozentsatz der ausgesäten keimfähigen Samen nicht zur Ausbildung einer Pflanze gelangt. So müßten z. B. bei der Saatstärke von 80 kg je Hektar, der Keimfähigkeit von 90 % und dem Tausendkorngewicht von 16,5 g rund 44000000 Pflanzen auf dieser Fläche stehen. In Wirklichkeit bekamen wir bei der Ernte auf Mineralboden rund 2600000 Stengel, auf Moorboden nur rund 1600000 Stengel je Hektar in der Erntemasse.

Wir haben nun auch bei unseren Getreidearten die Erscheinung, daß nicht alle keimfähigen Samenkörner auch eine Pflanze bilden. Das liegt natürlich daran, daß die Bedingungen für die Keimung im Freiland z. T. ungünstiger liegen, als im Keimschrank. Auch erwachsen den Samenkörnern bei ihrer Keimung im Erdboden eine Reihe von Feinden tierischer und pflanzlicher Natur, wozu noch der mechanische Widerstand hinzukommt, den die Erddecke den zarten Keimlingen entgegensetzt. Wir haben also damit zu rechnen, daß ein gewisser Prozentsatz der im Keimschrank für keimfähig befundenen Samen im Freiland nicht einmal zum Auflaufen gelangt. Dieser Umstand trifft natürlich auch beim Hanf zu, wir haben durch wiederholte Auszählungen im ersten Stadium der Vegetation festgestellt, daß nur etwa 70 % der keimfähigen Samen im Freiland überhaupt auflaufen. Es bleibt dann aber immer noch ein Mißverhältnis zwischen der Pflanzenzahl zu Beginn und derjenigen zu Ende der Vegetation bestehen, denn in den oben angeführten Zahlen beträgt der Prozentsatz der geernteten Stengel auf Mineralboden 59 %, auf Moorboden sogar nur 36 % der keimfähigen Samen. Diese Erscheinung ist folgendermaßen zu erklären.

Abb. 29. Starke Verzweigung der Blütenstände bei Einzelpflanzen. Links weibliche, rechts männliche Pflanze. (Vergl. Abb. 5, Pflanzen aus dichtem Bestand.)

Im Laufe der Vegetation werden die schwächeren Pflanzen von den stärkeren nach und nach unterdrückt, sinken zu Boden und sterben ab. Das bedeutet natürlich gleichzeitig eine Auslese im positiven Sinne und kann uns nur erwünscht sein. Auf Moorboden ist der Unterschied zwischen der Anfangszahl und der Endzahl der Pflanzen besonders kraß, weil das Wachstum im Moor äußerst schnell und üppig erfolgt und es daher zu einer stärkeren Unterscheidung zwischen kräftigen und schwachen Pflanzen kommt. Auf Mineralboden ist dieser Unterschied geringer, weil wir es hier mit einem mehr gleichmäßigen Wachstum zu tun haben, das infolgedessen auch den weniger kräftigen Pflanzen ermöglicht, sich einigermaßen zu erhalten.

Trotzdem die Differenz zwischen Anfangsbestand und Endbestand auf der gleichen Fläche sehr erheblich ist, ist es nicht angängig, mit der Saatstärke erheblich unter 80 kg je Hektar herabzugehen, weil dann ein wesentlich gröberes Material erzielt werden würde. Es ist notwendig, daß die Pflanzen zum mindesten in der Jugend so dicht stehen, daß sie sich gegenseitig in die Höhe treiben, damit im Interesse der Fasergewinnung das Verhältnis von Stengellänge zum Stengeldurchmesser möglichst weit gehalten wird.

Die Frage der Saatstärke ist also beim Hanf dahin zu fassen, daß versucht wird, eine möglichst große Pflanzenzahl auf die Flächeneinheit zu stellen. Wir sind bis zu einem gewissen Grade in der Lage, auch der eben angeführten Erscheinung der Verminderung der Stengelzahl während der Vegetation entgegenzuwirken. Es leuchtet ein, daß auf einem schlecht vorbereiteten Boden, auf dem die Pflanzen ungleiche Wachstumsbedingungen finden, die Differenzierung im Wachstum und die Herausbildung von Kümmerpflanzen eine größere sein muß als auf einem Boden, der infolge sachgemäßer Zubereitung im Zustand der Gare allen Pflanzen gleiche Wachstumsbedingungen bietet. Der Hanf ist eben eine anspruchsvolle Pflanze, und wir finden hier einen Grund mehr für die besondere Beachtung der Kulturmaßnahmen beim Hanfbau.

Der Hanfsame keimt bei genügender Feuchtigkeit sehr schnell, gewöhnlich läuft die Saat in 3 bis 5 Tagen auf. Die Keimfähigkeit des Samens richtet sich danach, ob die Körner bei der Ernte ganz ausgereift, oder ob dies nur zum Teil der Fall war. Der Hanf reift sehr ungleichmäßig innerhalb des einzelnen Fruchtstandes. Zwischen vollausgereiften Körnern werden sich bei einem frühen Zeitpunkt der Ernte immer mehr oder weniger halbgereifte Körner befinden, letztere können die Keimfähigkeit sehr erheblich herabsetzen. Eine sorgfältige Saatreinigung, Trennung sowohl nach Größe als auch nach Schwere, hat sich hier sehr gut bewährt. Der verwendete Samen aus eigenen Ernten zeigte eine durchschnittliche Keimfähigkeit von 90 bis 96 %.

Älterer Hanf verliert verhältnismäßig schnell seine Keimfähigkeit. Im Durchschnitt fand ich folgende Zahlen:

Hanf	1 Jahr	alt	92—96 %	Keimfähigkeit
„	2 Jahre	„	70—89 %	„
„	3 „	„	59—63 %	

Die Keimfähigkeit von älteren Hanfsamen läßt sich bedeutend erhöhen durch eine nochmalige Saatreinigung, durch die alle leichten Samen entfernt werden.

Die Behandlung des Hanfsamens mit Beizmitteln ist insofern weniger angebracht, als Krankheiten, deren Überträger dem Samen anhaften, beim Hanf nicht bekannt sind. Eine andere Frage ist die, ob bei schlecht keimendem Saatgut die Keimfähigkeit durch Behandlung mit Beizmitteln erhöht werden kann. Viele unserer modernen Beizmittel üben neben der keimtötenden Wirkung noch eine gewisse Reizwirkung aus, die die Keimfähigkeit bei verschiedenen Sämereien erheblich zu steigern vermag. Während bei meinen Versuchen beim Hanf sich keine keimfördernde Wirkung der Beizmittel feststellen ließ, hat Bredemann[1])

[1]) Bredemann: Der Gebrauchswert unserer Hanfsaat und Versuche über Erhöhung ihrer Keimkraft durch Beizung. Dtsch. Landw. Presse 1921, Nr. 18 und 19. — Versuche über Erhöhung der Keimkraft unserer Hanfsaat durch Beizung. Faserforschung. 2. Bd., S. 58 bis 63. 1922.

durch die Beizung mit Uspulun bei einzelnen schlecht keimenden Hanfsorten eine erhebliche Steigerung der Keimfähigkeit erzielt. Die Keimfähigkeit der von Bredemann untersuchten Hanfproben war an und für sich sehr unbefriedigend. Bredemann führt diese Erscheinung auf den ungenügenden Reifegrad des Samens zurück. Dies trifft für die Hanfproben, die durch Vermittlung der Deutschen Hanfbau-Gesellschaft zur Verfügung gestellt waren, sicherlich zu, weil wir damals über eine akklimatisierte deutsche Zuchtsorte noch nicht verfügten. Der deutsche Hanf reift jedoch in unserem Klima auch im dichten Bestand so gut aus, daß die Keimfähigkeit von 90 %, die bei den von Bredemann untersuchten Proben weitaus nicht erreicht wurde, beim deutschen Hanf als untere Grenze angesehen werden kann, während die Norm bei etwa 94 bis 96 % liegt.

Pflege.

In bezug auf Pflegearbeiten stellt der Hanf keine über das beim Getreidebau übliche Maß hinausgehenden Ansprüche. Auf Moorboden bedarf der Hanf, außer der bereits erwähnten Eggarbeit, über deren Notwendigkeit von Fall zu Fall entschieden werden muß, überhaupt keiner Pflege. Wenn er die ihm zusagenden Wachstumsbedingungen findet, so wächst er hier derartig schnell, daß er bald jedes aufkommende Unkraut erstickt. Wenn der Boden jedoch sauer ist, an stauender Nässe leidet, dazu die nötige Wärmemenge fehlt, wie das im Moor häufig der Fall ist, so ist das Wachstum des Hanfes wie das jeder anderen Pflanze in Frage gestellt. Es kann in solchen Fällen ein vollständiger Mißerfolg eintreten. Namentlich nach dem ungünstigen Frühjahr 1923 waren genügend Fälle zu beobachten, wo der Hanf sowohl vom Hederich als auch von den Quecken beinahe überwuchert wurde. Ja sogar die Vogelmiere, Stellaria media, ein im Moor besonders häufiges Unkraut, wurde dem Hanf stellenweise gefährlich. Zur Unterdrückung der Unkräuter ist der Hanf eben nur dann geeignet, wenn er die ihm zusagenden Bedingungen findet und selbst üppig wächst. Dann verrichtet er diese Arbeit allerdings in geradezu idealer Weise.

Auf Mineralboden kann es unter Umständen notwendig sein, den Hanf ein- oder zweimal zu hacken, ehe sich die Reihen schließen. Diese Hackarbeit ist weniger notwendig zur Unkrautunterdrückung, als vielmehr um den Boden offenzuhalten und jede Verkrustung zu vermeiden. Einmal ist der Hanf für die Bodenlockerung und Durchlüftung außerordentlich dankbar, zum anderen wird das Wasser dem Boden erhalten, wenn eine stets lockere Oberschicht die Verdunstung der Bodenfeuchtigkeit verhindert. Um einen möglichst großen Effekt in der beabsichtigten Richtung zu erzielen, ist die Maschinenhackarbeit der Hackarbeit mit der Hand vorzuziehen. Die Hackmaschine ist in der Lage, den Boden viel gründlicher und intensiver aufzulockern, als es, den besten Willen der Leute vorausgesetzt, mit der Handhacke geschehn kann.

Bei größerer Reihenentfernung, wie z. B. im Zuchtbetrieb üblich, kann die Hackarbeit häufiger während der Vegetation wiederholt werden; wenn die Pflanzen zu groß werden, eventuell mit Hackpflügen, die die Reihen einzeln durchfahren. Das Anhäufeln, das hin und wieder empfohlen wird, bezweckt nichts weiter, als möglichst viel lockeren Boden in der Nähe der Pflanzen zu schaffen. An sich hat das Anhäufeln vor der gründlich und tief ausgeführten Hackarbeit keinen Vorzug.

Krankheiten des Hanfes sind verhältnismäßig selten, ebenso treten tierische Schädlinge nicht nennenswert in Erscheinung. Eine Ausnahme bildet die Schädigung des Samenertrages durch Vogelfraß, der sich namentlich auf kleineren Flächen empfindlich bemerkbar macht. Dieser Schaden verliert jedoch mit der Ausdehnung der Anbaufläche an Bedeutung. Hanf, der infolge ungünstiger Witterung lange auf dem Felde bleibt, nachdem alle übrigen Feldfrüchte abgeräumt sind, wird naturgemäß besonders stark heimgesucht. Als pflanzliche Schädlinge des Hanfes sind bekannt Orobanche ramosa, der Hanfwürger, eine gefährliche Schmarotzerpflanze, die namentlich von den Hanfanbauern Amerikas gefürchtet wird[1]), ferner die gemeine Seide, Cuscuta europaea, die auch auf Hanf schmarotzt, sowie eine Reihe von Pilzkrankheiten, die ebenfalls hauptsächlich im Auslande gefunden werden[2]). In Japan sind es namentlich Insekten, die den Hanf schädigen[3]). In unseren Kulturen des deutschen Hanfes haben sich solche Schädigungen bisher nicht wesentlich bemerkbar gemacht. Es sind lediglich einmal stärkere Schädigungen durch Engerlingfraß an den jungen Wurzeln festgestellt worden, wobei die Engerlinge in ihrer zerstörenden Tätigkeit systematisch den Drillreihen gefolgt waren und dadurch größere Fehlstellen verursacht hatten.

Ernte und Aufbewahrung.

Der zweckmäßigste Zeitpunkt der Ernte ist abhängig von dem Produktionsziel, das dem Hanfanbau zugrunde gelegt wird. Wie bereits dargelegt, reifen die männlichen und weiblichen Hanfpflanzen ungleich. Wird auf die Gewinnung der gesamten Fasermasse im qualitativ günstigsten Zustand Wert gelegt, so muß der Hanf eben grün geerntet werden, zu einem Zeitpunkt, zu welchem männliche und weibliche Pflanzen gleich gute Fasern liefern. Eine derartige Methode kommt in Frage bei Sorten, deren Samenproduktion an und für sich gering ist oder die in dem betreffenden Klima ohnehin nicht zur Samenreife gelangen. Bei dem Anbau eines in bezug auf Samenproduktion hochstehenden Hanfes ist es jedoch wirtschaftlich richtiger, die Samenreife der weiblichen Stengel abzuwarten (vgl. S. 17ff.). Die männlichen Pflanzen sind dann freilich vollständig abgestorben und sinken bei lichtem Stand des Hanfes vielfach zu Boden. Dem durch letzteren Umstand eintretenden Verlust kann man jedoch entgegenwirken durch stärkere Aussaat. Steht der Hanf dicht, so werden die meisten der männlichen Stengel aufrecht gehalten, gelangen noch mit in die Erntemasse und können für verschiedene Verwendungszwecke sehr wohl verwertet werden.

Das sogenannte „Femeln" des Hanfes, getrennte Ernte der männlichen und weiblichen Stengel zu verschiedenen Zeitpunkten, ist nur bei Anbauflächen von geringem Umfange möglich. Für den größeren Anbau bleiben nur die beiden bezeichneten Wege, die wir beide in Deutschland in Anwendung finden. Bei der sogenannten Schleißhanfgewinnung in Baden werden die Stengel grün geerntet, während in unseren Betrieben der Hanf auch zur Fasergewinnung erst nach der Samenreife geerntet wird.

Bei dem Anbau des deutschen Hanfes, der sowohl der Faser- als auch der Samenproduktion dient, ist jedenfalls wirtschaftlich der Verlust an männlicher Hanffaser geringer anzuschlagen, als die zu einem früheren Zeitpunkt der Ernte eintretende Minderung des Samenertrages. Bei dem besonderen Verfahren der Aufbereitung der Hanfstengel, wie es in unseren Betrieben üblich ist, ist es sogar erwünscht, möglichst vollreife Stengel zu erhalten. Die Interessen der weiteren Verarbeitung kommen hier den landwirtschaftlichen Interessen in denkbar günstiger Weise entgegen.

In den außerdeutschen Hanfanbauländern wird, soweit das Klima ein Ausreifen des Samens zuläßt, stellenweise ebenfalls der Hanf erst nach der Samenreife geerntet. In der Hauptsache finden wir jedoch in allen Hanfanbauländern der Erde eine Trennung des Anbaues in der Weise, daß der Hanf zur Fasergewin-

[1]) Dewey: a. a. O. [2]) Krafft: a. a. O.

[3]) Takahashi: Insektenschädlinge auf Hanf. Ref. in Review of applied Entomology. Bd. 7. 1919.

nung in dichtem Bestande angebaut wird, der Hanf zur Samengewinnung dagegen in besonderen Schlägen mit größerem Abstand der einzelnen Pflanzen gezogen wird. Ersterer wird dann gewöhnlich grün geerntet, und nur den Samenhanf läßt man zur Deckung des Saatbedarfs voll ausreifen. Die Erzeugung des Saatgutes auf diese Weise hat ihre ganz besonderen Vorzüge, worauf ich im nächsten Abschnitt noch eingehen werde.

Der deutsche Hanf hat jedoch nicht nur die Aufgabe, den Saatbedarf an Samen zu erzeugen, sondern er soll darüber hinaus neben der Fasernutzung noch eine Nutzung als Ölfrucht ermöglichen. Bei seinem Anbau sind also wesentlich andere Faktoren maßgebend.

Abb. 30. Hanfernte in Baden.

Die Ernte des Hanfes kann sowohl mit der Hand als auch mit Maschinen erfolgen. In Baden wird der Hanf gewöhnlich mit der Hand ausgerauft (Abb. 30/31). Diese Methode hat den Vorzug, daß die Fasern des unteren Stengelabschnittes, die beim Schneiden des Hanfes in den Stoppeln verloren gehen, mitgewonnen werden. Im Gegensatz zum Flachs hat jedoch beim Hanf diese Methode gegenüber dem Schneiden nur geringeren Vorteil, da die Fasern des unteren Stengelgliedes sehr grob sind, Wurzel und Hypokotyl für die Fasergewinnung nicht in Frage kommen. Wenn der Schnitt sorgfältig ausgeführt wird, so daß nicht zu hohe Stoppeln stehenbleiben, hat das Schneiden vor dem Raufen keinen nennenswerten Nachteil. Für den Großbetrieb kommt ohnehin nur das Schneiden, und zwar mit Maschinen, in Frage.

Bei dem mittelhohen deutschen Hanf können zum Schnitt sowohl Selbstbinder als auch Getreidemäher mit Selbstablage verwendet werden. Der Schneideapparat dieser Maschinen ist jedoch der starken Beanspruchung durch den Hanf nicht ganz gewachsen, weil die Hin- und Herführung des Messers verhältnismäßig langsam erfolgt. Beim Hanfbau auf Moorboden kommt hinzu, daß die Pflanzen in dem weichen Moorboden nachgeben, dem Schnitt des Messers zu wenig Widerstand entgegensetzen und daher mitgerissen werden. Dieser Umstand gibt zu häufigen Betriebsstörungen Anlaß. Bei der Verwendung von Selbstbindern macht sich unangenehm bemerkbar, daß die ganzen Maschinen bei der Hanfernte sehr leiden. Die im Verhältnis zur Getreideernte erheblich größere Masse, die bei gut stehendem Hanf auf der gleichen Fläche zu bewältigen ist, ruiniert auf die Dauer diese Maschinen und erlaubt ferner bei starkem Bestande höchstens die halbe Schnittbreite des Messers auszunützen. Sehr gut haben sich dagegen die einfachen Grasmähmaschinen bewährt, die vor allen Dingen den Vorzug besitzen, daß der Schneideapparat sehr viel schneller hin- und herbewegt wird, und die infolgedessen die holzigen Stengel glatt bewältigen. Wenn diese Maschinen mit einer einfachen Handablagevorrichtung versehen werden, so ist ihre Leistung bei verhältnismäßig geringer Zugkraftbeanspruchung sehr zufriedenstellend (Abb. 32 u. 33). Hinzu kommt, daß das Aufnehmen und Binden des Hanfes hinter der Mähmaschine eine verhältnismäßig angenehme Arbeit ist, die von den Leuten im allgemeinen lieber ausgeführt wird, als das Aufnehmen und Binden von Getreide. Da der Hanf sich nur in den seltensten Fällen lagert, so liegen die Stengel immer schön glatt und sind leicht zusammenzuraffen.

Abb. 31. Hanfernte in Baden.

Abb. 32 u. 33. Schnitt des Hanfes mit Grasmähmaschinen in Markee.

Die amerikanischen Hanfanbauer, die zur Ernte des Hanfes meist ebenfalls Grasmäher verwenden, haben diese Maschinen mit einer besonderen Einrichtung für den Hanfschnitt versehen, die ein Liegenlassen des Materials zur Tauröste an Ort und Stelle ermöglicht[1]). Durch einen leichten Holzbalken, der in etwa dreiviertel Hanfhöhe parallel mit dem Messer, jedoch etwas vor diesem, verläuft, werden die Hanfstengel vor dem Schnitt vom Messer weggebogen. Infolge

[1]) Dewey: a. a. O.

der Elastizität des Stengels springt nach dem Schnitt das Schnittende des Stengels sogleich hinter den Messerbalken zurück. Ohne diese Vorrichtung finden wir häufig, daß die Stengel nach dem Schnitt noch ein zweites und drittes Mal zwischen die Messer geraten, wodurch immer wieder kleine Abschnitte verlorengehen. Dieser Übelstand wird durch die oben beschriebene Methode vermieden, die aber nur anzuwenden ist, wenn der Hanf an Ort und Stelle zur Röste liegen bleibt, da die Stengel bei dieser Methode in der vollen Schnittbreite hinter der Maschine mit den Spitzen in der Fahrtrichtung ausgebreitet werden.

Wird Hanf zur Samengewinnung in lichtem Bestande bzw. in Einzelpflanzen angebaut, so erlangen die Stengel häufig eine Stärke, die mit Mähmaschinen nicht zu bewältigen ist. Hier wird es oft notwendig, mit schweren Hackmessern die einzelnen Stengel abzuschlagen.

Der geschnittene Hanf wird wie Getreide aufgebunden und auch wie Getreide in Stiegen zum Trocknen aufgestellt. Wie bereits erwähnt, bleibt der Hanf in Amerika vielfach gleich ausgebreitet liegen, um an Ort und Stelle eine Tauröste durchzumachen. Das ist jedoch nur dort durchführbar, wo Klima und Witterung ein solches Verfahren ermöglichen. Es muß also nach dem Schnitt zunächst feuchtes Wetter eintreten, um für die Tauröste günstige Bedingungen zu schaffen, und später wieder Trockenheit, damit der Hanf nicht vollständig verrottet und aufgearbeitet werden kann. In Deutschland würde der Winter ein derartiges Verfahren unmöglich machen. In Baden sowie in einigen italienischen Anbaugegenden wird vielfach so verfahren, daß der Hanf nach der Ernte in Röstkanäle oder Gruben eingesetzt wird und hier eine Wasserröste durchmacht. Nach beendeter Röste, die in diesem Falle schneller vor sich geht als die Tauröste, wird der Hanf dann zum Trocknen auf dem Felde aufgestellt, später in die Scheunen gefahren und während des Winters aufgearbeitet.

Wenn es auf die einwandfreie Gewinnung des Samens ankommt, muß der Hanf natürlich ähnlich wie Getreide behandelt werden, und die Fasergewinnung darf erst nach der Entsamung stattfinden. Je nach der Witterung ist der in Stiegen aufgestellte Hanf in 8 bis 10 Tagen trocken zum Einfahren. Trotz des erheblichen Blattanteils trocknet der Hanf sehr rasch, da die Blätter einen sehr hohen Trockensubstanzgehalt aufweisen. Ein Verderben auf dem Felde ist aus dem gleichen Grunde selbst bei längeren Regenperioden nicht zu befürchten. Namentlich die Blätter der Blütenregion sondern eine harzige Masse aus, die in den Hüllblättern eingeschlossenen Samen sind infolgedessen gegen das Eindringen von Feuchtigkeit geschützt. Auch ein Samenausfall ist selbst bei längerem Stehenlassen auf dem Felde nicht zu befürchten, vorausgesetzt allerdings, daß der Hanf rechtzeitig geschnitten wurde. Steht der Hanf einmal in Stiegen, so kann er bei ungünstigen Verhältnissen beliebig lange auf dem Felde stehenbleiben, ohne daß Faser und Samen nennenswert an Qualität einbüßen. Die Hanfernte 1922 hat in unseren Betrieben infolge ungünstiger Witterung sogar bis Januar 1923 auf dem Felde gestanden, die Faser war für unseren Verwendungszweck vollwertig zu gebrauchen und auch der Samen hatte nur wenig von seiner Keimfähigkeit eingebüßt. Die Möglichkeit, die Hanfernte derart hinauszudehnen, erhöht den betriebswirtschaftlichen Wert des Hanfbaues bedeutend.

Auf dem Halm befindlicher Hanf kann jedoch nicht längere Zeit über den Reifegrad hinaus stehenbleiben, weil die Faser jedes einzelnen Stengels dann anröstet und sich ablöst. Auch ist der Samenausfall in diesem Falle bedeutend. Der Schnitt des Hanfes hat also rechtzeitig zu erfolgen.

Die Aufbewahrung kann in großen Mieten erfolgen, besser jedoch in Scheunen, weil der in Mieten aufbewahrte Hanf durch die Luftfeuchtigkeit ungleichmäßig angegriffen wird, ein Umstand, der die weitere Verarbeitung oft erheblich stört.

Für die Unterbringung der Hanfernte ist ein ganz erheblicher Scheunenraum notwendig. Das Raumgewicht lose geschichteter Stengel schwankt von 60 kg bis 90 kg pro Kubikmeter, je nach der Längenbeschaffenheit der Stengel, Gleichmäßigkeit der Bündelung usw. Für die Unterbringung des Ernteertrages einer Fläche von 1000 ha, die nötig ist, um eine Fabrikanlage wie die unsrige zu speisen, wäre demnach ein Aufbewahrungsraum nötig von rund 65000 cbm Fassungsvermögen, unter Berücksichtigung der während der Ernte zu verarbeitenden Menge. Der Scheunenraum, der unserer Hanffabrik beigegeben ist, entspricht etwa dieser Anforderung mit einer Grundfläche von 8750 qm und einer durchschnittlichen Höhe von 8 m (Abb. 34).

Abb. 34. Hanfaufbereitungsanstalt der Schurigschen Betriebe in Bergerdamm b. Nauen.

Über die zweckmäßige Stärke der einzelnen Bündel herrschten früher zwischen Landwirt und Abnehmer gewöhnlich große Differenzen. Für die Verarbeitung nach dem gewöhnlichen Verfahren sind möglichst kleine Bündel erwünscht. Die Durchführung dieser Forderung würde jedoch die Ernte erheblich verteuern, bzw. die Ernte mit Selbstbindermähmaschinen unmöglich machen. Selbst wenn die Schnittbreite der Maschine nur zur Hälfte ausgenützt wird, ist die anfallende Masse immerhin so groß, daß bei einer Kleinbündelung von 20 cm Einzelbunddurchschnitt der Knüpfapparat über seine Leistungsfähigkeit hinaus beansprucht wird. Es wäre demnach ganz unmöglich, den Hanf mit Selbstbindern zu mähen, wenn die Forderung womöglich noch kleinerer Bündelung aufrechterhalten würde. Wir haben auch aus diesem Grunde von vornherein unser Verfahren von der Bündelung unabhängig gemacht. In unseren Betrieben, wo Produktion und Verarbeitung der Hanfstengel sich in einer Hand befinden, ist eine Übereinstimmung der Interessen allerdings leichter zu erzielen, weil der als Nebenbetrieb geltende Fabrikationsgang den landwirtschaftlichen Interessen selbstverständlich nachzugehen hat.

Die Gewinnung des Samens erfolgt zusammenhängend mit der weiteren Verarbeitung der Hanfstengel. Soll der Hanf geröstet werden, so wird der Samen vor dem Einsetzen der Stengel in das Röstwasser durch Riffeln entweder von Hand oder maschinell gewonnen. Durch Ausdrusch mit gewöhnlichen Dreschmaschinen würde die Faser zu sehr leiden. Bei dem hier vorzugsweise geübten Verfahren wird der Samen direkt bei der Verarbeitung, beim Durchgang der Stengel durch den ersten Knicker, gewonnen.

Die weitere Verarbeitung der Hanfstengel.

Die Trennung der Faser von den übrigen Stengelteilen erfolgt im allgemeinen im landwirtschaftlichen Betriebe durch den Anbauer selbst. Es gibt eine ganze Reihe von Methoden, die Gewinnung der Faser vorzunehmen. Die am meisten verbreitete Grundlage der Fasergewinnung stellt die biologische Aufschließung der Stengel, die sog. Röste[1]) dar, die im Verein mit nachfolgender mechanischer Behandlung das beste Fasermaterial ergibt. Die mechanische Behandlung kann jedoch auch einen größeren Raum in der Aufbereitung der Stengel einnehmen. Wir können drei große Gruppen von Fasergewinnungsmethoden aufstellen:

1. Aufschließung der Stengel auf biologischem (evtl. chemischem) Wege, die sogenannte Stengelröste.
2. Mechanische Behandlung und nachfolgende biologische Röste, sog. Baströste.
3. Fasergewinnung auf rein mechanischem Wege.

Sämtliche drei Methoden sind sowohl in Deutschland als auch in anderen Hanfanbauländern in Gebrauch. Das erzielte Produkt ist natürlich sehr von dem Grade der Sorgfalt abhängig, mit der bei der Fasergewinnung verfahren wird. Da die Aufwendung an Arbeit und Kapital bei der Gewinnung der Faser nicht unerheblich ist, so hat sich die Wahl der Aufbereitungsmethode vorwiegend nach wirtschaftlichen Gesichtspunkten zu richten. Im folgenden sei auf die verschiedenen Methoden der Fasergewinnung näher eingegangen.

Unter biologischen Rösten sind alle diejenigen Verfahren zur Gewinnung von Fasern aus Pflanzenteilen zu verstehen, die auf der Mitarbeit von Mikroorganismen beruhen[2]). Die Bakterien, welche die Röstarbeit bewirken, finden sich an jedem Hanfstengel vor. Ohne eine scharfe Einteilung in dieser Richtung vornehmen zu können, unterscheiden wir natürliche und künstliche Verfahren. Bei letzteren werden die biologischen Vorgänge der natürlichen Röste durch Temperatursteigerung, Wasser- oder Lufterneuerung, Zusätze von Bakterien oder chemischen Stoffen künstlich beeinflußt.

Das Rösten selbst ist ein Fäulnisprozeß, der bei weiterem Fortschreiten zum völligen Abbau der pflanzlichen Stoffe durch die Tätigkeit der Mikroorganismen führt. Die Stengel werden in eine, für die Bakterienarbeit möglichst günstige, Bedingung gebracht, indem sie entweder dem Tau ausgesetzt oder vollständig in Wasser eingesetzt werden. Man unterscheidet danach Tauröste und Wasserröste, von denen die letztere beim Hanf gebräuchlicher ist. Bei Beginn der Röste werden zunächst leichter angreifbare Stoffe zersetzt, zu denen auch die beschriebenen, vorwiegend aus Pektinstoffen bestehenden Bindesubstanzen der Faserstränge gehören. Eine Gruppe von pektinzerstörenden Bakterien spaltet diese Stoffe auf, verwendet sie zum Aufbau ihrer Leibessubstanz oder wandelt sie zu Stoffwechselprodukten, organischen Säuren usw. um. Die Lösung der Pektinstoffe kann durch kein chemisches Mittel in annähernd so vollkommener Weise erreicht werden, als das durch den Lebensprozeß der genannten Bakterien geschieht. Die auf biologischem Wege gewonnene Faser wird also, was ihre qualitativen Eigenschaften angeht, unerreicht bleiben. Andererseits liegt bei der biologischen Röste die Schwierigkeit vor, die Tätigkeit der Mikroorganismen im geeigneten Moment zu unterbrechen. Es sollen wohl die Faserbündel aus dem umgebenden Ge-

[1]) Röste = Rotte. [2]) Ruschmann: Grundlagen der Röste. Leipzig 1923.

webe herausgelöst, nicht aber der Zusammenhalt der das Faserbündel bildenden einzelnen Bastfasern gelockert oder gar diese letzteren selbst angegriffen werden. Nun setzen zwar die Substanzen, welche die einzelnen Bastzellen zu einem Faserbündel verkitten, der Tätigkeit der Bakterien größeren Widerstand entgegen als diejenigen Kittstoffe, welche das Faserbündel mit den umgebenden Gewebeteilen verbinden. Es handelt sich aber bei der natürlichen Röste um das Zusammenwirken von verschiedenen Gruppen von Bakterien, deren Lebensbedingungen sich im einzelnen grundsätzlich widersprechen können. Neben der Gruppe der pektinzerstörenden Bakterien sind auch noch andere Mikroorganismen tätig, die sich der Zerstörung anderer pflanzlicher Stoffe widmen. Es kann daher leicht ein Zuviel an Aufschließungsarbeit geschehen, wodurch die den Röstern wohlbekannte „Überröste" eintritt. Der Gefahr der Überröste läßt sich durch einige Sorgfalt bei der Handhabung der Röste begegnen.

Bei der gewöhnlichen ländlichen Wasserröste wird die Röste in Gräben oder Kanälen vorgenommen, die mit Wasser gefüllt und evtl. auch abgelassen werden können. In Baden und stellenweise auch in Italien wird die Röste in fließendem Wasser vorgenommen, das in einzelne Kanäle abgeleitet wird. Die Hanfstengel werden gebündelt in die mehr oder weniger großen Röstkanäle hineingebracht, durch oben aufgelegte Stangen und Steine beschwert und so unter Wasser gehalten. Nach Verlauf von ein bis mehreren Wochen, je nach der Temperatur und Art des Wassers, Beschaffenheit des Hanfes, Witterung u. dergl., ist die Röste beendet. Die Hanfstengel werden dann gewöhnlich im Wasser noch ausgeschlagen, um sie von den anhaftenden Rindenteilen zu befreien. Hierauf werden sie herausgenommen und im Freien zum Trocknen aufgestellt. Nach erfolgter Trocknung wird der Hanf dann entweder sofort mit Handbrechen weiter verarbeitet oder bis zur weiteren Verarbeitung trocken aufbewahrt. Durch den Röstprozeß sind die Faserbündel soweit isoliert worden, daß durch die nachfolgende mechanische Behandlung durch Brechen und Schwingen die Faser leicht von dem Holz der Stengel getrennt werden kann.

Bei der Röste in stehendem Wasser sammelt sich in den Gräben eine große Menge Schlamm an, der sich weiter zersetzt und zu hygienischen Bedenken Anlaß gibt. Überhaupt bringt das primitive ländliche Verfahren der Wasserröste eine Reihe von Mängeln in hygienischer und auch wirtschaftlicher Hinsicht mit sich. Verpestung der Luft, Verunreinigung der Gewässer, gesundheitliche Gefährdung der Arbeiter werden namentlich in wärmeren Landstrichen häufig beklagt. Auf der anderen Seite steht ein verhältnismäßig großer Arbeitsaufwand, Abhängigkeit von der Gunst des Wetters, Unsicherheit im Ausfall des Röstergebnisses. Infolgedessen ist häufig versucht worden, das Rösten zum Gegenstand einer besonderen, vom landwirtschaftlichen Betrieb mehr oder weniger losgelösten, Industrie zu machen und alle die mit der ländlichen Wasserröste verbundenen Mängel zu beseitigen. Unter diesen verbesserten Verfahren ist zunächst die Warmwasserröste zu nennen, die eine Verkürzung der Röstzeit auf wenige Tage zuläßt und im Fabrikbetrieb heute wohl meist benutzt wird. Das Wasser wird in zementierten Röstbassins auf einer gleichmäßigen Tempertur von 27 bis 28 ^{0} C gehalten, gleichzeitig wird für fortwährend zufließendes warmes Wasser gesorgt, während das überflüssige Wasser unten abfließt. Dadurch wird auch eine teilweise Lufterneuerung herbeigeführt, die es neben den bei der Wasserröste hauptsächlich arbeitenden anaëroben Bakterien auch den aëroben Bakterien ermöglicht, an der Röstarbeit teilzunehmen.

Ursprünglich hatte man als wesentliche oder beste Rösterreger die typisch sauerstoffeindlichen Bakterien angesehen. Die Überlieferung aus der älteren Praxis des Röstens läuft darauf hinaus, daß die Pektinzerstörung am besten unter

Luftabschluß vor sich geht. Diese Anschauung hat zunächst Rossi durchbrochen durch seine Entdeckung, daß ausgesprochen aërobe Bakterien als gute, ja sogar bessere Röstorganismen angesprochen werden können[1]). Hauptröster der von Rossi beschriebenen Gruppe ist Bacillus Comesii Rossi. Rossi ist der Ansicht, daß eine außerordentlich große Zahl von sauerstoffliebenden und pektinverzehrenden Bakterien imstande sei, als Röstorganismen zu arbeiten. Es handelt sich nur darum, für diese Bakterien die günstigsten Lebensbedingungen zu schaffen, und ihnen damit ein gewisses Übergewicht über die anderen Mikroorganismen zu geben. Rossi glaubt durch eine Impfung mit einer besonders bereiteten keimreichen Lösung die Rösttätigkeit in der gewünschten Richtung zu fördern und hat hierauf ein patentiertes Röstverfahren gegründet[2]).

Die Verwendung von Bacillus Comesii Rossi und die Ausführung der Röste mit künstlicher Luftzuführung zeitigte bei der Hanfröste in einigen Versuchen gute Erfolge[3]). Die Röste geht schneller vor sich, es wird nur etwa die Hälfte der Zeit benötigt. Ferner ist die Gleichmäßigkeit der Röstarbeit hervorzuheben. Die Gefahr einer Überröste ist wesentlich verringert. Auch ist der Geruch viel weniger unangenehm und ebenfalls weniger gesundheitsschädlich wie bei der anaëroben Röste. Ob sich diese Versuchsergebnisse auch auf die große Praxis übertragen lassen, bleibt abzuwarten. Vor allen Dingen spielt dann die Wirtschaftlichkeit des Verfahrens eine besondere Rolle. Technisch ist die Umwandlung einer gewöhnlichen Warmwasserbassinröste in eine aërobe Röste leicht möglich. Die Notwendigkeit, größere Luftmengen durch die Röste zu schicken, würde den Betrieb natürlich verteuern. Immerhin hat die Methode der Röste mit Luftzufuhr und Zusatz von Bacillus Comesii Rossi namentlich in Frankreich Verbreitung gefunden.

Ein anderer Weg, die Röstarbeit durch Zusatz von Bakterien zu verbessern, ist von Carbone eingeschlagen worden. Die italienische ländliche Wasserröste des Hanfes stellt, so primitiv sie gehandhabt wird, eine für diese Rohstoffe unerreichte Erzeugung guten Fasermaterials dar. Es liegt nahe, den spezifischen Erreger dieser Röste aufzusuchen und der Röstindustrie dienstbar zu machen. Carbone[4]) hat nun gezeigt, das der wesentlichste Anteil an der italienischen Bauernröste nicht den aëroben Mikroorganismen, sondern ausgesprochen anaëroben, farbstoffbildenden Bakterien zuzuschreiben sei. Es ist Carbone gelungen, in Bacillus felsineus den Haupterreger der italienischen Hanfröste festzustellen. Die günstigsten Entwicklungsbedingungen für Bacillus felsineus liegen bei einer Temperatur von 37 °C. Grundlage für die Carbone-Röste ist daher möglichst genaue Innehaltung dieser Temperatur[5]). Es sollen 39 ° nicht überschritten,

[1]) Rossi: Primo contributo allo studio della macerazione della canapa. Le Stazioni sperimentali agrarie italiane. Bd. 35, S. 240ff. 1902. — Derselbe: Secondo contributo etc. Annali della R. Scuola Superiore d' Agricoltura in Portici. Bd. 5. 1909. — Rossi, Carbone, Guarnieri e Del Giudice: Terzo contributo etc. Ebenda Bd. 7. 1907. — Rossi e Carbone: Quarto contributo etc. Ebenda Bd. 9. 1909. — Rossi: Quinto contributo etc. Ebenda Bd. 11. 1912. — Derselbe: Sesto contributo etc. Ebenda Bd. 12. 1914. — Derselbe: Settimo contributo etc. Ebenda Bd. 13. 1914. — Derselbe: Das gewerbsmäßige mikrobiologische Rösten der Gespinstpflanzen. Internationale agrartechnische Rundschau. Bd. 7, S. 635ff. 1916.

[2]) D. R. P. 226968, 1910, Klasse 29b, Gruppe 2.

[3]) Ruschmann: Faserstengelrösten mit Luftzufuhr. Faserforschung Bd. 1, S. 67ff. 1921. — Derselbe: Technische und wirtschaftliche Bemerkungen betreffend Faserstengelrösten mit Luftzufuhr. Ebenda S. 199ff.

[4]) Carbone: Sulla macerazione rustica della Canapa. Prima Nota. Le stazione sperimentale agrarie italiane. Bd. 50, S. 261—299. 1917. — Carbone und Tombolato: Sulla macerazione rustica della canapa. Seconda Nota. Ebenda S. 571. — Dieselben: Sulla macerazione rustica della canapa. Terza Nota. Ebenda Bd. 51, S. 355—361. 1918.

[5]) Carbone: La macerazione industriale delle piante tessili col „Bacillus felsineus". Milano 1920, S. 21ff.

und ebenso soll unter 35° nicht herabgegangen werden. Die Impfung findet am besten mit einer bakterienreichen und typisch anaërob gezüchteten Vorkultur statt, deren Herstellung den wesentlichsten und verhältnismäßig schwierigsten Teil neuer Arbeit für den Röster darstellt. Zu ihrer Erzeugung ist ein Raum nötig, der dauernd etwa 37° aufweist. Als Material dienen Kartoffeln und ein als fertiges Präparat zu beziehender Impfstoff. Italienische und deutsche Arbeit vereinigen sich neuerdings, um die Herstellung der Kulturen in eine praktisch durchführbare Form zu bringen[1]).

Die Rösten mit Zusatz von bestimmten Rösterregern haben den nicht zu verkennenden Vorteil, daß wir mit ihrer Hilfe uns über die Natur der sich in der Röste abspielenden Vorgänge besser unterrichten und den Verlauf der Röste in der Hand behalten können. Bleibt die Röstarbeit den sich zufällig in der Mehrheit befindenden Bakteriengruppen überlassen, so sind wir auch mehr oder weniger auf ein Zufallsergebnis angewiesen. Der künstliche Zusatz von bestimmten Rösterregern stellt zum ersten Male das bisher nur empirisch gehandhabte Verfahren der biologischen Wasserröste auf eine Basis, die auch der wissenschaftlichen Forschung zugänglich ist. Es ist ferner zur Erzielung einer Qualitätsfaser notwendig, den Röstvorgang beherrschen zu können. Dazu muß man ihn jedoch in ganz bestimmter und gewollter Richtung leiten, wozu der Zusatz von bestimmten Bakteriengruppen und die Innehaltung der für diese günstigsten Lebensbedingungen die einzige Möglichkeit bieten. Die Italiener[2]) sehen in der Übertragung der Forschungsergebnisse Carbones auf die Praxis vor allen Dingen die Möglichkeit, einem etwaigen Rückgang der italienischen Hanfröste vorbeugen zu können. Die Sorge um das Mißlingen der Röste spielt im italienischen ländlichen Röstbetrieb eine große Rolle.

Wie bereits erwähnt, erfordert die Arbeit des Röstens einen erheblichen Arbeitsaufwand. Sehr viel Handarbeit ist notwendig, die sich nicht durch Maschinenarbeit ersetzen läßt. Das Einbringen der Stengel in die Röstkanäle und ebenso das Herausholen und Aufstellen zum Trocknen muß mit der Hand geschehen, weil die Stengel sich nicht verwirren dürfen. Man hat daher versucht, den Röstbetrieb mehr maschinell einzurichten. Man hat zu diesem Zweck den Stengel bereits vor dem Rösten und Trocknen geknickt. Es bleibt hierbei ein Teil des Holzes mit der Faser noch fest verbunden, jedoch haben wir in dem geknickten Material keinen festen, starren und schwierig zu handhabenden Stengel mehr vor uns, sondern ein Material, das aus groben, biegsamen Strängen besteht. Diese Stränge werden auf Stangen aufgereiht, in den Röstkanal maschinell eingesetzt, und nach 3 bis 4 Tagen ebenso maschinell aus dem Röstkanal gehoben und in einen Trockenkanal geschafft. Es war auf diese Weise möglich, bedeutend an Handarbeit zu sparen, trotzdem hat sich dieses System aber nicht durchzusetzen vermocht. Die Faser der so geknickten Stengel war vielfach geschädigt, an den geknickten Stellen konnte die Röstarbeit der Bakterien stärker einsetzen, und die Folge war ein ungleichmäßig geröstetes, wenig wertvolles Material. Man ist aus diesem Grunde vielfach wieder dazu übergegangen, zur Gewinnung von Langfaser die ganzen Stengel zu rösten. In Italien wird jedoch dieses Verfahren, das man als Baströste bezeichnet, neben der Stengelröste und der mechanischen Fasergewinnung, die weiter unten beschrieben wird, ebenfalls gehandhabt.

---

[1]) Carbone und Tobler: Die Röste mit Bacillus felsineus. Faserforschung Bd. 2, S. 163ff. 1922.

[2]) Bazzocchi: Sulla macerazione industriale delle piante tessili. Milano 1921. — Tombolato: Il metodo Carbone per la macerazione microbiologica delle tessili e la sua importanza pratica. I progressi nelle industrie tintorie e tessili, Bergamo 1917.

Wesentlich abweichend von den seither beschriebenen Methoden gehen die amerikanischen Farmer bei der weiteren Verarbeitung der Hanfstengel vor[1]). Im Gegensatz zu der in Europa hauptsächlich üblichen Wasserröste wird beim Hanf fast nur Tauröste angewendet. Die Stengel werden gleichmäßig in dünner Schicht auf dem Boden ausgebreitet, höchstens drei Stengel übereinander, und bleiben so ein bis mehrere Monate liegen. Warmes und feuchtes Wetter beschleunigt den Röstprozeß, kaltes oder trockenes verzögert ihn. Gewöhnlich wird der Hanf gleich bei dem Schnitt ausgebreitet und bleibt an Ort und Stelle zur Tauröste liegen, doch wird vermieden, ihn auszubreiten, wenn noch starker Sonnenbrand zu erwarten ist.

Oft wird der Hanf auch vor dem Ausbreiten erst in grünem Zustand in dichte Haufen gesetzt, um einen Schwitzprozeß durchzumachen. Hierbei verschwinden die leicht vergärbaren Stoffe unter Wärmeerzeugung. Nach dieser Vorbehandlung röstet der Hanf leicht und ist der Gefahr der Überröste weniger ausgesetzt, da die leicht zersetzlichen Substanzen durch den Schwitzprozeß beseitigt sind.

Wechsel von Frost und Tauwetter sowie leichte Schneefälle geben gute Röstresultate. Das erzielte Produkt hängt auch sehr von der Beschaffenheit der Stengel, sowie nicht zuletzt von der Unterlage, auf der die Stengel ausgebreitet liegen, ab. Besonders günstig für die Tauröste ist ein junges Weizen- oder Roggenfeld, weil die Hanfstengel hier feucht gehalten werden. Durch Tau- und Regenfall werden übrigens die leicht löslichen Stoffe aus den Hanfstengeln ausgewaschen und kommen dem Boden gleich wieder als Nährstoffe zugute.

Infolge des andauernden Wechsels in der Zufuhr von Feuchtigkeit sind es bei der Tauröste nicht die Bakterien, sondern in erster Linie Faden- oder Schimmelpilze, welche die Röstarbeit verrichten. Die Tauröste verläuft nie so gleichmäßig wie eine Wasserröste, da die biologischen Vorgänge den Witterungsumschlägen ausgesetzt sind.

Wenn die Tauröste soweit vorgeschritten ist, daß die Faser sich leicht vom Holze löst, werden die Stengel aufgerafft und lose in Haufen aufgesetzt. Nachdem sie so getrocknet sind, erfolgt die weitere Verarbeitung durch Knickmaschinen. Es leuchtet ein, daß ein derartiges Verfahren nur dort durchzuführen ist, wo günstige Witterungsverhältnisse die Grundlage dafür abgeben. Immerhin bleibt es auch in Amerika ein unsicheres Verfahren, und der Mangel an geeigneten Rösteinrichtungen wird allgemein sehr beklagt.

Im Gegensatz zu den vorstehend behandelten biologischen Rösten stehen diejenigen Aufschließungsmethoden, die ohne Beteiligung von Mikroorganismen arbeiten. Hierbei kommt es auf eine Lösung der pektinhaltigen Bindesubstanzen durch geeignete chemische Mittel an. Die chemische Aufschließung der Hanfstengel ist ein Verfahren, bei dem zwar die Gewinnung einer brauchbaren Faser sehr schnell vonstatten geht, das jedoch infolge der notwendigen teuren Chemikalien meist nicht wirtschaftlich ist. Gewöhnlich besteht die chemische Aufschließung in einer Behandlung mit schwachen Alkalien.

Eine größere Bedeutung haben die chemischen Aufschließungsverfahren jedoch für eine Nachbehandlung von billig gewonnenen Fasermassen, bei der durch weitgehende Aufschließung, sogenannte Kotonisierung, ein baumwollartiges Produkt gewonnen werden kann. Bei der Kotonisierung werden durch entsprechende Mittel auch die Bindesubstanzen, welche die einzelnen Bastzellen zu einem Faserbündel zusammenkitten, gelöst, so daß in dem kotonisierten Material mehr oder weniger isolierte Einzelfasern vorliegen. Die Bastzelle des Hanfes entspricht in ihren Ausmaßen etwa denjenigen der Baumwolle. Sie unterscheidet

[1]) Dewey: a. a. O.

sich jedoch in der Spinnfähigkeit wesentlich von dieser. Die Baumwollhaare sind gedreht, flach gedrückt und besitzen Rauheiten, die sogenannten Spinnsporen. Sie sind daher technisch leichter zu verspinnen als die mehr glatten und runden Bastzellen des Hanfes. Einstweilen ist es nur möglich, kotonisierten Hanf mit Zusatz eines sogenannten Spinnträgers zu verspinnen. Als solcher kann ein Zusatz von 50 % Baumwolle dienen. Es ist nicht ausgeschlossen, durch eine Verbesserung der Spinntechnik die notwendige Menge des Spinnträgers noch mehr einzuschränken. Gewebe, die zu 50 % aus Hanf bestehen, sind im Gebrauch und haben sich durchaus bewährt. Die Hanffaser ist an sich der Baumwolle in bezug auf Festigkeit und Haltbarkeit überlegen, aber hart.

Verfahren zur Kotonisierung der Hanffaser gibt es eine große Anzahl, die Patentliteratur über diesen Gegenstand ist sehr reichhaltig[1]). Der allen Kotonisierungsverfahren gemeinsame Grundgedanke ist natürlich der, die die einzelnen Bastzellen verkittenden Substanzen zu lösen und zu entfernen, so daß ein Zerfall der Faserbündel bis zu dem gewünschten Grade eintritt. Da man sich jedoch über die Natur dieser als pektinhaltig bezeichneten Stoffe noch durchaus nicht klar ist, so suchen die meisten Verfahren dem Problem mehr oder weniger empirisch beizukommen. Es gibt zur Zeit noch kein eindeutiges Reagens für Pektinstoffe, geschweige denn für die verschiedenen Formen, in welchen diese vorkommen können, nur die die Verholzung bedingende Einlagerung von Lignin in Mittellamelle und Zellwand ist verhältnismäßig leicht und sicher erkennbar.

Die Mehrzahl der bekannten Kotonisierungsverfahren sucht die Zerlegung der Faserbündel durch Behandlung mit mehr oder minder verdünnten Alkalilaugen zu erreichen. Eine Anzahl von Verfahren beruht auf der Einwirkung von Chlor auf die Fasersubstanz. Auch die biologische Aufschließung ist als Mittel zur Kotonisierung angegeben[2]).

Eine große Anzahl der bestehenden Verfahren erreicht tatsächlich eine befriedigende Isolierung der Bastzellen. In den meisten Fällen macht sich jedoch ein Wiederverkleben nach dem Trocknen störend bemerkbar. Wichtig ist ferner, daß die Festigkeit der Bastzelle selbst durch die Einwirkung der aufschließenden Mittel nicht leidet. Vor allen Dingen ist jedoch die Wirtschaftlichkeit des Verfahrens ausschlaggebend, an deren Mangel bisher die Ausdehnung der Kotonisierung gescheitert ist. Die Wirtschaftlichkeit des anzuwendenden Kotonisierungsverfahrens hängt davon ab, ob die erforderlichen Chemikalien billig beschafft werden können. Da vielfach Neben- oder Abfallprodukte anderer Industrien, z. B. Ammoniakwasser, Seifenunterlauge usw., für die Kotonisierung in Betracht kommen, so ist die Frage, welchem Verfahren der Vorzug zu geben sei, nur örtlich zu entscheiden. Bei den an und für sich hohen Preisen für Chemikalien hat natürlich dasjenige Verfahren die größte Aussicht, das mit Hilfe billig zu beschaffender, möglichst an Ort und Stelle vorhandener Ingredienzien die Kotonisierung zu bewirken vermag. Der Verbrauch an Chemikalien pro Einheit erzeugten Fasergutes ist bei den einzelnen Verfahren natürlich ebenfalls zu berücksichtigen. Es wäre ferner zu erwägen, ob nicht der chemischen Aufschließungsarbeit vorgearbeitet werden kann, sowohl durch mechanische Behandlung der Faser als auch durch möglichst weit getriebene vorherige biologische Aufschließung. Die sonst nicht erwünschte Überröste der Faser kann unter Umständen hier als Hilfsmittel dienen, um einerseits Chemikalien zu sparen, andererseits auch die Kotonisierung zu beschleunigen und zu vereinfachen.

---

[1]) Fleischer: Verzeichnis der Aufschließungsverfahren von Faserstengeln. Faserforschung Bd. 2, S. 63—76. 1922.

[2]) Näheres siehe Kränzlin: Prinzipien der Kotonisierung. Faserforschung Bd. 1 S. 121—138. 1921.

Ursprünglich ist die Kotonisierung aus dem Problem entstanden, die bisher nicht ihrem Werte entsprechend verwendeten Abfallprodukte der Hanfindustrie in veredelter Form den Feinspinnereien zuzuführen. Neuerdings wird jedoch nicht nur eine Veredelung der bisherigen Abfallprodukte durch die Kotonisierung bezweckt, sondern auch eine höhere Verwertung der gesamten anfallenden Fasermasse, sei sie mechanisch oder durch Röste gewonnen. Namentlich im Zusammenhang mit der mechanischen Fasergewinnung ist die Kotonisierung außerordentlich vielversprechend. Auf mechanischem Wege läßt sich die Hanffaser entschieden am billigsten herstellen. Das erzielte Produkt ist zwar weniger wertvoll als eine sorgfältig durch Rösten gewonnene Faser, vermag aber gerade infolge seiner billigen Gestehungskosten die geeignete Grundlage für die Kotonisierung abzugeben.

Die mechanische Trennung des Bastes vom Holzteil ohne vorherige Röste wird in geringem Umfange auch in anderen Hanfanbauländern ausgeübt. Wir haben der mechanischen Gewinnung der Faser als der einfachsten und billigsten Methode von Anfang an größtes Augenmerk geschenkt. Vor allen Dingen ist diese Methode für die Bewältigung großer Massen sehr geeignet, was von dem Röstverfahren durchaus nicht gesagt werden kann. Einige nicht zu entbehrende Voraussetzungen für die Anwendung des mechanischen Verfahrens liegen in landwirtschaftlichen Maßnahmen begründet. Hierbei kommen jedoch die Anforderungen, die an die Handhabung des landwirtschaftlichen Anbaues gestellt werden müssen, den landwirtschaftlichen Wünschen, die im Interesse der Rentabilität des Hanfbaues ohnehin gehegt werden, in äußerst glücklicher Weise entgegen. Die mechanische Gewinnung der Hanffaser nach der von uns ausgebauten Methode bringt demnach eine Übereinstimmung der landwirtschaftlichen Interessen mit den industriellen Interessen zustande.

Die Verwendungsmöglichkeiten der mechanisch gewonnenen Hanffaser sind natürlich durch die geringere Feinheit und Teilbarkeit des Faserproduktes etwas beschränkt. Zur Herstellung von aller Art Bindfaden, Bindegarn und Tauwerk ist sie dagegen namentlich im Gemisch mit Röstfaser sehr gut zu verwenden. Selbstverständlich hängt der Wert der mechanisch gewonnenen Faser sehr von dem Ausgangsmaterial ab, sowie von der zur Anwendung kommenden Methode selbst. Im allgemeinen liefert die mechanische Fasergewinnung nur Material für Wergspinnmaschinen, doch kann auch Langhanf auf mechanischem Wege gewonnen werden, wenn sinngemäß vorgegangen wird.

Während des Krieges ist in Deutschland der Versuch gemacht worden, die Verarbeitung der Hanfstengel auf eine breitere industrielle Basis zu stellen. Die Bestrebungen, den Hanfbau auszudehnen, fanden bei der Landwirtschaft williges Gehör, in kurzer Zeit stieg die Anbaufläche sehr beträchtlich an. Da es den Anbauern jedoch an den für die Verarbeitung notwendigen Einrichtungen und Erfahrungen mangelte, so wurden durch eine Kriegsgesellschaft einige größere industrielle Anlagen geschaffen, welche die Verarbeitung der anfallenden Hanfmassen übernehmen sollten. Infolge der Opferwilligkeit der deutschen Landwirtschaft konnten diese Einrichtungen auch eine Zeitlang aufrecht erhalten werden. Bald mehrten sich jedoch die Klagen über nicht genügende Bezahlung der Hanfstengel sowie über rigorose Abzüge derart, daß die Anbaufläche sehr schnell wieder erheblich zurückging. Die industriellen Anlagen sind nach dem Kriege zum Teil in Privathand übergegangen, zum Teil sind sie auch umgestellt worden.

An und für sich war der Gedanke, den Anbauern die ihnen unbekannte und vielleicht auch lästige Verarbeitung der Stengel abzunehmen und dieselbe zentral in einer industriellen Anlage vorzunehmen, gut. Man konnte hierbei auch größere

Anbauer in der Nähe der Fabrik gewinnen und brauchte mit Rücksicht auf die Frachten den Anbaubezirk der einzelnen Fabrik nicht allzuweit auszudehnen. Da die Leistungsfähigkeit der einzelnen Hanfaufbereitungsanstalt auf die Verarbeitung einer Hanfernte von 1000 bis 2000 ha Anbaufläche beschränkt war, konnten 5 bis 6 größere Güter in der Nähe der Fabrik dieses Anbaukontingent liefern. Es ist tief bedauerlich, daß die ganze Bewegung in die Hände einer Erwerbsgesellschaft gelegt wurde, welche die Förderung des Hanfbaues als solchen nicht genügend im Auge behalten konnte, und daß die Bestrebungen, den Hanfbau in Deutschland auszudehnen, infolgedessen zum Stocken kamen. Erfreulich ist aber immerhin, daß trotz aller getäuschten Hoffnungen das Interesse der deutschen Landwirtschaft am Hanfbau weiter besteht, so daß mit einer zukünftigen Ausdehnung der Anbaufläche gerechnet werden kann. Die Landwirtschaft würde sich bereit finden, den Anbau des Hanfes auszudehnen, wenn die technischen und industriellen Voraussetzungen gegeben wären.

Es gibt in technischer Hinsicht nun verschiedene Möglichkeiten. Es könnte einmal die Ausdehnung des Hanfbaues auf kleinere Betriebe beschränkt bleiben, die ihren angebauten Hanf nach mehr oder weniger vervollkommneten Methoden selbst rösten und eine spinnfertige Faser an die Spinnereien liefern. In größeren Betrieben würden sich derartige Einrichtungen weniger leicht einführen lassen, dieselben würden für den Hanfanbau in dieser Form kaum in Frage kommen.

Eine andere Möglichkeit ist die, auf die eben beschriebenen industriellen Einrichtungen zurückzugreifen, diese evtl. zu vermehren und die Verarbeitung in zentral gelegenen Aufbereitungsanstalten auf dem Wege der Genossenschaften oder sonstiger Zusammenschließungen vorzunehmen. Das Anbaugebiet der einzelnen Anlage dürfte mit Rücksicht auf die Frachtkosten nicht allzusehr ausgedehnt werden. Nachdem nunmehr auch von landwirtschaftlicher Seite die nötigen Erfahrungen gesammelt worden sind, ist nicht zu befürchten, daß ein derartiges Unternehmen zum zweiten Male fehlschlägt. Es muß nur vermieden werden, eine reine Erwerbsgesellschaft zu diesem Zwecke zu gründen, der Landwirt muß unter allen Umständen in einem derartigen Unternehmen die Führung behalten.

Einen bedeutend größeren Aktionsradius könnten diese industriellen Einrichtungen noch bekommen, wenn nicht die ganzen Stengel an die Fabrik geliefert werden, sondern wenn die Arbeitsteilung zwischen Landwirt und industriellem Unternehmen an anderer Stelle einsetzt. Ein Teil der weiteren Verarbeitung, das Brechen und Entsamen, kann mit Hilfe leicht und transportabel gebauter Maschinen an Ort und Stelle vorgenommen werden. Voraussetzung hierfür ist, daß von dem Verfahren der Stengelröste Abstand genommen und die Fasergewinnung auf mechanischem Wege vorgenommen wird. Die weitere Behandlung des Fasergutes, Verspinnung, Kotonisierung usw. wird hierdurch weniger berührt. Es brauchen dann nicht mehr die voluminösen Stengelmassen, sondern nur der von einem großen Teil des Holzes befreite Bast zu den Stätten der weiteren Verarbeitung geschafft zu werden. Das durch einen Brechprozeß gewonnene Material läßt sich auf ein sehr viel kleineres Volumen zusammenpressen.

Selbstverständlich kommt diese Art der Verarbeitung nur für gewisse Verwendungszwecke der Faser in Frage. In Verbindung mit der von uns geübten mechanischen Fasergewinnung läßt sich das so vorbereitete Material hochwertig verwenden. Ebenso besteht hier für die oben genannte Kotonisierung die Möglichkeit, die benötigten Fasermengen billig und in großen Massen zu produzieren. **Praktisch liegt jedenfalls in dieser Art der Arbeitsteilung die größte Zukunft für den deutschen Hanfanbau. Domänenpächter A. Schurig, der zunächst für seine Betriebe, später auch für fremde Anbauer, diese Einrichtung getroffen hat, strebt die Entwicklung des Hanfbaues in dieser Richtung an.**

Durch einen sogenannten Vorknicker, bestehend aus zwei Reihen geriffelter Walzen, werden die Stengel von Samen und Spreu, sowie von etwa 40 % des Holzes befreit. Eine einfache Saatreinigung vervollkommnet die Maschine und liefert die Hanfsaat gleich marktfertig. Das durch den Knicker gewonnene Material kann in Ballen zusammengepreßt werden und verträgt so schon einen weiteren Transport. Der Anbauer behält auf diese Weise gleich den wertvollen Samen zurück. Die abfallenden Holzschäben können sowohl als Heizmaterial für die den Knicker antreibende Lokomobile, als auch zur Einstreu benutzt werden. Werden die Schäben verbrannt, so kann man die Asche zur Düngung verwenden, in beiden Fällen bleibt der Wirtschaft der größte Teil der Mineralstoffe erhalten, die der Hanf dem Boden entnommen hat.

Kleinere Anbauer, für die die Anschaffung einer solchen Maschine auf eigene Kosten nicht lohnt, müssen sich zusammenschließen und gemeinsam eine derartige transportable Maschine anschaffen. Gewöhnliche Dreschmaschinen für die Samengewinnung und Entholzung zu verwenden, ist nicht empfehlenswert, weil die Faser hierdurch zu sehr beschädigt wird.

Durch die eben beschriebene Einrichtung ist es möglich, den Anbau des Hanfes sowohl auf Großbetriebe als auch auf mittlere und kleinere Betriebe auszudehnen. Auch die mehr oder weniger große Entfernung von der eigentlichen Aufbereitungsanstalt spielt dann nur eine geringe Rolle.

Saatgutgewinnung und Züchtung.

Der Umstand, daß einige Formen des Hanfes in dichtem Bestande nur wenig Samen ansetzen, läßt der Saatgutgewinnung ein besonderes Augenmerk schenken. Hinzu kommt, daß einige der faserreichsten Hanfformen im dichten Bestande die Samen nur mangelhaft ausbilden. Es hat sich daher in fast allen Hanfanbauländern eine besondere Form des Anbaues zur Saatgutgewinnung neben dem hauptsächlichen Anbau zur Fasergewinnung herausgebildet. In Nordamerika und Ungarn sät man die Pflanzen, die zur Saatproduktion bestimmt sind, weitläufig, während der Hanf zur Fasergewinnung möglichst dicht gesät wird, um feine faserreiche Stengel zu erzielen. In Baden und Italien wird häufig auch der Samen zur Saatproduktion einzeln in größeren Abständen in Mais- oder Kartoffelschläg enausgelegt (Abb. 35), oder es wird bei der Ernte des Faserhanfes ein schmaler Streifen stehengelassen; die weiblichen Pflanzen bilden sich dann, da sie Licht und Luft bekommen, noch zu guten Samenträgern aus. Diese Samenträger läßt man vollkommen ausreifen und verwendet nur von diesen Pflanzen den Samen zur Saat, während der in dichtem Bestande erzeugte Samen als weniger geeignet zu Saatzwecken gilt. In der Tat hat sich auch bei unseren Anbauversuchen erwiesen, daß bei dem Anbau von nicht akklimatisierten Hanfformen die Bestände sehr schnell Degenerationserscheinungen zeigten, wenn das Saatgut aus dichtem Bestande gewonnen wurde. Dies mag daran liegen, daß die Samenkörner noch nicht ausgereift waren, da bei dem ungleichmäßigen Abreifen der Fruchtstände des Hanfes mit der Ernte vielfach schon begonnen wird, ehe sämtliche Samen reif sind. Ferner mag auch die Entwicklungsmöglichkeit der Samen in dichtem Bestande gehindert sein. Selbst bei dem hier akklimatisierten deutschen Hanf hat es sich als zweckmäßig erwiesen, das Saatgut nicht dauernd aus dem gewöhnlichen Feldbestand zu nehmen, sondern von Zeit zu Zeit eine Auffrischung durch Saatgut von einzelstehenden Samenträgern vorzunehmen, die wir mit der Züchtung des Hanfes planmäßig verbunden haben.

Die Degenerationserscheinungen, die sich beim Hanf bemerkbar machen, bestehen hauptsächlich in einem Zurückgehen der Stengellänge, gleichzeitigem

Ansteigen des Stengeldurchmessers, also einer Vergröberung der Pflanzen und, damit verbunden, in einem Zurückgehen der Faserleistung. Die Eigenschaften der guten Faserleistung lassen sich beim Hanf nur durch ständige Auslesetätigkeit aufrechterhalten, denn es sind Eigenschaften einer Hochkultur, die auch durch entsprechende Arbeit erhalten werden müssen. Die natürliche Neigung der Pflanzen geht, sobald die genügende Festigkeit gesichert ist, dahin, sich zu vermehren. Die natürliche Zuchtwahl, die bei wahllosem Nachbau aus freiem Bestande erfolgt, wird also stets das Bestreben zeigen, die Pflanze zu vergröbern und zu einem guten Samenträger auszubilden. Dieser Neigung müssen wir entgegenarbeiten, wenn wir den Hanf auf der Höhe seiner Faserleistung behalten wollen.

Abb. 35. Hanfsamenträger in einem Maisfelde. (Baden.)

Hier ist jedoch zu bemerken, daß die Eigenschaften des Hanfes in bezug auf Faserleistung nur bis zu einem gewissen Grade durch die züchterische Auslesetätigkeit beeinflußt werden können. Sie sind dagegen vielmehr von den Wachstumsbedingungen im weitesten Sinne, dem sogenannten Milieu der Pflanze abhängig. Für den Hanfzüchter ist nicht nur die Vererbungslehre, sondern auch die Kenntnis des Milieus äußerst wichtig. Ich werde weiter unten noch darauf zurückkommen, daß gerade einige der wichtigsten Korrelationen weniger genetischer Natur sind, als vielmehr auf Milieuwirkung beruhen.

In Italien finden wir neben der getrennten Saatguterzeugung noch einen gewissen Saatgutwechsel vor, indem die südlichen Anbaugebiete ihren Samenbedarf vorzugsweise aus dem nördlichen Anbaugebiet beziehen. Als beste Herkunft gilt allgemein der Hanf von Carmagnola. Umgekehrt beziehen die Hanfanbauer des Nordens gerne Samen, der 1 bis 2 Jahre im südlichen Gebiet vermehrt wurde, da der Hanf bei dauerndem Anbau in der fruchtbaren Poebene Neigung zeigt, zu grob und zu stark zu werden und dementsprechend grobe Faser zu bilden.

In Nordamerika wird nach Dewey häufig neues Saatgut aus China eingeführt, da der Hanf nach etwa 10jährigem Nachbau in Nordamerika so erhebliche Degenerationserscheinungen zeigt, daß sein Anbau gegenüber dem Anbau von frisch eingeführtem Saatgut nicht mehr lohnend erscheint. Das frisch eingeführte Saatgut erlangt allerdings auch erst nach 2 bis 3 Jahren des Nachbaues seine größte Produktionsleistung, da es sich erst an das veränderte Klima anpassen muß. Die Saatgutgewinnung geschieht in Nordamerika, wie bereits erwähnt, in besonderen Beständen, die nur der Samengewinnung dienen und in denen die Samen einzeln in etwa metergroßen Abständen ausgelegt werden. Diese Saatguterzeugung erfolgt in einigen wenigen Betrieben, die sich hierfür besonders eignen und die alle übrigen Anbauer dann mit Saatgut beliefern. Häufig wird bei dieser Erzeugung von Saatgut noch gleichzeitig eine Auslese der Pflanzen vorgenommen nach Gesichtspunkten, auf die ich weiter unten zurückkomme.

Beim Anbau des deutschen Hanfes liegen die Verhältnisse etwas anders, weil der deutsche Hanf einmal auch in dichtem Bestande reichlich Samen ansetzt, der auch bei Fasernutzung voll ausreifen kann, und andererseits sowohl der Fasererzeugung als auch der Samenerzeugung gleichzeitig dient. Ich deutete bereits an, daß es für Saatzwecke aber trotzdem auch bei diesem Hanf von Zeit zu Zeit eines besonderen Anbaues bedarf, wenn nicht allmählich ein Herabgehen in der Faserleistung eintreten soll. Es hat sich als zweckmäßig erwiesen, wenigstens einen Teil des Saatbedarfs alljährlich auf diese besondere Weise zu erzeugen und hiervon besondere Saatschläge einzurichten, die den Saatbedarf der nächsten Jahre decken, so daß alle 3 bis 4 Jahre eine Erneuerung des Saatgutes durch Samen von besonders gezogenen Samenträgern durchgeführt ist. Dieses Verfahren stellt an sich natürlich noch keine züchterische Tätigkeit dar, kann aber leicht zur Grundlage einer solchen gemacht werden.

Die Frage, ob der Samenbau von dem vorwiegend der Fasernutzung dienenden Anbau grundsätzlich getrennt werden soll, wird in den einzelnen Hanfanbauländern verschieden beantwortet. Ein gemeinsames Grundprinzip ist jedoch zu erkennen. Der Samen, der von weitläufig stehenden Pflanzen, die sich voll ausbilden konnten, gewonnen wurde, gilt zu Saatzwecken für geeigneter, als der Samen aus dichtem Bestande. Diese Erfahrungstatsache kann auf verschiedene Ursachen zurückgeführt werden, die in jedem Falle einzeln oder zusammen auftretend wirken können. Zunächst kann der Fall vorliegen, daß die betreffende Hanfform für das betreffende Klima nicht ganz geeignet ist, trotzdem aber im Anbau wegen ihrer vielleicht höheren Faserleistung vorgezogen wird. In diesem Falle wird man Degenerationserscheinungen zwar nicht verhindern, aber doch aufhalten können, wenn man den Pflanzen, die zur Saatguterzeugung dienen sollen, besonders gute Entwicklungsmöglichkeiten gibt. Die Samen solcher Pflanzen werden sich besser ausbilden können, als die Samen von gedrängt stehenden Pflanzen. Ferner ist bei dem Samen aus dichtem Bestande eine der Ursachen des geringeren Saatgutwertes der mangelhafte Reifegrad, den man den Beständen mit Rücksicht auf die Faser zukommen läßt. Der Hanf wird gewöhnlich in grünreifem Zustande bereits geerntet, die Samen können also ihre volle Produktionskraft noch nicht erreicht haben. Abgesehen von dem Anbau des deutschen Hanfes und von ganz wenigen außerdeutschen Anbaubezirken ist die Methode der Ernte bei Grünreife allgemein üblich. In manchen Hanfanbaugebieten wird der Hanf zur Fasergewinnung sogar bereits kurz nach dem Blühen (Stäuben) der männlichen Pflanze geerntet. In solchem Falle wird natürlich keimfähiger Samen überhaupt nicht gewonnen, das Saatgut muß hier gesondert gebaut werden. Diese so verschiedenen Ansichten über den besten Zeitpunkt der Ernte richten sich naturgemäß einmal nach dem Klima, zum andern aber vornehmlich nach den verschiedenen Fasergewinnungsmethoden und Verwendungsarten, die eine mehr oder weniger ausgereifte Faser verlangen.

Der Hauptgrund für die oben angedeutete Erscheinung des allmählichen Nachlassens der Faserleistung ist jedoch der, daß die Hanfpflanze ihrer Natur nach auf eine weite Stellung angewiesen ist. Sowohl das Aussehen der wild vorkommenden Pflanzen als auch die Neigung zur Verzweigung deuten darauf hin.

Der bis zur Spitze unverzweigte Hanfstengel, dessen Seitenachsen abfallen, nachdem sie kaum gebildet sind, ist ein Kulturprodukt und hat natürlich auch die Schwächen eines solchen aufzuweisen. In allererster Linie gehört dazu, daß der von dieser Kulturform erzeugte Samen eine geringere Produktionskraft besitzt, als der von natürlich gewachsenen Pflanzen erzeugte Samen. Es leuchtet ferner ein, daß bei den hochwachsenden Formen, die 3 m und mehr an Höhe erreichen, diese Erscheinung in stärkerem Maße auftreten muß als bei den niedrig bleibenden Formen. Die Spitze der Pflanze verzweigt sich, soweit sie Licht bekommt, immer etwas, und der Anteil der sich verzweigenden Spitze an der ganzen Länge der Pflanze ist naturgemäß bei kurzen Pflanzen größer als bei langen Pflanzen. In der Tat zeigen auch die niedrig wachsenden Formen, wie der russische Hanf, nicht die Degenerationserscheinungen, wie sie der italienische und ungarische Hanf aufweisen, wenn der Samen wiederholt aus dichtem Bestande genommen wird. Wir stehen mit unserem mittelhohen deutschen Hanftyp ungefähr in der Mitte dieser Erscheinungsform. Es ist daher erklärlich, daß eine Auffrischung des Bestandes hier nur von Zeit zu Zeit notwendig wird.

Die höchste Faserleistung ist, wie hier dargestellt wurde, von dem unverzweigten, möglichst schlanken Hanfstengel zu erwarten. Wenn wir bedenken, daß die Hervorbringung solcher Hanfstengel auf Kunstgriffen beruht, wie vor allen Dingen dichte Aussaat, Düngung usw., so erscheint es erklärlich, daß die Fasereigenschaften, wie oben bereits angedeutet, mehr von dem Milieu abhängen als von genetischen Ursachen. Ganz abgesehen davon, daß individuelle Unterschiede in der Faserleistung bei der Abhängigkeit des Fasergehaltes von den äußeren Merkmalen nur sehr schwer mit Sicherheit zu erkennen sind, sind auch die Unterschiede, die im Fasergehalt bei verschiedenen Wachstumsbedingungen auftreten, ganz erheblich größer als diejenigen Unterschiede, die seither einwandfrei als individuell festgestellt werden konnten. Der Fasergehalt als solcher hängt eben zu sehr von dem Milieu der Pflanze ab, und die Bestrebungen des Züchters müssen sich hier mit denjenigen des Anbauers vereinigen, um das bestmögliche Resultat zu erzielen.

Etwas günstiger liegen die Dinge für die züchterische Tätigkeit in bezug auf die Faserqualität. Wenn auch die gröbere oder feinere Ausbildung der Einzelfaser und ein Teil der Rösteigenschaften gleichfalls vorwiegend durch Wachstumsbedingungen hervorgebracht werden, so sind doch gerade einige der wichtigsten Fasereigenschaften, wie Gleichmäßigkeit der Bündelung, Teilbarkeit, Festigkeit und vor allen Dingen Länge der Einzelfaser sowohl als auch der Faserbündel, vorwiegend individueller Natur.

So hängt z. B., um nur eines herauszugreifen, die Länge der Faserbündel sehr von der Länge der Internodien ab, da die Faserstränge zum Teil jeweils an den Knoten endigen. Die Internodienlänge ist aber, wis ich gezeigt habe, individuell sehr verschieden. Sie stellt daher ein bequemes Auslesemoment dar, das namentlich die Qualität der Faser beeinflußt, und das sowohl von uns als auch allgemein von den amerikanischen Züchtern benutzt wird. Die Beurteilung der Internodienlänge kann, was für die Züchtung besonders wertvoll ist, bereits vor dem Blühen der Pflanzen vorgenommen werden. So wie bei allen Fremdbefruchtern erleichtert auch beim Hanf eine sichere direkte Beurteilung der Pflanzen bereits vor der Blüte die Züchtung sehr wesentlich. Bei der Beurteilung der Faserleistung hat man in Amerika neben der Berücksichtigung der Internodienlänge noch diejenigen Pflanzen mit dünner Rinde und stärker gerieftem Stengel bevorzugt. Bei unserem deutschen Hanf richtet sich die Riefung sehr nach dem Reifegrad. Wie ich gezeigt habe, erfährt die Form des Stengelquerschnittes mit zunehmendem sekundären Dickenwachstum gewisse Veränderungen. Wichtig wäre ferner die Frage, ob sich durch mikroskopische, biologische oder chemische Untersuchung bereits vor dem Blühen der Pflanze Schlüsse auf den Fasergehalt ziehen lassen. Es müßte entweder ein Ausschnitt aus der Hauptachse oder die Spitze der Pflanze dazu verwertet werden.

In allen Fällen ist aber die Auslesetätigkeit möglichst bereits vor dem Blühen der männlichen Pflanzen vorzunehmen, um die geringwertigen männlichen Pflanzen durch eine negative Auslese entfernen und von der Bestäubung ausschließen zu können.

In gewisser Beziehung können auch die Eigenschaften der Samen oder richtiger der Früchte des Hanfes als Auslesemerkmale herangezogen werden, ohne daß direkt auf die Samennutzung als Hauptnutzung hingearbeitet wird. Es kann sowohl Samenfarbe als auch Größe, Form und Gewicht der Samen als Auslesemerkmal dienen. Fruwirth, dessen züchterische Arbeiten bei Hanf hauptsächlich nach dieser Richtung gehen, gelangt bei seinen Züchtungsversuchen zu folgendem Ergebnis.

In gewöhnlichem Saatgut von bisher ungezüchtetem Hanf fanden sich große Verschiedenheiten in der Fruchtfarbe sowie in der Fruchtgröße. Im allgemeinen überwogen die dunkleren Farben. Bei Beurteilung der Farbabstufungen innerhalb je einer Probe durch Auszählung ergab sich, daß ganz dunkle und ganz lichtfarbige Früchte nur in geringer Zahl vorhanden sind, die Hauptmasse der Früchte dagegen die Übergänge zwischen den beiden extremen Farbrichtungen zeigt.

Nach den mikroskopischen Befunden findet sich in der Palisadenzellenschicht der Fruchthaut ein schmutzig braungelber bis grünlichbrauner Farbstoff, in den darunter liegenden Schlauchzellen der Samenhaut ein rotbrauner und in der unter diesen liegenden Zellenschicht ein grüner Farbstoff. Die dunkler gefärbten Hanffrüchte zeigen dieselben Farbstoffe, nur ist die Färbung der Palisadenzellen kräftiger. Außerdem findet sich bei dunklen Früchten in den Zellschichten zwischen Epidermis und Palisadenzellenschicht noch ein dunkelbrauner bis schwärzlicher Farbstoff, der anthozyanhaltig zu sein scheint. Bei lichtgefärbten Früchten findet sich dieser Farbstoff in den betreffenden Schichten jedoch nur ganz vereinzelt (vgl. Abb. 8, S. 16).

Die lichtgefärbten Früchte haben sich sowohl in allgemeinen Vermehrungen als auch bei Vergleichen innerhalb einer Zucht auf Fruchtfarbe als weniger keimfähig erwiesen. Auch das Korngewicht der lichtgefärbten Früchte hat sich im Durchschnitt als geringer gezeigt wie bei den dunkelgefärbten Früchten. Die dunkelgefärbten Früchte scheinen also danach die wertvolleren für die Züchtung zu sein.

Farbe und Größe der Früchte fand Fruwirth innerhalb einer Pflanze einheitlich, wenn von unreifen, tauben und, äußerst seltenen, spontan variierten Früchten abgesehen wird. Bei Auslese von Pflanzen nach der Fruchtfarbe und bei Fortsetzung dieser Auslese innerhalb der getrennt gehaltenen Nachkommmenschaft kommt der Farbton der Zuchtrichtung immer schärfer zur Ausprägung. Absolut einheitliche Farbstufe konnte jedoch sowohl bei der Zucht auf Lichtfarbigkeit als auch auf Dunkelfarbigkeit nicht erreicht werden. Bei den Ausleseversuchen sowie bei besonderen Versuchen mit variierter Düngung, Belichtung und Befruchtung hat sich gezeigt, daß die Fruchtfarbe in allererster Linie eine individuelle Eigenschaft ist und von äußeren Einflüssen nur wenig modifiziert wird.

Der Vergleich einer lichtfarbigen Zuchtrichtung mit einer dunkelfarbigen Zuchtrichtung ergab nur solche Unterschiede, die bereits beim Vergleich von dunklen und lichten Früchten aus gewöhnlichem Feldbestande gefunden worden waren. Die Pflanzen der lichten Zucht lieferten Früchte, die geringere Keimfähigkeit, geringeren Fettgehalt und geringere Größe aufwiesen als die Früchte der dunklen Zucht. Ebenso waren die Pflanzen der dunklen Zucht gegenüber solchen der lichten Zucht höher, der Ertrag an Samen und Stengel um ein geringes größer. Außerdem scheint angedeutet, daß bei der dunklen Zucht die weiblichen Pflanzen der Zahl nach weniger stark überwiegen als bei der lichten Zucht[1]).

Abweichend von den Ergebnissen Fruwirths gelangte ich bei meinen Züchtungsversuchen zu dem Resultat, daß Farbe, Form und Größe der Früchte innerhalb einer Pflanze sehr häufig nicht einheitlich sind, sondern daß oft ein Nebeneinander von lichtgrauen und dunkelbraunen, kleinen und großen sowie verschieden geformten Früchten in wechselnder Verteilung innerhalb einer Pflanze vorkommt. Selbst bei fortgesetztem Auslesen in bezug auf Form, Farbe und Größe traten noch in der dritten Generation stets zahlreiche Pflanzen auf, die keine einheitliche Farbe in ihren Früchten aufwiesen. In bezug auf Form und Größe der Früchte läßt sich durch züchterische Auslese bereits nach zwei Generationen eine gewisse Einheitlichkeit erzielen.

In der großen Praxis steht die Züchtungsarbeit an Hanf noch sehr in den Anfängen. Die geschlechtliche Trennung bietet, von Massenauslese abgesehen, der züchterischen Tätigkeit größere Schwierigkeiten, als sie bei anderen Feldfrüchten auftreten. Der Blütenstaub wird in sehr erheblichen Massen abgeschieden und leicht und weit vom Winde vertragen. Ferner ist das Blühen über eine lange Zeit ausgedehnt, der Schutz der Zuchtpflanzen gegen ungewollte Bestäubung daher namentlich bei größerem Anbau äußerst schwierig durchzuführen. Eine weitere Schwierigkeit bietet die Zweihäusigkeit der Pflanze bei der für die Züchtung notwendigen einwandfreien Beurteilung der Pflanzen. Das ungleiche Abreifen der Geschlechter bringt für die später reifenden weiblichen Pflanzen eine Ungleichheit der Standortsverhältnisse mit sich, die nicht zu vermeiden ist, die jedoch auf die äußeren Merkmale und auf die Leistung der Pflanze einen großen Einfluß ausübt.

Aus all diesen Gründen hat sich in allen Hanfanbauländern als einzige züchterische Tätigkeit größeren Umfanges beim Hanf nur die Massenauslese behauptet, während die Führung von Individualauslesen seither nur wenig Eingang in die Praxis der Hanfzüchtung gefunden hat.

Für Deutschland liegen die Verhältnisse bezüglich der Hanfzüchtung besonders schwierig, da bei der geringen Anbaufläche bis zum Kriege für praktische Züchter keine Veranlassung bestand, sich mit der Hanfzüchtung eingehender zu beschäftigen. Die Hanfzüchtung diente höchstens einigen wissenschaftlichen Instituten als Studienobjekt. Während des Krieges erfuhr die Anbaufläche zwar eine erhebliche Steigerung, aber das gleiche Tempo kann nicht von einer so diffizilen Tätigkeit, wie die Züchtung es ist, vorausgesetzt werden. Das unsichere Auf und Ab der Hanfbaubewegung in den letzten Jahren war nicht dazu angetan, die Grundlagen für so langfristige und schwierige Arbeiten abzugeben.

Die Züchtung des Hanfes kann erst eine sichere Grundlage gewinnen, wenn der wirtschaftliche Wert des Hanfbaues klargestellt ist. Die Gewißheit, daß der Hanfbau lohnend sein wird, besteht einstweilen nur in verhältnismäßig engem Kreise. Die Rentabilität und weitere Ausdehnung des Hanfbaues hängt in erster Linie davon ab, ob die Aufarbeitungsanstalten die gleiche Ausdehnung erfahren können.

Weiter bedurfte die Sortenfrage einer gründlichen Klärung, ehe in großem Maßstabe an die Züchtung der Hanfes gegangen wurde. Die Züchtung des

[1]) Fruwirth, C.: Zur Hanfzüchtung. Zeitschr. f. Pflanzenzüchtung. Bd. 8, S. 340 bis 401. 1922. — Derselbe: Die Färbung der Früchte des Hanfes. Fühlings landw. Ztg. 1905, H. 10.

Hanfes konnte selbstverständlich nur auf solchen Sorten basieren, die bei unseren Wachstumsbedingungen konstant sind und die den Anforderungen sowohl an Faser- als auch an Samenertrag genügen. Diese Klärung hat sehr lange Zeit in Anspruch genommen, und die ganze Literatur der Kriegs- und Nachkriegsjahre, die sich mit der Ausdehnung des Hanfbaues in Deutschland befaßt, steht fast ausschließlich unter dem Eindruck, daß es eine konstante deutsche Sorte nicht gibt. Der aus südlichen Ländern eingeführte Hanf degeneriert sehr schnell, und da man annahm, daß die Rentabilität des Hanfbaues in der Erzeugung von Stengeln über 3 m Länge liege, so war damit der Hanfbau auf die Basis des jährlichen Saatbezuges aus dem Auslande gestellt. Der italienische Hanf ließ sich nun einmal bei uns so schnell nicht akklimatisieren, brachte keinen vollwertigen und auch nicht genügend Samen.

Erst als Großanbauer im Hanfbau sich für die Einführung eines niedrigwachsenden Hanfes aus betriebswirtschaftlichen Gründen entschlossen, war der Züchtung des Hanfes der Weg geebnet. Denn der niedrigwachsende Hanf paßt in unser Klima und bringt reichlich Samen, der auch voll ausreift. Wir haben aus eigenem Nachbau des niedrigwachsenden russischen Hanfes seit 1917 eine akklimatisierte deutsche Hanfsorte gebildet, die seit dem Jaher 1920 systematisch in Züchtung genommen ist. Dieser Hanf erreicht bei günstigen Wachstumsbedingungen eine Höhe von 1,80 m und darüber. Seine Ernte ist also noch bequem mit Maschinen zu bewältigen. Das Zuchtziel geht dahin, bei gleichbleibender Länge den Durchmesser des Stengels möglichst herabzusetzen, um den Faserertrag zu steigern, gleichzeitig wird auf die Erhöhung des Samenanteils großes Gewicht gelegt, weil der Samenertrag eine außerordentlich wertvolle Nebennutzung darstellt.

Bei der peinlichen Trennung, die in anderen Ländern vielfach zwischen Samenhanf und Faserhanf gemacht wird, erscheint es auf den ersten Blick nicht ohne weiteres angängig, diese beiden Leistungen der Pflanze in ein befriedigendes Verhältnis zueinander zu bringen. Demgegenüber muß jedoch immer wieder betont werden, daß es sich bei dem für Deutschland geeigneten Hanf um eine Kulturform handelt, die sich von den Hanfformen der anderen Hanfanbauländer erheblich unterscheidet. Bei dem an und für sich größeren Samenertrag und der Kurzlebigkeit des deutschen Hanfes ist es leichter, die Züchtung gleichzeitig auf Faser- und Samennutzung auszudehnen, als das bei langlebigen Sorten mit verhältnismäßig geringem Samenertrag der Fall ist. In der Tat haben wir bei sorgfältiger Beachtung des Milieus Korrelationen zwischen Faser- und Samenertrag herausbekommen, die äußerst befriedigend waren. Es muß dabei jedoch auf einen Umstand besonders geachtet werden. So wie die Dicke des Stengels keineswegs eine gleichmäßige Zunahme a l l e r Gewebepartien bedingt, und also zwar eine Zunahme des Holzkörpers, aber nicht auch eine solche des Bastes mit sich zu bringen braucht, so ist auch die Beziehung zwischen Samenertrag und Holzkörperzunahme zunächst näherliegend als die zwischen Samenertrag und Fasermenge. Dieser Umstand bezeichnet uns bereits den Weg, den wir bei dieser Zuchtrichtung zu gehen haben. Es ist sorgfältigst zu vermeiden, daß mit dem erhöhten Samenertrag eine Zunahme des Stengeldurchmessers einhergeht. Es ist also auf eine Steigerung des Samenertrages bei gleichbleibender Stengeldicke hinzuarbeiten. Wenn man ferner noch bei der Auslese auf Samenertrag vornehmlich diejenigen Pflanzen berücksichtigt, die den Samenansatz möglichst dicht zusammengedrängt auf einen kleinem Raum der Stengelspitze tragen, so wird im übrigen die Faserleistung der Pflanzen durch diese Auslese nicht beeinträchtigt; wie das jedoch der Fall sein würde, wenn der Samenansatz sich über einen größeren Teil des Stengels ausdehnt. Bei dem vorgeschriebenen Zuchtziel wird sogar eine bessere Ausbildung des mechanischen Gewebes erzwungen, da die Pflanze, die ein größeres Gewicht an der Spitze ihres Stengels zu tragen hat, bei gleichbleibender Stengeldicke einer erhöhten Elastizität und Festigkeit bedarf. Es ist nur dafür Sorge zu tragen, daß, wie bereits erwähnt, die Erhöhung der Festigkeit nicht durch eine Zunahme des Holzkörpers erfolgt, denn die Vergrößerung des Stengeldurchmessers hat an sich keine Zunahme, sondern höchstens eine Vergröberung der Fasern zur Folge. Bei gleichzeitiger Berücksichtigung der Stengeldicke haben wir den Samenertrag durch Auslese ganz erheblich zu steigern vermocht, so daß einzelne Zuchtstämme bereits die doppelte Samenmenge der Ausgangsform bei gleichbleibendem Fasergehalt liefern.

Von ganz besonderer Bedeutung ist in diesem Zusammenhange ferner die Züchtung möglichst fettreicher Samen. Im Fettgehalt der einzelnen Samen bestehen erhebliche Unterschiede, die vorzugsweise auf Verschiedenheiten in den Anteilen von Fruchtschale und eigentlichem Samen an Fruchtgewicht zurückzuführen sind. Nur die eigentlichen Samen enthalten Öl, während die Fruchtschale lediglich aus verkorkten und verholzten Zellen besteht, die beim Auspressen des Samens sogar noch Fett aufsaugen, das somit der Nutzung verloren geht. Zweifellos kann das Schälen der Hanffrüchte in diesem Sinne einen großen Vorteil bedeuten, wenn es gelingt, die weiche Samenmasse von den harten und auch schwer verdaulichen, daher den Futterwert der Preßrückstände herabsetzenden, Fruchtschalen zu befreien.

Es haben sich bei unseren Untersuchungen sehr erhebliche Unterschiede in der gewichtsmäßigen Zusammensetzung von Fruchtschale und eigentlichem Samen herausgestellt. Im Interesse einer leichten Fettgewinnung sind möglichst dünne Fruchtschalen erwünscht. Die dünnschaligen Früchte weisen gegenüber den dickschaligen Früchten ohne weiteres auch einen höheren Fettgehalt auf, da der Anteil der nichtfetthaltigen Fruchtschale bei ihnen geringer ist. Es scheint, als ob die Form und die Farbe der Früchte hierzu in gewisser Beziehung steht, und zwar in der Richtung, daß flache sowie lichtgrau gefärbte Früchte einen höheren Schalenanteil und dementsprechend geringeren Fettgehalt aufweisen als dunkle, mehr kugelig geformte Früchte. Auch das Gewicht der Hanffrüchte steht hiermit im Zusammenhang. Es treten sehr erhebliche Unterschiede in dem absoluten Gewicht der einzelnen Früchte auf, und es hat sich gezeigt, daß Schwere der Früchte und Fettgehalt in gewissem Zusammenhange stehen, obwohl das Fett an sich ein geringeres spezifisches Gewicht besitzt als die übrige Frucht- und Samenmasse. Die schwereren Früchte sind jedoch dadurch bedingt, daß die Samenmasse den durch die Fruchtschalen gebildeten Innenraum vollständig ausfüllt, während bei den leichteren Früchten mehr oder weniger große Hohlräume sich zwischen Samen und Fruchtschale befinden.

Die gleichzeitige Nutzung des Hanfes als Faser- und Ölpflanze erfordert, wie gesagt, für die Züchtung des deutschen Hanfes eine ganz andere Einstellung, als sie bei der Züchtung anderer Hanfformen eingenommen werden kann. Neben der Samenproduktion zur Ölgewinnung darf jedoch auch bei der Züchtung des deutschen Hanfes die Eignung des Samens zu Saatzwecken nicht außer acht gelassen werden. Die Samenproduktion kann zwar eine reichliche sein, auch können die Samen bei der allgemeinen Kurzlebigkeit des deutschen Hanfes vollkommen ausreifen, trotzdem treten aber bei stetem Nachbau des Samens aus dichtem Bestande, wie ich weiter oben dargelegt habe, gewisse Degenerationserscheinungen auf. Ich deutete bereits an, daß auch beim deutschen Hanf eine gewisse Trennung des Samenbaues für Saatzwecke von dem allgemeinen Anbau, der gleichzeitig der Samen- und Fasererzeugung dient, vorgenommen werden muß. Aber diese Auffrischung, wie ich sie nun einmal bezeichnen will, benötigt der deutsche Hanf nur in längeren Zwischenräumen, vielleicht alle 3 bis 4 Jahre einmal, um auf der Höhe seiner Leistungsfähigkeit erhalten zu werden. Diese Saatauffrischung läßt sich also bequem mit der züchterischen Tätigkeit verbinden, indem das durch Auslese gewonnene Saatgut ein oder zweimal feldmäßig, sowohl zur Fasernutzung als auch zur Samennutzung, angebaut wird. Die immerhin auch bei dichtem Bestande erhebliche Vermehrung des Samenmaterials sichert dann eine genügende Menge, um im zweiten und dritten Jahre größere Flächen mit diesem Saatgut ansäen zu können. Wir haben bei dieser, mit Züchtung kombinierter, Saatguterzeugung folgenden Weg eingeschlagen.

Ursprünglich aus dem Feldbestand, später aus dem Zuchtgarten selbst ausgelesene Pflanzen wurden getrennt vermehrt als sogenanntes Auslesesaatgut. Dieses Auslesesaatgut wird, um die Vermengung mit den übrigen Feldbeständen zu vermeiden, auf einem kleineren Gute angebaut, welches 12 km von der Hauptanbaufläche entfernt ist. Jährlich werden aus dem Bestand des Auslesesaatgutes rund 2000 bis 3000 besonders gute Pflanzen ausgesucht, die das Material für den nächstjährigen Massenauslese-Zuchtgarten abgeben. Der Rest des Auslesesaatgutes wird im Feldbestand weiter vermehrt und endlich zur Saat herangezogen.

Die Anlage des Zuchtfeldes, auf dem das Auslesesaatgut herangezogen wird, ist folgendermaßen. Der Same wird mit ca. 10 Pfund pro Morgen auf 50 cm Reihenentfernung gedrillt. Dadurch wird ein Hanf erzielt, der sich bei dem immerhin noch feldmäßig dichten Stand nicht verzweigt, der auf seine Stengeleigenschaften daher beurteilt werden kann. Die Reihenentfernung von 50 cm ermöglicht ein bequemes Durchgehen der Reihen. Dies ist aus dem Grunde notwendig, weil außer der positiven Auslese der Mutterpflanzen bei der Ernte noch eine negative Auslese der Vaterpflanzen vor dem Blühen derselben getrieben wird. Bald nachdem die männliche Pflanze als solche zu erkennen ist, wird dieser Zuchtgarten durchgesehen, und es werden alle männlichen Pflanzen, die ein bestimmtes Mindestmaß an Länge nicht erreichen, ausgezogen. Nur die besten männlichen Pflanzen bleiben stehen und gelangen zur Bestäubung. Auf diese Weise wird bereits dafür gesorgt, daß als Vaterpflanzen nur solche Pflanzen dienen, die eine gewisse Stengelhöhe gewährleisten. Die nachfolgende Auslese der besten weiblichen Pflanzen bringt dann die Gewißheit, daß die betreffenden Samen von guten Eltern abstammen. Dieser Züchtungsweg führt verhältnismäßig schnell zu einem befriedigenden Ergebnis. Es ist uns so möglich, durch eine zweijährige Vermehrung des auf diese Weise gewonnenen Auslesesaatgutes den gesamten Saatgutbedarf zu decken.

Andererseits wird eine Individualzüchtung getrieben mit planmäßiger Kreuzung guter Elternpflanzen. Es ist hierbei notwendig, immer Pflanzen aus zwei verschiedenen Sippen zu kreuzen. Fruwirth[1]) fand bei seinen Züchtungsversuchen zwar selbst bei wiederholter Geschwisterbefruchtung keine Degenerationserscheinungen. Nach Baur[2]) und nach meinen eigenen Ergebnissen zeigt jedoch wiederholte Inzucht beim Hanf erhebliche Degenerationseinflüsse. Bei diesem Zuchtweg werden aus ausgelesenem Saatgut in einem isolierten Zuchtgarten nur weibliche Pflanzen herangezogen, das heißt also, die männlichen Pflanzen werden frühzeitig aus dem Bestand entfernt. Aus einem wiederum entfernt gelegenen Zuchtgarten werden nun aus bestimmten Sippen, die sich besonders bewährt haben, die besten männlichen Pflanzen herausgesucht und mit den vorerwähnten weiblichen Pflanzen zusammengebracht. Dabei wird auf folgende Weise vorgegangen. Die männlichen Blütenstände werden, sobald die Vollblüte eingetreten ist, abgeschnitten. Ein Papierbeutel, der die anderweitige

[1]) Zur Hanfzüchtung a. a. O., S. 393. [2]) a. a. O.

Bestäubung ausschließen soll, wird zusammen mit einem männlichen Blütenstand über einen weiblichen Blütenstand gezogen und gut abgebunden. Nach einiger Zeit, wenn keine Bestäubung mehr zu befürchten ist, wird der Beutel dann wieder abgenommen. Die auf diese Weise erzielten Samen werden ausgesät, die Nachkommenschaft jeder einzelnen Kreuzung für sich getrennt. Die Nachkommenschaften werden nach verschiedenen Gesichtspunkten auf ihre Leistungsfähigkeit geprüft. Aus den besten Nachkommenschaften werden dann wiederum die Vater- und Mutterpflanzen für die weitere Kreuzung ausgesucht.

Das Zuchtziel bei dieser Individualzucht mit Prüfung der Nachkommenschaften ist im wesentlichen das gleiche, wie bei der Massenauslese. Bei der geringeren Menge der Pflanzen, die hier zur züchterischen Bearbeitung stehen, ist natürlich eine eingehendere Untersuchung und Prüfung der einzelnen Pflanzen möglich, die folgendermaßen vor sich geht.

Zunächst werden die äußeren Merkmale der Stengel untersucht, Länge des Stengels, mittlerer Durchmesser, Anzahl und Länge der einzelnen Internodien, Ausdehnung des Samenansatzes, Sameneigenschaften und Samenertrag der Einzelpflanze bestimmt. Erwünscht sind möglichst langgestreckte Internodien, also möglichst geringe Zahl von Halmknoten, ferner ein möglichst weites Verhältnis zwischen Stengellänge und mittlerem Stengeldurchmesser, endlich reicher Samenertrag bei einem auf möglichst kleinem Raum zusammengedrängten Samenansatz. Die Samenfarbe habe ich bisher als Auslesemerkmal weniger berücksichtigt, da die Hauptunterschiede in der Färbung innerhalb einer Hanfsorte nach meinen Beobachtungen durch den verschiedenen Reifegrad entstehen.

Sodann wird der quantitative Faseranteil der einzelnen Stengel berücksichtigt. Der Fasergehalt der Stengel wird nach mehreren Methoden bestimmt, wie weiter oben bereits ausgeführt wurde. Es haben sich dabei die ebenfalls bereits beschriebenen Korrelationen herausgestellt.

Ferner wird Gewicht auf die qualitativen Eigenschaften der Faser gelegt. Die qualitativen Fasereigenschaften sind nicht nur bei verschieden gezogenen Pflanzen verschieden, sondern es bestehen auch hier individuelle Unterschiede.

Für die Bestimmung und Bewertung der Fasereigenschaften einzelner Stengel besteht bei so kleinen Mengen kein fester Maßstab. Es ist unmöglich, die Faser eines einzelnen Stengels bis zu ihrer Verspinnung aufzuarbeiten. Es gibt aber außer der Prüfung der Festigkeit noch verschiedene Wege, die Güte der Faser auch einzelner Pflanzenstengel wenigstens untereinander in Relation zu bringen. Der Griff und der Blick sind natürlich mehr oder weniger subjektive Methoden. Bei einiger Übung ist es jedoch durchaus möglich, die Unterschiede in den Fasereigenschaften auf diese Weise ohne weiteres zu erkennen. Ich gehe dabei auf folgende Weise vor:

Die betreffenden Hanfstengel werden in größere Stücke zerschnitten, und einem einstündigen Kochen mit 2proz. Natronlauge ausgesetzt. Dadurch findet eine sogenannte Aufschließung der Faser statt. Das sich dabei ergebende Material ist mehr oder weniger von den Holzteilen und der Rinde befreit, stellt aber nicht reine Zellulose dar, sondern das Material entspricht annähernd der technisch zu gewinnenden Hanffaser, und zwar einer solchen, die durch vorzügliche Röstarbeit hergestellt ist. Vergleicht man die Proben von verschiedenen Stengeln, so stellt sich ein großer Unterschied zunächst in dem Grad der Aufschließung heraus. Es geht also daraus hervor, daß die Faser des einen Stengels sich leichter aufschließt, als die Faser des anderen, was für die technische Nutzung der Faser ein außerordentlich wichtiger Faktor ist. Es lassen sich ferner erhebliche Unterschiede erkennen in der Feinheit der einzelnen Stränge, in der Farbe und in dem Griff, den die Faser hat. Es gibt Unterschiede von seidenweichem Material bis zu holzartig harten Strängen. Zu beachten ist dabei, daß stets nur solche Stengel miteinander verglichen werden, die den gleichen Reifegrad haben. Verschieden reife Stengel zeigen an sich schon einen großen Unterschied in der Faserbeschaffenheit.

Auf Grund dieser Untersuchungen findet eine fortgesetzte Auslese nach dem angeführten Zuchtziel statt. Die Prüfung der Nachkommenschaften geschieht in der Weise, daß die Stengel der ganzen Nachkommenschaft, die immerhin ein mehr oder weniger ansehnliches Bündel darstellen, fabrikmäßig bis zur Verspinnung aufgearbeitet werden, nachdem der Same vorher für sich gewonnen ist. Die Saatmenge, die aus diesen Arbeiten stammt, ist natürlich nur gering und muß erst längere Zeit vermehrt werden, sorgfältig, damit jede Vermischung mit fremden Pflanzen ausgeschlossen bleibt. Allmählich soll dann die Massenauslese durch die Vermehrung dieses Saatgutes ersetzt werden, wobei jedoch gleichzeitig die negative Auslese der männlichen Pflanzen und die positive Auslese der weiblichen Pflanzen beibehalten wird, weil der Hanf immer leicht zur Degeneration neigt.

Den Weg der Massenauslese sind wir gegangen, um möglichst schnell hochwertiges Saatgut zu gewinnen, und auch um der Eigenschaft des Hanfes, leicht zu degenerieren, entgegenzuwirken.

Schlußbetrachtung.

Fassen wir das über die botanischen Eigenschaften sowie über den landwirtschaftlichen Anbauwert des Hanfes Gesagte zusammen, so ergibt sich daraus die Schlußfolgerung, daß der Hanf eine der ersten Stellen unter unseren Kulturpflanzen verdient. Die Ausdehnung, die wir dem Hanfbau in Deutschland zu geben haben, hängt natürlich von dem Nutzen ab, den uns der Anbau dieser Pflanze sowohl in privatwirtschaftlicher als auch in volkswirtschaftlicher Hinsicht bringt. Betrachten wir zunächst die privatwirtschaftliche Seite, die Stellung, die der Hanfbau im Rahmen unserer deutschen Landwirtschaft einnimmt.

Der Hanf ist landwirtschaftlich eine in jeder Hinsicht angenehme und sichere Pflanze. Sein Anbau setzt zwar einen gewissen Kulturzustand des Bodens voraus, doch sollte dieser nachgerade Gemeingut der deutschen Landwirtschaft werden. Im übrigen ist die Handhabung seines Anbaues denkbar einfach und bringt keinerlei technische Schwierigkeiten mit sich. Der Acker wird vorbereitet wie zum Anbau anderer Feldfrüchte, die ebenfalls intensive Bodenkultur verlangen. Von den Bestellungs- bis zu den Erntearbeiten wird der Hanf dann ebenso behandelt, wie das Getreide in gut geleiteten Betrieben behandelt wird. Die Pflegearbeiten sind beim Hanfbau nicht einmal so häufig notwendig als beim Getreidebau. Die einzige Schwierigkeit, die den Getreidebau übersteigt, birgt die Züchtung des Hanfes in sich, die aber immer Privilegium der besonders dafür geeigneten Betriebe bleiben wird. Die Bergung der Ernte ist, abgesehen von der größeren Masse, einfacher und sicherer, ein Verderben bei ungünstiger Witterung weniger leicht zu befürchten als beim Getreidebau.

Die Wirkung des Hanfbaues auf den Boden ist eine denkbar günstige und kommt der des Zuckerrübenbaues gleich. Die gründliche Bodenkultur, die der Hanfbau erfordert, drückt den Hanfwirtschaften ebenso wie den Zuckerrübenwirtschaften den Stempel der Intensität auf. Die tiefgehenden Wurzeln des Hanfes nutzen den Boden bis in große Tiefen aus und bilden, da sie sich schnell zersetzen, nach Aberntung eine erhebliche Anreicherung des Bodens an Humus. Als Tiefwurzler schafft der Hanf den nachfolgenden Feldfrüchten Wurzelbahnen, die ihn als Vorfrucht außerordentlich wertvoll machen. Die Nachfrüchte gedeihen nach Hanf ferner deshalb besonders gut, weil der Hanf intensive Kultur und Düngung verlangt, dabei jedoch den Boden keineswegs auszehrt. Man rechnet im allgemeinen damit, daß nur die Hälfte bis zwei Drittel der gegebenen Düngung vom Hanf beansprucht wird, der Rest dagegen der Nachfrucht zugute kommt.

Vom statischen Standpunkt aus ist der Hanf weniger ein Verzehrer, als ein Erhalter der Nährstoffe. Das letztere trifft namentlich dann zu, wenn die Verarbeitung der Stengel und des Samens im eigenen Betriebe geschieht. Die Abfallprodukte können dann dem Boden in irgendeiner Form wieder zugeführt werden, es wird nur Fett und Zellulose aus der Wirtschaft ausgeführt, dagegen kein Stickstoff und keine wertvollen Mineralsalze.

Der Hanf hat zwar ein großes Düngerbedürfnis, aber sein Nährstoffbedürfnis übersteigt keinesfalls dasjenige unserer anderen Kulturpflanzen im Durchschnitt.

Ganz besondere Bedeutung kommt der dichten Beschattung zu, die der Hanf bei ihm zusagenden Bedingungen hervorbringt. Er unterdrückt dadurch das Unkraut in hohem Maße, bringt aber neben der Reinigung des Bodens noch die außerordentlich wertvolle Schattengare hervor. Der Boden befindet sich unter einem dichten Hanfbestand in einer für die Bakterientätigkeit idealen Beschaffenheit. Mit fortschreitender Vegetation steigert sich die günstige Wirkung des Hanfes auf den Boden noch, indem nach und nach sämtliche Blätter mit Ausnahme derjenigen in der Blütenregion abfallen und den Boden mit einer sich allmählich zersetzenden Humusschicht bedecken. Ein Teil der aufgenommenen Nährstoffe wird dadurch bereits dem Boden wieder zugeführt, und zwar in einer Form, die den Nachfrüchten sehr zugute kommt. Außerdem erhält diese Blätter-Humusschicht dem Boden seine gare Beschaffenheit, wenn selbst der Bestand sich allmählich mit fortschreitender Reife lichtet.

Die betriebswirtschaftliche Stellung des Hanfbaues ist im Vergleich zu unseren übrigen Kulturpflanzen ebenfalls eine denkbar günstige. Der moderne Hanfbau erfordert an sich wenig Handarbeit. Wir haben ferner gesehen, daß der Zeitpunkt der Saat sowohl als auch der Ernte des Hanfes innerhalb einer verhältnismäßig breiten Zeitspanne beliebig verschoben werden kann. Die dadurch ermöglichte Arbeitsteilung erhöht beim Großanbau des Hanfes dessen betriebswirtschaftlichen Wert bedeutend. Namentlich im Moor ist das wiederum sehr wichtig, weil hier keine Winterfrüchte gebaut werden können und die Bestellungsarbeiten im Frühjahr oft erst sehr spät vorgenommen werden können.

Die Rentabilität des Hanfbaues hängt in erster Linie von der Art und Weise ab, wie der Hanf gebaut wird. Ich deutete bereits an, daß die Einschränkung des Hanfbaues in Deutschland erfolgte, weil andere Länder die notwendigen Arbeitskräfte billiger zur Verfügung hatten. Die Wiedereinführung des Hanfes und die Vergrößerung seiner Anbaufläche kann daher nur einen nachhaltigen Erfolg haben, wenn wir den Hanfbau von der Handarbeit möglichst unabhängig zu machen suchen. Die Rentabilität des Hanfbaues mag im Kleinbetrieb, wo ohnehin sehr viel mehr Handarbeit geleistet wird, auch bei dem Anbau des hohen italienischen Typs gesichert sein. Für den Großbetrieb kommt nur ein niedrigwachsender Hanf in Frage, dessen Anbau möglichst unabhängig von Handarbeitskräften ist. Um die Ernte mit Mähmaschinen zu ermöglichen, um ferner die Bergung der Ernte ebenfalls maschinell mit Höhenförderern zu gestatten, ist es notwendig, daß der Hanf eine bestimmte Länge nicht überschreitet.

Für die Rentabilität des Hanfbaues spielt ferner der Umstand eine große Rolle, wie die weitere Verarbeitung der Hanfstengel, die Trennung der Faser von den übrigen Stengelteilen vor sich gehen soll. Wie wir gesehen haben, gibt es für die Fasergewinnung verschiedene Möglichkeiten, die sich in der Hauptsache nach den bestehenden örtlichen Verhältnissen zu richten haben. Vom betriebswirtschaftlichen Standpunkt aus liegen die Dinge zweifellos am günstigsten, wenn die Fasergewinnung möglichst im eigenen Betriebe an Ort und Stelle erfolgen kann. Ein Bahntransport der voluminösen Hanfstengel ist auf größere Entfernungen zu kostspielig. Die Errichtung einer eigenen Aufbereitungsanstalt ist jedoch nur von einer gewissen Größe der Anbaufläche, wie sie schwerlich von einzelnen Betrieben aufgebracht werden kann, an möglich. Die Einrichtung einer primitiven Röstanlage für kleine Anbauflächen ist wiederum nur dort angebracht, wo die Arbeitskräfte für die hiermit verbundene erhebliche Handarbeit billig sind und die natürlichen Voraussetzungen für die Röste gegeben sind. Abgesehen davon, daß diese Art der Aufbereitung nur unter bestimmten örtlichen Voraussetzungen möglich ist, wird sie sich außerdem dort nur sehr schwer einführen lassen, wo sie nicht bereits von altersher geübt wird.

Es kann jedoch auch ohne eigene Aufbereitungsanlage der Anbau des Hanfes lohnend werden, wenn die Möglichkeit geschaffen wird, an Ort und Stelle, möglichst gleich auf dem Felde, eine Vorverarbeitung der Hanfstengel vorzunehmen. Durch transportable Knickmaschinen, die bei größerer Anbaufläche vom Anbauer selbst gehalten werden, oder auch bei kleineren Flächen in Form der Lohndreschsätze von Ort zu Ort fahren, kann zunächst der Samen und ein Großteil des Holzes aus dem Stengel entfernt werden. Das so bearbeitete Material läßt sich dann in Ballen zusammenpressen und verträgt in dieser Form schon eher einen weiten Transport zu den Stätten der weiteren Verarbeitung. Dieser Weg ist vor allen Dingen geeignet für die billige Erzeugung großer Fasermassen, wie sie die Kotonisierungsindustrie voraussichtlich einmal gebrauchen wird.

Einen sehr erheblichen Anteil an der Rentabilität des Hanfanbaues bildet für unsere Verhältnisse auch der hohe und sichere Samenertrag des deutschen Hanfes, der einen Beitrag zur Hebung des drückenden Fettmangels liefert.

Der Umstand, daß durch den Anbau des Hanfes der Nahrungsmittelerzeugung dienende Flächen verloren gehen könnten, ist nicht in dem Maße zu fürchten, wie er oft geltend gemacht wird. In erster Linie sollen die bisher nur zu einem geringen Prozentsatz kultivierten Moore der Hanferzeugung dienen. Aber auch der Anbau auf solchen Flächen, die bislang der Erzeugung von Nahrungsmitteln gedient haben, ist volkswirtschaftlich durchaus kein Fehler.

Zunächst wird durch die Samenernte beim Hanfbau über die Hälfte des Ausfalles der Nahrungsmittelerzeugung wieder wettgemacht. Die Samenernte ergibt eine Produktion von rund 250 kg Speiseöl je Hektar. Auf dem Umwege über Schweinefleisch sind zur Erzeugung von 250 kg Fettwert (Fleischwert $= {}^2/_3$ Fettwert) notwendig:

36 dz Kartoffeln, entsprechend einer Fläche von $^1/_5$ ha
+ 6 „ Roggen „ „ „ „ $^1/_3$ „

Über die Hälfte der Fläche wird also durch den Samenertrag bereits gedeckt, wobei ich dahingestellt lasse, ob nicht die Fettproduktion gegenüber der Produktion von Kohlehydraten an sich einen Vorzug genießt. Hinzu kommt, daß der Hanf eine sehr gute Vorfrucht ist, die Nachfrüchte (Getreide) eine erhebliche Erntesteigerung durch den Hanfbau erfahren. Für den restlichen Ausfall der Nahrungsmittelfläche steht als Gegenwert die überaus wichtige Versorgung mit guten Faserstoffen.

Bei der Aufarbeitung der Hanfstengel im eigenen Betrieb kann für eine weitgehende Ausnutzung der Produkte sowohl als auch der Abfälle gesorgt werden. Ein Teil des hergestellten Bindegarns deckt zunächst einmal den Bedarf der eigenen Wirtschaft. Die anfallenden Holzmassen, die sogenannten Hanfschäben, dienen als Heizstoff, die Asche, welche die wertvollen unverbrennlichen Substanzen enthält, gelangt als Dünger wieder auf den Acker. Wird der Samen ebenfalls im eigenen Betriebe weiter verarbeitet, so kann das Öl gleich zu Speisezwecken verwendet werden, geringere Qualitäten Öl können zu Schmieröl verarbeitet werden. Die anfallenden Preßrückstände, die Hanfölkuchen, bilden ein wertvolles Viehfutter. Der Hanfbau ermöglicht also einen weitgehenden Kreislauf der Nährstoffe in der Wirtschaft.

Auch in volkswirtschaftlicher Beziehung kommt dem Hanfbau, besonders für deutsche Verhältnisse, eine eminente Bedeutung zu. Ich erinnere nur an die Zusammenhänge zwischen Hanfbau und Moorkultur, an die vorzügliche Eignung, ja Unentbehrlichkeit des Hanfes für den Ackerbau auf dem fruchtbaren Niederungsmoor. Ungeheure Werte sind es, die jetzt noch zum großen Teil ungenutzt liegen, die uns der Hanfbau hier erschließen kann. Ferner drängt die allgemeine wirtschaftliche Notlage mehr denn je dazu, die Einfuhr ausländischer Produkte auf ein Mindestmaß herabzudrücken, den Bedarf an Textilfasern nach Möglichkeit im Inlande zu decken. Eine Ausdehnung des Hanfbaues in Deutschland kann nur als wünschenswert angesehen werden.

Die Hanfweltwirtschaft.

Von Direktor Dr. **P. König**, Berlin[1]).

Über die Hanfproduktion gibt es keine verläßlichen Weltübersichten. In normalen Zeiten (vor dem Weltkriege) wurden zwar einfache Übersichten über den Anbau in den wichtigsten Hanfproduktionsländern veröffentlicht, doch fehlt eine tieferschürfende Arbeit, die das Thema vom wissenschaftlichen wie vom praktischen Gesichtspunkte aus einigermaßen erschöpfen würde. Als Normalernte vor dem Kriege kann man eine solche von $^1/_2$ Mill. Tonnen Hanf bei einer Anbaufläche von etwa 800000 ha annehmen. In einer Zusammenstellung vom Jahre 1913 wird von 846000 ha Hanfanbaufläche berichtet, die im ganzen 504600 t Hanf erbracht hat. Im allgemeinen kann man sagen, daß die Hanfanbauflächen, wohl infolge des Wettbewerbs bzw. der erhöhten Produktion hanfähnlicher Hartfasern, namentlich auch der Jute, immer mehr zurückgegangen sind, wie die folgende Übersicht zeigt:

Hanfanbau in Europa 1910—1913.

	1910 ha	1912 ha	1913 ha
Deutschland	600	600	600
Rußland	653000	606000	600000
Italien	79000	85000	80000
Ungarn	63000 }	60000 }	89600
Österreich.	23000 }	22000 }	
Frankreich	14000	14000	17400
Serbien	15000	14000	14000
Spanien.	9000	9000	9000
Rumänien.	6000	6000	5000
Bulgarien	3000	3000	3000

In den außereuropäischen Ländern wird der Hanfanbau im Jahre 1913 wie folgt angegeben:

Japan	12000 ha
China	17500 „
Türkei	5000 „
Ver. Staaten von Amerika	1990 „
Chile.	600 „

Die Hanfweltproduktion in ihrer heutigen Gestalt kann leider nur ungefähr festgestellt werden, da von der russischen Hanfproduktion, die vor dem Kriege am wichtigsten war, völlig unsichere Zahlen zugänglich sind.

Es seien daher in diesem Zusammenhange zunächst als Normalproduktionsziffern die des Jahres 1913 angeführt:

Rußland	300000 t	Bulgarien	2400 t
Italien.	80000 t	Japan	10000 t
Österreich-Ungarn	64000 t	Vereinigte Staaten von Amerika.	1500 t
Spanien	7200 t	Chile	500 t
Frankreich	13600 t	China.	8800 t
Serbien	11200 t	Türkei	3400 t
Rumänien	2000 t		

[1]) Bei der Bearbeitung hat mich mein Mitarbeiter, Herr H. Grüttner Berlin-Potsdam, freundlichst unterstützt.

Wie man sieht, war Rußland vor dem Kriege im Hanfbau führend. An zweiter Stelle folgte Italien, an dritter Österreich-Ungarn. Rußland soll im Jahre 1920 wieder 40000 t Hanf (nach anderen Angaben nur 6000 t) erzeugt haben.

Von der angebauten Ackerfläche wurden 1913 mit Hanf bestellt: in Serbien 0,7 $^0/_0$, Ungarn 0,45 $^0/_0$, Italien 0,36 $^0/_0$, Rußland 0,3 $^0/_0$, Österreich 0,6 $^0/_0$, Bulgarien 0,09 $^0/_0$, Rumänien 0,08 $^0/_0$, Frankreich 0,05 $^0/_0$. Auch von diesem Gesichtspunkte aus betrachtet spielte der Hanfbau eigentlich nur in Rußland, Italien, Ungarn und Serbien eine Rolle, während er in den übrigen Ländern bedeutungslos war. Unter Berücksichtigung des Ertrages steht heute Italien an erster Stelle. In den Jahren 1911/1913 wurden durchschnittlich 9 dz, 11 dz und 10 dz rohe Hanffaser von 1 ha geerntet, entsprechend 54, 66 und 60 dz Rohstengeln. In Ungarn hat man im Durchschnitt der Jahre 1905/1909 rund 9 dz, 1911 8 dz und 1913 rund 10 dz Faser geerntet, in Rußland hingegen nur $4^1/_2$ bis 5 dz. In Italien wird der Boden tief gepflügt und gut gedüngt, während in Rußland der Hanf noch in primitiver Weise angebaut wird. Um dieselbe Ernte zu erzielen, muß also in Rußland nochmal soviel Land angebaut werden, als in Italien.

In den ersten Jahren nach dem Kriege ging der Weltbedarf an Weichhanf um fast die Hälfte zurück, wozu bemerkt wird, daß sich dieser eben nach dem verminderten Anbau zu richten hatte. Erst von 1922 ab machte sich wieder verstärkter Anbau geltend.

Über die Lage in den Nachkriegsjahren unterrichtet die folgende Übersicht:

Anbauflächen und Ernten von Hanf in der Welt.

Land	Anbaufläche				Erzeugung			
	1925	1924	1923	Durchschn. 1918/1922	1925	1924	1923	Durchschn. 1918/1922
	in tausend ha				in tausend dz			
Europa								
Deutschland	3,3	3,7	—	—	—	—	—	—
Österreich	0,3	0,4	0,3	0,2	4,3	3,9	3,2	2,4
Belgien	0,04	0,1	0,1	0,2	0,4	0,6	0,8	1,5
Bulgarien	4,2	3,8	3,1	3,4	18,1	21,6	14,0	12,7
Spanien	7,0	5,9	7,8	9,8	81,0	109,7	90,7	102,1
Südslawien	36,6	25,1	23,5	29,1	433,1	253,1	166,0	214,5
Finnland	—	—	1,0	0,5	—	—	—	—
Frankreich	5,3	1,9	4,7	6,8	55,7	46,8	39,0	63,6
Ungarn	13,6	9,3	8,1	13,7	132,0	88,3	63,5	125,4
Italien	111,5	80,0	67,9	83,3	1239,0	740,0	603,0	838,6
Polen	43,2	43,0	42,7	37,0	269,3	223,1	199,6	207,0
Rumänien	36,0	31,5	31,3	32,9	131,7	137,8	—	112,7
Rußland	858,0	636,6	508,0	—	4489,0	2744,0	—	1559,3
Tschechoslowakei	11,7	11,7	12,0	11,3	95,9	79,7	96,1	96,1
Niederlande	—	—	0,02	0,03	—	—	0,1	0,4
Asien								
Japan	?	9,3	9,9	10,9	—	—	88,1	107,5
Korea	29,3	28,8	28,8	27,7	208,0	208,4	196,0	192,4
Rußland	s. o.	80,0	41,4	77,0	s. o.	—	—	222,7
Amerika								
Chile	0,6	—	0,7	1,7	—	—	16,85	18,6
Uruguay	—	1922: 0,26	1921: 0,33	—	—	—	—	—

Nach Ansicht des Ref. werden (1924/25) wohl statt der 850000 ha der Vorkriegszeit nur noch etwa 300000 bis 400000 ha mit Hanf bepflanzt worden sein, die etwa 220000 t Hanf erbracht haben. Das internationale Landwirtschaftliche Institut in Rom gibt für die mit „Hanf" angebaute Fläche im Jahre 1924/25:

1322000 ha und im Jahre 1923/24: 1231000 ha und an Produktionsziffern: 1909/13 (Jahresmittel): 5450000 dz, 1924: 5100000 dz und im Jahre 1925 als Höchsternte 7300000 dz an.

Deutschland.

Während in der Vorkriegszeit das Deutsche Reich etwa 64000 t Hanfgut im Jahr einführen mußte, war seine eigene Erzeugung ganz unbedeutend. Man nimmt die Anbaufläche für 1917 mit nur etwa 600 ha an, was aber noch zu hoch gegriffen sein dürfte. Noch im vorigen Jahrhundert war die Erzeugung ziemlich bedeutend. Es wurden angebaut:

1878	21000 ha
1883	15000 „
1893	8000 „
1900	3500 „
1913 nur noch	600 „

Als wichtigste Erzeugungsländer galten früher Baden, Württemberg, Bayern und Elsaß-Lothringen. Die Anbaufläche verringerte sich seit den 50er Jahren ständig. So in Bayern, das

1853	9500 ha
1863	6220 „
1878	2300 „
1893	1060 „
1900	590 „
1913	53 „

Hanf anbaute.

Der Rückgang des Anbaues ist eine Folge des Fehlens an landwirtschaftlichen Arbeitern, verursacht durch die Landflucht, die Belastung der Aufbereitung, das Fehlen von Röst- und Verarbeitungsanstalten, die steigenden Löhne, die Geldentwertung und die Zunahme des Juteverbrauchs. Die Hanfpreise machten eine wechselvolle Entwicklung durch. Man zahlte:

1847—50 noch 71,8 M. je dz, 1851—60 sogar 73 M., der Hanf fiel dann 1861 bis 1870 im Werte auf 70 M. und stieg wieder 1871—75 auf 76,5 M. Von da ab trat trotz der langsamen Geldentwertung ein Sinken ein, 1876—80 galt Hanf nur 63,7 M., 1881—84 nur 50,5—61,4 M., 1891—93 nur 43,2 M., 1901—03: 62,7 M., 1904—05: 59,9 M., 1905—06: 65,6 M., 1906—08: 69,7 M., 1908—09: 67—68 M., 1910: 72,6 M., 1911: 76,1 M., 1912: 87,5 M., 1913: 88,5 M. Mit dem Steigen der Hanfpreise ging natürlich ein Steigen der Jutepreise Hand in Hand: 1891—93: 32,8 M. je dz, 1901—03: 37,2 M., 1906—08: 69,6 M. Jute blieb also wesentlich billiger.

Während des Krieges wurde der Hanfbau infolge der Absperrung des Reiches von den früheren Bezugsländern erneut in Angriff genommen und unter der Leitung der Deutschen Hanfbau-Gesellschaft stieg die Anbaufläche in 1915 auf 417 ha, 1916: 1600 ha, 1917: 3000 ha, 1918: 3650 ha, 1919: 4250 ha, 1920: 5350 ha, 1921: 3570 ha, 1922: 2300 ha, 1923: 2590 ha, 1924: 3651 ha, 1925: 3570 ha, 1926: 1908 ha.

Die Hektarerträge waren 1915 und 1916: 7,5 dz, 1917: 6 dz und da ab 5 dz Faser. Hauptanbaugebiete waren namentlich Ländereien in der Nähe der neuerrichteten Aufbereitungsanstalten in Lauenburg, Löcknitz i. Pommern, in Berger-Damm in Brandenburg, Schneidemühl (Posen) und Moosburg in Bayern, von denen jetzt Lauenburg und Schneidemühl zum Teil zur Flachsverarbeitung dienen. Die deutschen Hanferträge waren folgende: im Jahre 1915: 312 t, 1916: 1200 t, 1917: 1800 t, 1918: 1820 t, 1919: 2125 t, 1920: 2675 t. Natürlich reichten diese Erträge lange nicht zur Sättigung des deutschen Bedarfs aus, so daß große Mengen aus Italien bezogen werden mußten. Zum Friedensbedarf fehlen noch immer mindestens 50000 bis 60000 t Hanfgut, d. h. der Ertrag von 90000 bis

100000 ha russischen Hanfs und 50000 bis 60000 ha italienischen Hanfs. Nun hat sich aber infolge des Krieges der Hanfbedarf Deutschlands bedeutend verringert, auch bei Vollbeschäftigung der Industrie können infolge der verkürzten Arbeitszeit ohne weiteres 25% abgestrichen werden, doch braucht Deutschland zur Deckung des gesamten Bedarfs mindestens 45000 t, die auf 90000 ha bei Vollbeschäftigung der Industrie angebaut werden müßten.

Erwähnenswert ist noch der neuere Hanfhandel Deutschlands. Es führte 1919: 3786 t Hanf und 1384 t Hanfwerg, zusammen 5170 t Hanf ein und produzierte selbst etwa 2000 t, so daß es 1919 rund 7000 t Hanf verbrauchte, also etwa 1/8 des Friedensverbrauchs. Im Jahre 1920 sind 16177 t Hanf eingeführt worden, davon 15263 t aus Italien und nur 914 t aus anderen Ländern. Ausgeführt wurden im Jahre 1920 nur 38 t Hanf und 26 t gehechelter Hanf und 262 t Hanfwaren. Der deutsche Hanfhandel und d e Industrie gestaltete sich während der beiden Jahre 1923 und 1924 (im Vergleich zu 1913) wie folgt (in dz):

	Einfuhr			Ausfuhr		
	1913	1925	1926	1913	1925	1926
Hanffaser u. -werg	646497	228992	239046	94332	2978	3869
Hanfgarn. . . .	19331	19325	13114	36129	12296	46700
Hanffertigwaren[1]) .	11537	1862	1961	31005	27886	29347
Zusammen . . .	677365	250179	254121	161466	43160	79918

Der Bedarf Deutschlands wird sich natürlich ebenso steigern, wie für den Weltbedarf eine Steigerung wieder einmal eintreten muß.

Es waren im Jahre 1922 44 Hanfspinnereien und Webereien im Reiche vorhanden.

Rußland.

Das älteste und bis vor dem Kriege größte Hanfanbaugebiet ist Rußland. Nach Deutsch schreibt schon Herodot (484—406 v. Chr.), daß die Skythen die Hanfpflanze von Asien nach dem europäischen Rußland gebracht hätten und Hanf zur Erzeugung von Schiffstauen und Netzen verwendet hätten. Die ältesten Hanfstatistiken führte nach v. Gernet der Hanfexport in Riga, über dessen Hafen ein großer Teil des russischen Hanfes in früheren Jahren ausgeführt wurde. An dem Anteil Rigas am russischen Hanfexport kann die gesamte Erzeugung errechnet werden. Die Hanfzufuhr kam nach Riga über die Eisenbahnen Moskau—Kiew—Woronesh und Riga—Orel, d. h. von den Bezirken Kursk, Tschernigow, Smolensk, Orel, Mohilew und Minsk.

Die folgenden Zahlen über die Zufuhr von Hanf nach Riga geben einen Begriff von der Größe des früheren russischen Hanfanbaus (in Pud):

	Hanfausfuhr über Riga in Pud	Anteil Rigas am russ. Gesamthanfexport
1866/70:	704712	39,5%
1871/1875:	1260057	33,5 „
1876/1880:	1351862	38,0 „
1881/1885:	1447429	36,8 „
1886/1890:	870678	23,4 „
1891/1895:	590940	15,1 „
1896/1900:	627993	16,7 „
1901/1905:	946095	30,4 „
1906/1910:	1240245	38,5 „
1911:	1327278	32,4 „
1912:	1470625	40,2 „
1913:	1470792	39,1 „

[1]) Die Hanffertigwaren enthalten auch geringe Mengen Hartfasern.

Die übrigen baltischen Häfen hatten nur einen geringen Anteil an der russischen Hanfausfuhr, so Libau (1913): 0,5%, Windau: 0,8%, Petersburg 0,6%. Über Pernau und Reval wurde überhaupt kein Hanf verschifft, dagegen ging immer mehr nach Königsberg (über Wirballen), so 1913: $2^1/_2$ Mill. Pud oder 60% und 1912: $2^1/_8$ Mill. Pud oder 55% der Gesamtausfuhr. Abnehmer von russischem Hanf waren außer Deutschland noch Belgien, Frankreich, England und Holland.

Infolge der Verbrauchs von exotischen Hanfsorten hat sich (vor dem Kriege) der Hanfanbau in Rußland seit 1870 kaum verstärkt. Wenn auch der Innenverbrauch Rußlands infolge von Errichtung verschiedener Hanfverarbeitungsanlagen sich vergrößert hat, so blieb doch die Hanfanbaufläche etwa auf gleicher Höhe.

Hanf wurde in Rußland fast nur im Kleinbetrieb angebaut (zu 97%). Die Anbaufläche war 1901 bis 1910 im Durchschnitt 714357 Deßjatinen und 1911 bis 1914: 602632 Deßjatinen.

Im Jahre 1912 wurden noch 620725 Deßjatinen angebaut.

1913	530000	Deßjatinen,
1914	526075	„
1915	484658	„
1916	466163	„
1917	435816	„
1918	422742	„
1919	317656	„
1920	187234	„
1921	286150	„

Die Anbauflächen der letzten Jahre können kaum auch nur ungefähr angegeben werden. Man nimmt 25 bis 30% der Anbaufläche der Vorkriegsjahre, also höchstens 150000 bis 200000 Deßjatinen an. Nach einer russischen Meldung wurden 1924 639000 und 1925 574800 Deßjatinen mit Hanf bestellt.

Die Erträge der Hanf erzeugenden 59 Provinzen waren im Mittel der Jahre 1901 bis 1910 etwa 378600 t, davon wurden im allgemeinen 25% ausgeführt, 25% wurden von der russischen Industrie selbst verarbeitet und 50% verbrauchte die Hausindustrie. 60% der Ausfuhr ging nach Deutschland. Der Hektarertrag war nur 5 dz Hanffaser je Hektar (also etwa die Hälfte des Ertrages in Italien). Nach russischen Angaben sollen 1923 19,3 Mill., 1924 19,0 Mill. und 1926 21 Mill. Pud Hanfstroh geerntet worden sein. Rohhanf wurde erbracht: 1907: 7; 1918: 6,3; 1919: 4,4; 1920: 2,5; 1921: 2,7; 1924: 6 Mill. Pud.

Die Hanfindustrie Rußlands befaßt sich mit der Herstellung von Geweben, Garnen, Zwirnen, Bindfaden und Seilen. Im Falle der erstgenannten handelt es sich zumeist um Material für die Möbelindustrie bzw. für Wandbekleidung, doch war die Produktion der betreffenden Artikel nie bedeutend.

Zwirne, Bindfaden und Erzeugnisse aus Hanf wurden in Rußland schon von alters her angefertigt, doch die Seilerei spielte erst in neuerer Zeit eine nennenswerte Rolle, was daher kommt, daß die Flußschiffahrt Rußlands sich nur sehr langsam entwickelte und auch die neue Schiffahrt erst in der letzten Zeit vor dem Kriege einige Bedeutung erreichte. Die erste mechanische Seilerei wurde von einer englischen Firma in Kholmogry in der Nähe von Archangelsk gegründet.

Eine besondere Anregung empfing die Seilerei-Industrie unter der Regierung Peters des Großen, wo Rußland zur Seemacht wurde und große Mengen Seile für seine Flotte benötigte. Infolgedessen begann sich auch die Regierung sehr für die Hanfkultur zu interessieren und sogar staatliche Seilereien anzulegen.

Die Hanfindustrie wurde jedoch schon in den 80er Jahren des vorigen Jahrhunderts in nur wenigen Bezirken, namentlich in der Nähe von St. Petersburg, betrieben. Den Produktionswert schätzte man damals auf mehr als

2000000 Rbl. im Jahre, zu der die Hoth-Werke, eine englische Firma, etwa 1200000 Rbl. bzw. 200000 Pud (3200 t) beitrugen. Der Eigenbedarf der russischen Hanfindustrie betrug 1924 nur 1,4 Mill. Pud und die verbleibenden etwa 18 Mill. Pud sollen, da nur wenig Hanf ausgeführt wird, im Heimeigenbetrieb verarbeitet werden. Nach unserer Meinung ist beides — die Größe der Ernte und die Höhe der Heimbedarfs stark übertrieben angegeben.

In der zweitwichtigsten Provinz (Jaroslaw) lieferten die Werke von Suraflew jährlich mehr als 300000 Pud (4800 t) im Werte von 1340000 Rbl. (2680000 M.) und die Provinzen Orel, Cherson, Ryasan und Perm je mehr als 100000 Pud (1600 t).

Handwerksmäßig aber wird die Fabrikation von Bindfaden auch in den Provinzen Twer, Orel, Tschefnikow, Kaluga, Woronesh und anderweitig betrieben. Trotz der großen Ausdehnung, die die Hanfindustrie in Rußland in den letzten Jahren vor dem Kriege besaß, war die Lage doch nicht befriedigend. Aus diesem Grunde beschäftigte sich auch die Zentralregierung wie die Provinzialverwaltung mit ihr, und zwar ganz besonders deshalb, weil sie zahlreichen Arbeitern Beschäftigung zu gewähren vermochte. Deutschland nahm 1913 für 12,3 Mill. Rubel oder 53,6% der gesamten russischen Hanfausfuhr, 1923 für 120000 Goldrubel (= 6,7%?) und 1924 (Januar—September) für 310000 Glodrubel (= 31,4% der russischen Gesamtausfuhr) auf.

Polen.

Die Hauptanbaugebiete im russischen Polen waren vor dem Kriege die Bezirke von Lublin mit 3700 Deßjatinen im Mittel der Jahre 1900 bis 1910, Siedlez mit 1100 Deßjatinen, Radom mit 1100 Deßjatinen, Suwalki mit 800 Deßjatinen, Lomscha mit 300 Deßjatinen und Lomscha mit 200 Deßjatinen. — In den von Deutschland weggenommenen Gebieten wurden kaum nennenswerte Mengen Hanf angebaut, so ein wenig in Bromberg und Posen. Im neuen Polenstaat wurden im Durchschnitt der Jahre 1918 bis 1922 37000 ha Hanf angebaut. Die Hanfanbaufläche scheint im Zunehmen begriffen zu sein, denn es wurden im Jahre 1923: 42700 ha und 1924: 43000 ha mit Hanf bestellte Flächen gemeldet. An Hanffaser wurden eingebracht: 1923 fast 20000 t und 1924 etwa 29700 t und im Durchschnitt der Jahre 1918 bis 1922: 20700 t.

Der Bedarf an Hanferzeugnissen Polens kann durch die bestehenden Spinnereien vollauf befriedigt werden, und es würde in der Folge nur die Möglichkeit des Absatzes nach Rußland den Spinnereien bei vollem Betrieb ausreichend Beschäftigung bringen. Die Produktionsverhältnisse sind wie fast überall außerordentlich schwierig geworden. Die Beschaffung von Fabrikationsmaterialien und Ersatzbestandteilen ist kaum möglich.

Österreich und Ungarn.

Österreich und namentlich Ungarn spielten in der europäischen Hanfproduktion nach Rußland und Italien immer eine bedeutende Rolle. So wurden in den Jahren 1903 bis 1912 im Durchschnitt in Ungarn 65000 ha und in Österreich 26000 ha mit Hanf angebaut. In den letzten Vorkriegsjahren verteilte sich die Anbaufläche wie folgt (in Hektar):

	1905	1910	1912	1913
Ungarn	67670	62850	60040	46740
Österreich	27820	23000	22000	23000

Nach dem Kriege verlor Österreich so ziemlich das alte Hanfanbaugebiet an Böhmen und Südslawien. Man zählte 1923 nur noch 300 ha Hanfanbaufläche. Aber auch Ungarn erlitt erheblich Verluste an Hanfboden an Rumänien, so daß nach dem Kriege nur noch 9300 ha (1924), 8100 ha (1923) und 13700 ha (1918 bis 1922 im Mittel) aufweisen konnte.

Die Hanfproduktion Österreich-Ungarns wird 1908 mit 60861 t, 1909 mit 62183 t, 1910 mit 68269 t, 1913 mit 68000 t angegeben, wovon etwa 22000 t auf Österreich entfallen. Nach dem Kriege brachte Österreich 1918 bis 1922 im Mittel nur noch 240 t und Ungarn 12500 t Hanf hervor. Das Jahr 1923 erbrachte in Österreich eine Ernte von 320 t und in Ungarn eine solche von 6350 t Hanf. Die Beschaffenheit des ungarischen Hanfes, der früher aus italienischem Saatgut gezogen wurde, wird im allgemeinen gelobt. Der Hektarertrag betrug in Ungarn im Mittel der Jahre 1905 bis 1913: 8 bis 10 dz Hanffaser. Die Ausbeute kam also der in Italien üblichen Ausbeute nahe. In Kroatien und Slavonien war die Ausbeute nur etwa 6 dz je Hektar. In Neuösterreich erzielte man eine Hektarernte von 8,5 bis 9,9 dz.

Der Anteil der Hanf-, Flachs- und Juteindustrie Ungarns an der Produktion der Gesamttextilindustrie betrug vor dem Kriege (1911) 11,9 %. Ungarn konnte durch diese Industrie den eigenen Bedarf zu 65 % decken. Es gab in Ungarn vor dem Kriege 2000 Hanfspindeln, nach dem Kriege noch 1500 Hanfspindeln. An Hanfwebstühlen waren vor dem Kriege 1200, nach dem Kriege nur noch 200 vorhanden. Der Jahresverbrauch der Hanfspinnerei betrug 5000 t Hanf.

Österreich-ungarische Nachfolgestaaten.

Die **Tschechoslowakei** baute im Mittel der Jahre 1918/24: 11300 ha mit Hanf an (1923: 12000 ha und 1924: 11700 ha). Der Ertrag belief sich im Durchschnitt der Jahre 1918 bis 1922 auf 9350 t, in 1923 auf: 9610 t und 1924 auf: 7970 t. Vor dem Kriege (Mittel 1904 bis 1913) baute man im eigentlichen Böhmen 31 ha, in Mähren 283 ha, in Schlesien 0 ha, zusammen 314 ha Hanf an. Der mittlere Hektarertrag an Hanffaser war 1923: 8; 1924: 6,8; und 1925: 8,2 dz.

Die Hanfspinnerei wird in sieben Unternehmungen mit 18241 Spinnspindeln betrieben. Ihr Sitz ist das nordöstliche Böhmen in den Orten Wustung, Turnau, Trautenau, Wekelsdorf, Südböhmen in dem Ort Krummau, Mähren in den Orten Olmütz und Brerau und Schlesien in Kunau[1]). Der größte Teil der erzeugten Garne wird auf Bindfaden bzw. in den angeschlossenen Seilereien auf Stricke, Seile und Gurten weiterverarbeitet.

Einen besonderen Zweig dieser Industrie stellt die Seilerei dar, welche noch sehr starken kleingewerblichen Charakter aufweist und nur über verhältnismäßig wenige Fabrikbetriebe verfügt. Es werden von ihr erzeugt: Bindfaden aller Art, Packstricke, Postschnur, Sackstopfzwirn, Sattlergarn, Schuhgarn, Tabakschnüre, Waschmaschinenzwirne, Aufzugsseile, Bremsstricke, Garbenbänder, Garbenbindegarn, Gurten, Halftern, Mühlengurten, Reb- und Gallierschnüre für Webereien, Rouleauschnüre, Schiffstaue, Spindelbänder, Spindelschnüre, Transmissionsseile, Trommel- und Selfaktorseile.

Südslawien. Von allen Zweigen der Textilindustrie ist in Südslawien die Hanf- und Flachsindustrie am meisten entwickelt. Es sind im Lande (1920) rund

[1]) Die Hanfspinnerei verteilte sich im Jahre 1919 auf:

in der Tschechoslowakei	Betriebe	Arbeiter 1919	Arbeiter 1913	Spindeln
Deutschsprachige Gebiete. .	6	523	829	13483 = 73,9 %
Tschechische Gebiete. . . .	2	224	616	4758 = 26,1 %
Zusammen	8	747	1445	18241

Hanfwebstühle waren 1919: 2289 vorhanden, wovon sich in deutschsprachigem Gebiet 1227 Webstühle (53,6 %) und in tschechischem Gebiet 1062 (= 46,4 %) vorfanden.

42000 ha mit Hanf und 5000 ha mit Flachs angebaut. Im Jahre 1919 verteilte sich der Hanfanbau wie folgt: Altserbien 13590 ha, Banat 18000 ha, Slovenien 200 ha, Mazedonien 380 ha und Dalmatien 14 ha. Die Jahresproduktion (1920) an Hanf beträgt etwa 18000000 kg. 1923 wurden von 23500 ha 166000 dz geerntet gegen 214000 dz in 1921 und 1922.

Die Anbaufläche 1924 betrug 34000 Kat. Joch. Als Ertrag je Kat. Joch werden 44,6 dz Hanfstengel gegen 40 dz im Jahre 1923 gemeldet. 1925 wurden von 32000 Joch etwa 1,5 Mill. dz Strohhanf geerntet. Der Faserertrag betrug 1924 im Durchschnitt 12% Hanf und 6% Werg. Im ganzen Lande gibt es 30 Hanf und Flachs verarbeitende Fabriken, die jährlich etwa 1000 Waggons Hanf und und 300 Waggons Flachs verarbeiten. Ungefähr 130 Waggons Hanffaser werden den Hanffabriken zugeführt. Außerdem werden jährlich 200 Waggons Hanfsaat gewonnen. Ein südslawischer Verband der Hanffabriken ist am 8. August 1920 in Gombos gegründet worden. Die großen Hanfröstfabriken in Vukovár, Miletics, Szentiván und Gombos standen 1924 still, da die großen Grundbesitze durch die „famose" Agrarreform unter die Dobrowolzen (freiwilligen Soldaten) aufgeteilt worden sind. Diese „Klein"bauern bearbeiten nur Hanf für ihren Bedarf.

Der Mangel an Spinnereien zwingt die Südslawien, 80% ihrer Gesamtproduktion in das Ausland zur Verarbeitung zu geben. Die Ausfuhr erstreckt sich vorwiegend nach Deutschland, Österreich, der Tschechoslowakei, Frankreich, England und Amerika. Doch hat sich die südslawische Hanfseilindustrie 1924 etwas vergrößert, so die königl. priv. Hansfpinnerei in Les-Kovac (Kosta Ilies Söhne, Belgrad) und die mechanische Netzfabrik in Amisa (Dalmatien). Weitere Hanffabriken befinden sich in: Novi Vrbas, Nova Palanka, Vajska, Odzak, Bac, Miletic, Sv. Iwan, Ceb, Kulpin, Kukujévli.

Rumänien.

Im alten Rumänien wurde im Laufe der ersten zwölf Jahre dieses Jahrhunderts fast immer gleichviel Hanf angebaut, nämlich im Mittel 6000 ha. Eine Abnahme auf 5000 ha fand im Jahre 1913 statt. Das neue Rumänien, das namentlich von Ungarn wertvolles Hanfland abgenommen hat, baute nach Übernahme dieser ungarischen Ländereien wesentlich mehr Hanf an, nämlich 1920: 20000 ha, 1922: 36000 ha, 1923: 31300 ha und 1924: 31500 ha. Die Ernten waren vor dem Kriege etwa 2000 t Hanf. Im Jahre 1920 meldete man eine Ernte von 7040 t und als Durchschnittswerte der Jahre 1918 bis 1922 wird 11270 t Hanffaser angegeben.

Der Produktionswert der Seilereien Rumäniens betrug 1913 (im Altreich): 1772000 Goldlei und 1919 (im Gesamtreich): 3750000 Goldlei.

Italien.

Der Anbau in Italien erstreckt sich in der Hauptsache auf die Gebiete der Poebene im Norden und der kampanischen Ebene im Süden. Im Vordergrund stehen in Norditalien die Landschaft Emilia mit den Provinzen Ferrara und Bologna, daneben Venetien mit Rovigo, während die östlich und westlich sich daran anschließenden Provinzen der Emilia, also Ravenna, Forli und Modena, weit zurücktreten.

Geringere wirtschaftliche Bedeutung hat der Hanfbau auch in den Gebieten am Fuß der Alpen, den venetianischen Provinzen Belluno, Sondrio und Como in der Lombardei, Cuneo und Torino in Piemont; von Venetien aus setzt sich der Hanfanbau in nordöstlicher Richtung noch fort bis in das Alpenland von Görz und findet erst im Karst eine Schranke.

Die bedeutendsten Hanfgebiete in Süditalien sind Neapel, wo der Hanf neben Mais und Weizen die wichtigste Feldfrucht ist, ferner Caserta und Salerno.

Angebaut waren in 1913: 86600 ha = 0,67 % der Ackerfläche, davon allein in der Emilia 45800 ha, in Kampanien 24700 ha, in Venetien 9300 ha, in Piemont 2500 ha und in den Abbruzzen 1200 ha. Die Emilia weist mit 3,54 % der Ackerfläche den stärksten Anbau auf. Kleinere Anbaugebiete befinden sich in Toskana (700 ha), Umbrien und Latium (je 600 ha), Lombardei (500 ha), Kalabrien und Sizilien je 200 ha. Die Entwicklung der Anbauflächen und Ernten hat sich wie folgt gestaltet:

	Anbaufläche in ha	Ernte in dz
1909—1913 (Durchschnitt)	81000	835000[1])
1914	87200	974000
1915	88200	1019000
1914	86200	724000
1917	90000	837000
1918	91000	935000
1919	91500	943000
1920	95300	973000
1921	84800	829000
1914/21 (Durchschnitt)	78025	904862
1922	53400	504000
1923	67950	603000
1924	80000	830000
1925		1239000
1926	105130	1212200

Die Provinz Emilia bringt 200000 bis 500000dz (1926: 613600 dz) hervor, Kampanien: 200000 bis 350000 dz (1926: 456900 dz), Venetien 20000 bis 100000 dz (1926: 89400 dz).

Vor dem Kriege war der mittlere Hektarertrag 9 bis 11 dz. In den zwei Jahren 1914/15, als hauptsächlich organische Stickstoffdüngemittel verwendet wurden, betrug der Durchschnittsertrag 11,50 dz je Hektar, während jetzt, trotz der während der Entwicklungsperiode im allgemeinen günstigen Witterung ein Durchschnittsertrag von nur 8,87 dz je Hektar gemeldet wird. Dieser namhafte Ausfall wird auf die starke Verwendung von chemischen Düngemitteln zurückgeführt, die zwar eine starke Entwicklung der Pflanze zur Folge haben, aber ohne derselben Gewicht und Feinheit, die ja die großen Vorteile des italienischen Hanfes sind, zu verleihen.

Bemerkenswert ist, daß Italien von Zeit zu Zeit Hanfsamen aus Indien bezieht, um das Saatgut zu erneuern. Diesem Umstand werden z. T. die höheren Faserernten in Italien zugeschrieben. Der größte Teil des geernteten Hanfs wird in rohem oder halbverarbeitetem Zustande ausgeführt, nur etwa ein Drittel wird in den italienischen Fabriken oder von der kleinen in einigen Provinzen noch bestehenden Hausindustrie verarbeitet. Die Hanfindustrie ist unter den Textilgewerben Italiens die zweitwichtigste und kommt gleich hinter der Seidenindustrie.

Italien erzeugt jährlich im Mittel 90000000 kg Hanf. Ein Teil der Produktion wird im Lande selbst verarbeitet (etwa 200000 bis 250000 dz). Das Hauptunternehmen, das Linificio und Canapificio Nazionale, das im Jahre 1873 gegründet wurde, ist in eine Aktiengesellschaft mit einem Kapital von 60000000 Lire umgewandelt worden und hat eine tägliche Erzeugung von 92000 kg Garnen, 31000 kg Bindfaden, Seilen usw. und von 44200 m Gewebe. Das Unternehmen besitzt 165000 Spindeln und 12500 Webstühle und verwendet 14000 PS. Die Ausfuhr seiner Erzeugnisse hat jährlich einen Wert von $^1/_2$ Millarde Lire.

Der Durchschnittspreis von ausgeführtem Rohhanf betrug 431 Lire je Doppelzentner in 1921/23 und 416 dz in 1922/23, die entsprechenden Zahlen stellen sich für gehechelten Hanf auf 661 und 784 Lire, für Werg auf 310 und 321 Lire.

[1]) An Einzelernten sind bekannt: 1909: 864200 dz; 1910: 957240 dz; 1911: 742400 dz; 1912: 1046080 dz.

In Bologna wurden im Oktober 1924 folgende Notierungen bekannt gegeben:

gute Qualitäten	760—780 Lire
mittlere Qualitäten	700—720 „
mindere Qualitäten	670—690 „
Ausschuß gesäubert IV . . .	580—610 „
Werg I und II	475—520 „
Werg III.	400—430 „

Die Industrie verarbeitete vor dem Kriege 250000 bis 300000 dz einheimischen Hanf und 50000 bis 70000 dz eingeführter Ware.

Die Ausfuhr von Hanf und Hanfwerg hat in den beiden letzten Finanzjahren den Stand der Vorkriegszeit überholt. Sie gestaltete sich seit Kriegsende wie folgt:

Ausfuhr von rohem und gehecheltem Hanf sowie Hanfwerg in 1000 dz:

Halbjähriger Durchschnitt von 1912/13	293
1. Halbjahr 1919	139
2. „ 1919	365
1. „ 1920	603
2. „ 1920	274
1. „ 1921	125
2. „ 1921	232
1. „ 1922	432
2. „ 1922	442
1. „ 1923	404

In den Finanzjahren 1921/22 wurden 664000 dz
1922/23 „ 846000 „
und 1923/24 „ 635000 „

Hanf ausgeführt. Der Ausfuhrwert ist von 63,9 Mill. Lire bei einer Ausfuhr von 586000 dz Hanf im Jahre 1912/13 (scheinbar) auf 346,1 Mill. Papier-Lire in 1923/24 gestiegen. Von den wichtigsten Einfuhrländern wurden 1923/24 (in 1000 dz) aufgenommen: Deutschland: 131, Frankreich: 153, Großbritannien und Irland: 73, Österreich: 37, Belgien: 29, Schweiz: 19 und von andern Ländern: 72.

Der günstige Eindruck, der durch den Vergleich dieser Zahlen für die letzte Zeit erweckt wird, schwächt sich etwas ab, wenn man bedenkt, daß die hauptsächliche Zunahme auf Werg entfällt, der das geringwertigste Material unter den genannten Hanfsorten derstellt. Im einzelnen verteilte sich die Ausfuhr Italiens folgendermaßen:

	Ausfuhr in 1000 dz		Ausfuhrwert in Mill. Lire	
	Jahresdurchschn. 1912/13	Finanzjahr 1922/23	Jahresdurchschn. 1912/13	Finanzjahr 1922/23
Rohhanf	475	592	52,3	246,3
Gehechelter Hanf .	29	36	5,3	27,9
Hanfwerg	81	218	6,3	69,9
Strickwerk	46	41	5,7	35,1
Hanfgarn	57	50	11,3	58,5
Hanfgewebe	8	3	2,2	4,5
geölte, geteerte Gewebe	0,2	9	0,1	14,0

Im Kalenderjahr 1923 kam die Ausfuhr von rohem Hanf auf 534000 dz im Werte von 246,3 Mill. Lire, die von gehecheltem Hanf auf 35000 dz im Werte von 29,7 Mill. Lire und die von Hanfwerg auf 152000 dz im Werte von 55,2 Mill. Lire. Eingeführt wurden nur 5666 dz Rohhanf, 285 dz gehechelter Hanf und 946 dz Hanfwerg.

Über die Bestimmungsländer der Ausfuhr liegen für das Finanzjahr 1922/23 folgende Daten vor: Von 628000 dz rohem und gehecheltem Hanf gingen 143000 dz nach Deutschland, 128000 dz nach Frankreich, 117000 dz nach Großbritannien,

53000 dz nach den Ver. Staaten, 45000 dz nach Belgien, 38000 dz nach der Schweiz, 104000 dz nach verschiedenen anderen Ländern. Hanfwerg wurde vorwiegend nach Deutschland, Frankreich, Belgien und der Schweiz geliefert. Die Ausfuhr von Hanfgarn verteilte sich auf viele Länder; das meiste ging nach Argentinien, das auch den größten Teil der geölten und geteerten Gewebe aufgenommen hat.

Die Hanfindustrie (einschließlich Jute- und Leinenindustrie) zählte 1915: 12 Aktiengesellschaften mit einem Kapital von 30,6 Mill. Lire (29,4 Mill. Goldlire), 1922 waren es 20 Aktienunternehmen mit 105,3 Mill. Lire Kapital (48,9 Mill. Goldlire), die Reserven wuchsen in dieser Zeit von 2,4 Mill. Lire auf 23,7 Mill. Lire, die Anlagen von 19,3 Mill. Lire auf 726 Mill., Waren von 20,3 Mill. Lire auf 95,5 Mill. Lire. Der Gewinn betrug 1915 bei 11 Aktiengesellschaften 9,3 Mill. Lire (8,9 Mill. Goldlire), 1922 bei 15 Aktiengesellschaften 18,2 Mill. Lire (4,8 Mill. Goldlire). Die Verluste betrugen 1915 bei 1 Gesellschaft 69000 Papierlire (1922 bei fünf Konzernen 4,4 Mill. Papierlire (1,1 Mill. Goldlire), zwei Gesellschaften mit einem Kapital von 2,6 Mill. Lire hatten 1922 noch keine Bilanz aufgestellt.

Im ganzen bestanden 1915 für die Hanfindustrie 28 Betriebe mit 612 Arbeitern und 5320 PS eigener Betriebskraft. Weitaus die bedeutendste Anlage ist die Corderia Nazionale già Carrena & Torre in Sampierdarena, Kapital 1,6 Mill. Lire, mit einer mittleren Tageserzeugung von 120 dz. Die bereits im Jahre 1786 gegründete Fabrik befand sich vorübergehend in deutschem Besitze (1856 bis 1905: Wolff-Mannheim), bis 1905 die gegenwärtige Gesellschaft errichtet wurde. An ihr sind in der Hauptsache die größeren italienischen Dampfschiffahrtsgesellschaften beteiligt, die gleichzeitig Abnehmer für einen großen Teil der Fabrikate sind. Verarbeitet wird Hanf von Bologna, Ferrara, Rußland, Levante und Ostindien, Sisal aus dem früheren Deutsch-Ostafrika und Manilahanf. Der Tagesverbrauch beträgt 45 bis 50 Ballen. Bemerkenswert ist, daß die ersten Versuche mit deutschostafrikanischem Sisalhanf hier gemacht worden sind. Die Fabrik beschäftigt 450 Arbeiter und verfügt über eine Dampfkraft von 750 PS und weitere 200 PS elektrische Kraft; Die Fabrik ist die einzige in Italien, die quadratische und polygonale Taue herstellt, die Maschinen dazu sind deutschen Ursprungs. Im übrigen werden alle marktgängigen Seilerwaren bis zum gewöhnlichen Bindfaden herab gefertigt.

Das Linificio e Canapificio Nazionale, Sitz in Mailand, besitzt eine Spinnerei in Casalecchio. In Ferrara bestehen das Canapificio Angloitaliano Sinz, Kapital 620000 L., mit 225 PS und 200 Arbeitern, und die Società-Anonima Ferrarese per la industria della canapa, Kapital 700000 L., mit 100 PS und etwa 100 Arbeitern, ferner kleinere Anlagen in Cento, Pieve di Cento und Portomaggiore. Sinz beabsichtigt, seine ganze maschinelle Anlage nach Migliarino zu überführen und in Ferrara nur Lagerhausanlagen einzurichten. Der Spinnereibetrieb ist nur klein. Hauptaufgabe bleibt das Brechen und Hecheln des Hanfes. Die grüne Varietät geht besonders nach Frankreich und Großbritannien, weniger nach Deutschland, das mehr weiße Qualitäten verlangt. In Grizzana (Provinz Bologna) besteht die Hanf- und Leinenspinnerei und Weberei von Turri Salvatore di Antonio. Anlagen zur Aufbereitung von Hanf finden sich an zahlreichen Orten der Provinzen Ferrara, Bologna und Ravenna, ebenso Seilereien.

Seit dem Jahre 1883 hat das Canapificio Veneto Antonini & Ceresa, Sitz in Venedig, in Crocetta Trevigiano eine Hanfspinnerei und Seilfabrik errichtet, die eine eigene elektrische Kraft von mehr als 1000 PS, 4466 Spindeln in der Spinnerei und 2262 Spindeln in der Zwirnerei besitzt und 2400 Arbeiter beschäftigt. Die Tagesleistung beträgt 120 dz Garn und Seilerwaren. Weitere Anlagen befinden sich in Montaguana (Provinz Padua), wo die Filatura di canapa e lino di Montaguana, Sitz in Mailand, Kapital 350000 Lire, eine Anlage errichtet hat, und in Crespino, (Provinz Rovigo) mit einem Canapificio G. Margolla & Co. In der Provinz Vizenca beschäftigen die Firma Guiseppe Roi in Cavazzale und Carugati & Co. in Debba zusammen gegen 1000 Arbeiter; die Zahl der Spindeln beträgt über 10000, die der Webstühle etwa 150.

In Cornigliano Ligure besitzt die Corderia Ligure già Benet Duboul, Kapital 500000 L., eine Anlage mit einer Betriebskraft von 250 PS. Ferner sind zu nennen die Corderia Giacomo Raggio & Figlio in Genua, G. B. Bolcano in Prà Ligure, die Corderia Carpaneto, Ghiglino & C. in Bolzaneto sowie Bartol. Schiappapietra und Stefano Scotto in Varazze; daneben bestehen noch zahlreiche Kleinbetriebe in den meisten Küstenplätzen. Fischnetze werden in Santa Margherita, Celle Ligure und Calice Ligure angefertigt.

Spanien.

Hanf wird am meisten in der Provinz Alicante um Elche angebaut. Vor dem Kriege wurde die Anbaufläche meist mit 6000 ha angegeben. Im folgenden sei die Verbreitung des Hanfanbaus nach Provinzen (1914) angegeben: Alicante: 1800 ha, Murcia: 668 ha, Castellón: 568 ha, Albacete: 653 ha, Guadalajara: 520 ha, Zaragoza: 412 ha, Lérida: 437 ha, Teruel: 238 ha, Tarragona: 126 ha, Valenica: 100 ha, Barcelona: 96 ha, Granada: 128 ha, Toledo: 120 ha, Huesca: 150 ha, Navarra: 68 ha, Saria: 105 ha, Borgos 77 ha, Logroño: 50 ha, Madrid: 50 ha, Balsares: 20 ha, Segovia: 28 ha, Ciudad Real: 15 ha, Cuenca: 16 ha und Valladolid: 3 ha, zusammen: 6432 ha, die einen Erntewert von 8,6 Mill. Ptas. erbrachten.

Die Anbaufläche stieg 1918 auf 11807 ha und 1917 auf 12847 ha. Im Jahr 1919 wurden noch 10782 ha Hanfland gemeldet. In neuer Zeit wurden 1921: 7600 ha, 1923: 7800 ha und 1924 nur noch 5900 ha mit Hanf bestellt.

Der Vorkriegsertrag war 7200 t (1913). In 1917 wurden 17500 t und 1918: 10300 t, 1920: 7900 t und 1922: 7010 t Hanf geerntet. Für das Jahr 1923 liegen folgende ausführliche Angaben über die spanische Hanfproduktion vor:

Provinz	Fläche ha	Ernte dz	Durchschnittspreis für 1 dz: Pts.
Madrid	15	105	130
Toledo	130	877	156
Guadalajara	380	2394	170
Cuenca	20	104	197
Valladolid	12	120	102
Burgos	76	304	150
Segovia	30	184	108
Soria	100	600	300
Ciudad Real	15	105	200
Albacete	465	4650	130
Zaragoza	871	10887	144
Huesca	140	910	110
Teruel	180	1620	120
Navarra	68	137	128
Alava-Logrono	40	320	125
Barcelona	90	1350	130
Tarragona	36	576	180
Lérida	529	5375	150
Baleares	35	286	160
Valencia	50	600	168
Alicante	2500	25000	60
Castellon	977	11480	216
Murcia	668	8353	180
Granada	1027	12324	147

Als Hektarertrag werden 8,8 bis 13,6 dz angegeben.

Die spanische Hanfindustrie arbeitet (1924) in Katalonien mit 34120 Spindeln und 2400 Webstühlen. In der Industrie, die in Elche (Alicante) bedeutend ist, sind 5100 Arbeiter beschäftigt. Der Wert der Hanfproduktion erreichte 1924 etwa 100 Mill. Pesetas.

Frankreich.

Frankreich stand unter den Hanfanbauländern der Welt im allgemeinen an achter Stelle. Die mittlere Hanfanbaufläche Frankreichs wird für die Jahre 1903 bis 1912 im Mittel mit 17000 ha angegeben, jedoch waren die Flächen in den einzelnen Jahren recht verschieden, so im Jahre 1912: 13870 und 1913: 12546 ha. Vor dem Kriege baute man Hanf besonders im Loiretale an, dann längs der Sarthe, der Mayenne, Loire und Garonne. Die Hektarernten werden in den einzelnen Departements sehr verschieden angegeben, so (1906) in Indre et Loire 1073 kg, in Côtes du Nord 1040 kg, in Seine et Loire 810 kg, in Sarthe 676 kg, in Haute Vienne 715 kg. In neuerer Zeit wurden angebaut:

1915 . . .	8976 ha	1918 . . .	9152 ha	1922 . . .	5248 ha	1925 . . .	5342 ha
1916 . . .	8750 „	1919 . . .	7631 „	1923 . . .	4722 „	1926 . . .	4926 „
1917 . . .	8195 „	1920 . . .	7147 „	1924 . . .	4483 „		

Von neueren Anbaugebieten werden genannt: das Tal der Isère und der Somme und die Bezirke Anjou und Maine.

In den letzten Jahren ist der Hanfanbau in Frankreich noch weiter zurückgegangen, so daß 1923 nur noch 4700 und 1924 gar nur 1900 ha Hanfanbaufläche nachgewiesen werden konnten.

Die Hanfernten betrugen 1908: 138030 dz, 1909: 150050 dz, 1910: 144290 dz, 1911: 161128 dz, 1912: 138627 dz, 1913: 112931 dz, 1919: 66668 dz, 1920: 32515 dz, 1922: 46125 dz, 1923: 38957 dz, 1924: 46897 dz, 1925: 57538 dz und 1926: 45271 dz.

Daß Frankreich seinen Bedarf an Hanffasern nicht deckt, geht daraus hervor, daß eine beträchtliche Menge Hanf in der Einfuhrstatistik angeführt wird. Es wurden eingeführt: in 1000 dz: 1913: 284,5 — 1914: 181 — 1915: 76 — 1916: 234 — 1917: 136,5 — 1918: 157 — 1921: 81,3 — 1922: 204,4 — 1923: 219,8 — 1924: 238,7 — 1925: 178,4 — und 1926: 240,7 Tausend dz.

Französisch-Marokko baute 1919/23 im Durchschnitt 1400, 1924: 800 und 1925: 2000 ha mit Hanf an. Die Ernten werden 1924 mit 8000 dz und 1925 mit 16000 dz angegeben.

Belgien.

In dem bekannten vorzüglichen Flachserzeugungsland wird nur wenig Hanf angebaut. In neuerer Zeit nur 100 bis 200 ha, die 60 bis 80 t Hanffaser erbrachten. Der mittlere ha-Ertrag an Hanffaser war: 1923: 8,2 — 1924 und 1925: je 9,1 dz. Der Hanfhandel spielt in Belgien eine größere Rolle.

Die Hanfeinfuhr blieb im Jahre 1923/24 in ziemlich gleichem Verhältnis zu der des Vorjahres, während die Hanfausfuhr etwas zunahm. Die Einfuhr von Hanfwerg hat etwas zugenommen, ebenso die Ausfuhr. Im einzelnen zeigte Belgiens Außenhandel hierin in den ersten 8 Monaten 1924 folgendes Bild: zur Einfuhr kamen 10061690 kg Hanf i. W. von 36046412 Frs. gegen 10412787 kg i. W. von 29533306 Frs. im gleichen Zeitraum 1923, wovon Deutschland 240238 kg i. W. von 665901 Frs. lieferte. Die Hanfausfuhr betrug 864624 kg i. W. von 1947803 Frs. gegen 667030 kg i. W. von 1151516 Frs. im gleichen Zeitraum 1923. Nach der Schweiz wurde kein Hanf von Belgien ausgeführt, dagegen aber 77004 kg i. W. von 557727 Frs. aus der Schweiz nach Belgien ausgeführt.

England

baut kaum Hanf an. Dagegen ist England ein beträchtlicher Hanfverarbeiter und ein noch größerer Hanfhändler. So führte England vor dem Kriege (1913) aus Deutschland 4186 t und aus Rußland 12818 t Hanf ein; von Italien bezog England 1913: 9102 t Hanf. In neuerer Zeit wurde nur noch aus Italien Hanf eingeführt und zwar 1919: 11197 t, 1920: 27967 t.

Die Gesamteinfuhr Englands an Hanf (einschließlich der Hartfasern) wird wie folgt angegeben:

1913	137702 t	1924	103593 Centals (100 lbs.)
1922	75402 t	1925	94792 „
1923	89747 t	1926	77916 „

Die englische Ausfuhr von Hanffertigwaren, wie Bindfaden, Seilen und Kabeln (nicht nur aus Cannabishanf) betrug:

	Tausend cwts.	Wert £		Centals	Wert £
1921	13454	98178000.—	1924	25791.—	968625
1922	21036	108666000.—	1925	28350.—	1238254
1923	30036	133283000.—	1926	25866.—	1012076

Türkei.

Hanf wird besonders in den Vilajets Kastamuni und Aidin (im Tal des „Kleinen Mäander") angebaut. Außer Kastamuni ist nach eigenen Untersuchungen des Verfassers (Dr. Kg.) der Hauptort für Hanfbau das (inzwischen zerstörte) Tire, wo namentlich in der Richtung nach Baindir, jedoch auf der linken Seite des Kleinen Mäander viel Hanf angebaut wurde. Auch das Tire benachbarte Oedemisch war noch 1918 ein wichtiger Hanfplatz. Vor dem Kriege wurden in der Türkei 5 bis 10000 Dönum[1]) Hanf angebaut. Im Bezirk Oedemisch erntete man 200000 Oka und im Bezirk Tire 300000 Oka Hanf. Ein Dönum Hanfland erbrachte im Höchstfalle 120 Oka, im Niedrigstfalle 35 Oka und im Mittel 40 bis 60 Oka Hanf und 3 Aja (= 36 Oka) Saat. Ein Oka Hanf galt vor dem Kriege 3 bis 4 Piaster. In Tire befanden sich im Jahre 1918 allein 2000 Hanfseilerstühle. Etwa 50000 Oka Stricke wurden noch 1917 von Tire versandt. Außer in Kastamuni (Trambulu und Tasch Köprü), wo der Hanfbau noch heute blüht, wurde etwas Hanf auch bei Nazilli (Aktsche, Jenibazar) im Großen Mäandertale angebaut. Da auch Nazilli zerstört ist, wird zunächst auch dort von einem erheblichen Hanfanbau nicht gesprochen werden können.

In Kastamuni wurden vor dem Kriege 15000 bis 20000 Ballen zu je 100 kg Hanf erbaut. Auch dort befindet sich ein starkes Seilereigewerbe, doch wird von Kastamuni aus über Konstantinopel auch Hanf ausgeführt, was aber nach 1918 nicht mehr der Fall ist. Die Erzeugung von Kastamuni war 1918 nur 6000 und 1919 nur 4500 Ballen zum Eigenverbrauch.

In **Syrien** erbrachten 1922 etwa 1320 ha im ganzen 9000 dz Hanffaser.

China.

In China wird Hanf vornehmlich in Hukuang, Liangkuang, aber auch in allen Teilen Chinas angebaut. Nach neueren Nachrichten wurde eine Hanfanbaugesellschaft von der „Fukien Ta Fung Cultivation Compagny" bei Dai Bien, Dionglchhsien (Fukien) mit einem Kapital von $ 10000 im Spetember 1923 errichtet. Im Jahre 1924 wurde zum erstenmal Hanf von dieser Gesellschaft angebaut. Die Statistik kennt nur den Sammelbegriff „Hemp" (einschl. Flachs usw.).

---

[1]) 1 Dönum = $^1/_{10}$ ha.

Die „Hanf"-Ausfuhr aus China betrug in 1913: 80913, 1914: 73824, 1915: 74990 — 1916: 143800 — 1917: 148690 — 1920: 112758 — 1921: 123664 — 1922: 130640 — 1923: 129234 — 1924: 158128 und 1925: 163633 Pikul.

Japan.

In Japan wurden in den letzten Jahren folgende Mengen Hanf erzeugt: 1918 und 1919 je 2,5 Mill., 1920: 2,3 Mill. Kwan zu je 3,75 kg.

Die Anbau- und Produktionsbewegung in den Jahren 1900 bis 1918 (ab 1910 nach Dr. J. Pfitzner) kann aus folgender Übersicht entnommen werden:

Jahr	Anbaufläche (cho)	Produktion (1000 Kwan[1])
1900	18203	2653
1901	17577	2994
1902	16891	2688
1903	16616	2665
1904	15717	2727
1905	13350	2185
1906	13938	2672
1907	13486	2501
1908	13233	2285
1909	12449	2425
1910	12317	Pikul[2]): 151888
1912	12150	„ : 148570
1914	11017	„ : 157824
1918	11350	1000 Kwan: 2500

Weitere Angaben beziehen sich auf die Jahre 1913 bis 1922. Es wurden angebaut in 1913: 12000 ha, 1915: 11600 ha, 1916: 11500 ha und 1917: 11800 ha, 1918 bis 1922: 10900 ha (Mittel). Die Produktion war in 1915: 2,5 Mill. Kwan, in 1916: 2,3 Mill. Kwan und in 1917: 2,4 Mill. Kwan, 1918 bis 1922 im Mittel: 10750 t (2,5 Mill. Kwan). Hanf. Ein Teil der Hanfproduktion wird ausgeführt.

Es bestehen in Japan etwa 20 Hanfspinnereien mit 50000 Spindeln; die Hanffabriken führten 1918 für über 5,3 Mill. Yen Waren aus.

Korea.

Hanf wurde in ausgedehntem Umfange (im Mittel der Jahre 1918 bis 1922 in einer Ausdehnung von 27700 ha) angebaut. Geerntet wurden im gleichen Zeitraum im Mittel 19240 t Hanf. Nachdem er geröstet und in der Sonne gebleicht ist, wird er im Handbetrieb zu Tuch versponnen, das für Sommerkleidung, Segel u. a. vielfach Verwendung findet. In der Textilfabrikation steht Hanf nach Baumwolle an zweiter Stelle mit einer Produktion von 2620000 Stück im Jahre 1920.

Vereinigte Staaten von Amerika.

Der Hanfanbau in den Ver. Staaten war nie bedeutend. Im Jahre 1900 wurde hauptsächlich in den Staaten Kentucky, Illinois, Nebraska und California von etwa 1000 Farmern 16000 acres mit Hanf bestellt und 11,7 Mill. lbs. Hanf geerntet. Im Jahre 1859 wurden fast noch 150 Mill. lbs. geerntet, 1869 nur noch 25 Mill. lbs. und 1889 noch 23 Mill. lbs. Die Produktion von Hanf betrug dann 1908: 3000 t, 1909: 3500 t, 1910: 1500 t, 1911: 1000 t und 1912: 1400 t, 1923: 850 short tons, 1924: 1182 short tons. In einem Bericht von 1921 ist allerdings von einer Produktion von 20000 t „Hanf in Amerika" die Rede, doch ist nicht ersichtlich, ob es sich um Cannabis sativa handelt. Das Land ist auf die Ein-

[1]) Kwan = 3,75 kg. [2]) 1 Pikul = 60 kg.

fuhr von Rohhanf angewiesen, doch sind auch hierfür gar keine genauen Zahlen zu ermitteln, weil in den amtlichen Statistiken die Einfuhr von Flachs, Hanf und Ramie zusammengeworfen wird.

Die Einfuhr von Flachs und Hanf und Waren daraus hatte 1922 einen Wert von 48,4 Mill. $, in 1923 von 50,1 Mill. $, an Flachs-, Hanf- und Ramie-Garnen wurden in 1922 5,1 Mill. lbs. i. W. von 1,7 Mill. $ eingeführt (überwiegend Flachs), in 1923: 2,6 Mill. lbs. i. W. von 1,3 Mill. $. An Tauwerk wurden eingeführt in 1923: 3,9 Mill. lbs. i. W. von 627000 $, an Bindegarn in 1922: 3,8 Mill. lbs. i. W. von 402000 $, in 1923: 13,3 Mill. lbs. i. W. von 1,4 Mill. $. Ausgeführt wurden in 1922: Waren aus Flachs, Hanf und Ramie i. W. von 335000 $, in 1923: 513000 lbs. i. W. von 343000 $ und an Bindegarn in 1922: 73,8 Mill. lbs. i. W. von 7,4 Mill. $, in 1923: 74,4 Mill. lbs. i. W. von 7,6 Mill. $.

An zollpflichtigem, rohem Hanf wurden eingeführt 1924: 1294 t gegen 4081 t in der Vergleichszeit 1923. An Garn aus Hanf, Flachs und Ramie wurden eingeführt 1924: 2,56 Mill. lbs. gegen 2,50 Mill. lbs. in 1923. An Bindfaden und Zwirn wurden 1924: 589338 lbs. und 1923: 552226 lbs. eingeführt und an Tauwerk aus Hanf und anderen Hartfasern: 1924: 8069918 lbs. (zollfrei und zollpflichtig) und 1923: 3862844 (nur zollpflichtig). der größte Teil davon ging nach Kanada. — Die Industrie ist nicht sehr bedeutend, doch lassen sich auch darüber nur ungenaue Zahlen geben, weil dieser Zweig in der amtlichen Produktionsstatistik von 1920 mit der Jute- und Leinenindustrie zusammengeworfen worden ist. Man zählte in diesen drei Industrien zusammen 158 Fabriken, gegen 160 in 1914, davon lagen 27 in Pennsylvanien, 22 in New York, 20 in Massachusetts, 10 in Connecticut, 9 in New Jersey, 8 in Ohio, 7 in Nord Caroline und der Rest in den anderen Staaten. Erzeugt wurden in 1919: 612,5 Mill. lbs. Seile, Kabel, Taue, Bindegarn und Garn gegen 687,5 Mill. lbs. in 1914. Auf Hanfgarn allein entfielen in 1919: 1,5 Mill. lbs., gegen rund 2,5 Mill. lbs. in 1914, auf Schiffstaue in 1919: 79,2 Mill. lbs., auf Bindfaden 13,2 Mill. lbs., auf Transmissionsseile 3,3 Mill. lbs., auf Kabel 10,9 Mill. lbs.

In **Kanada** wird Hanf versuchsweise angebaut. Die „Canadian Fibre Co“ in Mantiba baute 1921: 1000 acres Hanf an. Sie will in Winnipeg ein Zentrum der Hanfindustrie schaffen.

Chile.

Erwähnenswert erscheint noch der regelmäßige, wenn auch unbedeutende Hanfbau in Chile. In dem Jahre 1908 wurden noch 663 und 1909 noch 629 t Hanf gewonnen. Diese Ernten wurden 1910 auf 765 t erhöht, fielen aber im Jahre 1912 stark auf 104 t. Im Jahre 1913 wurden dann wieder 500 t Hanf in Chile geerntet. Die mittlere Anbaufläche der Jahre 1918 bis 1920 wird mit 1700 ha angegeben und die Ernte in der gleichen Zeit mit 1860 t. Die Gesamtanbaufläche war im Jahre 1921: 1863 ha, wovon auf die Provinzen Aconcagua und Valparaiso allein 1839 ha kamen. Geerntet wurde 1921: 1800 t, 1926: 1500 t Hanfstroh.

Literaturverzeichnis.

1. Marquart, B.: Der Hanfbau. Thaerbibliothek, Paul Parey 1919. — 2. König, P.: Die Hanfversorgung Deutschlands. Jahrb. der D. L. G., Bd. 36, S. 98—104. 1921. — 3. Der deutsche Leinen-Industrielle. Berlin. — 4. Der Spinner und Weber. Leipzig. — 5. Textileildienst, Deutscher Wirtschaftsdienst. Berlin. — 6. „Wirtschaftlicher Nachrichtendienst. Auslandsnachrichten“. D. W. D. Berlin. — 7. Bulletin de Statistique agricole et commerciale, Institut international d'Agriculture. Rom. — 8. v. Gernet: Entwicklung des Rigaer Handels und Verkehrs. Jena: G. Fischer 1919. — 9. „Das Nachrichtenblatt für Aus- und Einfuhr“. Berlin.—10 Anderson, Hans: Beiheft zum Tropenpflanzer Nov./Dez. 1925, S. 99. — 11. Trade and Navigation, H. M. Stationary Office, 1926. London 1927.

Mechanische Technologie des Hanfes.

Von Oberingenieur **O. Wagner**-Grünberg.

Mit 20 Abbildungen.

Die nachfolgenden Ausführungen erstrecken sich auf die Verarbeitung des Hanfes und seines Nebenproduktes, des Werges, innerhalb der Spinnerei bis zur Fertigstellung der Erzeugnisse daraus in der handelsüblichen Aufmachung.

Eine Einschränkung des Sammelnamens Hanf besteht darin, daß im Rahmen dieser Abhandlung nur von dem europäischen Hanf, der sogenannten Weichfaser, gegenüber seiner überseeischen Art, der Hartfaser, die Rede sein soll.

Die Erzeugungsländer des europäischen Hanfes geordnet nach der Feinheit der Faser sind Italien, Ungarn, Rußland, Polen, Deutschland, Serbien und die Türkei. Die letzteren beiden Länder kommen jedoch für die deutschen Spinnereien nur wenig in Frage.

Nach entsprechender Vorbehandlung seitens der Erzeuger und Packer kommt der Hanf gepreßt in langen und viereckigen Ballen bei dem italiener Hanf, in loserer Packung bei dem ungarischen und russischen Hanf zum Versand. Nach Ankunft des Hanfes aus den Erzeugungsländern am Orte der Spinnerei wird er im Speicher eingelagert.

Der Speicher, etwas abgelegen von den eigentlichen Fabrikationsgebäuden aus Gründen der Feuersicherheit, soll nachfolgenden Bedingungen gerecht werden:

Leichte Zugänglichkeit hinsichtlich der Anfuhr des Materials sowohl durch Bahnanschluß als auch mittels Fuhrwerks. Trotz ausreichender Entfernung von den Weiterverarbeitungsstätten möglichst zweckmäßige Verbindung mittels schmalspuriger Gleise mit diesen.

Hinreichende Geräumigkeit, um eine entsprechend der Größe der Spinnerei angemessene Vorratsmenge zu fassen und ausreichende Übersichtlichkeit und Zugänglichkeit zu den einzelnen Partien zu gewähren. Dies wird am vorteilhaftesten mit einem unterkellerten, in allen Teilen massiven Gebäude, dessen Fußboden in Rampenhöhe sich befindet, erreicht. Dasselbe ist mit einer den gesamten Flächeninhalt bestreichenden, fahrbaren, elektrischen Krananlage auszustatten zur größtmöglichen Ersparnis von Menschenkräften für die Einlagerung des Materials.

Ausreichende Entlüftung bei genügender Helligkeit, ohne allzuviele und große Fensteröffnungen, sollen dem ganzen Raume eine möglichst gleichbleibende niedrige Temperatur bei hinreichendem Luftwechsel sichern.

Eine eingebaute Laufgewichtswage zur Nachprüfung des Gewichtes der ein- und ausgehenden Rohmaterialien unter Aufsicht des Speichervorarbeiters muß so vorteilhaft vorgesehen werden, daß sie diesem Zwecke voll und ganz dienen kann.

Jeder eingehende Waggon erhält eine fortlaufende Partienummer und mit dieser eine Karte, welche im einzelnen den Lieferanten, die Qualitätsbezeichnung und das Gewicht enthält. Diese Karten werden gesammelt und in einem Kasten geordnet von dem Speichervorarbeiter verwahrt, mit den jeweiligen Ausgängen versehen und nach Erledigung an das Spinnereibureau abgegeben. Hier wird eine im wesentlichen ähnliche Karte geführt, welche vervollständigt ist durch den Preis der Ware, Fracht und Anfuhr sowie Einstapelungskosten, Zahlungsbedingungen, Bestell- und Eingangsdatum nebst den Merkmalen der Qualitätsprüfung. Vermittels einer solchen Einrichtung ist eine immer auf dem Laufenden sich befindende Übersicht über den Stand des Lagers gegeben. Diese ist aber unbedingt erforderlich für alle Maßnahmen betr. Materialausgabe, Ergänzung der Vorräte, sowie zur Kalkulation.

Die Verarbeitung des Hanfes.

Auf Anweisung aus dem Spinnereibureau werden die Ballen einer Partie der Spinnerei zugeführt. Dort findet nach dem Öffnen der Ballen eine gewisse Vorsortierung des Hanfes hinsichtlich Farbe und Weichheit der Fasern statt. Hierauf wird der Hanf einem Weichprozeß unterworfen, der bezweckt, mehr oder weniger harte Fasern weich und geschmeidig zu machen zur Eignung sowohl hinsichtlich des nachfolgenden Hechel- als auch Spinnvorganges. Das Weichen erfolgt mittels sogenannter Birnen- oder Walzenreiben. Die Meinungen hinsicht-

Abb. 1. Hanfweiche.

lich der Vorzüge bei Anwendung der einen oder der anderen Art gehen auseinander. Es kann jedoch nicht verkannt werden, daß den Walzenreiben infolge ihres billigeren Arbeitens durch Ersparnis an Arbeitskräften und durch eine wesentlich größere tägliche Arbeitsleistung bei geringerem Platzbedarf gegenüber den Birnenreiben neuerdings der Vorzug gegeben wird.

Es soll hier nur eine Walzenreibe, wie sie neuerdings von der Firma E. Bauch in Landeshut i. Schl. hergestellt wird, beschrieben werden (Abb. 1). Es ist dies eine Hanfweiche mit Pilgerschrittbewegung in kräftiger Ausführung mit 12 Paar im Halbkreis angeordneten Walzen. Je 4 Paar dieser Walzen sind mit verschiedener Riffelung versehen, welche beim Eintritt des ungeweichten Hanfes gröber beginnt und nach und nach feiner wird. Die auf dem äußeren Bogen liegenden Walzen werden durch Federdruck auf die inneren festgelagerten gepreßt. Der Vorschub des Fasergutes kann mittels beigegebener Wechselräder verändert werden von 1,015 m/min bis 1,830 m/min.

Der aus dem geöffneten Ballen lagenweise aufgenommene Hanf wird vermittels eines Transporttuches dem Walzensystem zugeführt und gleitet nach dem Verlassen desselben über ein Führungsblech zu Boden. Je nach der Beschaffenheit des Hanfes wird das Fasergut ein oder mehrere Male diesem Weichprozeß unterworfen. Die Antriebsscheiben der Maschinen haben 600 mm Durchmesser und 125 mm Breite und sind für 180 Umdrehungen in der Minute vorgesehen. Die Leistung der Maschine beträgt etwa 1000—1200 kg in 9 Stunden, der Kraftbedarf stellt sich auf etwa 5 PS, der beanspruchte Raumbedarf auf 3 × 2¼ m.

Abb. 2. Hanf-Schneidmaschine.

Da der Hanf bei dieser Arbeitsweise des Weichens nicht verwirrt wird, kann er anschließend unmittelbar einer vorteilhaft neben der Hanfweiche stehenden Schneidmaschine zugeführt werden.

Die Schneidmaschine (Abb. 2) dient dazu, den von Natur aus 2—3 m langen Hanf auf eine Länge von ungefähr 25 Zoll gleich 650 mm zu schneiden. Dieses Maß ergibt sich sowohl aus der Einspannlänge für die nachfolgenden Hechelmaschinen als auch aus der Streckfeldlänge der weiteren, sogenannten Vorbereitungsmaschinen (Anlege, Strecken, Vor- und Gillspinnmaschinen). Die Schneidmaschine, welche wohl heute gegenüber den früher noch gebräuchlichen Reißmaschinen nur noch allein Anwendung findet, besteht aus einer schnell laufenden, mit Stahlzähnen ausgestatteten Schneidscheibe, der der Hanf durch paarweise zu beiden Seiten der Schneidscheibe angeordneten Rillenscheiben zugeführt wird. Für das sachgemäße Arbeiten dieser an und für sich einfachen Maschinen ist die Umfangsgeschwindigkeit sowohl der Schneidscheiben als auch der Rillenscheiben maßgebend. Da die älteren Schneidmaschinen noch Schneidscheiben mit größerem Durchmesser (etwa mit 960 mm über den Schneiden gemessen), die neueren jedoch nur 560 mm aufweisen, sollen hier die Umfangsgeschwindigkeiten angeführt werden. Sie erzielen mit etwa 25 m in der Sekunde für die Schneidscheibe und 0,08 m in der Sekunde für die Rillenscheiben ein gutes Arbeiten. Die Leistung der Maschine beträgt etwa 1000—1200 kg in 9 Stunden, der Kraftbedarf stellt sich auf ungefähr 2 PS, der beanspruchte Raumbedarf auf 1 × 1¼ m. Beim Hanfschneiden wird in der Weise verfahren, daß nach Abschneiden der flitschigen Wurzel- oder Fußenden und andererseits der Spitz- oder Kopfenden, welche als Abrisse weitere Verwendung finden, der Hanf in 3 oder 4 Teile von je 650 mm Länge geschnitten wird. Die Bezeichnung der einzelnen Längen sind Fuß-, Mittel- und Kopfstücke. Von diesen Teilen ist das Mittelstück das wertvollste, aus welchem die höheren Hanfnummern und daraus die feineren und feinsten Hanfgarnnummern erzielt werden. Die in vorstehend angeführter Weise vom Hanfschneider geschnittenen und gelegten Stücke werden in Bündeln zusammengeschnürt und hierbei das der Wurzel zugekehrte Ende gekennzeichnet. Diese letztere Maßnahme ist für die weitere Verarbeitung auf der Hechelmaschine wesentlich.

Die einzelnen von der Hanfschneidemaschine kommenden Bündel werden nunmehr einer nochmaligen Sortierung unter Berücksichtigung der Farbe

Abb. 3. Langhanf-Hechelmaschine.

und Weichheit der Faser unterzogen, um möglichst gleichwertige Teile jeweils geschlossen dem Hechelprozeß zuzuführen.

Dieser erfolgt wohl heute zum weitaus größten Teile auf paarweise angeordneten Hechelmaschinen mit automatischer Umspannvorrichtung. Nur für besondere Zwecke und geringwertigere Hänfe wird das Handhecheln als ausreichend zu erachten sein. Auf der Hechelmaschine wird der Hanf gehechelt oder ausgekämmt, d. h. die durch das Weichen breitgequetschten Fasern werden gespalten und parallel gelegt. Zur Erreichung dieses Zweckes bei größter Schonung der Faser und zur Erzielung eines größtmöglichen Prozentsatzes gehechelter Langfaser kann nur nach und nach mit der Feinheit des Auskämmens vorgegangen werden. Allen diesen Ansprüchen wird die von der Firma C. Oswald Liebscher in Chemnitz i. Sa. gebaute Hechelmaschine (Abb. 3) in vollendeter Weise gerecht.

Der Vorgang des Hechelns spielt sich in der Weise ab, daß zwei möglichst gleiche Handvoll geschnittenen Hanfes in die sogenannten Kluppen eingespannt, paarweise mit Hechelnadeln besetzten Mänteln zugeführt werden. Diese Mäntel bewegen sich zueinander von oben nach unten. Sie greifen mit ihren Nadeln in den Hanf ein, welcher aus den im Kanal vorwärts bewegten Kluppen herunterhängt und sich gleichzeitig mit dem Kanal auf und ab bewegt. Hierbei werden die kurzen Fasern, das Werg, entfernt und die Langfaser parallel gelegt. Dadurch, daß die Nadelstellung eingangs der Maschine erst weiter und nach und nach enger wird, vermeidet man jede übermäßige Beanspruchung der Faser. Ist die eine Hälfte der aus der Kluppe heraushängenden Handvoll in dieser beschriebenen Weise bearbeitet, so erfolgt das Umspannen. Hierauf wird mit der anderen Hälfte in gleicher Weise verfahren. Dies geschieht mit einer geradezu vollendeten Technik unter

Hauptabmessungen der Langhanf-Hechelmaschinen.

		Fuß- und Kopfstücke				Mittelstücke			
		Spitzgang		Feingang		Spitzgang		Feingang	
		Verschiedene Angaben	Umdrehung in der Min.	Verschied. Angaben	Umdrehung in der Min.	Verschiedene Angaben	Umdrehung in der Min.	Verschiedene Angaben	Umdr. in der Minute
Antriebswelle			150		150		150		150
Anzahl der Hechelsätze		3		9		4		10	
Länge jedes Hechelsatzes in	Zoll engl.	11″		11″		11″		11″	
	mm	280		280		280		280	
Anzahl der Hechelleisten „	Mantel	24		24		24		24	
Mantelumdrehungen „	Min.		7—12		8—17		7—12		8—17
Kämmungszahl $\frac{\text{Anzahl Hechelleisten} \times \text{Mantelumdrehungen}}{\text{Wagenhub}}$			im Mittel 62		im Mittel 82		im Mittel 62		82
Nadelspitzen-Abstand in	Zoll engl.	0—$^1/_8$″		$^3/_{16}$″—$^1/_4$″		0—$^1/_8$″		$^3/_{16}$″—$^5/_{16}$″	
	mm	0—3		4—6		0—3		4—8	
Wagenhub „	Zoll engl.	24″	5—9	24″	5—9	24″	5—9	24″	5—9
	mm	610		610		610		610	
Größe der Kluppe „	Zoll engl.	11″ × 5$^1/_8$″		11″ × 5$^1/_8$″		11″ × 5$^1/_8$″		11″ × 5$^1/_8$″	
	mm	280 × 130		280 × 130		280 × 130		280 × 130	
Bürstenwalzen-Umdrehung			21—36		25—50		21—36		25—50
Abnehmerwalzen ∅ „	Zoll engl.	10″	3,8	10″	4,3	10″	4,3	10″	4,87
	mm	254		254		254		254	
Hackergeschwindigkeit			150		150		150		150
Einspanngewicht in	g	260		260		300		300	
Leistung „	kg u. 9 Std.	1060				1100			
Raumbedarf „	m	5,600 × 4,600				6,200 × 4,600			
Kraftbedarf „	PS	4$^1/_2$				5			

Ausschaltung jedweden menschlichen Handgriffes. Zur eigentlichen Bedienung dieser Hechelmaschine ist denn auch eine einzige Menschenkraft ausreichend, während die alten Maschinen mit Umspannung der Kluppen mindestens fünf Bedienungsleute erfordern. Eine solche komplizierte Maschine bedarf einer außerordentlich gewissenhaften Bedienung und Instandhaltung, um sie in ihrer vollen Leistungsfähigkeit bei größter Ausnutzung des Materials zu erhalten.

Fuß- und Kopfstücke (Fortsetzung zur Tabelle: Hauptabmessung der Langhanf-Hechelmaschinen).

		Spitzgang				Feingang			
		Nadel-		Anzahl Nadeln in der Reihe	Gruppen-Anordnung	Nadel-		Anzahl Nadeln in der Reihe	Gruppen-Anordnung
		Nr. u. Länge	Reihen			Nr. u. Länge	Reihen		
Anordnung der Hecheln	von	$8 \times 1^3/_8$	1	3	1—12, 1—8	$10 \times 1^1/_4$	1	11	1—4, 1—3
	bis	$10 \times 1^3/_8$	1	8	1—6	$18 \times 1^1/_4$	2	110	1—2, 1—0
Mittelstücke									
Anordnung der Hecheln	von	$8 \times 1^3/_8$	1	3	1—12, 1—8	$10 \times 1^1/_4$	1	6	1—3, 1—2
	bis	$9 \times 1^3/_8$	1	6	1—6, 1—4	$18 \times 1^1/_4$	2	132	1—0

Hinsichtlich der Bedienung der Hechelmaschine sei hier noch erwähnt, daß ein gleichmäßiges Einlegen am besten mit zurechtgelegten Handvolls erreicht wird. Weiterhin muß der Hanf so eingelegt werden, daß zuerst der Teil zur Bearbeitung gebracht wird, welcher den Wurzelenden zugewendet ist. Auch beim Herausnehmen der Handvoll aus den Kluppen nach dem Hecheln wird der Hanf beim kreuzweisen Einlegen in die zum Bündeln vorgesehenen Stühle mit einem Zeichen an dem Ende versehen, welches dem Wurzelende zustößt, damit auch beim nachfolgenden Sortierhecheln dieses Ende zuerst der Handhechel zugeführt wird. Die aus dem Bündel vorstehenden Faserenden werden zusammengedreht, um sie beim Transport und nochmaligen Einlagern nicht dem Verwirren auszusetzen. Da sich der Hechelprozeß dem zu verarbeitenden Rohmaterial und dem jeweiligen Verwendungszweck für Langfasern anzupassen hat, würde es im Rahmen dieser Ausführungen zu weit führen, auf Einzelheiten einzugehen.

Die vorstehende Zusammenstellung über Langhanfhechelmaschinen wird auf ziemlich alles wissenswerte Auskunft geben können.

Die Kämmungszahl, welche ein Urteil über die wirksame Auskämmung des Materials zuläßt, findet man, indem man das Produkt aus Anzahl Hechelleisten auf dem Mantelumfang und den Mantelumdrehungen in der Minute durch die Anzahl Wagenhübe in der Minute dividiert; z. B. die mittleren Zahlen aus der Tabelle für eine Hechelmaschine für Kopf- und Spitz genommen:

$$\frac{2 \times 24 \times 9}{7} = 62 \text{ Kämmungszahl.}$$

Die tägliche Leistung in Kilogramm wird unter Berücksichtigung der Zeiten für das Abstauben und Einölen der Hechelmaschine, welche Vorgänge etwa $10\,^0/_0$ der Arbeitszeit täglich erfordern, wie folgt berechnet:

$$\frac{\text{Wagenhub} \times \text{Laufzeit in Minuten} \times \text{Einspanngewicht in Gramm}}{1000}$$

und mit Einsetzung von Zahlen wie oben bei einer Tagesarbeitszeit von 9 Stunden

$$0{,}9 \times \frac{7 \times 9 \times 60 \times 260}{1000} = 890 \text{ kg Rohhanf am Tage.}$$

Aus vorstehendem ergibt sich ohne weiteres, wo man einzusetzen hat, um mehr oder weniger große Leistungen am Tage zu erzielen. Das Ergebnis an Langfaser ist natürlich außerordentlich verschieden, je nach der Qualität des zur Verarbeitung gekommenen Hanfes. Es können aber bei einigermaßen gutem Material $40—45\,^0/_0$ Langfaser erreicht werden.

Das beim Hecheln des Hanfes von der Hechelmaschine erzeugte Hechelwerg wird entsprechend der feiner werdenden Benadelung in gröberes und feineres abgeteilt und kommt in abgeteilte Fächer oder in Ballen gepreßt auf Lager.

Zur dauernd auf dem laufenden befindlichen Übersicht und zu Kalkulationszwecken ist es notwendig, durch genaue Aufzeichnungen die Ergebnisse der einzelnen Arbeitsvorgänge zahlenmäßig zu erfassen und übersichtlich zusammenzustellen. Dies sachgemäß zu gestalten, ist von nicht zu unterschätzender Wichtigkeit und bedarf großer Fachkenntnisse. Es ist zu berücksichtigen, daß Hanf ein Naturprodukt ist, welches immer verschieden ausfällt. Trotz Einhaltung eines festgelegten Schemas der Aufzeichnungen muß deshalb Wert darauf gelegt werden, daß keineswegs schablonenhaft verfahren werden darf.

Der von der Hechelmaschine kommende Hanf wird, soweit er zur Verarbeitung für feinere Hanfgarne bestimmt ist, nochmals nachgehechelt. Hierbei erfolgt gleichzeitig ein Auslegen nach Feinheit der Fasern. Der so gewonnene Hanf wird

Abb. 4. Hanf-Anlegemaschine.

gebündelt, mit der entsprechenden Nummer des Hechelhanfes, dem Namen des Hechlers und dem Datum versehen, einem kühlen Lager zugeführt. Dieses ist zweckmäßig in den Kellerräumen des Speichers, wie bereits erwähnt, vorzusehen.

Das Einlagern ist unbedingt erforderlich, um die bei dem eben beschriebenen Arbeitsvorgang angestrengte Faser wieder zur Ruhe kommen zu lassen. Die kühle Kellerluft mit möglichst gleichbleibender Luftfeuchtigkeit verleiht der Faser, welche durch die Bearbeitung eine gewisse Spröde erlangt hat, die nötige Geschmeidigkeit wieder für die Weiterverarbeitung zum Spinnen.

Nunmehr erst beginnt die Verarbeitung des Hanfes für den eigentlichen Spinnvorgang. Zuerst ist der Hanf, welcher wie bereits erwähnt, in Längen von etwa 650 mm geschnitten ist, in die Form eines fortlaufenden Bandes zu bringen.

Dies geschieht auf der Anlegemaschine (Abb. 4). Sie ist für vier oder sechs Bänder eingerichtet, welche beim Austritt aus der Maschine zu zwei Bändern vereinigt in vorgestellte Kannen laufen. Die Bedienung erfolgt durch zwei Auflegerinnen, welche die einzelnen Lagen gehechelten Hanfes auf endlose Lederriemenbahnen so auflegen, daß die aufeinanderfolgenden Lagen einander dachartig bedecken und durch Führungen begrenzt den Einziehwalzen zugeführt werden. Von den durch beiderseits in Schnecken geführten Hechelstäben, mit Gills besetzt, welche mit etwa 5% größerer Umfangsgeschwindigkeit als die Einziehwalzen sich fortbewegen, erfaßt, wird das Fasergut von ihnen weitergeführt und an die Streckwalze abgegeben. Diese zieht vermittels darauf laufender Druckwalzen, welche durch entsprechenden Hebeldruck auf die Streckwalze gepreßt werden, die Bänder aus den Hechelstäben. Auf einer vor der Streckwalze angebrachten Bandplatte, welche mit schrägen Schlitzen versehen ist, werden die vier oder sechs Bänder auf zwei Bänder vereinigt und durch je ein Abzugswalzenpaar den Kannen zugeführt. Um die Bänder auf der Bandplatte gestreckt zu erhalten, ist die Umfangsgeschwindigkeit der Abzugswalze ebenfalls 5% größer als die der Streckwalze. Diese selbst besitzt eine Umfangsgeschwindigkeit, welche

Abb. 5. Langhanf-Streckmaschine.

zwölfmal so groß ist als die der Einzugswalze oder mit anderen Worten einen zwölffachen Verzug aufweist. Einen größeren Verzug zu nehmen ist nicht zweckmäßig, da sonst die gleichmäßige Bandbildung beeinträchtigt wird. Es ist aber besonders wichtig, bei der ersten Bandbildung die größte Sorgfalt walten zu lassen, da dies für ein gleichmäßiges Gespinst ausschlaggebend ist. Zu diesem Zwecke ist die Abzugswalze mit einem Längenmeßapparat versehen, welcher beim Durchlaufen einer bestimmten Länge ein Glockenzeichen gibt, worauf die gefüllte Kanne nach Trennung des Bandes gegen eine leere Kanne ausgetauscht wird. Die Größe der Kannen ist so gewählt, daß sie bei sorgfältigem nicht zu festen Eindrücken des Bandes, damit sein ungehindertes Auslaufen beim Strecken erfolgen kann, 12—16 kg Band von 600 Yards Länge fassen. Die Kannen werden einzeln abgewogen. Die Auflegerinnen müssen so sorgfältig arbeiten, daß sich keine allzugroßen Schwankungen der Bandgewichte auf die Einheitslänge ergeben. Dies wird bei Verwendung von lediglich zwei Anlegebandgewichten erzielt.

Das Strecken und Doppeln dieses vorstehend gebildeten Bandes soll eine möglichst große Gleichmäßigkeit mit parallel liegenden Fasern ergeben. Dies erfolgt auf den Streckmaschinen (Abb. 5) bei gröberen Garnnummern mittels zwei, bei feineren gillgesponnenen Garnen und Vorgarnen auf drei Maschinen. Zweckmäßig arbeitet man mit einem einheitlichen Verzug auf allen Strecken. Bei Hanf dürfte ein zwölffacher Verzug am gebräuchlichsten sein. Je größer die Anzahl der Doppelungen ist, um so gleichmäßiger wird das Band und damit das Vor- und Feingarn.

Die Streckmaschinen haben einen gleichen Arbeitsvorgang wie die Anlegen, nur daß an der Rückseite der Maschinen bereits fortlaufendes Band aus Kannen eingeführt wird. Zur Erreichung der vorher erwähnten Doppelungen sind in jedem Kopf der Strecken sechs bis vier Hechelbahnen untergebracht. Unter der Annahme, daß die Streckzylinder bei Hanfstrecken mit einem zwölffachen Verzug etwa 100 Umdrehungen in der Minute machen, kann man im Höchstfalle mit 150 Fallerhüben in der Minute rechnen. Hierbei zeigen sich noch keine Störungen, ein Mehr dürfte aber kaum empfehlenswert sein.

Abb. 6. Langhanf-Vorspinnmaschine.

Die Streckmaschinen bilden zu zwei mit einer oder mehreren Gillspinnmaschinen oder zu drei mit einer Vorspinnmaschine ein System, d. h. Länge des Streckfeldes, Benadelung der Hechelstäbe, Streckzylinderdurchmesser und Breite der abgelieferten Bänder stehen unter sich und mit der zugehörigen Anlege in einem bestimmten Verhältnis. Die gleiche Voraussetzung besteht auch hinsichtlich der Leistung der einzelnen Maschinen, die so bemessen sein muß, daß die Erzeugungsmöglichkeit der Gill- bzw. Vorspinnmaschinen voll ausgenutzt wird. Die Leistungsfähigkeit der Anlegemaschinen kann man mit etwa $90^0/_0$, die der Strecken — vorausgesetzt, daß die Streckerinnen beim Abnehmen der Spinnmaschinen mit behilflich sind — mit $75^0/_0$ und die der Gillspinn- oder Vorspinnmaschinen mit $80^0/_0$ in Rechnung setzen. Diese Werte sind auch bei der nachfolgenden Durchrechnung eines Beispiels in Ansatz gebracht worden und entsprechen den Ergebnissen der Praxis.

Die fertiggestreckten Bänder werden nun den Gillspinnmaschinen bei gröberen Nummern bis Nummer 4 engl. oder $2^1/_2$ m oder den Vorspinnmaschinen bei feineren Nummern über 5 engl. gleich 3 m zugeführt. Das auf den letzteren erzeugte Vorgarn wird dann auf den Feinspinnmaschinen fertiggesponnen.

Hauptabmessungen für

Garn Nr. engl.		0,65—1,00			
Garn Nr. metr.		0,39—0,60			
Bezeichnungen		Anlege	Strecken 1	Strecken 2	Gillspinnmaschine
Anzahl der Köpfe		1	2	2	8
„ „ Bänder im Kopf		4	6	6	8
Streckfeldlänge . . . in	Zoll engl.	42″	36″	30″	24″
	mm	1067	914	762	610
Durchmesser der Streckwalzen . . in	Zoll engl.	6″	5″	4″	$2^1/_2$″
	mm	152	127	102	64
Durchmesser der Einziehwalzen . „	Zoll engl.	4″	3″	$2^1/_2$″	$2^1/_4$″
	mm	102	76	64	57
Mittlere Umdrehungen d. Streckw./Min.		48	69	86	47
Breite der Hecheln . . . in	Zoll engl.	$5^3/_4$	$4^1/_4$	3″	$2^1/_2$″
	mm	146	108	76	64
Breite des Bandes . . . „	Zoll engl.	4″	$3^1/_8$″	$1^7/_8$″	$^3/_4$″
	mm	102	80	48	19
Hechelnadeln Länge . . . „	Zoll engl.	2″	$1^1/_2$″	$1^3/_8$″	$1^1/_4$″
	mm	51	38	35	32
„ Draht Nr.		4	6	8	10
„ Anzahl per 1 Zoll engl.		3	5	7	9
Teilung der Fallerschraube . . . . in	Zoll engl.	1″	$^7/_8$″	$^3/_4$″	$^5/_8$″
	mm	25	22	19	16
Mögliche Verzüge		8—15	8—15	8—15	10—20
Dopplungen		—	12	12	—
Anzahl der gelieferten Bänder		2	2	2	64
Höhe und Durchmesser der Spulen in	Zoll engl.				10″ × 5″
	mm				254 × 127
Spindel-Umdrehungen					700
Mögliche Drehungen . . . . in	Zoll engl.				1,81″—2,25″
	cm				0,72—0,89 cm
Lieferung in kg und 9 Std.		645	645	645	645
Bodenfläche	in m	3,6 × 2,0	2,6 × 2,0	2,6 × 2,0	8,8 × 1,8
Kraftbedarf	„ PS	$1^1/_2$	1	1	$3^1/_4$

Die Gillspinnmaschinen besitzen die bei den Anlegen und Strecken vorhandene Einrichtung zum Strecken der zugeführten Bänder, ohne daß hier nochmals eine Doppelung der Bänder stattfindet. Nach dem Verlassen des Streckzylinders werden die Bänder als fertiggesponnene Garne auf Spulen aufgewunden. Für je eine Bandzuführung ist eine Spindel mit Flügel und dazu gehöriger Spule vorgesehen. Die Spindeln sind meist in zwei Reihen angeordnet; je nach dem Grade der Feinheit des Garnes ändert sich ihr Antrieb. Für die gröberen Nummern ist Räderantrieb mit Differentialaufwindung, für die feineren Nummern Band- oder Riemenantrieb mit Gewichtsbremsung vorgesehen. Bei allen Gillspinnmaschinen soll jedoch eine obere Spindel- bzw. Flügellagerung vorhanden sein, um ein Schleudern der Spindeln und ein frühzeitiges Auslaufen der Spindelhalslager zu vermeiden.

Bei der Vorbereitung für feinere Garne gelangen die Bänder nach der dritten Strecke zur Vorspinnmaschine (Abb. 6). Diese entspricht bezgl. des Streckwerkes der vorerwähnten Gillspinnmaschine. Die Aufwindung des lose gedrehten Vorgarnes geschieht zwangsläufig mittels Differentialgetriebes. Die Drehung des Vorgarnes muß folgenden Ansprüchen gerecht werden. Sie muß groß genug sein, um ein Reißen des Vorgarnes beim Abziehen desselben von der Spule auf der Feinspinnmaschine zu vermeiden, andererseits darf sie nicht zu fest sein, da sonst der auf der Feinspinnmaschine vorgesehene Verzug von fünf bis acht in Frage gestellt ist. Es würde außer der vorzeitigen Abnützung der Druckwalzen ein ungleichmäßiges Garn zur Folge haben. Den vorerwähnten Anforderungen wird

Langhanf-Gillspinnmaschinen.

1,25—2,00				2,25—5				
0,75—1,25				1,35—3				
Anlege	Strecken 1	Strecken 2	Gillspinnmaschine	Anlege	Strecken 1	Strecken 2	Strecken 3	Gillspinnmaschine
1	2	2	7	1	2	2	2	8
4	6	6	10	4	6	6	6	10
42″	36″	30″	24″	42″	36″	30″	26″	22″
1067	914	762	610	1067	914	762	660	559
6″	4½″	3½″	2½″	6″	4″	3½″	2½″	2¼″
152	114	89	64	152	102	89	64	57
4″	3″	2½″	2¼″	4″	3″	2½″	2¼	2⅛″
102	76	64	57	102	76	64	57	54
47	47	61	51	47	30	70	98	51
5¾″	4¼″	3″	2¼″	5¾″	4¾″	3⅜″	2½″	2⅛″
146	108	76	57	146	121	86	64	54
4″	3⅛″	1⅞″	⅝″	4″	3¼″	2⅜″	1½″	9/16″
102	80	48	16	102	83	60	38	14
2″	1½″	1⅜″	1¼″	2″	1½″	1⅜″	1¼″	1⅛″
51	38	35	32	51	38	35	32	29
6	8	10	12	6	8	10	12	14
4	6	8	10	5	7	9	12	14
1″	⅞″	¾″	⅝″	1″	⅞″	¾″	⅝″	½″
25	22	19	16	25	22	19	16	13
8—15	8—15	8—15	10—20	8—15	8—15	8—15	8—15	8—24
—	12	6	—	—	12	6	6	—
2	2	4	70	2	2	2	4	80
			9″ × 4½″					8″ × 4″
			229 × 114					203 × 102
			1000					1200
			2,52″—3,18″					3,38″—5,02″
			1,00—1,29 cm					1,34—1,99 cm
400	400	400	400	228	228	228	228	228
3,6 × 2,0	2,6 × 2,0	2,6 × 2,0	9,2 × 1,8	3,6 × 2,0	2,6 × 2,0	2,6 × 2,0	2,6 × 2,0	9,2 × 1,8
1½	1	1	3½	1½	1	1	1	3½

bei Anwendung der Formel $0{,}54 \sqrt{N^0}$ engl. Rechnung getragen, wobei die Vorgarnnummer sich aus dem Quotienten 453,5 und dem Vorgarngewicht für 300 Yards Länge errechnet.

Die Aufwindung des Vorgarnes ist von nicht zu unterschätzender Bedeutung. Sie darf weder zu fest noch zu lose sein. Folgende Hinweise seien hierfür gegeben. Es wird erst ein gutes Nebeneinanderlegen des Vorgarnes ohne Zwischenräume oder Aufeinanderliegen desselben auf dem Spulenschaft vermittels des Wagenwechsels herbeigeführt. Die weitere Regelung der einzelnen Fadenlagen bis zur Füllung der Spule erfolgt mittels des Schaltwechsels. Nachdem die Einstellung für die erste Lage auf dem Spulenschaft rechnerisch ermittelt ist, ergibt sich die Zähnezahl des Schaltwechsels durch Ausprobieren unter Einhaltung der Forderung, daß bei gefüllter Spule sich der Spulenschaft noch etwas drehen lassen muß. Hierbei dürfen sich jedoch die äußeren Fadenlagen nicht zu sehr eindrücken. Ist dies bei einer Vorspinnmaschine einmal sorgfältig festgestellt, so lassen sich die entsprechenden Zahlen für andere Vorgarne auf derselben Maschine leicht rechnerisch ermitteln. Welche Bedeutung eine richtig gefüllte Vorgarnspule hat, geht daraus hervor, daß man Abnehmezeiten bei der Vorspinnmaschine spart, die vorhandenen Holzspulen weitgehendst ausnutzt, weniger Transport benötigt, an den Feinspinnmaschinen unvermeidliche Zeit- und Materialverluste beim Aufstecken und dadurch fehlerhaftes Anspinnen vermeidet. Gewissenhafte Beachtung vorstehender Anregungen können zu ganz bedeutenden Ersparnissen führen.

Hauptabmessungen für

Feingarn Nr. engl.		5—8				
Feingarn Nr. metr.		3—5				
Vorgarn Nr. engl.		1 und 1,25				
Vorgarn Nr. metr.		0,6 und 0,75				
Bezeichnungen		Anlege	Strecken 1	Strecken 2	Strecken 3	Vorspinnmaschine
Anzahl der Köpfe		1	3	3	3	8
„ „ Bänder im Kopf		4	6	6	6	8
Streckfeldlänge in	Zoll engl.	42″	36″	32″	28″	24″
	mm	1067	914	813	711	610
Durchmesser der Streckwalzen „	Zoll engl.	6″	4″	$3^{1}/_{2}''$	$2^{3}/_{4}''$	$2^{5}/_{8}''$
	mm	152	102	89	70	67
Durchmesser der Einziehwalzen „	Zoll engl.	4″	3″	$2^{1}/_{2}''$	$2^{1}/_{4}''$	2″
	mm	102	76	64	57	51
Mittlere Umdrehungen d. Streckw. in Min.		62	75	85	109	110
Breite der Hecheln „	Zoll engl.	$5^{3}/_{4}''$	$4^{3}/_{4}''$	$3^{3}/_{4}''$	3″	$2^{1}/_{2}''$
	mm	146	121	95	76	64
Breite des Bandes „	Zoll engl.	4″	$3^{1}/_{2}''$	$2^{5}/_{8}''$	2″	1″
	mm	102	89	67	51	25
Hechelnadeln Länge „	Zoll engl.	2″	$1^{1}/_{2}''$	$1^{3}/_{8}''$	$1^{1}/_{4}''$	$1^{1}/_{8}''$
	mm	51	38	35	32	29
„ Draht Nr.		6	8	10	12	14
„ Anzahl		4	6	7	8	10
Teilung der Fallerschraube in	Zoll engl.	1″	$^{7}/_{8}''$	$^{3}/_{4}''$	$^{5}/_{8}''$	$^{1}/_{2}''$
	mm	25	22	19	16	13
Fallerhübe in der Minute		68	78	78	108	120
Mögliche Verzüge		8—15	8—15	8—15	8—15	9—18
Dopplungen		—	12	12	6—12	—
Anzahl der gelieferten Bänder		2	3	3	6	64
Höhe und Durchmesser der Spulen in	Zoll engl.	—	—	—	—	10″ × 5″
	mm					254 × 127
Spindel-Umdrehungen		—	—	—	—	550
Mögliche Drehungen in	Zoll engl.	—	—	—	—	0,50″—1,50″
	cm					0,19—0,59 cm
Leitung in kg und 9 Std.		840	840	840	840	840
Raumbedarf in	m	3,6 × 2,0	4,0 × 2,2	4,0 × 2,2	4,0 × 2,2	8,8 × 1,8
Kraftbedarf „	PS	$1^{1}/_{2}$	1	1	1	$3^{1}/_{4}$

Die Spindelzahl der Vorspinnmaschinen, die Größe der Spulen und die Benadelung der Hechelstäbe richtet sich nach der Feinheit der Vorgarnnummer. Aus praktischen Gründen und um ein möglichst einheitliches Spulenmaterial zu erhalten, sind für die Vorspinnmaschinen nur zwei Spulengrößen 10 Zoll mal 5 Zoll und 9 Zoll mal $4^{1}/_{2}$ Zoll vorgesehen.

Tabelle 1. Spinnplan für Langhanf-Garne Nr. engl. 0,65 bis 16 (Nr. metr. 0,39 bis 10).

Garnnummer engl.	Garnnummer metr.	Anlegebandgew. in kg / 600 Y('s.	Verzüge auf den Strecken I.	Strecken II.	Strecken III.	Gillspinnmaschine	Vorspinnmaschine	Feinspinnmaschine	Doppelungen auf den Strecken I.	Strecken II.	Strecken III.	Vorgarnnummer engl.	Vorgarnnummer metr.	Vorgarn-Gewicht in gr für 300 Y.	für 250 m
0,65— 1,00	0,39— 0,60	16	12	12	—	11,5—17,5	—	—	12	12	—	—	—	—	—
1,25— 2,00	0,75— 1,25	16	12	12	—	11,1—17,6	—	—	12	6	—	—	—	—	—
2,25— 5,00	1,35— 3,00	16	12	12	12	10,0—22,0	—	—	12	6	6	—	—	—	—
5,00— 6,67	3,00— 4,00	16	12	12	12	—	15	5,0—6,7	12	12	10	1,00	0,60	453	418
7,50— 8,25	4,50— 5,00	16	12	12	12	—	11	6,0—6,6	12	12	6	1,25	0,75	362	333
10,00—11,70	6,00— 7,00	13,5	12	12	12	—	15	6,7—7,8	12	12	8	1,50	0,90	302	278
13,30—16,00	8,00—10,00	13,5	12	12	12	—	20	6,7—8,0	12	12	8	2,00	1,20	226	208

Langhanf-Vorspinnmaschinen.

10—12					13—16				
6—7					8—10				
1,5					2				
0,9					1,20				
Anlege	Strecken			Vorspinnmaschine	Anlege	Strecken			Vorspinnmaschine
	1	2	3			1	2	3	
1	3	3	3	7	1	3	3	3	8
4	6	6	8	10	6	6	6	8	10
36″	28″	26″	24″	22″	32″	26″	24″	22″	20″
914	711	660	610	559	813	660	610	559	508
6″	4″	3½″	2¾″	2½″	5″	3½″	2¾″	2½″	2¼″
152	102	89	70	64	127	89	70	64	57
4″	3″	2½″	2¼″	2	4″	3″	2½″	2¼″	2″
102	76	64	57	51	102	76	64	57	51
64	76	87	108	110	60	68	88	108	112
5¾″	4¾″	3¾″	2⅞″	2¼″	5¾″	4¾″	3⅝″	2⅝″	2″
146	121	95	73	57	146	121	92	67	51
4″	3⅜″	2½″	1¾″	⅞″	4″	3¼″	2⅜″	1½″	¾″
102	86	64	44	22	102	83	60	38	19
2″	1½″	1⅜″	1¼″	1⅛″	2″	1½″	1⅜″	1¼″	1⅛″
51	38	35	32	29	51	38	35	32	29
8	10	12	14	16	12	14	16	18	20
5	7	9	12	14	6	8	11	13	16
1″	⅞″	¾″	⅝″	½″	⅞″	¾″	⅝″	½″	⅜″
25	22	19	16	13	22	19	16	13	10
70	79	80	107	120	75	75	97	133	164
8—15	8—15	8—15	8—15	12—20	8—15	8—15	8—15	8—15	14—24
—	12	12	8	—	—	12	12	8	—
2	3	3	6	70	2	3	3	6	80
—	—	—	—	9″ × 4½″ 229 × 114	—	—	—	—	9″ × 4½″ 229 × 114
—	—	—	—	575	—	—	—	—	600
—	—	—	—	0,50″—1,50″ 0,19—0,59 cm	—	—	—	—	0,50″—1,50″ 0,19—0,50 cm
725	725	725	725	725	570	570	570	570	570
3,5 × 2,0	4,0 × 2,2	4,0 × 2,2	4,0 × 2,2	9,2 × 1,8	3,4 × 2,0	4,0 × 2,0	4,0 × 2,0	4,0 × 2,0	9,6 × 1,8
1½	1	1	1	3½	1½	1	1	1	4

Mit Hinblick auf den zur Verwendung kommenden Rohstoff und das gewünschte Fertigfabrikat können im Rahmen dieser Ausführungen nur allgemeine Angaben über die Abmessungen von Langhanfsystemen gegeben werden. Es ist jedoch sehr wohl möglich, daß man auch zu anderen Zahlen kommen kann.

Der nebenstehende Spinnplan (Tabelle 1) ist den beiden Zusammenstellungen für Langhanf-Gillund Vorspinnmaschinen zugrunde gelegt.

Auf Grund vorstehender Tabelle 1 und der folgenden:

Tabelle 2. Drehungen für Langhanf-Garne.

Garnart	Drehungen für	
	1″ engl. bei Nengl.	1 cm bei Nmetr.
Vorgarn	0,54 $\sqrt{\ }$—0,56 $\sqrt{\ }$	0,27 $\sqrt{\ }$—0,28 $\sqrt{\ }$
Webgarn, Schuß	1,75 $\sqrt{\ }$	0,89 $\sqrt{\ }$
Webgarn, Kette	2,00 $\sqrt{\ }$	1,00 $\sqrt{\ }$
Bindfadengarn	2,25 $\sqrt{\ }$	1,15 $\sqrt{\ }$

soll in einem Beispiel die Leistung der einzelnen Maschinen zu einem Vorgarnsystem durchgerechnet werden.

Tabelle 3. Leistungs-Übersicht eines Vorgarnsystems für Nr. 1,25 engl. Hanf-Vorgarn.

Anl. I. II. III.

$$\text{Disposition: } \frac{16000 \times 300}{600} \times \frac{12 \times 12 \times 6}{12 \times 12 \times 12} \times \frac{1}{11} = \mathbf{362}\ \text{g/300 Yds.}$$

8000 g 8000 g; 8000 g; 4000 g

Vorspinnmaschine: 64 Spindeln; 550 Umdr./Min. $0{,}54\ \sqrt{1{,}25}$ engl. $= \mathit{0{,}605}$ Dr/1″

$$\frac{550}{0{,}605 \times 36''} = \mathit{25{,}2}\ \text{Yard/Min. u. Spindel}$$

$$64 \times 25{,}2 \times 60 = \mathit{97\,000}\ \text{Yard/Std.} \times \frac{0{,}362}{300} = \mathit{117}\ \text{kg/Std. u. Maschine.}$$

$$0{,}8 \times 117 \times 9 = \mathbf{840}\ \text{kg/9 Std. u. Maschine.}$$

$$\frac{840\,000}{0{,}8 \times 9 \times 60} \times \frac{300}{362} = \mathbf{1610}\ \text{Yds/Min. Lieferung des Streckzylinders d. Vorspinnmaschine.}$$

$$1610 = \frac{2^5/_8{}'' \times 3{,}14}{36''} \times 64 \times \mathbf{110}\ \text{Umdr./Min.} \quad \text{„} \quad \text{„} \quad \text{„} \quad \text{„}$$

$$\frac{840\,000}{0{,}75 \times 9 \times 60} \times \frac{300}{4000} = \mathbf{156}\ \text{Yds/Min. Lieferung des Streckzylinders der III. Strecke.}$$

$$156 = \frac{2^3/_4{}'' \times 3{,}14}{36''} \times 6 \times \mathbf{109}\ \text{Umdr./Min.} \quad \text{„} \quad \text{„} \quad \text{„ III.} \quad \text{„}$$

$$\frac{840\,000}{0{,}75 \times 9 \times 60} \times \frac{300}{8000} = \mathbf{78}\ \text{Yds/Min. Lieferung des Streckzylinders der II. Strecke.}$$

$$78 \times \frac{3^1/_2{}'' \times 3{,}14}{36''} \times 3 \times \mathbf{85}\ \text{Umdr./Min.} \quad \text{„} \quad \text{„} \quad \text{„ II.} \quad \text{„}$$

$$\frac{840\,000}{0{,}75 \times 9 \times 60} \times \frac{300}{8000} = \mathbf{78}\ \text{Yds/Min. Lieferung des Streckzylinders der I. Strecke.}$$

$$78 = \frac{4'' \times 3{,}14}{36''} \times 3 \times \mathbf{75}\ \text{Umdr./Min.} \quad \text{„} \quad \text{„} \quad \text{„ I.} \quad \text{„}$$

$$\frac{840\,000}{0{,}90 \times 9 \times 60} \times \frac{300}{8000} = \mathbf{65}\ \text{Yds/Min. Lieferung des Streckzylinders der Anlage.}$$

$$65 = \frac{6'' \times 3{,}14}{36''} \times 2 \times \mathbf{62}\ \text{Umdr./Min.} \quad \text{„} \quad \text{„} \quad \text{„} \quad \text{„}$$

Wergvorbereitung.

Wir kommen nunmehr zu der Verarbeitung des Werges für den eigentlichen Spinnprozeß. Der Vorgang verläuft parallel dem der Langfaser, lediglich bedingt durch das kürzere Streckfeld entsprechend der kürzeren Faser des Hanfwerges.

Bei den groben langfaserigen und unreinen Ballenwergen bedarf es allerdings noch einiger Vorarbeiten, ehe man sie auf die eigentliche sog. Feinkarde bringen darf. Die Werge müssen geweicht, gelockert und bei reichlich anhaftenden Scheben geschüttelt werden. Die hierfür benötigten Maschinen sind die horizontale und schräge Schüttelmaschine (Abb. 7 u. 8) sowie eine Strickauflösemaschine (Abb. 9). Letztere, um die Ballenstricke, welche reichlich anfallen, verwendbar zu machen.

Zu lange Fasern, welche den Nadelbelag der Feinkarde schädlich werden könnten, müssen vorher zerrissen werden. Es geschieht dies auf der Vorkarde (Abb. 10). Diese hat eine Trommel 6 Fuß engl. mal 4 Fuß engl. Durchmesser und ist nur mit 2 Walzenpaaren und grobem Nadelbelag versehen. Zum Schutz gegen zu große Abnutzung der Nadelbretter bei stark holzigem Material sind dieselben mit Blechen beschlagen.

Abb. 7. Horizontale Werg-, Schwing- und Schüttelmaschine.

Abb. 8. Schräge Werg-Schüttelmaschine.

Alle Angaben hierüber werden ersichtlich aus den

Hauptabmessungen für Hanfwerg-Vorkarden 6′ breit
(Holzbelag mit Stahlblech auf sämtlichen Walzen)

		Durchmesser nackend	Durchmesser über d. Spitzen	Nadel-Nr. und Länge	Nadel-reihen	Anzahl Nad. in d. Reihe	Umdrehung. in der Min.	Umfangs-geschwin-digkeit
Speisewalzen . . . in	Zoll engl.	geriffelt 4″		—	—	—	12	155″
	mm		101,6					3,95 m
1 Trommel. . . . „	Zoll engl.	48	$50^3/_8$	$10 \times 1^1/_4$	5	38	175	27500″
	mm	1220	1280					698 m
1 Speise-Wender . „	Zoll engl.	16	$18^1/_4$	$10 \times 1^3/_8$	5	48	4	228″
	mm	406	464					5,80 m
2 Arbeiterwalzen . „	Zoll engl.	10	$12^1/_4$	$10/11 \times 1^3/_4$	6	50	11	425″
	mm	254	312					10,80 m
2 Wenderwalzen . „	Zoll engl.	12	$13^3/_4$	$11/12 \times 1^1/_4$	5	50	122	5250″
	mm	305	349					133,00 m
1 Abnehmerwalze. „	Zoll engl.	16	$17^3/_4$	$13 \times 1^1/_2$	6	60	20	1115″
	mm	406	451					28,40 m
1 Ablieferwalze. . „	Zoll engl.	4					130	228″
	mm	101,6						5,80 m
2 Fangwalzen . . „	Zoll engl.	10					15	470″
	mm	254						12,00 m
Leistung. . . . . „	kg/Std.	2000/2500						
Raumbedarf . . . „	m	4,800	3,100					
Kraftbedarf . . . „	PS	$4^1/_2$						

Tabelle 4. **Vorkarden-Einstellung.**

	Walzenstellung zur Speisewalze	Walzenstellung zur Trommel	Walzenstellung zum Wender	Verhältnis der Umfangsgeschwindigkeiten der Trommel zu	Verhältnis der Umfangsgeschwindigkeiten zueinander
Mulde	Nr. 8	$^3/_8$″	—	—	—
Speisewalze	—	Nr. 11	—	178	—
Speisewender	—	„ 10	—	120	—
1. Wender	—	„ 11	—	5,25	12,3
1. Arbeiter	—	„ 10	11	65	
2. Wender	—	„ 12	—	5,25	12,3
2. Arbeiter	—	„ 11	12	65	
Abnehmerwalze	—	„ 13	—	24,6	4,9
Ablieferwalze z. Abnehmer .	—	„ 10	—	—	
Fangwalze.	—	—	$^3/_8$″	—	11,2

Abb. 9. Strickauflösemaschine.

Ist das Ballenwerg in genügender Weise wie vorstehend vorbereitet, so wird es dem Stock zugeführt, in welchem die Mischung der einzelnen Wergsorten erfolgt. Bei der Verwendung von Hechelwergen sieht man meistens von einem Mischen im Stock ab und bringt dieselben unmittelbar auf die Auflegemaschinen der Werg-Feinkarden.

Die Werg-Feinkarde muß sich freilich mit ihrer Aufgabe, das lose und verwirrte Wergmaterial in Bandform zu bringen, den verschiedensten Verhältnissen anpassen. Es bedarf selbstverständlich der verschiedensten Bearbeitungen auf der Feinkarde, um sowohl aus groben und unreinen Ballenwergen als auch aus feinen

Abb. 10. Hanfwerg-Vorkarde.

Hechelwergen ein reines gleichmäßiges Band zu erzielen. Bei Langwerg soll die Faser unverkürzt erhalten bleiben, bei Kurzwerg der Verlust an Fasermaterial möglichst gering sein. Außerdem macht sich die verschiedenste Herkunft der Ballenwerge geltend, ganz abgesehen davon, daß man je nach dem Ausfall der verschiedenen Ernten in einem Jahre mit einer kräftigen und im anderen Jahre mit einer schwächeren Faser rechnen muß. Trotzdem soll jedoch das Fertigfabrikat möglichst einmal so ausfallen wie das andere Mal, um den Wünschen der Kundschaft, die sich an eine bestimmte Qualität gewöhnt hat, immer gerecht zu werden. Es gilt hierbei das gleiche wie bei der Hanfvorbereitung, daß für gröberes Material eine gröbere und für das feinere Material eine feinere Benadelung vorgesehen werden muß.

Abb. 11. Hanfwerg-Feinkarde mit Auflegemaschine.

Zu den Wergkarden gehört jeweils eine Kardenauflegemaschine (Abb. 11), welche gleichzeitig ein gutes Mischen des zugeführten Materiales vornimmt. Diese

Hauptabmessungen für Hanfwerg-Feinkarden 6″ breit.

Bezeichnungen		Durchmesser nackend	Durchmesser über den Nadeln	Art des Belages	Nadel- Nr. u. Länge	Nadel-Reihen	Anzahl Nadeln i. d. Reihen	Umdreh. i. d. Min.	Umfangsgeschwindigkeit i. d. Min.
Garn Nr. engl.		0,65—1,00							
Garn Nr. metr.		0,39—0,60							
2 Speisewalzen . . . . . in	Zoll engl. mm	$2^1/_2$″ 64	$3^3/_4$ 95	Messing	11 × $^3/_4$″ × 19	12	66	3,9	46″ 1,168 m
Trommel . . . . „	Zoll engl. mm	60 1524	$61^3/_4$″ 1568	Holz	12 × $^{15}/_{16}$ × 24	7	60	180	35000″ 890 m
1 Speise-Wenderwalze . „	Zoll engl. mm	8″ 203	$9^1/_4$″ 235	Holz	12 × $1^1/_4$″ × 32	5	50	240	6950″ 176 m
6/8 Arbeiterwalzen . . . „	Zoll engl. mm	7″ 178	$8^1/_4$″/$8^3/_{16}$″ 210—208	Holz	12 15 × $1^1/_4$″/$1^3/_{16}$″ × 32/30	6/8	50/72	4,8/6,0	124″—154″ 3,15—3,91 m
6/8 Wenderwalzen . . . „	Zoll engl. mm	8″ 203	9″/$8^{15}/_{16}$″ 229—227	Holz	13/16 × 1″/$^{15}/_{16}$″ × 25/24	5/7	50/72	240/282	6950″—7900″ 176—200 m
2 Abnehmerwalzen . . . „	Zoll engl. mm	14″ 356	15″ 381	Holz	15/16 × 1″/$^{15}/_{16}$″ × 25/24	6/8	72/90	8,5	400″ 10,2 m
2 Abzugwalzen . . . . „	Zoll engl. mm	$4^1/_4$″ 108	—	Eisen	—	—	—	38/40	505″—530″ 12,8—13,5 m
Streckkopf									
7″ Teilung									
3 Bänder									
Gillbreite . . . . in	Zoll engl. mm	5″ 127	—	Messing-Gills	13 × $1^1/_2$″ × 38	2	13	—	—
Einzugzylinder . . . . . „	Zoll engl. mm	2″ 51	—	Stahl	—	—	—	88	555″ 14,1 m
Verzugzylinder . . . . . „	Zoll engl. mm	$2^1/_2$″ 64	—	Stahl	—	—	—	248	1940″ 49,3 m
Ablieferwalze . . . . . „	Zoll engl. mm	4″ 102	—	Eisen	—	—	—	163	2040″ 51,8 m
250—500 Yards Klingellänge									
Leistung . . . . in	kg/9 Std.				600 kg				
Raumbedarf . . . . „	m				4,1—3,3				
Kraftbedarf . . . . „	PS				$4^1/_2$				

Hauptabmessungen für Hanfwerg-Feinkarden 6″ breit (Fortsetzung).

Garn Nr. engl.		1,50—4,00							
Garn Nr. metr.		0,9 —2,50							
Bezeichnungen		Durchmesser nackend	Durchmesser über den Nadeln	Art des Belages	Nadel-Nr. u. Länge	Nadel-Reihen	Anzahl Nadeln i. d. Reihen	Umdreh. i. d. Min.	Umfangsgeschwindigkeit i. d. Min.
2 Speisewalzen . . . . . in	Zoll engl. mm	$2^{1}/_{2}''$ 64	$3^{11}/_{16}''$ 94	Messing	13 × $^{11}/_{16}''$ × 17	13	80	3,3	38″ 0,965 m
Trommel . . . . „	Zoll engl. mm	60″ 1524	$61^{5}/_{8}''$ 1565	Holz	13 × $^{7}/_{8}''$ × 22	10	92	175	34000″ 865 m
1 Speise-Wenderwalze . „	Zoll engl. mm	8″ 203	$9^{3}/_{16}''$ 233	Holz	13 × $1^{3}/_{16}''$ × 30	7	72	234	6720″ 171 m
6/8 Arbeiterwalzen . . . „	Zoll engl. mm	7″ 178	$8^{3}/_{16}''/8^{1}/_{8}''$ 208—206	Holz	13/16 × $1^{3}/_{16}''/1^{1}/_{8}''$ × 30—29	8/11	72/105	4,4/5,5	113″—140″ 2,87—3,55 m
6/8 Wenderwalzen . . . „	Zoll engl. mm	8″ 203	$8^{15}/_{16}''/8^{7}/_{8}''$ 227—225	Holz	14/17 × $^{15}/_{16}''/^{7}/_{8}''$ × 24—22	7/10	72/105	234/276	6720″—7700″ 171—195 m
2 Abnehmerwalzen . . . „	Zoll engl. mm	14″ 356	$14^{15}/_{16}''$ 379	Holz	16/17 × $^{15}/_{16}''/^{7}/_{8}''$ × 24—22	8/11	90/120	7,5	352″ 9 m
2 Abzugwalzen . . . . . „	Zoll engl. mm	$4^{1}/_{4}''$ 108	—	Eisen	—	—	—	37/39	496″—523″ 12,6—13,3 m
Streckkopf:									
7″ Teilung									
3 Bänder									
Gillbreite . . . . in	Zoll engl. mm	$4^{1}/_{2}''$ 114	—	Messing-Gills	14 × $1^{1}/_{4}''$	2	14	—	—
Einzugzylinder . . . . . . „	Zoll engl. mm	2″ 51	—	Stahl	—	—	—	87	547″ 13,9 m
Verzugzylinder . . . . . . „	Zoll engl. mm	$2^{3}/_{8}''$ 60	—	Stahl	—	—	—	275	2050″ 52 m
Ablieferwalze . . . . . . „	Zoll engl. mm	4″ 102	—	Eisen	—	—	—	172	2150″ 54,5 m
250—500 Yards Klingellänge									
Leistung . . . . „	kg/9 Std.				420 kg				
Raumbedarf . . . . „	m				4,1 × 3,3				
Kraftbedarf . . . . „	PS				$4^{1}/_{2}$				

Hauptabmessungen für Hanfwerg-Feinkarden 6″ breit (Fortsetzung).

Garn Nr. engl.		5—10							
Garn Nr. metr.		3— 6							
Bezeichnungen		Durchmesser nackend	Durchmesser über den Nadeln	Art des Belages	Nadel-Nr. u. Länge	Nadel-Reihen	Anzahl Nadeln i. d. Reihen	Umdreh. i. d. Min.	Umfangs-geschwindigkeit i. d. Min.
2 Speisewalzen . . . . . in	Zoll engl. mm	2 1/2″ 64	3 5/8″ 92	Messing	14 × 5/8″ × 16	14	96	2,85	32″ 0,813 m
Trommel . . . . „	Zoll engl. mm	60″ 1524	61 3/8″ 1559	Holz	14 × 13/16″ × 21	13	108	170	32600″ 830 m
1 Speise-Wenderwalze . „	Zoll engl. mm	8″ 203	9 1/8″ 232	Holz	14 × 1 1/8″ × 29	10	105	227	6500″ 165 m
6/8 Arbeiterwalzen . . . „	Zoll engl. mm	7″ 178	8 1/8″/8 1/16″ 206—205	Holz	14/17 × 1 1/8″/1 1/16″ × 29—27	11/14	105/114	4,0/5,0	102″—126″ 2,59—3,20 m
6/8 Wenderwalzen . . . „	Zoll engl. mm	8″ 203	8 7/8″/8 13/16″ 225—224	Holz	15/18 × 7/8″/13/16″ × 22—21	10/13	105/114	227/269	6500″—7400″ 165—188 m
2 Abnehmerwalzen . . . „	Zoll engl. mm	14″ 356	14 7/8″ 378	Holz	17/18 × 7/8″/13/16″ × 22—21	11/14	120/124	6,5	304″ 7,7 m
2 Abzugwalzen . . . . . „	Zoll engl. mm	4 1/4″ 108	—	Eisen	—	—	—	36/38	486″—514″ 12,4—13,1 m
Streckkopf:									
7″ Teilung									
3 Bänder									
Gillbreite . . . . in	Zoll engl. mm	4 3/8″ 111	—	Messing-Gills	15 × 1 1/4″	2	15	—	—
Einzugzylinder . . . . . . „	Zoll engl. mm	2″ 51	—	Stahl	—	—	—	85	532″ 13,5 m
Verzugzylinder . . . . . . „	Zoll engl. mm	2 1/4″ 57	—	Stahl	—	—	—	300	2120″ 54 m
Ablieferwalze . . . . . . „	Zoll engl. mm	4″ 102	—	Eisen	— —	—	—	177	2220″ 56,5 m
250—500 Yards Klingellänge									
Leistung . . . . in	kg/9 Std.				400 kg				
Raumbedarf . . . . „	m				4,1 × 3,3				
Kraftbedarf . . . . „	PS				4 1/2				

Auflegemaschinen sind wohl allgemein eingeführt und haben sich recht gut bewährt. Insbesondere haben sie auch zur Ersparnis an Arbeitskräften geführt.

Außerdem gehört zu jeder Karde noch ein Streckkopf. Dieser vereinigt die drei von den Karden abgelieferten Bänder nach kurzem Verzug auf einer Bandplatte und führt sie einem Ablieferungswalzenpaar zu, welches das Band an die vorgestellte Kardenkanne abgibt. Hierbei wird das Band gemessen und damit die grundlegende Unterlage für die weitere Vorbereitung gegeben.

Je sorgfältiger das Kardenband hergestellt ist, desto weniger Schwierigkeiten bereitet die Weiterverarbeitung. Man hat beim Kardiervorgang im Laufe der Zeiten recht verschiedene Standpunkte eingenommen. Der eine war, möglichst billiges Material zu verwenden, auf der Karde nicht zu viel herauszuarbeiten und dafür unproduktives Arbeiten in der Vorspinnerei und Feinspinnerei in Kauf zu nehmen. Letzten Endes mußte dann ein den Bindfaden stark beanspruchender Poliervorgang dem Erzeugnis ein einiger-

Tabelle 5. Feinkarden-Einstellung.

Für Garnnummer	0,65—1,00 engl. 0,39—0,60 metr.				1,50—4,00 engl. 0,90—2,50 metr.				5—10 engl. 3—6 metr.			
Walzenbezeichnung	Walzenstellung		Verhältnis der Umfangsgeschwindigkeit		Walzenstellung		Verhältnis der Umfangsgeschwindigkeit		Walzenstellung		Verhältnis der Umfangsgeschwindigkeit	
	zur Trommel	zueinander	der Trommel	zueinander	zur Trommel	zueinander	der Trommel	zueinander	zur Trommel	zueinander	der Trommel	zueinander
Obere Speisewalze	Nr. 11	Nr. 12	zu 760	—	Nr. 11	Nr. 13	zu 895	—	Nr. 12	Nr. 14	zu 1020	—
Untere Speisewalze	1/4"				1/4"				3/16"			
Speisewenderwalze	Nr. 12	„ 12	5,05	—	Nr. 13	„ 13	5,05	—	Nr. 14	„ 14	5,0	—
1. Wender	„ 13	„ 13	5,05	56	„ 14	„ 14	5,05	60	„ 15	„ 15	5,0	63,8
1. Arbeiter	„ 12		282		„ 13		300		„ 14		320	
2. Wender	„ 14	„ 14	5,05	56	„ 15	„ 15	5,05	60	„ 15	„ 15	5,0	63,8
2. Arbeiter	„ 13		282		„ 14		300		„ 14		320	
3. Wender	„ 14	„ 14	4,75	53,5	„ 15	„ 15	4,84	58	„ 16	„ 16	4,8	62,1
3. Arbeiter	„ 13		255		„ 14		281		„ 15		299	
4. Wender	„ 15	„ 15	4,75	53,5	„ 16	„ 16	4,84	58	„ 16	„ 16	4,8	62,1
4. Arbeiter	„ 14		255		„ 15		281		„ 15		299	
5. Wender	„ 15	„ 15	4,45	51	„ 16	„ 16	4,63	56	„ 17	„ 17	4,6	60,4
5. Arbeiter	„ 14		228		„ 15		262		„ 16		278	
6. Wender	„ 16	„ 16	4,45	51	„ 17	„ 17	4,63	56	„ 17	„ 17	4,6	60,4
6. Arbeiter	„ 15		228		„ 16		262		„ 16		278	
7. Wender	—	—	—	—	„ 17	„ 17	4,42	54	„ 18	„ 18	4,4	58,7
7. Arbeiter	—	—	—	—	„ 16		243		„ 17		257	
8. Wender	—	—	—	—	—	—	—	—	„ 18	„ 18	4,4	58,7
8. Arbeiter	—	—	—	—	—	—	—	—	„ 17		257	
1. Abnehmerwalze	„ 15	—	91	—	„ 16	—	100	—	„ 17	—	111,5	—
2. Abnehmerwalze	„ 16	—	87,5	—	„ 17	—	96,5	—	„ 18	—	107	—

maßen gutes Aussehen geben, um den Wünschen der Abnehmer gerecht zu werden. Die nach und nach sich mehr geltend machenden Gesichtspunkte größter Wirtschaftlichkeit geben dem gegenteiligen Verfahren den Vorzug. Insbesondere heute gestatten die erhöhten Frachten die Zu- und Abfuhr von Abfall und Scheben nicht. Die Leistung der Wergkarden ist nach dem vorher Gesagten natürlich außerordentlich verschieden. Außer den verschiedensten Gesichtspunkten ist nicht außer acht zu lassen, daß eine Wergkarde eine recht kostspielige Maschine ist, die trotz Erzielung eines guten Bandes schärfster Bewertung einer ausreichenden Leistung bedarf.

Abb. 12. Hanfwerg-Strecke.

Im vorstehenden sollen die Angaben für die entsprechenden Hauptabmessungen in Frage kommender Karden gemacht werden. Es muß hierbei jedoch darauf aufmerksam gemacht werden, daß die gegebenen Zahlen lediglich einen Anhalt geben sollen; sie bilden jedoch keineswegs eine strenge Unterlage, sondern sind selbstverständlich Veränderungen unterworfen, soweit andere Bedingungen zu erfüllen sind. Da man aber auf Grund einer Norm und der damit erzielten Ergebnisse leichter Abänderungen nach der einen oder anderen Seite treffen kann, so seien die Zahlen hiermit (S. 136—138) gegeben.

Hinsichtlich der Vorbereitung der von den Karden kommenden Wergbänder gilt im allgemeinen, das bei der Hanfvorbereitung Gesagte: Charakteristisch für die Wergvorbereitungsmaschinen ist das wesentlich kürzere Streckfeld gegenüber den Maschinen des Langhanfes entsprechend der kürzeren Faser des Werges.

Weiterhin wendet man bei den Wergstrecken (Abb. 12) einen kürzeren Verzug, nämlich 4 bis 6 an und eine Doppelung von jeweils 4 bis 6 Bänder für die Bandablieferung einer Strecke.

Alles das, was im einzelnen bei der Langhanfvorbereitung Erwähnung gefunden hatte, findet auch bei der Wergvorbereitung Anwendung. Besonders sei auch hier nochmals auf die Gesichtspunkte hinsichtlich der Füllung der Vorgarnspulen aus den erwähnten wirtschaftlichen Gründen hingewiesen. Mit Rücksicht hierauf finden sogar noch größere Vorgarnspulen als 10 mal 5 Zoll Durchmesser, nämlich 10 mal $6^1/_4$ Zoll Anwendung. Ferner ist noch zu bemerken, daß man

Hauptabmessungen für Hanfwerg-Gillspinnmaschinen.

Garn-Nr. engl.		0,65—0,80			1,00—1,50		
Garn-Nr. metr.		0,39—0,48			0,60—0,90		
Bezeichnungen		Strecken		Gillspinnmaschine	Strecken		Gillspinnmaschine
		1	2		1	2	
Anzahl der Köpfe		3	3	8	3	4	7
„ „ Bänder im Kopf		4	6	8	4	4	10
Streckfeldlänge in	Zoll engl.	13″	12″	11″	13″	12″	11″
	mm	330	305	279	330	305	279
Durchmesser der Streckwalzen „	Zoll engl.	4″	$3^1/_4$″	$2^1/_2$″	$3^1/_2$″	3″	$2^1/_2$″
	mm	102	83	64	89	76	64
Durchmesser der Einziehwalzen „	Zoll engl.	$2^1/_2$″	$2^3/_8$″	$2^1/_4$″	$2^3/_8$″	$2^1/_4$″	2″
	mm	64	60	57	60	57	51
Mittlere Umdrehungen der Streckwalzen/Min.		41	50	39	39	50	45
Breite der Hecheln in	Zoll engl.	4″	3″	$1^1/_2$″	$3^3/_4$″	$2^3/_4$″	$1^7/_8$″
	mm	102	76	38	95	70	48
Breite des Bandes „	Zoll engl.	$2^3/_8$″	$1^5/_8$″	1″	$2^1/_8$″	$1^1/_2$″	$^7/_8$″
	mm	60	41	25	54	38	22
Hechelnadeln Länge „	Zoll engl.	$1^3/_8$″	$1^1/_4$″	$1^1/_8$″	$1^3/_8$″	$1^1/_4$″	$1^1/_8$″
	mm	35	32	29	35	32	29
„ Draht Nr.		13	14	15	14	15	16
„ Anzahl per 1″ engl.		4	5	6	5	7	8
Teilung der Fallerschraube in	Zoll engl.	$^5/_8$″	$^9/_{16}$″	$^1/_2$″	$^9/_{16}$″	$^1/_2$″	$^7/_{16}$″
	mm	16	14	13	14	13	11
Mögliche Verzüge		5—10	5—10	5—12	5—10	5—10	5—12
Dopplungen		4	6	—	4	4	—
Anzahl der gelieferten Bänder		6	6	64	6	8	70
Höhe und Durchmesser der Spulen in	Zoll engl.	—	—	10″ × 5″ ∅	—	—	9″ × $4^1/_2$ ∅
	mm						
Spindel-Umdrehungen		—	—	700	—	—	1000
Mögliche Drehungen auf	1 Zoll engl.	—	—	0,50—3,00	—	—	0,50—4,00
	1 cm			0,19—1,18			0,19—1,56
Lieferung in kg und 9 Std.		560	560	560	460	460	460
Bodenfläche in	cm	3,8 × 1,4	4,5 × 1,4	8,8 × 1,5	3,8 × 1,4	4,5 × 1,4	9,2 × 1,5
Kraftbedarf „	PS	1	1	$3^1/_4$	1	1	$3^1/_2$

auf Hanfwerg-Gillspinnmaschinen nur bis Nr. 1,5 engl. gleich Nr. 0,9 m spinnt und die nachfolgenden Nummern bereits auf groben Feinspinnmaschinen her-

Abb. 13. Hanfwerg-Gill- und Vorspinnmaschine.

Hauptabmessungen für

Bezeichnungen		Strecken 1	Strecken 2	Vorspinnmaschine
Feingarn Nr. engl.		1,67—3,30		3,75—4,00
Feingarn Nr. metr.		1,00—2,00		2,25—2,50
Vorgarn Nr. engl.		0,65		0,80
Vorgarn Nr. metr.		0,39		0,48
Anzahl der Köpfe		4	4	8
„ „ Bänder im Kopf		6	6	8
Streckfeldlänge in	Zoll engl.	13″	12″	11″
	mm	330	305	279
Durchmesser der Streckwalzen „	Zoll engl.	4″	$3^{1}/_{4}''$	$2^{1}/_{2}''$
	mm	102	83	64
Durchmesser der Einziehwalzen „	Zoll engl.	$2^{1}/_{2}''$	$2^{3}/_{8}''$	$2^{1}/_{4}''$
	mm	64	60	57
Mittlere Umdrehungen d. Strecken in Min.		72	88	86
Breite der Hecheln in	Zoll engl.	4″	$3^{1}/_{8}''$	$2^{1}/_{4}''$
	mm	102	79	57
Breite des Bandes „	Zoll engl.	$2^{3}/_{8}''$	$1^{7}/_{8}''$	$1^{1}/_{8}''$
	mm	60	48	28
Hechelnadeln-Länge „	Zoll engl.	$1^{3}/_{8}''$	$1^{1}/_{4}''$	$1^{1}/_{8}''$
	mm	35	32	29
„ Draht Nr.		14	15	16
„ Anzahl per 1″		4	6	8
Teilung der Fallerschraube in	Zoll engl.	$^{5}/_{8}''$	$^{9}/_{16}''$	$^{1}/_{2}''$
	mm	16	14	13
Fallerhübe in der Minute		158	204	212
Mögliche Verzüge		5—10	5—10	5—12
Dopplungen		6	6	—
Anzahl der gelieferten Bänder		8	8	64
Höhe und Durchmesser der Spulen in	Zoll engl. / mm	—	—	10″ × 5″
Spindel-Umdrehungen		—	—	550
Mögliche Umdrehungen auf	Zoll engl.	—	—	0,50—1,50
	cm			0,19—0,59
Lieferung in kg und 9 Std.		1210	1210	1210/895
Bodenfläche in	m	5,0 × 1,4	5,0 × 1,4	8,8 × 1,8
Kraftbedarf „	PS	1	1	$3^{1}/_{4}$

stellt. Desgleichen verdient Erwähnung, daß man nur bei den feineren Vorgarnen drei Strecken anwendet, im übrigen aber sich mit zwei Strecken begnügt.

Der nachfolgende **Spinnplan** für Hanfwerggarne Nr. engl. 0,65 bis 10 (Nr. metr. 0,39 bis 6) ist den beiden Zusammenstellungen für Hanfwerggill- und Vorspinnmaschinen zugrunde gelegt.

Tabelle 6. **Spinnplan für Hanfwerg-Garne** Nr. engl. 0,65 bis 10 (Nr. metr. 0,39 bis 6).

Garnnummer		Karden-Bandgewicht in kg für 250/500 Yards	Verzüge auf den						Doppelungen auf den			Vorgarnnummer		Vorgarn-Gewicht in g	
engl.	metr.		Strecken I.	Strecken II.	Strecken III	Gillspinnmaschine	Vorspinnmaschine	Feinspinnmaschine	Strecken I.	Strecken II.	Strecken III.	engl.	metr.	für 300 Y.	für 250 m
0,65— 0,80	0,39—0,48	5,750/250	6	6	—	6,6—8,1	—	—	4	6	—	—	—	—	—
1,00— 1,50	0,60—0,90	5,750/250	6	6	—	6,7—9,9	—	—	4	4	—	—	—	—	—
1,67— 3,30	1,00—2,00	7,500/500	6	6	—	—	6,45	2,58—5,1	6	6	—	0,65	0,39	700	640
3,75— 4,00	2,25—2,50	7,500/500	6	6	—	—	7,95	4,70—5,0	6	6	—	0,80	0,48	567	522
5,00— 7,50	3,00—4,50	7,000/500	6	6	—	—	9,30	5,00—7,5	6	6	—	1,00	0,60	453	418
8,35—10,00	5,00—6,00	7,000/500	6	6	6	—	9,30	5,50—6,7	6	6	4	1,50	0,90	302	278

Hanfwerg-Vorspinnmaschinen.

5—7,5			8,35—10			
3—4,5			5—6			
1,00			1,50			
0,60			0,90			
Strecken 1	Strecken 2	Vorspinnmaschine	Strecken 1	Strecken 2	Strecken 3	Vorspinnmaschine
4	4	7	3	3	4	8
6	6	10	6	6	4	10
13″	12″	11″	13″	12″	11″	11″
330	305	279	330	305	279	279
$3^1/_2''$	3″	$2^1/_2''$	$3^1/_2''$	3″	$2^1/_2''$	$2^1/_4''$
89	76	64	89	76	64	57
$2^3/_8''$	$2^1/_4''$	2″	$2^3/_8''$	$2^1/_4''$	$2^1/_8''$	2″
60	57	51	60	57	54	51
70	82	98	61	71	96	93
$3^5/_8''$	$2^3/_4''$	2″	$3^3/_4''$	$3^1/_8''$	$2^1/_2''$	2″
92	70	51	95	79	64	51
$2^1/_8''$	$1^3/_4''$	1″	$2^1/_8''$	$1^3/_4''$	$1^1/_4''$	$^7/_8''$
54	44	25	54	44	32	22
$1^3/_8''$	$1^1/_4''$	$1^1/_8''$	$1^3/_8''$	$1^1/_4''$	$1^1/_8''$	1″
35	32	29	35	32	29	25
15	16	17	15	16	17	18
5	8	10	6	8	10	12
$^9/_{16}''$	$^1/_2''$	$^7/_{16}''$	$^9/_{16}''$	$^1/_2''$	$^7/_{16}''$	$^3/_8''$
14	13	11	14	13	11	10
162	202	246	141	175	255	272
5—10	5—10	5—12	5—10	5—10	5—10	5—12
6	6	—	6	6	4	—
8	8	70	6	6	8	80
—	—	$9'' \times 4^1/_2''$	—	—	—	$9'' \times 4^1/_2$
—	—	575	—	—	—	600
—	—	0,50—1,50 0,19—0,59	—	—	—	0,50—2,00 0,19—0,78
970	970	970	630	630	630	630
5,0 × 1,4	5,0 × 1,4	9,2 × 1,8	4,0 × 1,4	4,0 × 1,4	4,5 × 1,4	9,6 × 1,8
1	1	$3^1/_2$	1	1	1	4

Auf Grund vorstehender Tabelle und der folgenden Tab. 7 soll in einem Beispiel die Leistung der einzelnen Maschinen zu einem Gillsystem durchgerechnet werden.

Tabelle 7. Drehungen für Hanfwerg-Garne.

Garnart	Drehungen für	
	1″ engl. bei N engl.	1 cm bei N metr.
Vorgarn	$0{,}75\sqrt{\ } - 1{,}00\sqrt{\ }$	$0{,}38\sqrt{\ } - 0{,}50\sqrt{\ }$
Webgarn, Schuß	$2{,}25\sqrt{\ }$	$1{,}15\sqrt{\ }$
Webgarn, Kette	$2{,}50\sqrt{\ }$	$1{,}25\sqrt{\ }$
Bindfadengarn	$2{,}75\sqrt{\ }$	$1{,}39\sqrt{\ }$

Tabelle 8. Leistungs-Übersicht eines Grobgarnsystems für Nr. 0,8 engl. = Nr. 0,48 metr. Werg.

$$\text{Disposition: } \underset{\text{Karde}}{\frac{5750 \times 300}{250}} \times \underset{\text{I. II.}}{\frac{4 \times 6}{6 \times 6}} \times \underset{\text{G.}}{\frac{1}{8{,}1}} = \mathit{565}\ \text{g/300 Yds.}$$

6900 g 4600 g; 4600 g

Gillspinnmaschine: 64 Spindeln; 700 Umdr./Min.; $2{,}75\sqrt{0{,}8}$ engl. = 2,46 Dr./1″

$$\frac{700}{2{,}46 \times 36''} = \mathit{7{,}9}\ \text{Yard/Min. u. Spindel}$$

$$64 \times 7{,}9 \times 60 = \mathit{30400}\ \text{Yard/Std.} \times \frac{0{,}565}{300} = \mathit{57}\ \text{kg/Std. u. Maschine.}$$

$$0{,}8 \times 57 \times 9 = \mathbf{410}\ \text{kg/9 Std. u. Maschine.}$$

$$\frac{410\,000}{0{,}8 \times 9 \times 60} \times \frac{300}{565} = \mathbf{504}\ \text{Yds./Min. Lieferung des Streckzylinders der Gillspinnmaschine.}$$

$$504 = \frac{2^1/_2{}'' \times 3{,}14}{36''} \times 64 \times \mathbf{36}\ \text{Umdr./Min.} \quad „ \quad „ \quad „ \quad „$$

$$\frac{410\,000}{0{,}75 \times 9 \times 60} \times \frac{300}{4600} = \mathbf{66}\ \text{Yds./Min. Lieferung des Streckzylinders der II. Strecke.}$$

$$66 = \frac{3^1/_4{}'' \times 3{,}14}{36''} \times 6 \times \mathbf{40}\ \text{Umdr./Min.} \quad „ \quad „ \quad „\ \text{II.} \quad „$$

$$\frac{410\,000}{0{,}75 \times 9 \times 60} \times \frac{300}{4600} = \mathbf{66}\ \text{Yds./Min. Lieferung des Streckzylinders der I. Strecke.}$$

$$66 = \frac{4'' \times 3{,}14}{36''} \times 6 \times \mathbf{33}\ \text{Umdr./Min.} \quad „ \quad „ \quad „\ \text{I.} \quad „$$

$$\frac{410\,000}{0{,}90 \times 9 \times 60} \times \frac{300}{6900} = \mathbf{37}\ \text{Yds./Min. Lieferung des Streckzylinders vom Kardenstreckkopf.}$$

$$37 = \frac{2^1/_2{}'' \times 3{,}14}{36} \times 1 \times \mathbf{170}\ \text{Umdr./Min.} \quad „ \quad „ \quad „ \quad „$$

Am Schluß der Beschreibungen der Vorbereitungen für Hanf und Wergfasern ist es noch erforderlich, im ganz besonderen hier auf allgemeine Gesichtspunkte hinsichtlich der Arbeitsräume einzugehen. Diese müssen Licht, Luft und eine gewisse Geräumigkeit nicht nur für die Aufstellung der Maschinen, sondern auch für unmittelbar gebrauchte Materialien (Kannen und Spulen) aufweisen. Die Aufstellung der Maschinen soll folgerichtig unter Berücksichtigung kleinster Transportwege gewählt werden. Der reichlich entstehende Staub ist hinreichend zu entfernen und dafür die nötige Frischluft zuzuführen. Die Temperatur in den Arbeitsräumen soll möglichst eine gleichbleibende sein, dürfte also bei etwa 18° liegen. Dies bedingt, daß im Sommer für eine gewisse Kühlung und im Winter für genügende Erwärmung der Luft Sorge zu tragen ist. Einer ziemlich gleichbleibenden, dauernd der Prüfung unterworfenen Luftfeuchtigkeit, die bei ungefähr 60 bis 70° liegt, ist besondere Aufmerksamkeit zu widmen. Wenn die Erfüllung dieser gestellten Ansprüche auch ziemlich bedeutende Unkosten erfordert, so müssen die Forderungen doch gestellt werden. Eine größtmögliche Leistung, die Güte des Gespinstes und die Erhaltung eines guten Stammes geübter und gesunder Arbeitskräfte sind hiervon abhängig. Nur nebenbei sei erwähnt, daß auch die gesetzlichen Bestimmungen das gleiche Verlangen stellen.

Feinspinnerei.

Wir verfolgen nunmehr die weitere Verarbeitung des Vorgarnes zu feineren Garnen auf den Feinspinnmaschinen. Diese werden in Trocken- und Naßspinnmaschinen eingeteilt, welche in ihrer Bauart immerhin recht verschieden sind. Die ersteren sind eingerichtet, um auf denselben auch halbnaß zu spinnen;

Abb. 14. Trockenspinnmaschine.

in diesem Falle läuft der gesponnene Faden nach dem Verlassen der Streckwalzen über Anfeuchtwalzen, welche in mit kaltem Wasser gefüllte Rinnen eintauchen. Es sollen hierbei die abstehenden Fasern angelegt und dadurch dem Faden ein glattes und rundes Aussehen gegeben werden. Solche halbnaß gesponnenen Garne müssen jedoch baldigst gezwirnt oder geweift und getrocknet werden, um ein Stockigwerden des Fadens zu vermeiden. Auf diese Weise werden Netzgarne, Schuhgarne, Segelgarne und Webgarne hergestellt. Bindenfadengarne, Sattler- und Schlauchgarne werden trocken gesponnen.

Neuerdings werden die Trockenspinnmaschinen (Abb. 14) durchweg mit veränderlichem Streckfeld ausgeführt, um sie sowohl für Langhanf als auch für Werg verwenden zu können. Die Feinspinnmaschinen sind doppelseitig gebaut, jedoch jede Spindelseite für sich allein angetrieben. Durchgehende Blechtrommeln treiben mittels Spindelbändern die einzelnen Spindeln an, auf denen abnehmbare Flügel aufgeschraubt sind. Die Streckwalzen sowohl als auch die Einziehwalzen sind verschiebbar eingerichtet, um ein Einarbeiten an der Einlaufstelle des Fadens zu vermeiden. Die tief geriffelten Einzugwalzen sollen möglichst groß gewählt werden, um ein gutes Festhalten des Vorgarnes zu gewährleisten. Die Streckwalzen dürfen nur fein angerissen sein, um zu vermeiden, daß sich auf den gegengedrückten Holzdruckwalzen die Riffelung eindrückt. Stärkere Nummern erfordern größere Spulen als feinere, um eine gewisse Meterzahl bzw. ein gewisses Gewicht zu fassen und gleichzeitig das unproduktive Halten der Maschinen beim Abnehmen der vollen Abzüge auf ein Mindestmaß herabzudrücken. Um diese Stillstände ganz zu vermeiden, hat man verstellbare Spulenbänke eingerichtet, die es ermöglichen, gleich nach dem Vollwerden der Spulen auf leeren Spulen weiterzuspinnen und während des Ganges der Maschinen die vollen Spulen dann abzuziehen (System Schilgen und Dr. Schneider). Es ist zweckmäßig, die Leistung der Feinspinnmaschinen nach Abzügen und Gewicht festzustellen. Diese Methode gibt das getreueste Bild der wirklichen Erzeugung und gleichzeitig auch die beste Unterlage für die Kalkulation. Die Kosten des Abwiegens werden aufgehoben durch die Vorteile, welche dieses Verfahren bietet, sowohl hinsichtsichtlich der täglichen

Abb. 15. Heißwasserspinnmaschine.

Leistung jeder einzelnen Spinnerin als auch der gesamten Spinnerei. Gleichzeitig läßt sich auf diesen Zahlen ein geeignetes Vergütungssystem für gute Leistungen aufbauen, welches zur Heranziehung guter Spinnerinnen erforderlich ist.

Die Naßspinnmaschinen, oder auch Heißwasserspinnmaschinen (Abb. 15) genannt, werden meistens zu den höheren Garnnummern verwandt. Da sie ein verhältnismäßig kurzes Streckfeld aufweisen, muß die Auflösung der Fasern, um den nötigen Verzug zu gewährleisten, durch kochendes Wasser erfolgen. Diese Maschinen erfordern gewissenhafte Nachprüfung der geriffelten Holzdruckwalzen, welche mit dem ebenfalls geriffelten Streckzylinder zusammenarbeiten. Eine Vernachlässigung dieser Walzen führt unweigerlich zu Meißeldraht und damit zu unbrauchbarem Gespinst.

Um die Spinnmaschinen voll auszunützen, muß man sowohl die vermeidlichen als auch die unvermeidlichen Stillstände auf ein Mindestmaß herabdrücken. Dazu ist es notwendig, entsprechend der Spindelanzahl, Abnehmerkolonnen zu halten, die im übrigen anzuhalten sind, alle Nebenarbeiten der Spinnerin abzunehmen. Auf diese Weise kann sich dann die Spinnerin voll und ganz ihrer eigentlichen Aufgabe widmen, ohne daß Spindeln zum längeren Leerlauf kommen und das gute Anspinnen leidet. Auch hier gilt es, wie bereits in der Vorspinnerei erwähnt, volle Abzüge zu erzielen.

Die Umdrehungszahlen der jeweiligen Trommelachse mit den Antriebsscheiben ergibt sich aus den Spindelumdrehungen in der Minute und den Abmessungen für Trommel und Spindelwirteldurchmesser. Die Belastung der Einziehwalzen beträgt 2 bis 3,5 kg, die der Holzdruckwalzen 7,5 kg oder einen entsprechenden Federdruck. Alle übrigen Angaben ergeben sich aus den nachfolgenden

Hauptabmessungen für Hanf- und Werg-Trockenspinnmaschinen.

Garn Nr. engl.		2—4	5—8	9—12	13—16
Garn Nr. metr.		$1^1/_4$—$2^1/_2$	3—5	$5^1/_2$—7	8—10
Anzahl Spindeln		2 × 56	2 × 60	2 × 70	2 × 80
Teilung der Spindeln . . . . in	Zoll engl.	5″	$4^1/_2$″	4″	$3^1/_2$″
	mm	127	114	102	89
Durchmesser d. Streckwalzen „	Zoll engl.	5″	$4^1/_2$″	$4^1/_4$″	$3^3/_4$″
	mm	127	114	108	70
Breite d. Streckwalzenrollen . „	Zoll engl.	$1^1/_4$″	$1^3/_{16}$″	$1^1/_8$″	$1^1/_{16}$″
	mm	32	30	28	27
Durchmesser d. Einziehwalzen „	Zoll engl.	$2^1/_2$″	$2^3/_8$″	$2^1/_4$″	2″
	mm	64	60	57	51
Breite d. Einziehwalzenrollen „	Zoll engl.	$1^3/_4$″	$1^5/_8$″	$1^9/_{16}$″	$1^1/_2$″
	mm	44	41	40	38
Höhe u. Durchm. d. Spulen . „	Zoll engl.	5″ × 3″∅	$4^1/_2$″ × $2^3/_4$″∅	4″ × $2^1/_2$″∅	$3^1/_2$ × $2^1/_4$″∅
	mm	127 × 76	114 × 70	102 × 64	89 × 57
Bremsgewichte . . . . . . „	kg	1,250	1,000	0,750	0,500
Streckfeldlänge . . . . . . „	Zoll engl.	10″—20″	10″—20″	10″—20″	10″—20″
	mm	254—508	254—508	254—508	254—508
Mögliche Verzüge		4—7	4—7	4—7	4—7
Durchmesser der Trommel . in	Zoll engl.	10″	10″	10″	10″
	mm	254	254	254	254
„ des Spindelwirt. „	Zoll engl.	$2^1/_2$″	$2^1/_4$″	2″	$1^3/_4$″
	mm	64	57	51	44
Höhe der Spindelwirtel. . . „	Zoll engl.	$3^1/_4$″	3″	$2^3/_4$″	$2^1/_2$″
	mm	82	76	70	64
Spindel-Umdrehungen . . . „	d. Min.	1600	2000	2200	2400
Mögliche Drehungen . . . auf	1 Zoll engl.	3—7	4—9	5—11	5—11
	1 cm	1,12—2,7	1,55—3,5	1,95—4,3	1,95—4,3
Leistung der Maschine . . . „	kg/9 Std.	415—147	175—70	92—48	66—48
Bodenfläche . . . . „	m	8,3 × 2,3	8,3 × 2,3	8,3 × 2,3	8,3 × 2,3
Kraftbedarf . . . . „	PS	5	$4^1/_2$	4	$3^1/_2$

Zwirnerei.

Die gesponnenen Garne werden zur Verwendung sowohl als Netz- und Sattlergarne als auch zu Bindfäden mehrfach gezwirnt. Die Zwirnmaschinen (Abb. 16) sind den Feinspinnmaschinen nicht ganz unähnlich, unterscheiden sich aber von diesen durch das Fehlen eines Streckfeldes. Die einzelnen Fäden der Spinnspulen werden in der vorgeschriebenen Fachzahl dem Zylinder mittels Leitösen zugeführt. Auf diesem befinden sich je nach der Stärke der zum Zwirnen kommenden Garne schwerere oder leichtere Druckwalzen, welche die durch die Umdrehungen der Spindeln bzw. Flügel bedingten Drehungen begrenzen. Die verschiedenen Verwendungsarten der so hergestellten Zwirne erfordern entsprechende Drehungen. Für Bindfäden, die nach dem Zwirnen noch poliert oder geglättet werden, wird eine gewisse Überdrehung angewandt. Die mehr oder weniger starke Spannung der gezwirnten Bindfäden auf den Poliermaschinen gleicht dieselbe wieder aus.

Netzgarne werden naß gezwirnt. Für diesen Zweck durchlaufen die Garne, ehe sie dem Zylinder der Zwirnmaschine zugeführt werden, einen Wasserkasten. Der Zwirnprozeß ist ein vollkommener wenn jeder einzelne Faden im Zwirn die gleiche Spannung aufweist, d. h. beim Reißen die einzelnen Fäden nicht nacheinander, sondern zu gleicher Zeit reißen. Um eine gleiche Zwirnung auf allen Spindeln zu erreichen, sind gut gespannte Spindelbänder und gleichmäßiges Bremsen der Zwirnspulen ein unbedingtes Erfordernis. Die Leistung der Zwirnmaschinen ist außerordentlich veränderlich und wird mit den höheren Fachzahlen eine immer geringere, da das Anknüpfen der vielen gesponnenen Fäden nicht immer ohne Stillsetzen der Maschine durchzuführen ist.

Um aber auch in dieser Beziehung einen gewissen Anhalt über die Leistungsfähigkeit von Zwirnmaschinen bei guter Bedienung zu geben, sind nachfolgend die entsprechenden Leistungen für die jeweiligen Nummern und Fachzahlen angegeben. Im übrigen gehen alle gewünschten Angaben hervor aus den Hauptabmessungen für Hanf- und Werg-Zwirnmaschinen.

Hauptabmessungen für Hanf- und Werg-Zwirnmaschinen.

Für einfaches Garn Nr. engl.		0,65—1,50	1,25—3,00	2,00—5,00	4,00—8,00	10—16
Für einfaches Garn Nr. metr.		0,39—0,90	0,75—2,00	1,25—3,00	2,50—5,00	6—10
Fachzahl		2—6	2—4	2 u. 3	2 u. 3	2 u. 3
Anzahl Spindeln		28	36	2 × 42	2 × 56	2 × 84
Teilung der Spindeln in	Zoll engl.	9″	7″	6″	$4^1/_2$″	3″
	mm	229	178	152	114	76
Durchmesser der Zylinderrollen „	Zoll engl.	$4^1/_2$″	$4^1/_4$″	4″	$3^3/_4$″	$3^1/_2$″
	mm	114	108	102	95	89
Breite der Zylinderrollen „	Zoll engl.	$1^1/_2$″	$1^3/_8$″	$1^1/_4$″	$1^1/_8$″	1″
	mm	38	35	32	29	25
Höhe und Durchmesser der Spulen „	Zoll engl.	10″ × 6″ ⌀	8″ × 4″ ⌀	6″ × 4″ ⌀	5″ × $3^1/_2$″ ⌀	4″ × $2^1/_4$″ ⌀
	mm	254 × 152 ⌀	203 × 102 ⌀	152 × 102 ⌀	127 × 89 ⌀	102 × 57 ⌀
Bremsgewicht „	kg	Backenbremsung	Backenbremsung	Backenbremsung	2,0	1,0
Durchmesser der Trommel „	Zoll engl.	10″	10″	10″	10″	10″
	mm	254	254	254	254	254
„ der Spindelwirtel „	Zoll engl.	$4^1/_4$″	$3^1/_4$″	$2^1/_4$″	2″	$1^3/_4$″
	mm	108	82	57	51	44
Höhe der Spindelwirtel „	Zoll engl.	$4^1/_2$″	$3^3/_4$″	3″	$2^1/_2$″	2″
	mm	114	95	76	63	51
Spindel-Riemen oder Band		Räder od. Riemen	Riemen	Band	Band	Band
Obere Flügelführung		ja	ja	ja	nein	nein
Spindel-Umdrehungen in	der Min.	700	1100	1500	1800	2200
Mögliche Drehungen auf	1 Zoll engl.	0,50 —6,00	1,00—8,00	1,50—10,00	2,00—12,00	4,00—20,00
	1 cm	0,195—2,34	0,39—3,12	0,58— 3,90	0,78— 4,68	1,56— 7,80
Aufsteckstifte je Spindel		6	4	4	4	4
Leistung der Maschine in	kg/9 Std.	$^{348}/_{565} \div {}^{96}/_{164}$	$^{255}/_{460} \div {}^{59}/_{106}$	$^{376}/_{564} \div {}^{100}/_{152}$	$^{212}/_{316} \div {}^{76}/_{112}$	$^{106}/_{154} \div {}^{48}/_{74}$
Bodenfläche „	m	7,5 × 1,2	7,5 × 1,0	7,5 × 1,8	7,5 × 1,7	7,5 × 1,6
Kraftbedarf „	PS	6	5	10	9	8

Poliererei.

Einem besonderen Arbeitsprozeß vor der handelsüblichen Aufmachung unterliegen noch, wie bereits angedeutet, die Bindfäden und Kordel[1]), und

Abb. 16. Zwirnmaschine.

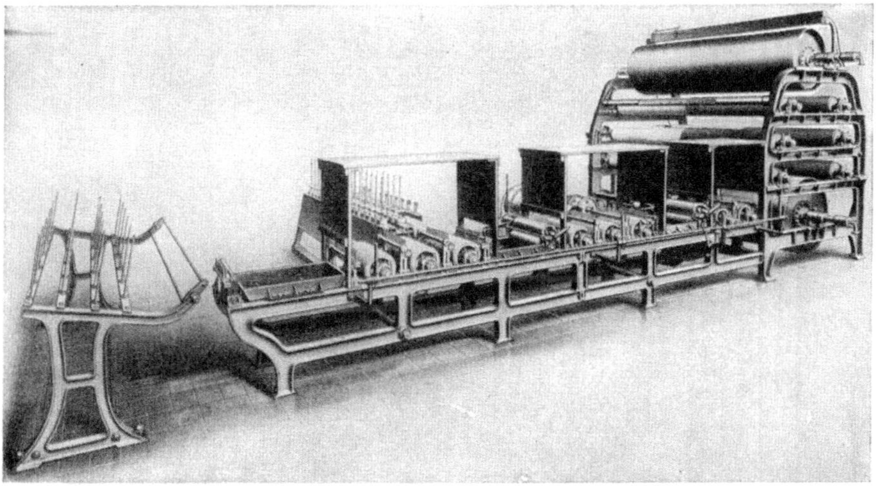

Abb. 17. Bindfaden-Poliermaschine.

zwar dem Polieren oder Glätten der Bindfäden. Es dient zur Erzielung eines schöneren Aussehens, soll abstehende Fasern anlegen und den Bindfaden für

[1]) Letztere Bezeichnung ist allgemein gebräuchlich für die verschiedenen Fachzahlen der Nr. engl. 0,8 = Nr. m 0,48.

Hauptabmessungen für Bindfaden-Poliermaschinen.

Bindfaden Nr. engl.		6/0,8—2/0,8		3/1,0—2/3	3/3—2/6	3/8—2/16
Bindfaden Nr. metr.		6/0,48—2/0,48		3/0,60—2/2	3/2—2/3½	3/5—2/10
Bezeichnung		Em*)	Er	El	Eg	Ef
Anzahl Putzwalzen		6		6	6	4
„ Wassertröge		1		1	1	1
„ Schlichtetröge		2		2	2	2
„ Streichwalzen		2	4	2	2	2
„ Glanzwalzen		8	12	6	6	6
„ Trockentrommeln		3	(4)	2	2	2
Durchmesser der Trockentrommeln in	Zoll engl.	31,5	(36 bzw. 30)	40 bzw. 36	36 bzw. 30	30 bzw. 20
	mm	800	(900 „ 750)	1000 „ 900	900 „ 750	750 „ 500
Breite der Trockentrommeln „	Zoll engl.	94,5		106,3	94,5	71
	mm	2400		2700	2400	1800
Trommel-Umfangsgeschwindigkeit „	m/Min.	2,8—10,8		3,55—14,3	7,9—26,0	10,9—29,9
Anzahl Fadenumläufe auf der Trommel „	Min.	9	(9)	10	11	12
„ Umdrehungen der Putzwalzen ,	Min.	700 im Mittel		700 im Mittel	700 im Mittel	750
„ „ der Streichwalzen „	Min.	700 „ „		700 „ „	700 „ „	750
„ „ der Glanzwalzen „	Min.	500		500	550	600
„ Aufnahmespindeln		24		24	32	32
Höhe und Durchmesser der Spulen in	Zoll engl.	12 × 8		10 × 6	10 × 5	9 × 4½
	mm	305 × 203		254 × 152	254 × 127	229 × 114
Leistung der Maschine „	kg/9 Std.	785	470	525 | 138	260 | 130	130 | 69
Raumbedarf: Länge		9,2	(12)	9,54	8,5	6,8
Breite		4,8	(4,8)	4,7	4,7	4,6
Höhe		3,3	(3,2)	3,45	3,2	2,3
Kraftbedarf in	PS	20	(25—30)	16	10	6
Dampfverbrauch „	kg pro Std.	59,07	(81,2)	52,5	40,6	23,23

*) Em = Drei-Zylinder-Poliermasch.; Er = Vier-Zylinder-Poliermasch.; El = Große Zwei-Zylinder-Poliermasch.; Eg = Mittlere Zwei-Zylinder-Poliermasch.; Ef = Kleine Zwei-Zylinder-Poliermasch.

seinen Verwendungszweck griffig machen. Dies ist ein überaus wichtiger Arbeitsvorgang der Bindfadenherstellung. Er spielt sich auf der Poliermaschine (Abb. 17) ab und zergliedert sich in das Putzen der Fäden, das Aufnehmen einer geeigneten Appreturmasse, das Anstreichen der noch abstehenden Fasern, das Trocknen und Glätten und schließlich das Aufspulen der polierten und getrockneten Fäden. Hierbei ist eine reiche Erfahrung bez.

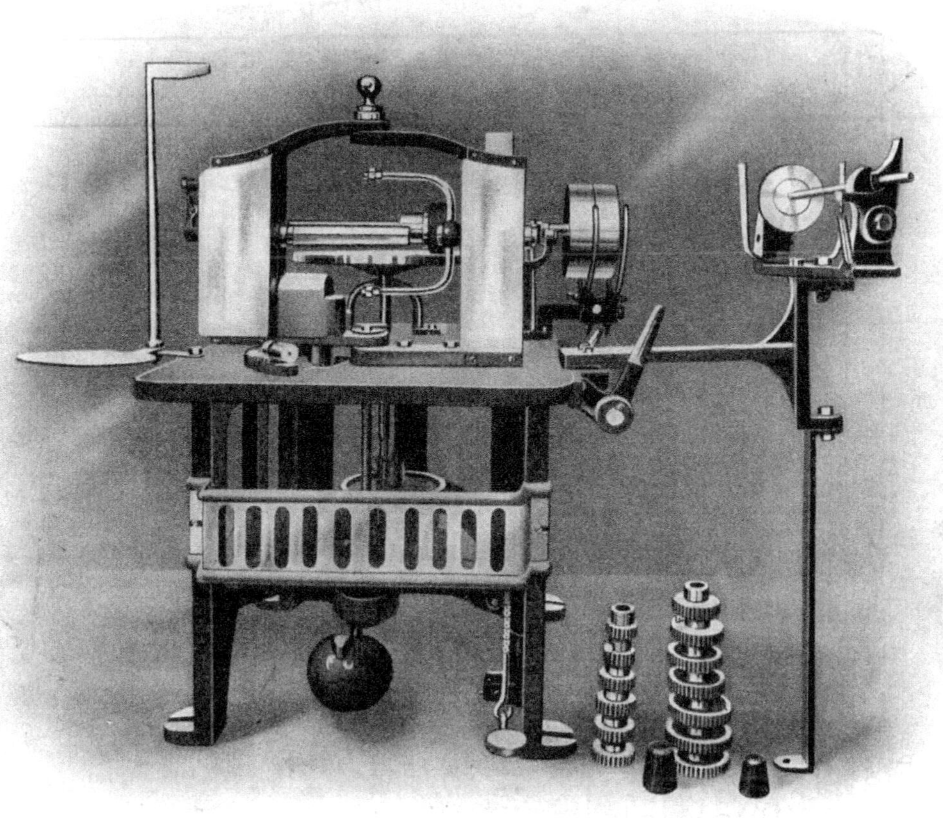

Abb. 18. Einflüglige Knaulwickelmaschine.

der Spannung der Fäden, sowie der Dampfzuführung in die Trockentrommeln erforderlich, um allen gerechten Anforderungen zu genügen. Alle als Appreturmasse angebotenen Sondermittel verursachen meistens nur sehr hohe Kosten, erzielen aber kaum das gewünschte Ergebnis. Hier gilt es noch mehr als in allen anderen Abteilungen durch mühevolle Kleinarbeit und Erziehung zur gewissenhaften Befolgung aller Arbeitsanweisungen das erstrebte Ziel zu erreichen.

Es ist selbstverständlich, daß der große Unterschied zwischen den feinsten Bindfadennummern, z. B. 2 Draht Nr. 16 engl. = 2 Draht Nr. 10 m und 6 Draht 0,8 engl. = 6 Draht 0,48 m auch einen Unterschied in den Maschinen erforderlich macht. Wesentlich ist dabei die Fadengeschwindigkeit und die Größe der zur Verwendung gelangenden Trockenfläche der Trommeln. Deshalb haben die

Hauptabmessungen der Knaulwickelmaschinen.

Knaulgewicht	2000 g	1000 g	500 g	500 g	200 g	100 g	50 g	25 g	12,5 g	10 g
Knaulgröße in mm	220 × 190 ⌀	175 × 150 ⌀		140 × 120 ⌀	105 × 90 ⌀	80 × 70 ⌀	70 × 60 ⌀	55 × 50 ⌀	45 × 50 ⌀	40 × 35 ⌀
Dorngröße in mm		230 × $^{37}/_{48}$		139 × $^{34}/_{40}$		130 × $^{30}/_{36}$		125 × $^{26}/_{32}$	120 × $^{22}/_{28}$	
Flügelgröße in mm		280 ⌀		190 ⌀	190/150 ⌀	150 ⌀		110 ⌀		
Flügelumdrehungen in Min.		900		1000		1100		1200		
Flügelanzahl/Masch. . . .		1					2			
Umdrehungen der Welle .		180		200	200			200		
Raumbedarf in m . . .		1,2 × 1,6			1,0 × 1,4			1,0 × 1,2		
Kraftbedarf in PS . . .		1			$^{3}/_{4}$			$^{1}/_{2}$		

Poliermaschinen für starke Nummern auch große Trommeln oder drei bis vier Trommeln gegenüber den Poliermaschinen für schwächere Bindfäden, bei welchen zwei Trockentrommeln ausreichend sind.

Die für die einzelnen Bindfadennummern zur Anwendung kommenden Poliermaschinen (welche von der Maschinenfabrik Memmingen, Inhaber Theodor Otto, hergestellt werden) sind in nachfolgender Zusammenstellung ersichtlich.

Die polierten Bindfäden werden nunmehr der Wickelei oder soweit Strähnenware in Frage kommt, der Weiferei zugeführt, um sie in eine handelsübliche Aufmachung zu bringen.

In der Wickelei wird der Bindfaden von den Fabrikationsspulen auf Knäule gewickelt. Eine gefällige Form der Knäule ist ein unbedingtes Erfordernis für ein ansprechendes Fabrikat. Die Form soll mehr eine hohe als runde sein, mit einer mehr angedeuteten als ausgesprochenen Einbuchtung durch die Binde. Diese letztere wird gebildet durch das Fadenende, welches etwa sechsmal möglichst in der Mitte der Knaulhöhe um das Knaul sorgfältigst herumgelegt, angezogen und dann verstochen wird. Es soll hierbei darauf hingewiesen werden, daß beim Verbrauch der Bindfadenknaule mit dem Fadenende von innen heraus begonnen wird. Die Stärke des Dornes, auf welchen das Knauel gewickelt wird, soll im Verhältnis zur Knaulgröße stehen. Während der Anfang des Knauels gegittert, d. h. mit größerem Fadenabstand gewickelt wird, weist das Äußere oder die Decke meist eine geschlossene Windung auf, also Faden an Faden gelegt. Nur bei den kleineren Knaulgrößen wird auf die geschlossene Windung der Decke verzichtet, um die Knäule nicht zu klein werden zu lassen.

Entsprechend der Bindfadenstärke erstrecken sich die Knaulgewichte von 2000 g, 1000 g, 500 g bis zu 100 g. Kleinere als diese gewöhnlichen Knaulgewichte sind üblich für den Einzel- und Kleinverkauf und erfordern wegen ihrer zeitraubenden Herstellung entsprechende Preisaufschläge. Die hierzu erforderlichen Knaulwickelmaschinen (Abb. 18 u. 19) werden für Knaulgewichte von 2000 bis 500 g mit einem Flügel und für Bindfäden von 500 g und weniger meistens mit zwei Flügeln ausgeführt. Knaulwickelmaschinen mit drei Flügeln haben nur

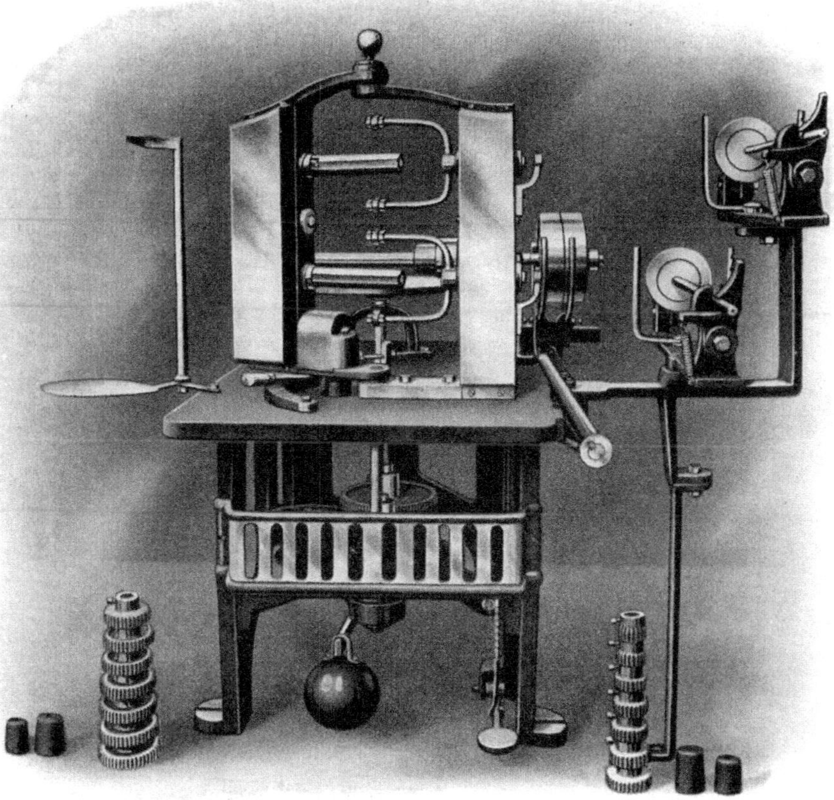

Abb. 19. Zweiflüglige Knaulwickelmaschine.

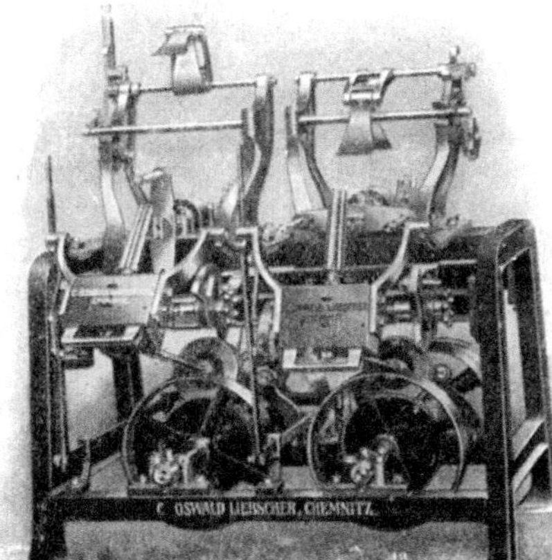

Abb. 20. Wickelautomat für Erntefäden.

dann Zweck, wenn ganz geschickte Arbeiterinnen zur Verfügung stehen, die während der Knaulbildung auch mit dem Umbinden von drei Knaulen fertig werden. Die Leistungen beim Wickeln sind noch mehr als alle anderen Arbeiten in den vorher beschriebenen Abteilungen von der Geschicklichkeit und Schnelligkeit der Arbeiterinnen abhängig. An und für sich ist die wirkliche Arbeitsleistung der Wickelmaschinen eine recht geringe, da die Hauptzeit durch das Abwiegen der Knaule verloren geht.

Einen Fortschritt stellt der Wickelautomat (Abb. 20) für Erntefäden und Knaulgewichte bis zu 2000 g dar. Bei diesem erfolgt Formung und Größe der Knaule ohne weitere Betätigung der Bedienung mittels auswechselbarer Kurvenscheiben.

Die Bindfädenknaule werden gewöhnlich in Papier zu Paketen verpackt und kommen normalerweise als solche in den Handel mit

6	Knäulen	zu	500	g	in	3-kg-Paketen,	
10	„	„	200	„	„	2 „	„
10	„	„	100	„	„	1 „	„

Hanfschuhgarne werden gewöhnlich in Einhalbkilopaketen verpackt.

Strähnenware wird nach dem Polieren geweift und nach Vorschrift gebündelt.

Die Pakete kommen nunmehr in das Bindfadenlager, welches Gestelle zur Aufnahme derselben hat. Das Lager muß übersichtlich angeordnet sein, darf aber kein direktes Licht erhalten, um ein Ausbleichen der dem Licht ausgesetzten Pakete an den Fenstern zu vermeiden. Die Pakete sind mit Etiketten und Bezeichnungen der Sorten, welche sie enthalten, versehen, gleichzeitig tragen diese Etiketten noch die Schutzmarke der Fabrik.

Chemische Technologie des Hanfes.

Von Dr. **G. v. Frank**, Berlin.

Wie beim Flachs handelt es sich hier in der Hauptsache um das Bleichen. Das hierbei ausgeübte Bleichverfahren ist ein kürzeres und weniger sorgfältiges als beim Flachs. Je nach dem gewünschten Bleichgrad läßt man alkalische Kochungen mit darauffolgender Bleiche sich mehrmals wiederholen, wobei man die Konzentration allmählich abschwächt.

Die alkalischen Kochungen führt man zweckmäßigerweise nur mit Soda bei gewöhnlichem Druck aus, die Bleichen mit Chlorkalk oder Elektrolytchlor. Nach jeder Operation wird gut gewaschen, nach dem Chloren auch gesäuert. Zum Schluß wird meist geseift und mit Ultramarin gebläut. Bei dieser Behandlung beträgt der Gewichtsverlust 10—20 %.

Von bisher nur geringer praktischer Bedeutung sind die Verfahren, die sich eine Kotonisierung des Hanfes zum Ziele setzen. Das „Verbaumwollen" ist bei allen Bastfasern möglich. Es beruht auf der Erkenntnis, daß der Bast der Bastfaserpflanzen morphologisch aus durch Pektin miteinander verklebten parallel gelagerten, bei Hanf und Flachs ca. 20 mm langen sehr feinen Elementarzellen besteht, die, durch geeignete chemische und mechanische Operationen isoliert, ein hochwertiges, baumwollartiges Spinnmaterial darstellen können.

Die Kotonisierungsbestrebungen sind zunächst ins Leben gerufen worden durch den Wunsch, die Abfälle der Flachsspinnereien nutzbringender als bisher zu verwerten, erfuhren dann eine außerordentliche Förderung durch die Fasernot der Kriegs- und Nachkriegszeit und besitzen auch jetzt noch angesichts der hohen Baumwollpreise einen Anspruch auf Förderung.

Was die praktische Durchführung der Kotonisierung betrifft, so muß gesagt werden, daß bis jetzt leider keines der bekannt gewordenen Verfahren mit vollem Recht den Anspruch erheben darf, für den Großbetrieb reif zu sein. Deshalb soll auch an dieser Stelle auf eine Beschreibung der auf diesem Gebiete sehr zahlreichen Patente verzichtet werden und nur eine kurze Zusammenstellung der Wege gegeben werden, die von den Erfindern, sehr oft auch kombiniert, angegeben wurden:

1. Kochen mit alkalischen Lösungen mit oder ohne Druck und unter Zusatz der verschiedensten Netzmittel.
2. Behandlung mit heißen Säurelösungen.
3. Behandlung mit Bleichlaugen oder gasförmigem Chlor.
4. Behandlung mit Sulfitlaugen wie bei der Erzeugung von Zellstoff.

Gegen die meisten der vorgeschlagenen Verfahren muß der Einwand erhoben werden, daß sie ihr Ziel, die Kotonisierung, bestehend in einer hinreichenden Entfernung der die Elementarfasern verklebenden Pektinstoffe, nicht erreichen lassen ohne einen beträchtlichen Angriff der Zellulosesubstanz der Elementarfasern selbst, die dadurch an Festigkeit und Elastizität und somit an Wert einbüßen.

Die erfolgreiche Durchführung jedes Kotonisierungsverfahrens hat ferner mit Schwierigkeiten zu rechnen, die nicht auf chemischem Gebiete liegen, vielmehr darin bestehen, daß die vom Stengel der Bastfasern herrührenden Holzteile gänzlich beseitigt werden müssen und daß das erhaltene kotonisierte Material sich nur unter Anwendung besonderer Maßnahmen verspinnen läßt.

Die die Kotonisierung betreffenden deutschen Reichspatente finden sich vor allem in der Klasse 29 b Gruppe 2. Aus der sehr großen Anzahl seien nur die folgenden genannt, von denen bekannt geworden ist, daß nach ihnen gearbeitet worden ist oder noch wird.

D. R. P. 328034, 1919. W. Gierisch, P. Krais und P. Waentig in Dresden:

Verfahren zur Herstellung von Einzelfasern aus Bastfaserbündeln unter gleichzeitiger Aufschließung vorhandener Holzteile und Inkrusten.

D. R. P. 331802, 1919. Dr. Bruno Possauner von Ehrenthal in Cöthen i. A.:

Verfahren zur Herstellung von leicht bleichbaren Zellstoffasern.

D. R. P. 410724, 1925. Dr. Bruno Possanner von Ehrenthal in Cöthen i. A. und Kar Scholz in Tetschen a. E.:

Verfahren zur Herstellung kotonisierter Fasern.

D. R. P. 402255, 1920. Emil Gminder in Reutlingen:

Verfahren zur Gewinnung von Fasermaterial durch Zerlegung von Bündelfasern in Einzelfasern.

D. R. P. 265205, 1911. Carl Kübler in Berlin-Wilmersdorf.

Verfahren zum Aufschließen von Pflanzenfasern, insbesondere Bastfasern, unter Zuhilfenahme von Kälte unter dem Gefrierpunkt.

D. R. P. 316109, 1918. Geraer Jutespinnerei und -weberei A. G. in Triebes:

Herstellung einer spinn- und webfähigen Faser aus Stroh und ähnlichen Halm- und Bartfasern.

Eine ausführliche Zusammenstellung der Patente findet sich in Band III der technischen Fortschrittsberichte: „Textilindustrie“ von P. Krais, S. 29.

Landwirtschaft und Weltwirtschaft der Hartfasern und anderer Fasern.

Von Direktor Dr. **P. Koenig**, Berlin[1]).

Auf tieferes Eingehen der landwirtschaftlichen und wirtschaftlichen Verhältnisse der im Folgenden besprochenen Fasern mußte verzichtet werden, doch wurde der Beschreibung des Manila- und Sisalhanfes, entsprechend der Bedeutung dieser Fasern im Welthandel, etwas mehr Raum gewährt. In der Abhandlung haben wir nur Fasern berücksichtigt, die so viel wirtschaftliche Bedeutung haben, daß sie vom Außenhandel wenigstens e i n e s Produktionslandes erfaßt werden:

Indischer Hanf[2]) (Crotolaria- und Hibiscus-Fasern),
Manila-Hanf,
Sisal-Hanf, (Henequen), und Maguey,
Neuseelandflachs-(hanf),
Mauritius-Hanf und Fiquefaser,
Sonstige Hartfasern (Agaven, Mangoe, Pita, Ixtle, Yucca, Cantala, Cabuya, Aloë, Sanseviera, Ananas, Musa, Abutilon, Rosella).

Andere Fasern: Kapok,
Ramie,
Esparto,
Palmfasern.

Von einer Beschreibung der übrigen fremden und einheimischen Fasern, namentlich der während des Weltkrieges und in der Nachkriegszeit zu einiger Bedeutung gelangten sog. E r s a t z f a s e r n haben wir ganz abgesehen, da diese — selbst die Nessel-, Typha- und Torffaser — keine wirtschaftliche Bedeutung erlangen konnten.

Die Produktion Deutschlands an sog. Ersatzfasern betrug in den Jahren 1918 bis 1920 je etwa 2000 t Torffasern, 1000 t Typhafasern und 250 t Nesselfasern. Wer sich über die Erastzfasern näher unterrichten will, bediene sich der Zeitschriften:

„Deutsche Faserstoffe und Spinnpflanzen“
und „Neue Faserstoffe“
und „Mitteilungen der Landesstelle für Spinnfasern“,

die im Verlage J. F. Lehmann, München, herausgegeben von Dr. Richard Escales, erschienen sind, aber nur wenige Jahre lang (1919 bis 1921) sich halten konnten. Weitere zusammenfassende Arbeiten sind enthalten in:

„Deutscher Faserstoff-Kalender 1919 und 1921 von Willy Ebert“, Berlin SW 11, Landesverlag, Bernburgerstr. 24—25.

„Textilfaserkunde mit Berücksichtigung der Erastzfasern“ von Dr. G. R a h n. Berlin: Julius Springer 1920.

---

[1]) Bei der Materialbeschaffung bzw. Bearbeitung der meisten der im folgenden behandelten Faserstoffe hat mich mein Mitarbeiter, Herr H. G r ü t t n e r freundlichst unterstützt. Ich möchte ihm auch an dieser Stelle meinen herzlichen Dank dafür zum Ausdruck bringen. — Für das Lesen der Korrektur danke ich Frau A. K e u k e r sehr herzlich. K o e n i g.

[2]) Indischer Hanf zählt zwar zu den Weichfasern (wie Cannabishanf, Flachs und Jute), wird aber aus Gründen des Zusammenhanges hier angeführt!

Auch der „Deutsche Leinenindustrielle“ („DLI“) und der „Spinner und Weber“ haben sich seinerzeit bemüht, Berichten über die Ersatzfaserstoffe genügend Raum zur Verfügung zu stellen.

Über die frühere und heutige Bedeutung der wichtigeren Hartfasern und anderer Fasern gibt die folgende Zusammenstellung in (geschätzten) Zahlen Auskunft:

Weltproduktion der Hartfasern und anderer Fasern.

	1913 t	1923 t	1925 t
Indischer Hanf	27000	21000	40000
Manilahanf	170500	186000	160000
Sisalhanf	210000	175000	231000
Neuseelandflachs . . .	28000	11000	18600
Mauritiushanf	2850	1000	1000
Kapok.	11000	15600	16000
Ramie	16000	26000	26000
Espartogras	190000	200000	240000

Zur Erklärung dieser Zahlen sei auf die Abhandlungen der einzelnen Faserstoffe hingewiesen und bemerkt, daß sie den Verbrauch des Produktionslandes einschließen. Der Rückgang der Sisalproduktion ist zunächst dem Rückgang in der Gewinnung von Sisalfasern (bis 1925) in den unter fremder Verwaltung stehenden deutschen Kolonien zuzuschreiben. Der Anbau der sog. „kleinen Fasern“, wie Mauritiushanf und Neuseelandflachs, geht zugunsten des Sisalanbaues zurück.

Indischer Hanf.

Es ist nicht so einfach, die Stammpflanze des „indischen Hanfs“ botanisch festzulegen, da die Faser verschiedener Pflanzen in Indien unter dem Namen „hamp“ in den Handel gelangen. Der echte Cannabishanf wird fast nur zur Herstellung von „Haschisch“ gebaut, bzw. gesammelt.

Crotolariahanf. Am häufigsten dürfte man unter indischem Hanf die Faser von der Schmetterlingsblütlerin Crotolaria juncea L.[1]) verstehen, ein Gewächs, das schon seit den ältesten Zeiten in Indien als Gründung gepflanzt wurde. Die Faser dieser Pflanze heißt in Indien „Sann“-Hanf oder „Sunn“-Hanf, sowie je nach dem Herkunftsgebiet Madras-, Bombay-, Kalkutta-, Benares-, Salfette-, Conkannee-, Travancore-, oder Taaghanf. In der indischen Sprache selbst wird er ebenfalls mit verschiedenen Namen bezeichnet, nämlich: chin pat, san, sun, tag, janaßa, schanapaur, chumese. Die Pflanze Crotolaria kommt fast überall in Indien wild vor. Sie wird aber in verschiedenen Gegenden auch kultiviert. Als Kulturpflanze wird sie nach der Regenzeit im Herbst gesät und im Frühjahr geerntet. In den Staaten von Benares und Allahabad wird sie im Frühjahr angebaut und im Spätsommer geerntet. Die Stengel werden bei gewöhnlicher Temperatur im Wasser geröstet. Die Faser ist 75 bis 150 cm lang, sehr weich, aber wenig fest. Eine festere Faser wird in den Gebieten von Jubblepore, Itarsi und Sioni gewonnen. Behördlicherseits versuchte man durch Auslese bessere Sorten einzuführen, hat aber damit bei den Einheimischen wenig Anklang gefunden.

Als Anbaugebiet von „Indischem Hanf“ wurden in den Jahren 1911 und 1912 je 816000 acres, 1913/14: 915383 acres, 1918/19: 576331 acres und 1921/22: 683521 acres angegeben.

Der Ertrag an „indischem Hanf“ betrug vor dem Kriege (1913) etwa 727700 Ztr.

---

[1]) Andre Crotolaria-Spezies siehe E. Schilling: Die Faserstoffe des Pflanzenreichs. Leipzig: S. Hirzel 1924.

Den besten Anhalt für die Produktion von Crotolaria- und Hibiscushanf zusammen hat man an den Ausfuhrzahlen, von denen die folgenden für die Jahre 1902 bis 1925 geltenden lückenlos angeführt seien:

	1902	1903	1904	1905	1906	1907	1908
Cwts.	386 966	439 799	477 309	439 439	512 662	598 502	658 607
£	256 353	289 817	323 589	298 753	361 317	458 327	537 570

	1909	1910	1911	1912	1913	1914	1915
Cwts.	472 641	480 695	500 187	530 949	623 269	711 548	670 227
£	397 892	397 128	409 819	477 216	642 373	682 319	662 889

	1916	1917	1918	1919	1920	1921	1922
Cwts.	608 267	732220	306720	489420	742100	407960	256200
£	683 583	1074124	529602	978642	1897097	861549	262384

	1923	1924	1925
Cwts.	412443	458847	669000
Rs.	72,87,000	76,43,000	60,85,000

England allein nahm im Jahre 1913 17390 t, 1915 28605 t, 1916 26732 t, 1919 32728 t und 1920 15532 t auf.

Der Hanfanbau ging also nach dem Kriege bedeutend zurück und erhöhte sich erst wieder im Jahre 1925 (abgesehen von 1920).

Crotolariahanf wird in Indien wenig (auch etwas in Verbindung mit Jute) verarbeitet vornehmlich in Bengalen, wo er in zwei größeren Betrieben (1924 mit 142 Arbeitern) zu Geweben (Canevas) verarbeitet wird. Im übrigen wird Hanf noch in der Hausindustrie vielfach versponnen.

Außer von Crotolaria juncea wird in Indien noch Hanf von Crotolaria Burhia und Crotolaria retusa in Vorderindien gewonnen. Crotolaria tenuifolia von der Coromandol-Küste ist die Stammpflanze des Jubbulporehanfs, der einen Ertrag von 700 kg je Hektar liefert.

Hibiscushanf. Ferner wird Hanf in Indien (Bombay, Zentralprovinzen und Madras) namentlich von Hibiscusarten, Familie Malvaceae, besonders von Hibiscus cannabinus L. gewonnen, deren Fasern wieder die verschiedensten Bezeichnungen haben. Am bekanntesten ist der „Bimlipatam"-Hanf oder „Kala-Chinbaung", „Gambo", „Ambari", „Dekkan-" oder „Abelmoschus"-Hanf. Die Indier nennen diesen Hanf in Madras „Palungu", „Pulichi", in Bengalen „Maesta", „Kanaff" und „Chandana". Von den Hindus wird er „Ambari", „Patzan", „Pulu" oder „Nalita" genannt. Bimlipatamhanf wurde in folgenden Mengen ausgeführt: Im Jahre 1902/03 65000 Cwts., 1904/05 178000 Cwts., 1905/06 245000 Cwts., 1906/07 298400 Cwts. Calcutta allein führte aus: 1921/22 197412 Cwts. und 1922/23 269487 Cwts.

Außer in Indien wird Hibiscus cannabinus namentlich auch in Rhodesien gebaut; er kommt dort auch wild vor und wird „Makukku" genannt. Andere Hibiscusfasern werden in Rhodesien aus Hibiscus vitifolius unter dem Namen „Sipossiwanena" hergestellt, ferner werden ähnliche Fasern von Urena lobata unter dem Namen „Mukuku" oder „Musito", von Triumfetta pendadra (Tiliaceen), genannt „Likaru" oder „Lukawa" und von Abutilon angulatum, genannt „Mukagandope" gewonnen. — Die im Handel unter „Roselle" bekannte

Hanfart stammt von Hibiscus Sabdariffa und wird in Indien, Malaya, Brasilien und Afrika angebaut oder von wild wachsenden Pflanzen gewonnen. In Brit. Malaya gedeiht sehr gut die Varietät Hibiscus Sabdariffa var. altissima, von der von 1923—1926 immer mehr angebaut worden ist. In Malaya findet sich ein guter Lokalmarkt für ,,Roselle ropes“. Aus Mesopotamien (Irak) wird ebenfalls über die Geweinnung einer guten Hibiscusfaser (Finnab) berichtet.

Auch der englisch-ägyptische Sudan liefert Hibiscushanf und wurde schon im Jahre 1919 eine gewisse Menge nach England ausgeführt. Der französische Sudan führte 1923 48 t Hibiscusfaser aus.

Der Verbrauch Deutschlands an indischem Hanf war vor dem Kriege erheblich. Es wurden beispielsweise im Jahre 1912 28272 dz und 1913 40576 dz eingeführt, d. h. Deutschland bezog vor dem Kriege 14,4 % der gesamten indischen Hanfproduktion.

Kendirfaser. Im Anschluß an die indischen Hanfarten sei noch einer Faser gedacht, die in den letzten Jahren viel von sich reden machte, der Kendir- oder Turkafaser. Ihre Stammpflanze ist Apocynum venetum L. = A. sibiricum Pall. ex Roem. et Schult (Apocynaceae). Sie wächst wild von Osteuropa bis nach China. Besondere Beachtung findet sie in Russisch-Zentralasien (Usbekistan, Kasakstan, Tadshikistan, Choresm, Turkmenistan und Kirgisenrepublik), wo auf 600000—700000 ha 30 Milliarden Sträucher vorkommen, die 300000 t guter Faser zur Herstellung von Bindfaden, Netzen, Geweben liefern ,,könnten“. (D. L. I. 1926, Nr. 34 nach russischen Berichten und Spinner und Weber v. 21. I. 1927, Nr. 3).

Literatur:

The Indian Yearbook 1926. — Statistical Department of Trade. Statistical Abstract for British Oversea Dominions usw. London 1924. — Annual Statement of Sea Borne Trade of British India. Vol. I. 1925. Calcutta. — Handbook to British Malaya by Captain R. L. German, London 1926. — Winkler, Hubert: Botanisches Hilfsbuch. Wismar 1912. — Koenig, P.: Faserstoffe der britischen Kolonien. D. L. I. 1925, Nr. 42. — Schilling, Ernst: Die Faserstoffe des Pflanzenreichs. Leipzig 1924. — Neues über Rosellafaser v. Tobler, D. L. I. 27. I. 1927, Nr. 4.

Manilahanf (Abaca).

Die Hauptausfuhrerzeugnisse der Philippinen sind Fasern, besonders Manilahanf. In geringerem Umfange werden noch Sisalfasern (Maguey oder Henequen) angebaut. Seit der ersten Ausfuhr von Manilahanf waren 1918 erst 100 Jahre verflossen.

Botanisch gehört der Manilahanf zu den Bananengewächsen (Musaceae, Scitamineae) und wird mit Musa textilis Née, auch Musa silvestris Colla, Musa Abaca, Musa troglodytarum var. textoria bezeichnet. Eine viel kleinere Art, die Musa basjoo (Sieb. et Zucc.), wird auf den Liukiuinseln angebaut. Die Eingeborenen nennen den Manilahanf Abaca, auf Mindanao wird er Koffo, in Amboina wird er Kula abbal,im Malayischen Archipel Pisang utan genannt. Der Name Manilahanf, nach dem großen Ausfuhrhafen dieser Hartfaser genannt, deutet schon darauf hin, daß sein Hauptanbaugebiet auf den Philippinen zu suchen ist. Besonders auf dem südlichen Teil der Inselgruppe gedeiht er. Seine Anbauzone reicht bis in die Höhe von etwa 1200 m. Natürlich ist die Niederung für die Pflanze besser als die Höhe, am besten gedeiht sie auf 100 bis 150 m Meereshöhe. Bevorzugt werden die östlichen und südlichen Küstenlandschaften.

Der Manilahanf verlangt viel und anhaltende Feuchtigkeit, weshalb zum Anbau Gegenden bevorzugt werden, die reichliche und gleichmäßig verteilte

Regenfälle aufweisen. Schon eine kurze Trockenheit schadet der Pflanze, längere Dürre aber vernichtet sie. Die atmosphärischen Bedingungen werden am besten in Süd-Mindanao erfüllt. Aber auch Luzon, Albay, Leyte, Samar, Marinduque, Negros, Panay, Camarines, Zebu, Mindoro bieten günstige Anbauverhältnisse. Recht gut gedeiht sie auf den Abhängen des Vulkans Mayon auf Albay. Diese hohen Ansprüche der Abaca an Feuchtigkeit und an hohe Luftwärme, die auf einem Teil der Philippinen in so hervorragendem Maße erfüllt werden, finden sich in anderen Ländern nicht so leicht. Versuche mit Abaca sind wohl schon verschiedentlich gemacht worden, so im Süden von Britisch-Indien, auf den Andamanen, Sundainseln, auf Kuba, Porto Rico, in Saigoon, in Cochinchina, in Britisch Malaya (in den Kuala Lumpurgärten), auf den Westindischen Inseln, in Florida und anderen tropischen Gegenden. In Deutsch-Ostafrika wurde Abaca mit Erfolg angebaut. Der dort gewonnene Hanf war von guter Qualität. Auch in Niederländisch-Indien wurden zuweilen gute Ansätze gemacht, Abaca anzupflanzen. Im Jahre 1905 wurden auf Java und Sumatra (Telok-Betong, Lampong) erfolgreich kleinere Pflanzungen angelegt, die gute Ergebnisse hatten und zu weiterer Ausdehnung dieser Kultur anregten. Der Höhepunkt der Kultur in Niederländisch-Indien soll im Jahre 1912 erreicht worden sein. Damals wurden auf Java von den Grundbesitzern 282 Bouw (1 Bouw = 7096,5 qm) und von den Einheimischen 2020 Bouw und auf den Außenbesitzungen 165 bzw. 70 Bouw angebaut. Die Manilahanfernten auf Java entwickelten sich vor dem Kriege wie folgt: 1908 100 t, 1909 150 t, 1910 350 t, 1911 400 t, 1912 500 t. Der Anbau hat sodann in Niederländisch-Indien wieder abgenommen. 1916 wurden 131 t zu 40000 fl. ausgeführt, 1918 wurden nur noch 81 ha in Reinkultur und 192 ha in Mischkultur (im Bezirk Lampong, Sumatra) angebaut. Die Ernte 1918 betrug 312 t. Für das Frühjahr 1919 (Januar bis März) wurde wieder eine Ausfuhr von 127 t berichtet. Als Ernte für 1919 wurden 276 t gemeldet. In Niederländisch-Indien wäre die Einführung großzügiger Anpflanzungen von Abaca nur im Großbetrieb möglich. Die Fasergewinnung konnte nicht mit den primitiven Geräten, wie sie die Einheimischen verwenden, erfolgen. Die angewandte maschinelle Entfaserung mit den Raspadoren ist aber offenbar von ungünstiger Wirkung auf die Faser, so daß die philippinische Faser der niederländisch-indischen auf dem Markte vorgezogen wird.

Der Pflanzungsort wird auf den Philippinen mit besonderer Sorgfalt gewählt. Die Pflanze soll nach Möglichkeit vor Wind geschützt werden, da sich die Fasern liefernden Blattscheiden von nicht verletzten Blättern natürlich besser entwickeln können. Auch wird Windschutz durch Anbau bzw. durch Stehenlassen von höheren Bäumen vielfach geübt. Ein Fruchtwechsel findet nicht statt, da die Pflanzungen meist 12 bis 25 Jahre auf demselben Felde bestehen bleiben. Schon daraus folgt, daß der Boden von Natur aus reich sein muß. Besonders gut eignet sich humusreicher alluvialer Waldboden und Vulkanboden. Die purpur- bis braunroten tonreichen Moorböden, deren Tongehalt dem Zerfall vulkanischer Steine und Asche zugeschrieben wird, werden zur Anpflanzung bevorzugt.

Die Anlage von Pflanzungen geschieht nicht, wie bei der Baumwolle oder bei der nahe verwandten Fruchtbanane, auf wohlvorbereitetem Felde, sondern meist auf Urland, das reiches Unterholz und reichen Baumbestand aufweist. Das Land wird zunächst vom Unterholz und dem Unkraut befreit, das zum Trocknen liegen bleibt und nach und nach verbrannt wird. Die großen Bäume bleiben als Windschutz stehen. Die Aschen der verbrannten Holzbestände dienen der jungen Kultur als wertvoller Kalidünger. Kali ist nach meinen eigenen Untersuchungen ein äußerst wertvoller Nährstoff für die Bananenarten. Man kann sie förmlich als Kalifresser bezeichnen. Die Asche der Bananenfrüchte ist nach meinen eigenen Analysen so reich an Kali, wie ich es bei keiner anderen Pflanze feststellen konnte. Es ist bemerkenswert, daß die Einheimischen, die von der Ernährung der Pflanze keine Ahnung haben, den hungernden Bananenpflanzen die Holzasche aus ihrem Haushalt zugute kommen lassen.

Nach der Ernte bleibt außer den Fasern alles auf dem Felde liegen, so daß dieser reiche Abfall nach dem Verfaulen von neuem als organischer Dünger ausgewertet wird. Gleichzeitig bedecken diese organischen Abfälle den Boden, so daß auch, ähnlich wie in unseren Laubwäldern, die Feuchtigkeit des Bodens erhalten bleibt.

Der Anbau der Abaca geschieht zu Beginn der Regenzeit mit Wurzeln oder Schößlingen, die in regelmäßigen Zwischenräumen von 2,5 bis 3,5 m in 30 cm tiefe Pflanzenlöcher eingesetzt werden. Zur Verhinderung des Überhandnehmens von Unkraut sind während der ersten Jahre Zwischenkulturen von Bataten, Erbsen, Bohnen, Mais usw. beliebt. Die Leguminosen sorgen dann gleichzeitig für Anreicherung des Bodens an Stickstoff. Als häufigste Zwischenkulturen werden Bataten und Mais angebaut; bei günstigen Bodenverhältnissen auch (gleichzeitig als Schutz) Kokospalmen. In trockenem Klima ist für die Abacapflanzen ein Schattenbaum nötig. In manchen Gegenden von Süd-Mindanao wo schwere und gleichmäßige Regengüsse niedergehen, kann der Schattenbaum entbehrt werden. In der ersten Zeit schützen übrigens Mais und andere schnell wachsenden Pflanzen die jungen Abacaschößlinge ausreichend. Die Auswahl der Wurzelschößlinge, die meist 1 m lang sind, geschieht mit Sorgfalt, und für verschiedene Böden verwendet man verschiedene Sorten. Allein auf den Philippinen zählt man 14 verschiedene Abacakultursorten, die in bezug auf Form, Größe und Form der Blattscheiden, sowie auf Faserertrag und Faserqualität sehr verschieden sind. Wenig üblich ist die Anlage von Pflanzungen aus Samen, da die aus Samen gezogenen Pflanzen 6 bis 12 Monate länger bis zur ersten Ernte brauchen als die aus Schößlingen gezogenen Pflanzen. Außerdem geben die Samenpflanzen keine einheitlichen Sorten, vielmehr kommen häufig Rückschläge vor, was bei den Faserpflanzen noch viel unangenehmer ist als bei den Fruchtpflanzen. Die Vermehrung durch Wurzeln ist leichter und billiger als die Anlage von Schößlingen, die auch weniger leicht anwachsen.

Die Pflanzen erhalten so gut wie keine Pflege. Nur in der ersten Zeit wird der Boden um die jungen Pflanzen herum gelockert und von Unkraut befreit, was übrigens bei dem Anbau von Zwischenkulturen sowieso geschieht. Die Entwicklung der jungen Pflanzen ist je nach dem Boden und den Niederschlägen sehr verschieden. In manchen Gegenden kann der erste Schnitt nach 20 Monaten, in anderen erst nach 3 Jahren ausgeführt werden. Die Schnittreife tritt kurz nach Erscheinen der großen lilafarbenen Blüten ein. Die Pflanze hat gewöhnlich 12 bis 30 Blattscheiden mit Blättern der verschiedensten Entwicklungsstadien angesetzt. Meist können nur 1 bis 3 der Scheinstämme eines Wurzelstockes geschnitten werden. Nach der ersten Ernte können gewöhnlich alle 6 bis 8 Monate die neuen, inzwischen hochgewachsenen Scheinstämme geschnitten werden. Der Abacascheinstamm wird 180 bis 660 cm, zuweilen bis 9 m lang und hat einen Durchmesser von 45 bis 50 cm. Der eigentliche Stammkern ist nur 15 bis 25 cm stark, an der Spitze nur etwa 5 cm. Die Frucht sieht aus wie eine Banane, doch ist sie größer, enthält schwarze Samen und ist kaum eßbar.

Ernte. Die Abacapflanze hat einen Scheinstamm, dieser besteht aus langen, röhrenförmigen Blattscheiden, die ineinandergeschachtelt, den Scheinstamm bilden. Das Schneiden der Scheinstämme erfordert große Geschicklichkeit, da die jungen, unreifen Schößlinge vor Beschädigung durch Anhacken geschützt werden müssen. Der Schnitt wird mit dem „Bolo", einem scharfen und an einer Stange befestigten Messer ausgeführt, und zwar wird der Scheinstamm 5 bis 7,5 cm über dem Stammgrund abgehauen. Die Blätter werden abgeschnitten, und nur die Scheiden werden verarbeitet.

Entfaserung. Die Fasern stellen die Bastzellen der Gefäßbündel der Blattscheiden dar. Die Entfaserung wird gewöhnlich 48 Stunden nach dem Schneiden der Blätter ausgeführt. Da der einheimische Handentfaserer leichter zu befördern ist als die schweren Blattscheiden, so wird er jeweils an die Erntestelle gebracht. Die Faser ist in der Blatthaut der Scheide enthalten. Die Entfaserung spielt sich in zwei Vorgängen ab. Zuerst werden die bandartig zusammenhängenden Fasern von der Scheide getrennt, und dann erfolgt die Trennung der Fasern selbst. Schon die Faserstreifen haben verschiedene Farbe, von weiß bis dunkelrot. Sie werden sofort sortiert und in einen aus Bambuspfählen gebauten und mit Abacablättern abgedeckten Schuppen gebracht. Dort werden die Fasern mit dem „Panguijan" oder „Jagutan" noch einmal abgestreift. An diesem Abstreifapparat befindet sich ein stumpfes Messer mit 35 cm langer Schneide und 37,5 cm langem Griff. Durch eine Bambusfederung kann mit Hilfe eines Tsetschemels das Messer gehoben oder gesenkt werden, je nachdem man einen Faserstreifen einzuschieben oder herauszunehmen wünscht. Durch Verlängerung oder Verkürzung des Bambusrohres ist der Druck leicht zu regulieren. Bei der Entfaserung hält man ein oder mehrere Faserbänder und ein rundes kurzes Holz in der rechten Hand. Die Bänder werden sodann unter das Messer gelegt und mit einem raschen Ruck darüber hinweggezogen. Es verbleibt ein kleines Bündel reiner Faser, die nun wieder sortiert wird. Durch dieses primitive Entfaserungsverfahren entstehen 20 bis 30 % Faserverluste. Die Abfälle werden für die Papierfabrikation verwertet. So einfach nun diese Entfaserungsarbeit erscheint, so anstrengend ist sie. Selbst der geübte Arbeiter unterzieht sich dieser Tätigkeit nur an 3 bis 4 Tagen, d. h. etwa 16 Stunden lang in der Woche.

Abgesehen von der Sorte, ist die Güte der Faser auch von der Art der Faserung und der Trocknung abhängig. Minderwertige Faser wird z. B. geliefert, wenn zur Entfaserung ein gezähntes Messer verwendet worden ist, womit die Arbeit sehr erleichtert, aber die Faser völlig unvollständig vom Gewebe getrennt wird, so daß zwar die Fasermenge groß, aber die Qualität gering erscheint.

Bei Benutzung eines glatten stumpfen Messers kann ein Arbeiter kaum mehr als 6 kg reine, hochwertige Faser im Tage oder 30 bis 40 kg (im Mittel 20 kg) in der Woche liefern, während er mit dem gezähnten Messer im Tage schon 25 kg Fasern abstreifen kann. Die fertig abgestreifte Faser wird an Bambusstäben zum Trocknen aufgehängt. Je nach der Gründlichkeit des Abstreifens beansprucht das Trocknen 4 Stunden bis 2 Tage. Das Trocknen muß sehr rasch vonstatten gehen, da sonst Verfärbung eintritt. Sodann wird die Faser in Bündeln gebunden und auf den Markt gebracht, wo sie der chinesische Zwischenhändler oder Vertreter des Ausfuhrhauses aufkauft. Der Anbau von Abaca vollzog sich bis jetzt in parzelliertem Betriebe, so daß eine Familie so viel Abaca anbaute, als sie nachher auch entfasern kann, und darin liegt die Stärke und Regelmäßigkeit des Manilahanfanbaues auf den Philippinen, während in Großbetrieben allzu leicht Arbeitermangel eintritt, was eine Pflanze, die so viel Handarbeit erfordert, nicht auf die Dauer vertragen kann (wie wir es bei Beschreibung der Abacapflanze in Niederländisch-Indien gesehen haben). Auf den Philippinen wurden in 1920: 400000 ha und 1923: 485340 ha mit Manilahanf bepflanzt, im Jahre 1924 handelte es sich um 513430 ha.

Je nachdem die Faser den äußeren oder den inneren Blattscheiden entstammt, ist sie sehr verschieden fein. Die äußeren Blattscheiden liefern natürlich gröbere und längere, die inneren feinere, zur Herstellung von Luxusartikeln geeignete Fasern.

Beim Ausfuhrhändler wird die Ware sorgfältig nach den verschiedenen Handelssorten verlesen und in Ballen von 2 Pikuls oder 275 lbs. gepackt. (Über Sorten wird später Näheres mitgeteilt.)

Eigenschaften der Faser. Die grobe Manilafaser ist 180 bis 480 (durchschnittlich 250) cm lang und durchschnittlich 220 μ ($\mu = 1$ Mikromillimeter) breit, während die feine Faser 1 bis 2 m lang und meist 15 μ breit ist. Die Reißlänge beträgt 31,8 km. Der Manilahanf bester Qualität ist von milchweißer Farbe. Die Farbe der ersten Scheiden ist hellgelb bis tief purpur. Die Faser ist glänzend, sehr leicht an Gewicht, stark und gleichmäßig gebaut, ihre Asche ist grün (vom Mangangehalt). Die Bedeutung der Abacafaser für die Schiffstauherstellung liegt in ihrer Stärke und Leichtigkeit. Die Faser nimmt bis zu 56 % Wasser auf und enthält selbst 12,5 % Wasser.

Mit Entfaserungsmaschinen hat man bis jetzt keine guten Erfahrungen gemacht; vor allem wird bemängelt, daß sie viel zu schwer gebaut und daher nicht transportabel sind. Auch ist ihre Mechanik noch zu kompliziert, um von den Einheimischen als praktisch gewertet werden zu können. Etwa 6 verschiedene Maschinen sind in den letzten Jahren erfunden und aufgestellt worden, ohne daß man jedoch gute Erfolge damit erzielt hätte. Sicherlich könnten durch eine gute Entfaserungsmaschine sowohl die Fasererzeugung erhöht als auch die Produktionskosten verringert werden.

Produktion. Der erste Bericht über die Abaca- oder Bananenfaser der Philippinen stammt aus dem Jahre 1686 von dem Engländer Dampier, der in Mindanao gelebt hat. Im Anfang des vorigen Jahrhunderts gelangten dann die ersten Faserproben zur Ausfuhr (1818: 41 t). Über die Produktion liegen im allgemeinen keine so genauen Zahlen vor wie über die Ausfuhr, doch bietet diese guten Anhalt auch über die Entwicklung der Produktion. So waren folgende Erntezahlen erhältlich:

1841 =	126000	Pikul	1893 =	1280000	Pikul	1910 =	168000	t
1875 =	520000	„	1908 =	132000	t	1911 =	160000	„
1889 =	1137000	„	1909 =	160000	„	1912 =	170000	„

In den letzten Jahren hat die Erzeugung infolge verschiedener Kriegswirkungen (Fallen der Preise, Stocken des Abtransportes und der Nachfrage) nachgelassen, doch werden für 1917 noch 158929 t, für 1919 166730 t als Ernte angegeben. Im Jahre 1919 wurde die Ernte mit 1 Million Ballen zu je 275 lbs. angegeben. Die Ernte 1920 wurde auf 900000 Ballen geschätzt. Im Jahr 1924 war die Produktion an Abaca: 194593 tons (und an Maguey 27578 tons). Zur Förderung der Kultur hat sich auf den Philippinen eine Gesellschaft National Development Co., mit einem Kapital von 25 Millionen $ (50 Millionen Pesos) gebildet, die den Hanfbau nach dem Muster der Comision Reguladora de Henequen in Yukatan (Mexiko) organisieren will. Außer der Förderung des Anbaues von Manilahanf gilt ihre Tätigkeit auch der Förderung des Handels, dem Ein- und Verkauf und der Ausfuhr.

Zur Vermeidung größerer Marktschwankungen sollen große Lagerhäuser errichtet werden.

Zur Veranschaulichung der Produktion der einzelnen Provinzen sei die folgende Übersicht gegeben:

Provinzen	1916/17		1917/18	
	t	%	t	%
Albay	23860	16,0	29851	17,9
Leyte	43379	29,1	44623	26,7
Camarines	13518	9,0	13024	7,8
Sorsoyon	16137	10,8	17738	10,6
Samar	16357	10,9	16405	9,8
Nord-Mindanao	15650	10,5	18932	11,3
Süd-Mindanao	7745	5,2	12426	7,5
Cavite	1278	0,9	2239	1,4
Andere Provinzen	11325	7,6	11664	7,0
	149249	100,0	166902	100,0

Wichtig erscheint es auch, die Produktion nach den verschiedenen Handelssorten geordnet kennenzulernen, die aus den folgenden Ernteergebnissen der Jahre 1917 und 1918 hervorgeht:

	1917 t	1918 t (long t)
Sorte A: Extra prima	1117	1105
B: Prima	2543	1206
C: Superior current	6263	2203
D: Good current	9558	5046
E: Midway	17883	17582
S. 1: Streaky Nr. 1	1958	1660
2: „ „ 2	4552	4681
3: „ „ 3	3136	2981
F: Current	26413	26364
G: Seconds	5127	6167
H: Brown	2882	3888
I: Good fair	18276	23674
J: Fair	20018	28484
K: Medium	7288	13274
L: Coarse	14006	12769
M: Coarse Crown	5402	3528
DM: Daet coarse brown	3100	3363
DL: Daet coarse	5906	5890
O. OO. Y. T. (andere Sorten)	3501	2855
zusammen:	158929	166730

Die Produktion nach guten und gewöhnlichen Sorten wird in der folgenden kleinen Übersicht veranschaulicht:

Sorten	Januar—Juni		Juli—Dezember	
	1917 t	1918 t	1917 t	1918 t
Sorten A—H (gut)	36406	39102	45025	24835
Andere Sorten	42114	47390	35384	55403
zusammen:	78520	86492	80409	80238
d. h. % gute	46	45	56	31

Schließlich sei noch eine kleine Übersicht über die Produktion, wie sie sich auf die verschiedenen Monate des Jahres verteilt, gegeben:

1918 in t.

Januar	11403	Mai	17551	September	11493
Februar	11796	Juni	16320	Oktober	13139
März	12420	Juli	13591	November	14028
April	17002	August	13851	Dezember	14136

insgesamt 166730 t.

Ausfuhr. Die folgende Aufstellung[1]) gibt ein anschauliches Bild über die Ausfuhr von Abaca von dem Jahre 1818 bis 1925.

Jahr	m/t	Jahr	m/t	Jahr	m/t
1818	41	1891	105064	1911	145601
1825	276	1892	85314	1912	174773
1840	8502	1893	115954	1913	118849
1850	8561	1894	95668	1914	116282
1860	30388	1895	102960	1915	143577
1870	31426	1899	84273	1916	136356
1880	50482	1900	89438	1917	163594
1885	65810	1905	128333	1918	165129
1886	59647	1906	112165	1919	124245
1887	91253	1907	109584	1920	111375
1888	101104	1908	128018	1921	119109
1889	89347	1909	158208	1922	184572
1890	67864	1910	164754	1923	206251
				1924	177312
				1925	151624

In Ergänzung der Zahlen der neueren Zeit sei noch folgendes ausgeführt: Von den Gesamtzufuhren in den philippinischen Häfen gingen im Jahre 1915 von 781000 Ballen 57% nach den Vereinigten Staaten, im Jahre 1916 von 880000 Ballen 65% nach den Vereinigten Staaten, von der Ausfuhr des Jahres 1917, die mit 1202000 Ballen angegeben wird, gingen 778000 Ballen nach den Vereinigten Staaten und 424000 Ballen nach Europa. (Die amtlich bekanntgegebenen Ausfuhrzahlen für Manilahanf im Jahre 1917 werden übrigens etwas niedriger angegeben, nämlich zu 1073765 Ballen.) Die Gesamtausfuhr aller Rohstoffe und Waren aus den Philippinen im Jahre 1917 machte 95,6 Millionen $ aus, wovon allein für 20 Millionen $ auf Manilahanf fielen. Deutschlands Einfuhr an Manilahanf- und Werg bezifferte sich 1913 auf 4000 t, 1923 auf 4100 t, 1924 auf 6400 t und 1925 auf 5400 t. (Unmittelbar von den Philippinen wurden 1924: 3178 dz nach Deutschland eingeführt.) — Holland nahm 1924: 6273 t und 1925: 7759 t Manilahanf (meist aus eigenen Kolonien) auf.

Eine andere Übersicht macht uns mit der Verteilung der Ausfuhr der Philippinen bekannt.

Nach	1917 t	1918 t	1921 t	1922 t	1923 t
Vereinigten Staaten	94070	85452	36497	83283	87510
Großbritannien	48648	62374	45968	61283	70610
Japan	11836	12728	—	—	—
Anderen Ländern	12204	6032	36644	40076	48410

Im Jahre 1924 war die Verteilung wie folgt: 1. U. S. A. 2. Großbritannien. 3. Japan. 4. Spanien. 5. Italien. 6. Frankreich. 7. Deutschland. 8. Australien. 9. Holland. 10. Kanada. 11. Hongkong. 12. Britisch Indien.

Ausfuhrbeschränkungen während des Krieges gab es erst vom 1. April 1918 ab. Selbst nach den Vereinigten Staaten war eine Verladungserlaubnis erforderlich, während nach anderen Ländern besondere Ausfuhrermächtigungen erteilt werden mußten. Am 1. April 1918 wurden auch Höchstpreise für den Manilahanf festgesetzt. Die Bezahlung des Preises mußte vor der Ausfuhr auf der Ausfuhrerlaubnisbescheinigung nachgewiesen werden.

[1]) Da der Ballen Manilahanf 125 kg wiegt, ist eine Umrechnung in Ballen dem Leser leicht möglich.

Seit langem wird der Manilahanf nach Handelsklassen eingeteilt, die oben bei der Angabe der Erträge nach Handelssorten aufgeführt worden sind. Einer besonderen Klassenbezeichnung der einzelnen Sorten bedient sich der amerikanische Handel. Auf den Philippinen finden einheimische Sortierungen vielfach Verwendung. Man unterscheidet:

1. Die Bandala-Sorte (die gewöhnlich zu Tauwerk verwendete Faser),
2. Lupis (feinere Fasern, gewonnen von den zarteren Teilen der Blattscheiden),
3. Quilot (geringere Sorte als Lupis zur Herstellung der „Guinaras"-Gewebe, welche als Stoff zur Tagalin-Kleidung dienen),
4. Tupus (Fasern der Innenseite der Blattscheiden. Sie werden besonders zur Herstellung des Frauengewandes Tapis verarbeitet),
5. noch feinere Sorten. Sie werden in einem Reismörser gestampft, wobei sie geschmeidig gemacht werden (zur Herstellung von Luxuswaren).

Der Qualität nach unterscheidet man 3 Hauptgruppen, davon die eine für die Vereinigten Staaten, die andere für England und die dritte für beide zusammen. Die Qualitäten für die Vereinigten Staaten werden mit dem Buchstaben A, B, C, D, E, F und I bezeichnet, die gemeinschaftlichen Qualitäten mit S1, S2, S3, G, H, J1. Die Sorten A, B, C, D und E werden in den Vereinigten Staaten zur Herstellung der besseren Seile und Taue verwendet, wie sie von der Marine und den Yachten benötigt werden, die Sorten F und I zu Seilen für die Kauffahrtei-Schiffahrt. Zur Herstellung von Bindfaden benutzt man in den Vereinigten Staaten die Sorten S1, S2, J1, G, S3, H und manchmal I. Die G-, S3- und H-Sorten sind zwar gut, haben aber eine mehr oder weniger dunkle Farbe, weshalb sie zum größten Teil zur Herstellung geteerter Garne benutzt werden.

Schließlich sei auf die Regierungsklassierung des Manilahanfes eingegangen. Das Gesetz betr. die Überwachung, Klassierung und Verpackung der Faserstoffe auf den Philippinen ist auf Veranlassung der Vereinigten Staaten eingeführt worden und am 1. Januar 1915 in Kraft getreten. Das Gesetz legt zunächst den Begriff „Fibre" fest, es übernimmt nur die Handels-, nicht aber die wissenschaftliche Bedeutung dieser Bezeichnung. Auch die Begriffe „Abaca", „Maguey" (= Cantala), „Sisal" werden erläutert. Ferner werden die Bezeichnungen „Strand" als in Bündeln geflochtene Strähnen, „String" als Schnur, „Tow" (Hede) und „Waste" (Abfall) geklärt. Die „Grading stations" sind die Klassierungsorte und die „Grading etablishments" die Klassierungsstellen, denen das Klassieren, Verpacken usw. erlaubt ist. Die amtlichen Klassierungsstandards legt der Landwirtschaftsdirektor im Auftrage der Regierung als oberster Beamter fest und unterrichtet darüber die nachgeordneten Stellen und den Handel, ebenso wie über die Bestimmung und Kennzeichnung der einzelnen Standards. Diese werden allen Überwachungsstellen in gleichmäßiger Weise zugänglich gemacht und dort, wenn nötig, erneuert. Es bestehen 6 verschiedene Arten von „Grading etablishments" nämlich Klasse I, der mehr als 5000 t zugeführt werden, Klasse II mit einer Untersuchungsmenge von 2500 bis 5000 t, Klasse III mit 2000 bis 2500 t, Klasse IV mit 1000 bis 2000 t, Klasse V mit 500 bis 1000 t und Klasse VI mit einer Menge unter 500 t im Jahre. Die „Grading permits" werden den einzelnen Untersuchungsstellen, die auch von Privatpersonen geführt werden können, erteilt, doch müssen sie genau nach dem Gesetz arbeiten. Sie haben je nach den oben genannten Klassen im voraus zu entrichten für Klasse I: 1000 Pesos, für Klasse II: 250 Pesos, für Klasse III: 250 Pesos, für Klasse IV: 100 Pesos, für Klasse V: 50 Pesos, für Klasse VI: 25 Pesos. Die für die Ausfuhr bestimmten Fasern müssen dem amtlich festgesetzten Standard entsprechend bezeichnet sein. Jede Prüfungsstelle kann eigene Merkzeichen verwenden, die jedoch beim Landwirtschaftsdirektor angemeldet sein müssen. Dieser kann auch eine Änderung der Marken veranlassen. Alle zur Ausfuhr kommenden Fasern müssen in Ballen gepreßt sein, die annähernd folgende Messungen aufweisen: Länge des Ballens 1 m, Breite 50 cm, Höhe 55 cm, Gewicht eines Ballens 125 kg Reingewicht. Auch die Grenzen der Durchmesser der Strähne, die Art des Zusammenlegens der Bündel im Ballen werden bestimmt. Ein Ballen darf nur eine Qualität Faser enthalten, und der Strähn muß zusammengebunden sein.

Die Gebühr für die Klassierung und Packung darf 8 Pesos für eine metrische Tonne nicht überschreiten. Zur Überwachung der einzelnen Stationen, insbesondere zur Prüfung aller zur Ausfuhr kommenden Fasern, der Merkzeichen, Ballenpackung usw. sind Faserinspektoren tätig, die eine Besichtigungsbescheinigung auszustellen haben, und zwar muß von je 20 Ballen mindestens einer untersucht werden. Inspektoren sind in allen Ausfuhrhäfen, aber auch in den Untersuchungsstellen im Innern des Landes tätig. Sie haben auch bei den Hanfbauern aufklärend zu wirken und sie namentlich darin zu unterweisen, wie sie ihr Erzeugnis den Anforderungen des Gesetzes entsprechend vorzubereiten haben, wie die Fasern bewertet werden und welche Preise sie für die Fasern erwarten können. Der Faserinspektor muß während der Arbeitsstunden zu jeder „Gradierungsstelle" und jedem Betriebe Zugang haben, damit er sich von der Innehaltung der Vorschriften überzeugen kann. Jede Sendung muß von einem Inspektionszeugnis begleitet sein. Beim Wechsel des Besitzers geht das Zeugnis mit in den Besitz des Käufers über. Für jeden untersuchten Ballen erhebt der Inspektor 10 Centavos an Gebühren. Der Inspektion sind auch die Fasern unterworfen, die im Lande selbst verarbeitet werden. Eine Veränderung der Stempel oder Merkzeichen oder eine Fälschung wird mit einer Geldstrafe von höchstens 250 Pesos bestraft. Die Ausführungsbestimmungen und Veränderungen der Bestimmungen dieses Gesetzes hat der Landwirtschaftsdirektor dem „Secretair of Public Instruction" vorzulegen.

Das umfangreiche (9 Druckseiten umfassende) Gesetz nimmt es mit der Verhinderung von Schwindel und Verfälschung recht ernst. Es mag für den Handel manche Unbequemlichkeit mit sich bringen. In der Tat haben sich auch die im Lande ansässigen ausländischen Firmen gegen das Gesetz gewandt. Aber die Regierung setzte es trotzdem mit dem 1. Januar 1915 in Kraft. Sicherlich kann das Vertrauen in die philippinischen Fasern dadurch nur gehoben werden.

Eine Neuordnung in der Überwachung des Manila-Hanfhandels trat am 1. Juli 1926 in Kraft. Die „Kommission" besteht außer aus dem Landwirtschaftsdirektor aus 2 Exporteuren, 2 Pflanzern, einem Taufabrikanten und einem Großhändler. Diese „Gemischte Behörde" besteht also nicht mehr nur aus Einheimischen, so daß ein wesentlicher Fortschritt und bessere Entscheidungen erwartet werden dürfen.

Industrie. Im Jahre 1820 brachte der Amerikaner John White nach Salem (Massachusetts) die erste Manilafaser. Während der Jahre 1824—27 wurde sie dann ausschließlich in Salem und Boston verarbeitet. In den folgenden Jahren wurde Manilahanf sowohl auf den Philippinen selbst wie in vielen anderen Ländern versponnen. Seine Verwendung zur Herstellung von besten Tauen sicherte ihm einen bedeutenden Platz im Welthandel. Als einziger Wettbewerber kommt der Sisalhanf (Henequen) von Mexiko in Frage, doch kann dieser zu solch erstklassigen Seilen, wie sie vom Manilahanf hergestellt werden, nicht ohne weiteres verwendet werden. Auf den Philippinen gibt es schon drei große Seilereien, davon sind zwei mit neuzeitlichen Maschinen, eine nur mit Handbetrieb, ausgerüstet. Sie decken die örtliche Nachfrage und führen ihre Erzeugnisse auch nach China und dem westlichen Amerika aus. In diesen Fabriken wird eine gröbere Abaca zur Herstellung von Tauwerk und allerhand anderen Gegenständen verarbeitet. Von den feineren Sorten werden Gewebe für die Herstellung von Gewändern

(Guinaras) für Männer und Frauen verfertigt. Häufig wird die Abacafaser auch mit Baumwolle und Seide vermischt verwoben. Die Gewebe kommen dann in den verschiedensten Mustern auf den Markt. Die Fabrikate werden in allen Feinheitsgraden hergestellt, vom zarten seidenartigen Gewebe bis zum groben Material, das zur Herstellung von Fischnetzen verwandt wird. Ferner werden Hängematten, Stoffbezüge und viele andere Dinge aus Abacahanf verfertigt. Die Seilfabriken der Philippinen verbrauchen rund 3000 t im Jahre, ihre Ausfuhr belief sich im Jahre 1923 auf 3160 t gegen 2631 t in 1922.

Mehrere neue Fabriken sind z. Z. (1925) im Entstehen begriffen. Eine davon im Hauptanbaugebiet der südlichen Insel Mindanao. 12 Fabriken zur Herstellung von Tagalhüten sind vorhanden.

Auch Kabel für die Erschließung von Wasser- und Öl-(Petroleum-)quellen werden aus Manilahanf (in einem Umfang bis zu 30 cm) hergestellt. Ferner wird ein Ersatz für Transmissionsriemen aus Abacafasern gewonnen. Diese Transmissionsriemen sind rund wie andere Seile und haben einen Umfang von 10 bis 16 cm.

Besonders wichtig für die Bewertung von Manilahanf ist die Herstellung von Getreidebindegarn, das in ungeheuren Mengen in den Vereinigten Staaten und anderorts zur Verwendung kommt. Mannigfach sind endlich die Erzeugnisse, die aus Mischungen von Manilahanf und anderen Fasern hergestellt werden können. Auch zur Herstellung des Manilapapieres werden als Rohmaterial die Abaca bzw. deren Abfälle verwendet.

Es zeugt immerhin von großer Tatkraft, daß die Philippinen eine so wichtige Industrie entwickelt und lebensfähig erhalten haben. Viele Jahre hindurch bildete der Manilahanf die Hälfte der Gesamtausfuhr der Philippinen; obwohl in letzter Zeit der Anbau von Kopra, Kokosnuß, Reis, Zucker und Tabak erhebliche Fortschritte gemacht hat, steht der, der einheimischen Bevölkerung offenbar sehr gut liegende Anbau der Manilafaser immer noch an erster Stelle.

Literatur.

The Philippin. Merchants Association Review. — King, A. E. W.: The mechanical properties of Philippine bast fibre ropes. Philippine Journ. Science Bd. 14, S. 6. — Dep. Oversea Trade of Philippine Islands, London 1926. — Koenig, Dr. P.: „Der Manilahanf“. Sammelmappe des Auswärtigen Amtes, Blatt 124/II u. 140/II. — Halama, Marta: Untersuchungen über Manilahanf. Faserforschung, Sorau 1921. — Bruck, W. F.: Der Faserbau in Holländisch-Indien und auf den Philippinen. Beiheft zum Tropenpflanzer Bd. 16, Nr. 5/6. — Jahrbuch (Yearbook) von Niederl.-Indien 1920. — Bureau of Insular Affairs of the War Department (Reports). — Der Deutsche Leinenindustrielle, Berlin (z. B.: 1926, Nr. 35). — Textildienst, Deutscher Wirtschaftsdienst, Berlin. — De Indische Mercuur. — Industrie- und Handelszeitung, Berlin. — Schilling, E.: Die Faserstoffe des Pflanzenreichs. Leipzig 1924.

Sisalhanf oder Henequen.

Die Heimat des Sisalhanfs ist Mexiko, das seit 1839 den Sisalanbau in größerem Maßstabe betreibt und bis etwa zum Jahre 1910 fast ausschließlich als Sisalhanf-Produzent in Frage kam. Besonders ist es die Provinz Yucatan, die wirtschaftlich von der Sisalhanfkultur vollständig abhängig ist. Sie bringt auch die Hauptmengen an Sisalhanf für den Weltmarkt hervor. Die Hauptausfuhr ging früher über die Hafenstadt Sisal, von der die Faser den Namen bekommen hat. Auch in den übrigen Staaten Mexikos wird Sisalhanf angebaut, jedoch in wesentlich geringerem Maße Zu den anderen Sisalhanf anbauenden Ländern gehörte vor dem Kriege Deutsch-Ostafrika, dessen Erzeugnis, wie wir weiter unten sehen werden, mit dem Sisalhanf Mexikos schon in starken Wettbewerb getreten war. Auch heute noch werden in verschiedenen britischen, französischen und portugiesischen Kolonien in Afrika bedeutende Gebiete mit

Sisalhanf bepflanzt, wenn auch der damalige deutsche Vorsprung noch nicht wieder erreicht ist.

Sisalhanf wurde außerdem seit etwa 100 Jahren in Florida, auf den Bahama-Inseln, auf Kuba und in verschiedenen mittelamerikanischen Staaten mit mehr oder weniger Erfolg kultiviert. Auch auf den benachbarten großen und kleinen Antillen-Inseln, wie Jamaika, Haiti u. a. wird Sisal — dort vielfach Loguil genannt — angebaut. Von den südamerikanischen Staaten sind Kolumbien, Peru und Venezuela als Anbaugebiete bekannt, wo der Faser der Name „Caballo" zugelegt wird. In Afrika wurde außer in Deutsch-Ostafrika noch in Britisch-Ostafrika, in Erythräa, an der Goldküste, in Mozambique, Togo, Portugiesisch-Ostafrika und Angola Sisal zum mindesten versuchsweise angepflanzt.

In Asien ist die Sisalkultur in Niederländisch-Indien und auch auf den Philippinen gepflegt worden. Auch von Indochina wird berichtet, daß dort Versuche mit Sisal aufgenommen worden seien. Der Vollständigkeit halber sei noch erwähnt, daß man auch in Australien nach dem Kriege Sisal anzubauen versucht hat. In Europa wird Sisal außer in botanischen Gärten kaum angetroffen werden. Aus den als spanische Provinz geltenden Kanarischen Inseln, die aber geographisch zu Afrika zu rechnen sind, wurde schon vor dem Kriege von geringem Sisalanbau berichtet.

Sisalhanf stammt von einigen, einander sehr nahestehenden Agavearten (Amaryllidaceae), von denen die wichtigsten Agave (rigida var.) sisalana Perrine (genannt Yaxci) und var. elongata (genannt Sacci) und Agave Cantala Roxb. (Maguey) sind; die erstere (Yaxci) hat grüne, die zweite (Sacci) durch einen Wachsüberzug weißlich erscheinende Blätter. Die älteste Henequenart kommt von Agave fourcroydes Lemaire.

Der Anbau der Sisalagaven gestaltet sich ziemlich einfach. In Yucatan, wo man den Hanf „Henequen" nennt, wird jedenfalls wenig Sorgfalt auf die Pflege der Pflanze verwendet; es ist aber selbstverständlich, daß sie für eine gute Bearbeitung während des Wachstums sehr dankbar ist. Nässe verträgt die Pflanze nicht; sie liebt steinigen oder gar felsigen Boden; in feuchten Gegenden ist es zweckmäßig, die Setzlinge (Wurzelstöcklinge) auf einer kleinen Erhöhung anzupflanzen. Seltener geschieht die Fortpflanzung durch Brutknospen (Bulbillen). Die Abstände der einzelnen Pflanzen dürfen nicht zu klein bemessen werden. Für Agave elongata wird 3,5 m Zwischenraum und 2,5 m Reihenabstand angegeben. Ein dichteres Pflanzen ist wohl aus dem Grunde nicht anzuraten, weil die Pflanzen sich weniger gut entwickeln können und weil man später beim Pflegen (Unkrautjäten) und Ernten der Pflanze sich nur schwer zwischen den mit scharfen Endstacheln bewaffneten Blättern bewegen kann. Bei der Ernte muß man darauf achten, die Pflanze nicht zu jung und nicht zu reif zu schneiden, da dies einen großen Einfluß auf die Qualität der Faser hat. Es ist einige Erfahrung nötig, um den richtigen Augenblick der Reife zum Schnitt zu erkennen. Im allgemeinen kann man sagen, daß die Reifezeit gekommen ist, wenn die Blätter eine dunklere Farbe anzunehmen beginnen und der Winkel von der vertikalen Linie zum Blatt größer als 40 bis 45^0 wird. Als Regel wird dabei angenommen, daß 20 bis 22 Blätter an der Pflanze bleiben müssen. Das Blatt muß mit einem scharfen Messer („Corba" oder „Macheta" genannt) unmittelbar am Stamm abgeschnitten werden. Je nach der Sorte, Pflege, dem Boden und Klima kann zwei-, dreiauch viermal im Jahre geerntet werden. Durchschnittlich erhält man 6 bis 8 Blätter von etwa $1^1/_2$ m Länge und ungefähr je 1 kg Gewicht von jeder Pflanze bei jedem Schnitt. Die Lebensdauer der Pflanze ist sehr verschieden, je nach dem Boden und dem Klima. Auf gutem Boden mit feuchtem Klima lebt die

Pflanze nicht so lange als auf geringem Boden mit trockenem Klima. Im ersten Falle wird sie oft nicht älter als 6 bis 8 Jahre, während sie im zweiten Falle bis 25 Jahre alt und älter wird. Man unterscheidet in Mexico etwa 8 Sorten Agaven, von denen als wichtigste zu nennen sind: 1. Sac-ci, 2. Chucun-ci, 3. Quintan-ci.

Der Ertrag an Fasern ist sehr verschieden. In Yucatan können unter günstigen Umständen von einem Hektar 60000 bis 80000 Blätter in einem Jahre gewonnen werden, die etwa 1700 kg Fasern bringen, doch sind die jährlichen Erträge der einzelnen Pflanzungen sehr verschieden je nach dem Alter und der Sorte. Der Ertrag steigt gewöhnlich bis zu dem siebenten oder achten Jahre, bleibt dann ein oder zwei Jahre stetig, um dann allmählich wieder zurückzugehen. Die Saccisorte liefert jährlich 20 bis 30 Blätter von 1,3 bis 1,5 m Länge. Die beiden anderen genannten Sorten sind weniger ertragreich, doch ist die 3. Sorte sehr geschätzt. Die Yaxcisorte wird besonders im Süden und Osten angebaut.

Die Faser der Henequenpflanze wird in Yucatan nicht gewaschen und nur während des Trocknens an der Sonne gebleicht. Für die Aufbereitung wird allgemein die im Produktionsgebiet gebaute, noch sehr verbesserungsbedürftige Entfaserungsmaschine (Raspador) verwendet. Im Vergleich zu dem ostafrikanischen Produkt ist die Yucatanfaser bei weitem nicht so gleichmäßig und von größerer Sprödigkeit. Mit der Hand wird die Faser in Ballen zu 160 kg, mit der Maschine zu 175 bis 225 kg gepreßt. Durchweg wird während des ganzen Jahres geerntet; in besonders trockenen Gebieten werden in den Monaten Mai bis Juli keine Blätter geschnitten, weil sie dann zu hart für die Maschine werden. Besitzer der Sisalpflanzungen sind Mexikaner, fremdes Kapital ist nicht beteiligt. Die mit modernem Maschinenmaterial ausgerüsteten beiden Fabriken „La Industrial“ und „Cordeleria Mayapen“ in Merida verarbeiten etwa 2,5 % der Gesamternte, obwohl sie ihrer Leistungsfähigkeit nach nahezu 10 % des Rohmaterials gebrauchen könnten. Etwa 14000 Blätter können stündlich entfasert werden. Der Trockenfasergehalt der Blätter beträgt etwa 4 %.

Nach Dr. B. Schmidt (D. L. I. 1926, Nr. 28) sind die geernteten Blätter noch am Tage der Ernte zu entfasern und dürfen keinesfalls länger als 2 Tage liegen bleiben, da sie sonst in Gärung geraten, die die Fasern unbrauchbar macht. Die aus den Maschinen herauskommende Faser ist von grünlicher Farbe. Sie wird sofort in zementierte Zisternen eingeschichtet und mit dünner Seifenlösung übergossen. Am nächsten Tage werden sie noch beschwert. Am andern Morgen werden die Fasern mit frischen Wasser abgespült und dann in Strängen auf Kupferdrähten in der Sonne getrocknet und gebleicht. Nach 1 bis 2 Tagen haben die Fasern dann eine hellgelbe Farbe angenommen. In modernen Sisalanstalten werden sie nicht unmittelbar verpackt, sondern zuvor mit Bürstenmaschinen gereinigt und dann erst in Ballen gepreßt, mit einer Matte umgeben bzw. mit Bandeisen zum Versand fertiggestellt.

Während die Sisalpflanze bei der verhältnismäßig schlechten Pflege in Mexiko 4 bis 8 Jahre zur Reife benötigt, ist diese in Deutsch-Ostafrika bereits nach $2\frac{1}{2}$ bis 3 Jahren ermöglicht worden.

Die Größe der Sisal-Anbaufläche im Staate Yucatan wurde im Jahre 1920 auf etwa 900000 ha angegeben, wovon 225000 ha schnittreif waren. In den übrigen Staaten Mexikos ist die Anbaufläche verhältnismäßig gering. 1924 gab es in Yucatan 1164 Sisalplantagen. Versuche, im nördlichen Mexiko Sisal zu pflanzen (längs der Linie Montery-Tampico) haben sich als erfolgreich erwiesen (1926 monatliche Produktion: 200 t). Die Ver. Staaten wollen daraufhin die Sisalanpflanzung in dem nahegelegenen Südtexas aufnehmen. Auf der Halbinsel

Florida sollen im Jahre 1920 250000 acres angepflanzt worden sein. Von Jamaika berichtet man über den Anbau von 500 acres, von Niederländisch-Curaçao über 185 acres. Bedeutender ist der Anbau in Britisch-Ostafrika, wo die Anbaufläche auf 15000 acres angegeben wird. In Portugiesisch-Ostafrika nahmen die Sisalanpflanzungen an Ausdehnung zu. Es wurden 1920 1500 ha, 1921 2000 ha mit Sisal angebaut. 1920 wurden 700 Ballen Sisalhanf von Beira aus verschifft. Deutsch-Ostafrika führte aus Mexico im Jahre 1893 die ersten Sisalpflänzlinge ein und baute schon 1908 etwa 14200 ha (davon damals ertragsfähig 4376 ha) und 1913 24750 ha (ertragsfähig 14360 ha) an. In Kenya wurden 1923 39036 acres mit Sisal bestellt (1922 viel weniger). Auf Niederländisch-Indien (Java) wird Sisal besonders in den Gegenden von Kediré und Paszerean angebaut, und zwar auf Böden, die sich nicht für Kaffee und Gummi eignen. Im Jahre 1918 erreichte die Anbaufläche von Sisalhanf auf Java 9350 ha und im Jahre 1919 etwa 10000 ha. 1925 beschäftigten sich schon 30 Unternehmungen mit Sisalanbau auf 16191 bows, von denen 7916 bows einen Ertrag abwarfen. Produktion (1924): 97570 Picul „Fibre" und 1197 P. „Hemp". Seit 1905 wird Sisal auch in Britisch Malaya, besonders im Westen der Halbinsel angebaut. Central Pahang wird als besonders geeignet bezeichnet. — Auf Mauritius wurden im Jahre 1923 versuchsweise 430 acres mit Sisal bepflanzt.

Als Welternten des Sisalhanfs werden vor dem Kriege auf über 260000 t angegeben, wovon in Mexiko allein 178000 t (1914: 172000 t = 982000 Ballen) gewonnen wurden; auf Java, Bahama-Inseln, Hawai und Britisch-Ostafrika entfielen 16000 t und auf Deutsch-Ostafrika nach kurzjähriger Arbeit schon 20000 t.

Erntezahlen im einzelnen liegen von Mexiko nur wenige vor. Im allgemeinen muß man sich an die Ausfuhrzahlen halten, da diese sich mit den Erntezahlen so ziemlich decken. Es wurden ausgeführt im Jahre:

1909	99200 t	1914	177340 t
1910	101300 t	1915	176055 t
1911	122000 t	1916	211321 t
1912	128000 t	1917	200000 t.

Aus Yucatan selbst wurden im Jahre 1913 142250 t und 1914 171250 t Henequen ausgeführt.

In der Folgezeit ist die Produktion, die, wie wir gesehen haben, wegen des gewaltigen Verbrauchs von Sisalhanf durch die Vereinigten Staaten sehr stark gestiegen war, wenig übersichtlich. Die Ernte betrug 1918 noch ungefähr 1161000 Ballen zu 400 lbs. und 1919 932000 Ballen. Im Jahre 1920 machte die Ernte kaum 800000 Ballen, 1922 nur noch 434036 Ballen, 1923 wieder 600000 Ballen aus. Die Produktion betrug 1921 115,7, 1922 122,4 Millionen kg bei einer schnittreifen Anbaufläche von 182000 ha. 1925 erntete man in Mexiko 138174 tons Sisal.

In 1922 fiel die Ausfuhr auf 66352 t als Folge der Ansammlung großer Vorräte in den Vereinigten Staaten während 1920. Die Verkaufsregulierung in Yucatan übernahm daher die (weiter unten behandelte) „Comision Exportadora de Yucatan", die die gesamten Vorräte mit Beschlag belegte und die Ausfuhr überwachte. Gleichzeitig unternahm die Regierung Schritte, um den Anbau nach einem aufgestellten Schlüssel zu verringern, bis die Vorräte untergebracht waren. Als Folge dieser Bestrebungen in Mexiko unternahm die Landwirtschaftsabteilung der Vereinigten Staaten von Amerika den Versuch, den Anbau von Sisal auf den Philippinen, auf Florida, Hawai usw. zu fördern, ohne daß indessen hiermit wesentliche Erfolge erzielt wurden. In der mit dem 31. August 1923 endenden Saison wurden 547487 Ballen Henequen ausgeführt, von denen verschifft wurden: nach den Vereinigten Staaten von Amerika 400042, England 18452, Frankreich 75879, Deutschland 7001, Italien 416, Schweden 14073, Norwegen 27, Holland 8044, Belgien 11811, Spanien 694, Portugal 173, Argentinien 1367, Brasilien 606 und Kuba 7999 Ballen. Damit war die Ausfuhr dieser Saison um 104372 Ballen höher als 1921/22. Im Jahre 1923 führten die Vereinigten Staaten aus Mexiko mehr als 75000 t ein, während nach Europa 149000 Ballen zu je 500 lbs. verschifft wurden; im Jahre 1924 wurden 99052 t Sisal verfrachtet.

Vor dem Kriege kamen an Sisalhanf (aus Deutsch-Ostafrika) in Hamburg allein 22000 t an. Durchschnittlich wurden in den letzten Jahren 35000 Ballen = 3800 t „Mexican Fibre" über Hamburg eingeführt.

Etwa zwei Drittel der gesamten Weltproduktion werden nach den Vereinigten Staaten von Nordamerika eingeführt. Die Statistik zeigt, daß die Einfuhr der Vereinigten Staaten aus verschiedenen Ländern im Jahre 1922 79458 t, 1924 96969 t, 1925 145981 t betrug. Die Wiederausfuhr rohen Sisals stellte sich im Jahre 1922 auf 9405 t, die Ausfuhr von Bindegarn auf 33217 t (man schätzt den Anteil des Sisalhanfs daran auf 26316 t); der einheimische Verbrauch erforderte 43686 t. Diese Zahlen waren im Jahre 1923 etwas größer. Die Einfuhr erreichte in diesem Jahre 100032 t, der einheimische Verbrauch 63045 t. Das Spitzenjahr für die Einfuhr war 1916, in dem diese 221126 t erreichte, aber der Höhepunkt des einheimischen Verbrauchs wurde im Jahre 1914 erreicht, wo 169814 t im Inlande verblieben. Der Wert der Einfuhr der Ver. Staaten an Sisal erreichte 1924/25: über 20 Mill. $ und 1925/26 fast 24 Mill. $.

Als Verkaufsorganisation ist 1916 aus der Vereinigung der Henequenpflanzer die von der Regierung begründete Comision Reguladora del Mercado de Henequen hervorgegangen; sie entstand unter der gesteigerten Nachfrage während der Kriegszeit, hat aber mit dem Abflauen des außergewöhnlichen Geschäftes, den Absatzstockungen und einem starken Absatzrückgang ihre frühere einflußreiche Stellung eingebüßt. Einesteils ist zu berücksichtigen, daß die mexikanische Regierung an den finanziellen Auseinandersetzungen dieser Comision mit Pflanzern und Abnehmern beteiligt ist, anderseits haben kanadische und nordamerikanische Banken durch Bevorschussung eine Kontrolle über den Markt und die Preisgestaltung erlangt, die sie sich nicht aus der Hand nehmen lassen wollen. Diese Gründe haben bisher eine Auflösung der Comision verhindert. Es ist jedoch auch darauf hinzuweisen, daß die Comision durch Gewährung von Darlehen an die Pflanzer segensreich gewirkt hat, um eine Kultivierung von Brachland zu erreichen. Auf diesem Wege sind 2,5 Millionen Pesos zu einem Zinssatz von 1 % an die Plantagenbesitzer ausgeliehen worden. Ob es indes allein damit gelingen wird, die Produktion auszubauen, muß erst abgewartet werden. Hemmend wirkt bis zu einem gewissen Grade die Höhe der in Yucatan gezahlten Arbeitslöhne, die sich 1921 zwischen 1,50 und 4 Pesos bewegten, damit aber gegenüber 1917/18 immerhin nur um die Hälfte gesunken waren. Dazu kommt, daß die unsorgfältige Aufbereitung der Faser ihre Verwendungsmöglichkeit begrenzt. Das Wesentliche jedoch, das einer besseren Entwicklung entgegensteht, ist der von den Vereinigten Staaten von Amerika ausgehende Wettbewerb, der sich in Bestrebungen äußert, auf Kuba eine eigene Produktion zu begründen. Letzten Endes ist noch auf das Fehlen jeglicher andersartiger landwirtschaftlicher Erzeugung und die dadurch in besonderem Grade bedingte teure Lebenshaltung in Yucatan hinzuweisen, die auf eine Verlegung, zumindest der industriellen Verarbeitung der Faser in die billigeren Staaten am mexikanischen Golf drängt. Wie in Fachkreisen angeführt wird, liegen aber auch für den Anbau von Henequen die wirtschaftlichen Verhältnisse in den Staaten Veracruz und Tamaulipas weit günstiger als in Yucatan. Um auf der bisherigen Grundlage eine Wirtschaftlichkeit — namentlich angesichts des Preisstandes für die Ausfuhrware — sicherzustellen, müßten die Absatzgebiete, vor allem in den europäischen Ländern derart erweitert werden, daß jährlich rund 800000 Ballen ausgeführt werden könnten. In Europa stößt eine solche Möglichkeit zunächst durch die geschwächte Kaufkraft der meisten Länder, sodann aber infolge des Wettbewerbs mit dem besseren ostafrikanischen Produkt einstweilen auf erhebliche Schwierigkeiten. —

Im Jahre 1922 wurde die Exportadora umorganisiert, welche die Preise zwischen 6 und 6,5 cts je Pfund gebracht und gehalten hat. Sie verlangte, daß die Käufer von Hanf neuer Ernte auch einen gewissen Teil der alten Vorräte mit übernehmen mußten und hat es auf diese Weise fertiggebracht, die Vorräte der Reguladora von 450000 Ballen abzusetzen.

Es bestehen in Yucatan ungefähr 250 Anstalten, die damit beschäftigt sind, die Fasern vom Blattfleisch zu trennen. Etwa 85 % der gesamten Fasererzeugung wird von diesen Anstalten ausgearbeitet. Es gibt in Yucatan 712 Sisalhanferzeuger; 685 davon sind Mitglieder des Verbandes der kleinen und mittleren Henequen-Anbauer. Durch erneuten Zusammenschluß aller Sisalproduzenten wurde 1925 ein Verband unter dem Namen „Sociedad Cooperativa Limitada Henequeneros de Yucatan“ in Merida gegründet. Diese Gesellschaft umfaßt die früheren Vereinigungen: 1. „Union de Grandes Productores“ und 2. „Liga de Medianos y Pequenos Henequeneros“. — Fabriziert werden in Mexiko Bindegarne, Stricke, Taue, Gewebe, Säcke usw., von denen große Mengen nach den Vereinigten Staaten von Amerika ausgeführt werden. Vertreter amerikanischer Häuser in Merida sind die Firmen Montes & Cia für die International Harvester Co. in Chicago und Artur Rice für Harry W. Peabody & Co., in Boston. Auch bei den Fabrikunternehmungen ist ausländisches Kapital nicht beteiligt.

Von den Mexiko benachbarten wichtigen Sisal-Produktionsländern spielen Kuba und Jamaika die bedeutendste Rolle. In Matanza wird die Sisalagave reichlich angebaut; es findet aber von dort aus nur eine geringe Ausfuhr statt, da eine dort bestehende Fabrik die Gesamtproduktion in der Umgegend selbst verbraucht und sogar noch Sisal von den Nachbarinseln und außerdem noch Jute verarbeitet.

An der Nordküste Kubas wird Sisal besonders in Cayo Romano, dann in Mantaza, Cardenas und Nuevitas angebaut, ferner befinden sich in Cayo Sarinal, Cayo Coco, Isle de Guyabas noch reichlich Ländereien, die zum Anbau von Sisal geeignet sind. Die Anbaufläche vergrößerte sich von 8000 acres in 1924 auf 33000 acres in 1925. Die Produktion belief sich 1926 auf 20 Mill. lbs. Faser.

Ausgeführt wurden aus Kuba im Jahre 1909: 1200 t, 1910: 1600 t, 1911: 1800 t und 1912: 2100 t. Die Ver. Staaten erhielten 1920: 74249 lbs. und 1922: 1217 t Sisal aus Kuba.

Auf Jamaika gedeiht Sisal sehr gut auf Kalkboden, in verschiedenen Gegenden auf Alluvialboden. Das Landwirtschaftsdepartement der Insel hat dem Sisalanbau seine besondere Aufmerksamkeit geschenkt. Regierungsseitig ist in Lotiz eine Fabrik errichtet worden, die seit 3 Jahren Versuche anstellte, die die besten Erfolge gezeitigt haben. Wenn man jährlich von jeder Pflanze 30 Blätter schneidet, so beträgt der Ertrag an Fasern 938 bis 1433 engl. Pfund je acre. Die Pflanzer werden auf jede Weise ermutigt, Sisal anzubauen, und man schätzte die Ernten im Jahre 1922/23 auf etwa 200 t Faser; für das Jahr 1924/25 rechnete man mit einer Ernte von rund 550 t und 1925/26 von rund 1000 t.

In Clarendon (Jamaika) sind von privater Seite drei Fabriken errichtet worden; auch hier erwartet man vom Sisalanbau reiche Erträge, zumal die

Erzeugungskosten in Jamaika etwa die Hälfte billiger sein sollen als in Mexiko.

Von den Bahama-Inseln wird berichtet, daß aus Grand-Bahama-Island im Jahre 1915 1300 lbs. Sisal ausgeführt wurden. Von Long-Island kamen zur Ausfuhr 1915 200000 lbs., 1918 5841000 lbs. und 1919 6343000 lbs. Von den Turks- und Caicos-Inseln wurden 1914 für 10790 $ und 1915 für 18640 $ ausgeführt.

Von sämtlichen Inseln wurden die folgenden Mengen an „Bahamas Hemp" geerntet: 1925: 2032 t und ausgeführt:

	1907	1908	1909	1910	1911	1912	1913	1914
Menge: tons	1922	2358	2610	2811	2979	3601	3180	2447
Wert: £	46669	42627	48805	42057	44855	66427	69568	46568

	1915	1916	1917	1918	1919	1920	1921
Menge: tons	3453	3736	3348	2607	2831	1939	108
Wert: £	72601	114465	181700	128564	85131	51329	2249

Aus Niederländisch-Curaçao wurde im Jahre 1919: 14335 kg Sisalfaser ausgeführt.

Honduras. Im Bezirk von Tegucigalpa sind 1919 Versuche mit dem Anbau von mexikanischem Sisal gemacht worden. Außerdem machten mehrere kleinere Pflanzer Anbauversuche.

Die Ernte an Sisalfaser in Kolumbien betrug im Jahre 1918: 20882 lbs. Ganz Afrika produzierte an Sisal: 1923: 19078 t, 1924: 33844 t, 1925: 35689 t.

Portug.-Ostafrika erbrachte an Sisal: 1921: 2000 t, 1922: 2500 t, 1923: 3000 t, 1924: 3000 t, 1925: 3000 t.

Die deutschen Kolonien lieferten vor dem Kriege nicht weniger als 25000 t Hartfasern, wovon Deutsch-Ostafrika etwas mehr als 20000 t Sisalfasern erbrachte. Der Bedarf Deutschlands an Hartfasern vor dem Kriege betrug 31303 t, so daß man sagen kann, daß Deutschland, das in seinen Kolonien die Sisalproduktion im Jahre 1900 begonnen hatte, in der kurzen Zeit von 14 Jahren beinahe seinen Gesamtbedarf durch seine Kolonien zu decken in der Lage war; gewiß ein Beweis dafür, daß die Lüge von Deutschlands Unfähigkeit in der Verwaltung und Bebauung als böswillige und sinnlose Erfindung bezeichnet werden muß. Wir halten es für notwendig, an dieser Stelle die Entwicklung des Sisalanbaues in Deutsch-Ostafrika dokumentarisch festzulegen:

1900	7500 kg	1907	2802623 kg
1901	45238 „	1908	3896749 „
1902	177793 „	1909	5283986 „
1903	422066 „	1910	7228411 „
1904	764761 „	1911	11212695 „
1905	1140332 „	1912	17097499 „
1906	1820623 „	1913	20834630 „

Die Deutsche Agavengesellschaft Berlin hatte 1913 auf ihrer Farm Buschirihof auf 1420 ha allein 4 Mill. Sisalagaven unter Kultur. Ausführliches über diese Gesellschaft siehe Haver, C.: Deutscher Leinenindustrieller. Nr. 28. 1925.

Die Organisation der Fasergewinnung war so ziemlich vollkommen, nachdem es gelungen war, gute Maschinen für das Entbasten zu bauen, wobei die Firma Krupp Besonderes leistete. Die Einfuhr Deutschlands an Sisalhanf war 1913: 3600 t, 1923: 4800 t, 1924: 7800 t und 1925: 15600 t (1924 kamen wieder 2389 dz unmittelbar aus Deutsch-Ostafrika nach Deutschland).

In 1921 betrug die Ausfuhr von Sisal aus Tanganyika (Deutsch-Ostafrika) 7923, in 1920 10000 t. Hiervon gingen in 1920 16 % und in 1921 28 % nach den Vereinigten Staaten, nach England 84 % in 1920 und 66 % in 1921. Man erwartet bestimmt, daß die Ausfuhr von Sisal aus Ostafrika in den nächsten Jahren bedeutend wachsen wird, zumal viele früher deutsche Plantagen sich wieder in Betrieb befinden. 1922 standen etwa 39000 acres unter Kultur. Es wurden aus Deutsch-Ostafrika noch ausgeführt: 1922: 10224 t, 1923: 12845 t, 1924: 18428 t, 1925: 18276 t. — Im Gebiete Kenya ließen sich etwa 236000 acres anbauen, die rund 100000 t Fasern im Jahre liefern können. Im Jahre 1922 wurden nur 1908 acres, 1923 schon 39026 acres mit Sisal bestellt. Der Ernteertrag wurde 1923/24 (30. 6. 1924) auf 11600 t geschätzt. Die Ausfuhr aus Kenya erreichte 1921: 6700 t, 1922: 9000 t, 1923: 9000 t, 1924: 11500 t und 1925: 14500 t. — Togo produzierte 1924: 2,6 t und 1923: 98,08 t Sisal. — In Ruanda-Urundi wird bei Kamerube Sisal gebaut.

Französisch-Westafrika produziert seit 1899 Sisalhanf, besonders im französischen Sudan am Zusammenfluß des Senegal und Faleme bei Kayes. Ausfuhr (nach Frankreich): 1915: 15 t — 1917: 150 t — 1921: 162 t — 1922: 214 t — 1923: 309 t — 1925: 200 t. — Ausfuhr vom frz. Sudan i. J. 1923: 215 t, und von Madagaskar: 1924: 72,8 t.

In 1920 sind etwa 100 acres an der Goldküste im Westen von Accra angebaut. Da das Klima und die Bodenbeschaffenheit den Pflanzen zusagte, haben sie sich prächtig entwickelt. Man hat nunmehr eine Anzahl von Entfaserungsmaschinen aufgestellt. Da noch viel geeignetes Land zur Verfügung steht, hat eine rege Propaganda eingesetzt, um die Eingeborenen zum Anbau von Sisal zu veranlassen.

Auch St. Helena liefert jährlich für etwa 25000 £ Sisalhanf. Ernte 1925: 150 t.

Niederländisch-Indien. Wie schon oben erwähnt, spielt der Anbau von Sisalhanf in Niederländisch-Indien eine nicht unbedeutende Rolle. Die Ausfuhr von Sisalhanf bewegte sich in letzter Zeit wie folgt:

1913	8741 t	1919	15117 t
1914	13303 t	1920	16141 t
1915	13325 t	1922	19062 t
1916	13391 t	1923	27306 t
1917	13798 t	1924	31306 t
1918	14051 t	1925	34285 t

Die Sisalhanfausfuhr Niederl. Indiens ging nach den Vereinigten Staaten, die im Jahre 1920 allein 11100 t abnahmen, während nach dem Mutterlande nur 3728 t gingen. An dem Rest nahmen hauptsächlich Großbritannien, Australien und Japan teil. — Sumatra produzierte 1921 nur 2000 t, 1924 schon 16213 t und 1925: 19320 t Sisal. — Deutschland nahm 1923: 969 t und 1924: 637 t ab. — Die Sisal-Ausfuhrwerte Javas erreichten 1921: 15552000 fl., 1922: 16833000 fl., 1923: 17385000 fl., 1924: 15954000 fl. — Auf Zeylon wurden 1925: 150 t Sisalhanf gewonnen.

Die Magueyproduktion auf den Philippinen betrug im Jahre 1924: 27578 tons (im Werte von 410528 £), ausgeführt wurden an Maguey in 1923 für 489324 £ und 1924 für 762845 £. Im Jahre 1925 wurden 22854 t Maguey produziert.

Literatur:

Schmidt, Geo: Die Henequen- und Sisal-Kultur in Yucatan, Tropenpflanzen 1921, S. 88 bis 93. — Wigglesworth, A.: The Times Imperial and Foreign Trade and Engeneering Supplement Nr. 17 vom April 1926. — Warnack, Dr.: Koloniale Eigenproduktion, 1926. Kol.-Wirtsch. Komitee, Berlin. — Hindorf, Richard: Der Sisalanbau in Deutsch-Ostafrika. Berlin: Verlag D. Raimar 1925. — Schöppel, Dr.: Deutsches Jahrbuch für Niederl. Indien. 1925. Verlag Kolff & Co., Batavia u. Leiden (Holland). — Spinner u. Weber. — Der Deutsche Leinenindustrielle. — Der Tropenpflanzer. — Wirtschaftlicher Nachrichtendienst, Auslandsnachrichten. — Industrie- und Handelszeitung, Berlin. — Commerce Reports. — Schilling, E.: Die Faserstoffe des Pflanzenreichs. Leipzig 1924. — Journal of Commerce. — Ruanda-Urundi (belgischer Teil von Deutsch-Ostafrika): Mandatsbericht 1925.

Neuseelandhanf.

(Neuseelandflachs.)

Die zu den Liliengewächsen gehörende Pflanze Phormium tenax L. liefert den Neuseelandflachs bzw. -hanf. Dieser wird vor allem auf Neuseeland, aber auch auf den Chattam-Norfolk- und Aucklandinseln wild und kultiviert gewonnen. Auch in Amerika hat man den Anbau der Pflanze versucht, doch ist dieser ohne Bedeutung für den Handel geblieben. Ferner hat man in Britisch-Ostindien Phormiumflachs gewonnen, ebenso auf der Insel Mauritius. Wichtiger sind noch die Anbauerfolge auf der Insel St. Helena, auf die am Schluß hingewiesen sei. Die Fasern gewinnt man von den 0,6 bis 2,5 m langen Blättern, die sich in grünem Zustande leicht abschneiden lassen. Nach dem Rötten der Blätter werden die bandförmigen 5—12 mm breiten und 75 bis 90 cm langen Faserstreifen abgelöst. 8 t Frischblätter liefern 1 t Reinflachs und etwa 2,5 Ztr. Werg. Die Fasern sind bräunlich gelb oder gelblich weiß. Man unterscheidet drei Arten: den „Tuhara“ oder Sumpfflachs, den „Whakariki“ oder Bergflachs und den „Tihore“ oder Feldflachs, von denen der erstere gröbere Sorten, die beiden letzteren die feineren Flachssorten liefern. Im Handel unterscheidet man 5 verschiedene Sorten, von welchen die besseren unserem europäischen Hanf an Feinheit nahekommen, doch ist die Faser stets härter, steifer und rauher im Anfühlen.

Als Anbaufläche werden für die Nachkriegsjahre im Mittel 20000 bis 25000 ha angegeben. Auf die einzelnen Gebiete Neuseelands verteilten sich die Anbauflächen im Jahre 1919 wie folgt:

Wellington	7790 ha
Auckland	4530 „
Westland	2700 „
North Auckland	2105 „
Southland	1890 „
Nelson	1375 „
Banterbury	788 „
Otago	702 „
Mailborough	512 „
Howkes Bay	98 „
Doranaky	20 „
zusammen	22510 ha

Die Ernte an Neuseelandsflachs erreichte vor dem Kriege etwas über 28000 t, und etwa die gleiche Erntezahl wurde im Jahre 1916 erreicht; in den Jahren 1919 bis 1922 schwankte der Ertrag zwischen nur 9000 und 11000 t; Ernten von 1923: 12098 t, 1924: 15494 t und 1925: 19023 t.

Genauere Angaben liegen über die Ausfuhr von Neuseelandflachs vor, die sich übrigens mit denen der Ernte so ziemlich decken.

Zunächst seien die Ausfuhrzahlen für die Jahre 1901 bis 1908 vermerkt:

	1901	1902	1903	1904	1905	1906	1907	1908
Cwts.	10171	20852	22652	26936	27877	27779	28547	17403
£	195728	534031	595684	710281	696467	776106	832068	396288

Über die Ausfuhr von Neuseelandflachs aus Neuseeland während der Jahre 1909 bis 1918 können wir ausführlichere Mitteilungen machen, indem wir auch die einzelnen Bestimmungsländer anzugeben in der Lage sind:

Jahr	Vereinigte Staaten t	Groß-britannien t	Australien t	Kanada t	Andere Länder t	Zusammen t
1909	400	9525	4244	135	14	14318
1910	424	15731	4485	—	8	20648
1911	1091	14152	2035	—	88	17366
1912	1617	14495	2477	51	1	18641
1913	3056	20992	3941	51	52	28092
1914	2715	12784	3948	255	—	19702
1915	2076	15369	5538	237	—	23220
1916	6219	15288	4722	1444	1	27674
1917	9059	7669	3249	3538	1	23516
1918	15568	3286	4556	1572	185	25167

In neuerer Zeit erreichte die Neuseelandflachs-Ausfuhr einen Umfang von:

1921: 9643 t im Werte von £ 299000,
1922: 9727 t „ „ „ £ 265000,
1923: 10612 t „ „ „ £ 285000,
1925: 18597 t

Weitere Einzelheiten über den Export von Neuseelandflachs und Werg seien im folgenden angeführt:

Ausfuhrwerte von Faser und Werg in £ Sterling				Ausfuhrgewicht von Faser in t		Ausfuhrgewicht von Werg in t
1904	714147	1914	492230	1914	19702	4226
1905	711940	1915	610230	1915	23220	3465
1906	812718	1916	1078632	1916	27674	4578
1907	897718	1917	1232608	1917	23516	2500
1908	420520	1918	1407147	1918	25167	1815
1909	324458	1919	907584	1919	22347	3262
1910	480519	1920	688972	1920	18949	3126
1911	325130	1921	319604	1921	9643	1534
1912	407903	1922	295530	1922	9727	1648
1913	797062	1923	314324	1923	10612	1694

Auch Ballenausfuhrangaben finden sich zuweilen. So wurden 1923: 59882 und 1924: 69145 Ballen zu je 400 lbs. ausgeführt.

Sehr lehrreich erscheint uns auch eine Statistik der Verarbeitungswerke von Neuseelandflachs auf Neuseeland, die wir im folgenden anführen:

Zeit:	1905—1906	1910—1911	1915—1916
Anzahl der Fabriken	240	81	76
„ „ Arbeiter	4076	1244	1257
Pferdestärken	3087	2516	3316
Wert der Grundstücke $ m/1	2203800	2205800	3522800
„ „ Bauten	501000	357200	554500
„ „ Maschinen	1370600	860300	985500
Rohstoff, Tonnen	202367	28057	58126
„ Wert	2127915	3042110	1998860
Verarbeitete Faser, Tonnen	22483	15373	17980
„ „ Wert	6229600	3097570	5128560
Totalwert, Ernte	6386900	3256360	5390360
Gezahlte Löhne	2606550	1647600	1880780
Erzeugtes Werg, Tonnen	2478	2434	2462
„ „ Wert	157300	158800	261800

Im Jahre 1923 waren nur noch 42 Fabriken mit 755 Arbeitern vorhanden, die eine Produktion von 277267 £ schufen.

Unter den Fabriken in obiger Zusammenstellung sind nur Röttanstalten zu verstehen, die ausfuhrfähigen Flachs herstellen.

Die groben Fasern werden zur Herstellung von Seilen, Stricken, Schnüren usw., auch von Papier verwendet; feinere Fasern dienen zur Herstellung von Sackleinewand und Segeltuch. Die feinsten Sorten werden, auch mit Baumwolle oder Flachs vermischt, zu besseren Geweben verarbeitet.

Daß Phormiumflachs auch noch in anderen Ländern gewonnen wird, ist schon oben kurz erwähnt. Der Vollständigkeit halber sei noch angegeben, daß auf der Insel St. Helena diese Flachsart in einem Umfange von 280 bis 360 ha in den letzten Jahren ausgebaut worden ist. Der Reinertrag war etwa 600 t Reinfaser und 250 t Werg.

In Argentinien wird Phormiumflachs ebenfalls in geringen Mengen, namentlich auf den Inseln des Paranàflusses angebaut. Es wird berichtet, daß dort im Jahre 1918 schon ein Bestand von 60000 Pflanzen sich befand. Weiterhin sei bemerkt. daß die Phormiumpflanze versuchsweise in größerem Umfange in Brasilien, in Südafrika, auf Sardinien und auf den Azoren-Inseln angebaut wird. Auch in Australien (Victoria) wird Neuseelandflachs mit Erfolg kultiviert. Kleinere Pflanzungen bestehen ferner in Indochina.

Deutschland war von jeher ein guter Kunde Neuseelands. Wir bezogen an Neuseelandflachs vor dem Kriege (1913) 15351 dz. Von dem genannten Ertrag Neuseelands gingen demnach 5,5 % nach Deutschland.

Literatur:

Export, Berlin 1920. — Der Tropenpflanzer. — De Indische Mercuur. — The New Zealand Official Yearbook. Wellington 1925. — Statistical Abstract for British Oversea Dominions etc. 1905—1922. London 1922. — Schilling, E.: Die Faserstoffe des Pflanzenreichs. Leipzig 1924.

Mauritiushanf, Fiquefaser und Natalhanf.

Die den Agaven nahestehende Fourcroya gigantea Vent. (Amaryllidaceae), liefert den Mauritiushanf. Die Pflanze stammt aus Mexiko, aber nur selten wird dort Hanf aus den Blättern der wild wachsenden Fourcroya gewonnen. Bedeutender ist ihre Kultur auf Mauritius und Réunion. Auch in Deutsch-Ostafrika wurde der Anbau dieser Hanfart versuchsweise durchgeführt. In Kolumbien nennt man den Fourcroyahanf: Fique und das aus Natal stammende Produkt der Fourcroya nennt man Natalhanf.

Die Fasern liefernden Blätter sind 60 cm bis 2 m lang. Der Anbau erfolgt in primitiver Weise, ähnlich wie der der Sisalagave.

Vor dem Kriege wurde auf Mauritius fast ausschließlich Fourcroya angepflanzt, während des Krieges und in neuerer Zeit wurde aber der Anbau von Fourcroya mehr oder weniger vernachlässigt und dafür Sisalagaven kultiviert, weshalb man den „Mauritiushanf", soweit er von Fourcroya stammt, als eine „aussterbende" Faser bezeichnen könnte. Es ist schwer, aus den nur vereinzelt nach Europa gelangenden Nachrichten zu unterscheiden, in welchen Mengen der echte Mauritiushanf bzw. andere Agaven in der Statistik in Erscheinung treten. Immerhin will es uns scheinen, als ob die Angaben bis etwa 1916 so gut wie ausschließlich Mauritiushanf betreffen. Im folgenden geben wir eine Übersicht über die Ausfuhr von Agavefasern aus Mauritius (im Handel häufig „Aloëfibre" genannt) in den Jahren 1901 bis 1921:

	1901	1902	1903	1904	1905	1906	1907
Cwts.	24467	42214	29894	37795	32950	38382	56684
Wert (£)	22657	60120	35335	40225	36202	47282	63231

	1908	1909	1910	1911	1912	1913	1914	1915
Cwts.	42161	36979	39786	42077	44271	57334	37381	26257
Wert (£)	39966	33897	41833	40371	45465	56905	38949	31742

	1916	1917	1918	1919	1920	1921
Cwts.	29740	23900	7700	42840	17200	5660
Wert (£)	28144	27442	9344	78233	24814	6682

Soweit die britische Statistik. Aus Port Louis, Mauritius konnte ich noch die genauen Zahlen der Ausfuhr in Kilogramm, Rs (Rupees) und Ballen erfahren. Vier Ballen von Mauritiushanf machen eine Metertonne aus.

	Ausfuhr kg	Ausfuhrwert Rs	Ausfuhr in Ballen
1911	2137562	605552	
1912	2249047	681978	
1913	2912722	853568	
1914	1898990	584226	
1915	1333904	476126	
1916	1460102	422050	7118
1917	1213736	411631	5647
1918	390671	140135	1974
1919	2176521	782285	10139
1920	874241	248140	3500
1921	287106	100234	1150
1922	1007296	385754	3120
1923	599554	164112	2400
1924	1097881	416819	4987
1925	1000000		

Die Ausfuhr von 1924 verteilte sich auf Großbritannien: 531786 kg, Belgien: 507809 kg, Frankreich: 31019 kg und Deutschland: 27267 kg. (Weitere Ausfuhrländer: Ver. Staaten, Spanien und Südafrika.)

Auf Mauritius bestehen 34 Mauritiusfaserfabriken in 8 verschiedenen Orten. Die Fabrikanten haben sich zusammengeschlossen in dem Syndicat des Filateurs d'Aloès. — Mauritiushanf wird in den Anbauländern nur wenig in der Hausindustrie verarbeitet, am meisten noch verarbeitet man die Fique-Fasern (auch fälschlich Cabuyafaser genannt) in Kolumbien zu Säcken, namentlich in den Provinzen Santander, Boyaca und Narino. Die Fiqueanbaufläche Kolumbiens betrug 1915: 2200 ha, die über 2 Mill. kg Fasern erbrachten. So wurde aus Rumaçao berichtet, daß im Jahre 1918 allein mehr als 1,3 Million Säcke ausgeführt worden sind, die allerdings z. T. aus Cabuya- und Magueyfasern hergestellt wurden. An Fiquefaser selbst wurde z. B. 1917 nur 2286 kg ausgeführt. Réunion führte im Jahre 1914 162998 kg zu 91496 frcs. aus.

In Natal erreicht die Faser eine Länge von 4 bis 7 Fuß; die Anbaufläche betrug in letzter Zeit (1922 bis 1925) immer ungefähr 1000 acres. Die Fourcroya gigantea braucht in Natal zu ihrer Entwicklung 4 Jahre und gibt dann während der nächsten 12 Jahre Ernten. Im Durchschnitt wird vom acre 1 engl. t Fasern als Jahresernte erzielt. Besonders günstig scheint der Fourcroyapflanze das Klima der Südküste von Natal zu bekommen. — Auch auf der Insel Zeylon ist neuerdings auf 120 acres ein Anbauversuch mit Mauritiushanf gemacht worden, wie es scheint, mit gutem Erfolg.

Die Ausfuhr aus Réunion erreichte 1922: 190 t und 1923: 185 t, Madagaskar lieferte 1924: 105,5 t Fourcroyafaser.

Deutschland bezog nebst anderen selteneren pflanzlichen Spinnstoffen eine im Verhältnis zum Weltvorrat große Menge von Mauritiushanf. So im Jahre 1912 3550 dz, 1913 3836 dz und 1924 2727 dz.

Literatur.

The Mauritius Almanac 1925/26, Port Louis Mauritius. — Statistical Abstract for British Oversea Dominions etc. 1905—1922. London 1922. — Fesca: Der Pflanzenbau in den Tropen, Bd. 2. 1907. — Der Tropenpflanzer. — Der Deutsche Leinenindustrielle.

Sonstige Hartfasern.

Zu den Agavefasern gehört die Magoefaser (Maguey), auch Pitafaser genannt, vorkommend im tropischen Amerika und abstammend von Agave americana L., mexicana (wohl identisch mit Agave Cantala Roxb.) u. a. (Amaryllidaceae). Die Faser wird von den 1,5 bis 2 m langen Blättern gewonnen. Außer in Mexiko wird die Faser dieser Pflanzen auf den westindischen Inseln und auch in Brasilien und Kolumbien gewonnen, wo sie zusammen mit den Fique- und Cabuyafasern zu Bindfaden, Stricken und Säcken verarbeitet wird.

Die **Ixtle-**, Istle-, Ixtili- oder Tampicofaser wird namentlich in Mexiko (Texas) und in Süd-Kalifornien gewonnen. Stammpflanzen sind verschiedene Agavearten (Amaryllidaceae) ,von denen die hauptsächlichsten hier genannt seien:

Agave heteracantha Berger (Zucc.) liefert Tampicohanf,

Agave tequilana Trelease und Weber liefert Ixtle de Mexcal (Mescal).

Agave rubescens, Agave Zapupe Trelease.

Agave Endlichiana Trelease (Ixtle).

Es gibt aber weit über 100 verschiedene Arten, die sämtlich verwertbare Fasern enthaltend als wildwachsendes Produkt gesammelt und verarbeitet werden. Wildwachsende Ixtlefasern werden namentlich in den Staaten San Luis Patasi und Tamanlipas gesammelt. Als Handelssorten kennt man besonders Tula und Palma. Tula ist die bessere Qualität, die höhere Preise erzielt. Im Jahre 1919 wurden an Ixtlefasern nach den Vereinigten Staaten von Amerika 6992 t und 1920 5588 t ausgeführt. Als Produktionszahl für das Jahr 1922 wird amtlich 11540 t Ixtle angegeben. Die Ausfuhr im Jahre 1924 war schon 21217 t im Werte von 4279280 $ (alle Fasern außer Sisal und Baumwolle).

Die Ver. Staaten nahmen auf an Ixtle:

1923/24		1924/25	
t	$	t	$
13333	1483000	13382	1517000

Über Ixtle und Zapuya hat Dr. Endlich im „Tropenpflanzer" 1908 und 1916 bis 1918 ausführlich berichtet, worauf besonders aufmerksam gemacht sei.

Yuccafaser wird besonders von Yucca filamentosa L., angustifolia Pursh, Karlsruhensis und Endlichiana Trel. (Liliaceae) gewonnen. Siehe darüber die Arbeiten von Prof. R. Schwede-Dresden: „Textile Forschung" 1920, H. III, S. 85 bis 87.

Kantalafaser, von Agave Cantala Roxb., (Amaryllidaceae), wird in Medan auf Sumatra (Niederländisch-Indien) und in Britisch-Indien gewonnen. Die Faser ist etwas länger als Sisalfaser. Der Ertrag etwa 2,5 t vom ha (Prof. Dewey). Sie wurde 1919 auf Java und Madoera in 24, in den Außenbesitzungen in 4 Unternehmungen angebaut (in den erstgenannten auf 13097 ha, in den letzteren auf 220 ha). Die Ernte von Agave Cantala auf Niederländisch-Indien betrug im Jahre 1918 1304757 kg und 1919 882501 kg. Von der dieser Faser nahestehenden Agave rigida wurden in Niederländisch-Indien 1918 951899 kg und 1919 972479 kg gewonnen. Im Jahre 1924 waren 28 Unternehmungen an einer Anbaufläche von 16932 ha, von denen 6334 ha im Ertrag standen, beteiligt. Der Ertrag Niederländisch-Indiens an Agavefasern überhaupt war im Jahre 1924 49939 Pikuls. (Siehe auch unter „Sisalfaser".)

Cabuyafaser wird in 2 Großbetrieben in Costa Rica angebaut, auch in Kolumbien wird sie von Agave americana L. (Amaryllidaceae) und Ananas macrodontes Morr. (Bromeliaceae) gewonnen.

Aloëfasern werden namentlich in Mexiko, Westindien und einigen französischen Kolonien, auch in Peru und in Ostindien gewonnen. Die Stammpflanze ist namentlich Aloe perfoliata Thbg. (Liliaceae). Vielfach werden die Aloefasern zusammengeworfen, namentlich mit denen von Agave americana L., A. vivipara L. und A. foetida (Amaryllidaceae). Nach französischen Angaben werden in neuerer Zeit eine große Menge Aloefasern aus den französischen Kolonien nach Frankreich eingeführt.

Sansevieriahanf, besonders als Afrikanischer Hanf bekannt, stammt von den Liliengewächsen Sanseviera guineensis Willd., S. longiflora Sims., S. cylindrica Boj. und S. Ehrenbergii Schweinfurth ex Baker ab. Sie wird u. a. in Ostafrika, Westafrika, Angola und Nord-Rhodesien gewonnen. In Portugiesisch-Angola tritt die Pflanze (S. cylindrica), die von Eingeborenen „Hiff" genannt wird, in ungeheuren Mengen auf. In Nord-Rhodesien wächst sie ebenfalls massig und wird von dort unter dem Namen „Musokelazebe-" oder „Sakachebi-" oder „Lukuch-" oder „Lokosu"-Faser gewonnen. In Brit. Malaya findet man Sanseviera namentlich unter alten Gummibäumen gepflanzt. Die Faser ist dort unter „Bowstring Hemp" bekannt.

Sanseviera wird aber auch auf Zeylon (S. zeylanica Willd.) und in Britisch-Ostindien (S. Roxburghiana Schult. fil.) gewonnen. Starke, feine Fasern gewinnt man auch auf Haiti von S. longiflora Sims., die in vielen Teilen Haitis wild wächst. Die Einheimischen verarbeiten die Fasern zu Stricken. Ausfuhr findet von Fort Liberté, Port de Paix und St. Marc statt.

Auch beinahe in allen Teilen von Puerto Rico kommen S.-Arten wildwachsend vor; angebaut werden sie in der Gegend von Ponce. Schon im Jahre 1887 wurde Sansevierafaser zum ersten Mal von einer Londoner Firma zum Preise von 30 £ per ton ausgeführt.

Ananasfasern. Hier handelt es sich um die in Süd-Amerika, namentlich in Ecuador auf den Andengängen, Britisch-Indien, Niederländisch-Indien, Singapore, China und auf den Philippinen vorkommenden Pflanzen (Bromeliaceen): Ananassa sativa Lindl. = Bromelia Ananas L. = Ananas sativus Schult., Bromelia Karatas L., Br. Pinguin L. und Br. Pigna Perrotte. Bromelienfasern, Silkgras und Pineapplefiber sind andere Bezeichnungen dieser Faser. Die weißlich glänzende, 1 m lange Faser wird hauptsächlich auf der Insel Lucon (Philippinen) gewonnen und dort von den Einheimischen verarbeitet. Die Fasern haben in Südamerika die verschiedensten Namen, so („Pita"), („Cabuya"), „Chivi-Chivi", „Pinuela", „Maya" und „Penguina". Es laufen aber unter diesem Namen nicht nur Bromelienfasern, sondern auch Agavenfasern (s. oben unter „Agavenfasern" und unter „Aloefasern").

Die Hauptlieferanten der Bromelienfasern von Bromelia Pingua sind Westindien und Zentralamerika und von Bromelia sylvestris Wild. ex Sims., Mexiko. Auf den Philippinen sind besonders die Fasern von Bromelia Pinguin L. geschätzt, die dort zur Herstellung feiner Gewebe Verwendung finden.

In Venezuela werden Bromeliafasern unter den Namen „Maya" und „Curucujul" zu Geweben verarbeitet, die aber nur im Hausgewerbe dort eine Rolle spielen. Die in Chako (Argentinien) vorhandenen Bestände von Bromelia sylvestris sollen durch Nordamerikaner zur Verwertung kommen.

Musafaser. Außer von der den Manilahanf liefernden Musa textilis Nee (Musaceae) werden in verschiedenen Tropengebieten, auch im südlichen Japan aus Blättern Hanffasern gewonnen, so aus Musa Ensete Gm., unserer Zierbanane, und aus Musa basjoo Sieb. et Zucc. Die Fasern werden sowohl zu Geweben wie zu Seilen verarbeitet.

Abutilonfasern, von Abutilon avicennae Gaertn. (Malvaceae), wird in China, besonders in der Provinz Hupeh gewonnen. Durch den Zoll gingen folgende Mengen Abutilonfaser:

1912: 16212 t	1915: 18933 t
1913: 15776 t	1916: 19011 t
1914: 14691 t	1917: 23022 t.

1922: 7838 t (Wert 1541827 H.T.) — 1923: 7754 t (Wert: 1606573) — 1924: 9487 t (2231943 H.T.). Ins Ausland wurden dagegen im Jahre 1913 nur 1043 Pikuls und 1914 nur 199 Pikul ausgeführt. Abutilonfaser geht besonders nach Korea, Japan, auch nach Belgien, Holland, Frankreich, Siam, Hongkong und Britisch-Indien.

Rosellafaser. Die Rosellafaser wird ausschließlich in Paraguay gewonnen, wo sie im Jahre 1919 einen Ertrag von etwa 70 t Rohfasern erbracht hat. In Aragua wird diese Faser bereits verarbeitet. (Die Paraguay = Rosallafaser sei hier besonders angeführt, da anzunehmen ist, daß sie mit der unter „Rosellafaser" beim „Indischen Hanf" behandelten Hibiscusfaser nicht identisch ist.)

Literatur:

Fesca: Der Pflanzenbau, Bd. 2. — Glafey: Rohstoffe der Textilindustrie 1921. — China Rearbook 1919 (Abutilon). — De Indische Mercuur (Agaven). — Der Tropenpflanzer. — Schilling, E.: Die Faserstoffe des Pflanzenreiches. Leipzig 1924.

Kapok.

(Pflanzendaunen, Pflanzenseide.)

Kapok ist der Sammelname für die Haare in den Früchten verschiedener, zu den Bombaceen und Bixaceen gehörender Bäume. Als wichtigste Kapok erzeugende Pflanzen gelten Eriodendron anfractuosum De Candolle = Ceiba pentandra Gaertner und Bombax villosum Mill., heptaphyllum L., malabaricum D. C., longiflorum, mungaba, u. a., die aus dem tropischen Amerika stammen, aber in vielen andern tropischen Gebieten, namentlich auf Java (95% des gesamten Ertrags kommt von Java) angebaut werden. Auch in Britisch-Indien und in Cochin-China finden wir vielfach Kapokbäume. In Mexiko gedeiht wild eine andere Kapokart von Ceiba acuminata, genannt „pochote", von der etwas nach den Ver. Staaten ausgeführt wird. In neuerer Zeit sucht man auch in Italienisch Somaliland Kapokbäume (wohl mit Erfolg) anzupflanzen.

In Indien ist Kapok unter den Bezeichnungen Ak, Akon, Ahcun, Akanda und Madar bekannt. Von dort kommen hauptsächlich die Samenhaare von Bombaxarten.

Anbau und Ernte. Kapokpflanzen vermehren sich sowohl durch Samen wie durch Stecklinge. Der Abstand zwischen den einzelnen Bäumen soll 5 bis 6 m betragen. Werden Zwischenkulturen, wie Mais, Bohnen, Tabak, Pfeffer, Kaffee oder Kakao gebaut, so ist der Abstand zwischen den einzelnen Pflanzen größer. Die Bäume tragen gewöhnlich im fünften, manchmal schon im dritten Jahre. Bei der Reife springen die Kapseln auf und zeigen die an der inneren Fruchtwand wachsenden weißen bis braunen Fasern, die dann durch Entfaserungsmaschinen von den übrigen Fruchtteilen getrennt und in Ballen von 53 × 75 × 99 cm zu 36,5 kg oder in Ballen von 80 × 63 × 68 cm = 40 kg gepreßt werden. Für die U. S. werden Ballen von 4,75 Pikul pro cbm im Gewicht von ca. 100 kg gepreßt. Australien verlangt Ballen zu 160 bis 170 lbs. Ein acre ergibt 100 bis 400 lbs. Kapok (ein Baum $1^1/_2$ bis $2^3/_4$ lbs. Kapok).

In Niederländisch-Indien geben etwa 1600 Früchte 1 Pikul = 60,5 kg Fasern. In dem Hauptanbaugebiet des Kapokbaumes befaßten sich im Jahre 1924 60 Unternehmungen mit der Gewinnung von Kapok, außerdem noch 12 Unternehmungen längs von Wegen. Die meisten Unternehmungen (21) befinden sich in Semaran, es folgt dann Soerabaya mit 16, Pakelongan mit 7, Preanger mit 6 und Khediré mit 5 Unternehmungen, Celebes mit 1 Unternehmung. 6 Unternehmungen verarbeiten ihre Erträge selbst.

Mit Kapok bepflanzt waren im Jahre 1924 14480 ha, von denen 10300 ha ertragsfähig waren.

Die Anbaufläche hat sich wohl in den letzten Jahren vergrößert, denn vom Jahre 1918 wird berichtet, daß der Bestand an Kapokbäumen auf Java 1064 ha in Reinkultur betrage. In den Außenbesitzungen waren nur 14 ha mit Kapok bepflanzt.

Die Kapokanpflanzungen (einschließlich von 18 Wegpflanzungen) nahmen (1924) 12269 bow ein, von denen 9026 bow Erträge abwarfen. Die größte Anpflanzung von 456360 bow befindet sich in Pekalongan; es folgt dann eine Pflanzung in Semarang (3312 bow), bei Batavia (1069 bow) und in Soerakarta (678 bow). Die 27 Pflanzungen in Pekalongan, Semarang und Solo haben (einschließlich 14 Pflanzungen längs der Wege) eine Ausdehnung von 8553 bow, d. h. sie nehmen 70% der gesamten Kapokpflanzungen Javas ein. Produziert wurden (1924): 145693 Stück Koloen, 5218 Pikul ungereinigter Kapok, 17788 Pikul gereinigter Kapok und 30316 Pikul Pitten (Kerne). Von den Pflanzungen längs der Wege wurden gewonnen: 1462100 Koloen, 2953 Pikul ungereinigter Kapok, 954 Pikul gereinigter Kapok und 1781 Pikul Pitten. Die Gesamtausfuhr aus Java betrug 1924: 248969 Pikul Kapok und 237371 Pitten, von den Außenbesitzungen: 18653 Pikul Kapok und 2039 Pikul Pitten.

Der **Handel** Niederländisch-Indiens mit Kapok ist schon alt, und die erste Sendung gelangte etwa im Jahre 1850 nach den Niederlanden. Die erste industrielle Entfaserung auf Java reicht bis auf das Jahr 1880 zurück.

Man unterscheidet 5 Handelssorten Kapok:

1. Standard Samarang mit höchstens 0,3% Verunreinigungen (Kapselreste, Kerne usw.)
2. A-Contract (Prima Java) „ „ 3,0% „ (auch Prima Madura, Prima Porrong)
3. B- „ (Mittel Samarang) „ „ 5,0% „
4. C- „ „ „ 7,0% „
5. Amerikanische Qualität (zwischen B und C liegend).

Der durchschnittliche Verkaufswert von 1 kg Kapok war 1925 etwa 3 M.

Die gesamte **Kapokausfuhr Niederländisch-Indiens** geschieht von Batavia oder Soerabaya oder von dem Hauptplatz für Kapok: Semarang aus. Sie entwickelte sich seit dem Jahre 1900 wie folgt:

1900	3454 t	1917	12000 t
1905	6311 t	1918	8845 t
1910	8800 t	1919	17082 t
1911	10200 t	1920	12666 t
1912	11000 t	1921	17875 t
1913	10000 t	1922	15881 t
1914	10800 t	1923	13587 t
1915	11444 t	1924	16528 t
1916	8800 t	1925	17561 t.

Aus den einzelnen Häfen wurden ausgeführt:

	1910	1917	1919	1921	1922	1923
Samarang	4526	7472	10043	11215	9661	6965
Sourabaya	2610	3860	6792	5658	5330	3898
Tandjungpriok	404	220	134	365	72	110
Macassar	303	19	109	89	566	406
Tapa Tuan	60	199	304	149	150	174

Von Interesse mag die Entwicklung der Einfuhr von Kapok in der Zeit von 1890 bis 1926 nach Amsterdam und Rotterdam sein, die wir in Pack (Ballen) zu je etwa 40 kg angeben:

1890	13399	1906	56137
1891	17813	1907	80607
1892	21991	1908	68459
1893	16806	1909	67377
1894	18450	1910	67175
1895	21530	1911	66784
1896	32381	1912	93601
1897	24746	1913	95138
1898	32503	1914	99172
1899	37150	1915	87419
1900	41163	1916	38337
1901	47482	1917	7512
1902	45551	1918	613
1903	51918	1919	59649
1904	59675	1920	64811
1905	59485	1925	73706
		1926	61394

Gesamtausfuhr von Java und Madoera war		Davon Ausfuhr nach a) den Niederlanden	b) Australien	c) den Ver. Staaten
1913	9017 t	4243 t	2110 t	1377 t
1914	9353 t	4476 t	2236 t	1791 t
1917	11690 t	125 t	2637 t	5690 t
1918	8844 t	50 t	2509 t	4449 t
1919	17082 t	3375 t	1749 t	9110 t
1920	12193 t	2528 t	2574 t	5545 t
1921	17585 t	4437 t	1692 t	10078 t
1922	15131 t	2750 t	2784 t	7904 t
1923	12727 t	1551 t	3113 t	6859 t
1924	15734 t	3130 t	3186 t	7844 t

Hauptabnehmer von Niederländisch-Indischem Kapok waren demnach außer dem Mutterlande: die Vereinigten Staaten, Australien; aber auch England und Singapore nahmen beträchtliche Mengen Kapok ab.

Nach Deutschland gingen im Jahre 1912: 3378 t und 1913: 3340 t, wovon etwa 2000 t aus Niederländisch-Indien stammten. Nach dem Kriege erhielt Deutschland erstmals im Jahre 1920: 33 t Kapok aus Niederländisch-Indien, 1923 wurden wieder 200 t, 1924: 700 t und 1925: 3100 t Kapok nach Deutschland eingeführt.

Von der Kapok-Industrie Hollands sei kurz erwähnt, daß die erste Fabrik im Jahre 1850 gegründet worden ist; 1860 waren schon 5 Fabriken und 1920 19 Kapokfabriken in Holland vorhanden.

Da Kapok große Schwimmfähigkeit aufweist, wird die Faser vielfach zur Herstellung von Seemannskleidern (Steppkapokstoffen) verwendet, aber auch für Spezialanzüge für Flieger, Luftschiffer, Automobilisten und Bergarbeiter wird Kapok verarbeitet.

In Britisch-Indien findet man den Kapokbaum (dort „tree cotton“

genannt) vielfach in einigen Mitteprovinzen, sowie in tieferen Ausläufern des Himalaja-Gebirges. Oft wird Kapok dort nicht gesammelt.

Immerhin betrug die Ausfuhr aus Kalkutta vor dem Kriege ungefähr 4000 bis 5000 Ballen zu je 250 lbs. jährlich.

Im Jahre 1917/18 wurden etwa 11000 Ballen zu je 164 lbs. und 1918/19 11240 Ballen aus Britisch-Indien ausgeführt, und man glaubt, daß Britisch-Indien in der Lage wäre, 7000 bis 10000 Ballen zu 164 lbs. auszuführen, wozu noch 2000 bis 5000 Ballen Kapok geringerer Qualität kämen. Deutschland hat vor dem Kriege (1912) 1082 t und 1913 663 t Kapok aus Britisch-Indien bezogen.

Die meisten Distrikte von British Malaya weisen Kapokbäume auf. Lokale Märkte finden sich in Krian, Kuala Kangsar und Lower-Perak. Der geringe Aufkau wird von Chinesen besorgt. Auch sonst wird noch in anderen Ländern des fernen Ostens (z. B. auf Zeylon, in China und auf den Philippinen) Kapok gewonnen. Indochina lieferte 1914 etwa 70 t, 1920 159 t, 1921 207 t und 1922 306 t Kapok.

In den Deutschen Kolonien: Deutsch-Ostafrika und Togo wurde vor dem Kriege fleißig Kapok gesammelt. Deutsch-Ostafrika lieferte uns 1912 611 dz und 1913 450 dz Kapok (1923 dagegen nur: 1,5 t, 1924 0 und 1925 14 kg!). Togo liefert anerkannt schwimmfähigste, sog. braune Kapokfaser. — Auch in Portugiesisch Angola wird Kapok gewonnen, jedoch nur wenig ausgeführt. — In der französischen Literatur wird der Gewinnung des Kapok in den französischen Kolonien ein breiter Raum zur Verfügung gestellt. Die Ausbeute war aber bislang noch recht bescheiden, obwohl es sich um ungeheure Gebiete handelt. Aus sämtlichen Kolonien führte Frankreich 1913 114 t, 1914 92 t, 1915 111 t, 1916 94 t, und 1919 200 t Kapok aus. — Französisch-Westafrika lieferte aus Senegal 1917 20 t, 1918 80 t. Das Niger-Gebiet erbrachte 1911 0,9 t, 1912 8 t, 1913 28 t, Guayana ergab 1914 0,7 t und Dahomé 1914 0,3 t, 1919: 35 t, 1923 55 t. Die französische Elfenbeinküste erbrachte 1913 2,7 t, 1914 5,7 t, 1915 37 t, 1916 etwa 30 t, 1923 5,3 t Kapok. Der Frz. Sudan führte 1913 33 t, 1922 2 t, 1923 57 t Kapok (von Bombaxbuonaprozence P. B.) aus. Die Einheimischen nennen den Kapok dort „Bumu". — Madagaskar produzierte 1924 50,8 t Kapok.

In Zentral-Amerika gedeihen Kapokbäume sehr gut. Kapok wird dort von den Einheimischen, z. B. auf Puerto Rico, Haiti und San Domingo, als Füllmaterial für Kissen und Matratzen benutzt. In San Domingo wird die Faser Miraguana genannt. Eine Ausfuhr von dort fand nach Kuba und Puerto Rico statt. Auf Puerto Rico verwenden Einheimische auch den Bast der inneren Rinde des Kapokbaumes zur Herstellung von Stricken usw. Bedeutend ist die Kapokgewinnung in Ecuador (von Calotropis gigantea). (Über Kapok auf Trinidad, in Argentinien und Brassilien siehe Tropenpflanzer 1927, Nr. 2.)

Außer in Deutschland, wo die Kapokverarbeitung vornehmlich in Potsdam (Direktor Cantzler) und Krefeld vorgenommen wird, und in Holland finden wir eine größere Kapokindustrie namentlich in den Vereinigten Staaten, wohin 1911 bis 1914 im Durchschnitt 2103 t, 1917 7665 t, 1918 9576 t und 1919 10972 t, 1920 9528 t, 1921 8139 t, 1922 6977 t und 1923 7403 t Kapok vornehmlich aus Niederländisch-Indien, von den Niederlanden, aber auch aus Ecuador, Britisch-Indien und von den Philippinen eingeführt wurden.

Im Jahre 1917 verarbeiteten 291 Fabriken in den Ver. Staaten 8472830 lbs. Kapok, davon befinden sich 30 Fabriken in Massachusetts, 83 Fabriken in den Staaten New Jersey, New York und Pennsylvanien, 18 Fabriken in Illinois, 24 Fabriken in Ohio und 17 Fabriken in Kalifornien. New Jersey hat die größte Fabrikation von Kapok-Artikeln. 59% der Betriebe befassen sich mit der Herstellung von Matratzen, 21% von allerhand Kissen, 3% von Rettungsartikeln und 17% mit andern Artikeln.

Literatur:

Cantzler, Potsdam (Mitteilungen). — Wirtschaftl. Nachrichtendienst, Auslandsnachrichten. — Textil-Eildienst. — Der Deutsche Leinenindustrielle. — J.- & H.-Ztg. — Weltmarkt. — Mitt. d. Landesstelle f. Spinnpflanzen 1919. — De Indische Mercuur. — Kapok and its uses, Devision of Commerce, Dep. of Agric., Ind. and Commerce, Buitenzorg, Java 1925. — Schoepke, K. W.: „Das Echo", Nr. 20 v. 14. 5. 1925. — Verslag van de Handelsvereeniging te Batavia for 1924, Batavia 1925. — The Nederl. Textil Industrie. — Berichte van der Vries, Amsterdam. — Ind. Textil-J. — The use of Indian Kapok in life saving appliances. Bull. of the Imperial Institut Bd. XVII, Nr. 1. 1919. — Handbook to British Malaya by Captain R. L. German, London 1926. — Chartier, J.: Le Kapok en Afrique occidentale française. Bull. économique Indochine Bd. 22. 1919 et 1920. — Matières premières africaines von Ives Henry. 1918. — Statistique du Commerce des Colonies françaises (Paris). — Commerce Monthly der National Bank of Commerce in New York (1924). — Weitere umfassende Literatur über Kapok siehe namentlich die hier nicht benützte Monographie von Schäfer, Hedwig: „Die Produktion von Kapok und dessen Stellung in der Weltwirtschaft". Beiheft zum Tropenpflanzer Bd. XXII, Nr. 1. 1925. — „Kapok im brit. Reiche": Tropenpflanzer 1926, Nr. 88, S. 320. — Cantzler, Otto A. R.: „Anbauvorschriften und Aufbereitungsweise des Kapok." Berlin, Ostlandverlag 1918.

Ramiefaser.

Die Ramiefaser (— der Name „Ramie" ist malaiisch —) wird von zwei verschiedenen Pflanzen, die beide zu den Urticaceen (Nesseln) gehören, gewonnen. Die eine: Boehmeria nivea Hooker und Arnott (forma chinensis = weiße Ramie) kommt hauptsächlich in China vor, wächst auch in den subtropischen Gebieten von Indien, Siam, Cochinchina, Japan, Sundainseln, Zeylon, Mexiko, Algerien, Ägypten und Nordamerika. In China nennt man sie „Shu-ma", die andere Stammpflanze heißt Boehmeria tenacissima Gaud. oder utilis Decaisne (Bl. ?) syn. B. nivea forma indica (grüne Ramie) und kommt hauptsächlich im Malaiischen Archipel und in Indien vor. Sie wird in Indien „Rhea" genannt. Im Handel nennt man sie vielfach „Chinagras" bzw. (englisch) „China-grass". Die ersten Proben der Ramiefaser gelangten im Jahre 1810 aus Indien nach Europa (England).

Anbau und Ernte. Ramie gedeiht am besten an Hügelabhängen auf leichtem Tonsandboden. Reichlicher Regen ist für ihr Wachstum vorteilhaft, doch muß für guten Abzug des Wassers gesorgt werden. Vielfach findet man sie in China auch wildwachsend. Die Vermehrung geschieht sowohl durch Samen wie durch Stecklinge. Je mehr die Pflanze durch Behacken und Häufeln gepflegt und je besser sie gedüngt und von Unkraut freigehalten wird, um so größer ist die Ernte, die am Ende der Blütezeit stattfindet, wenn der Stengel etwa 2 m Höhe erreicht hat. Bestenfalls findet die Ernte in vier bis fünfmaligen Schnitten, im Mai, Juli und November — im gemäßigten Klima in zwei- bis dreimaligen Schnitten statt. Die Neuanpflanzung erfolgt alle 7—15 Jahre. Der Ertrag beträgt 1600 bis 2000 kg Stengel vom Hektar.

Die Gewinnung der Faser ist ziemlich schwierig. Man bricht den Stengel etwa in der Mitte ab. Die faserhaltige Rinde läßt sich sodann leicht abstreifen. In China werden die 3 bis 8 Fuß hohen geernteten entblätterten Stengel wenige Stunden in Wasser gelegt, worauf sich die Rinde mit dem Messer vom Holz abtrennen läßt. Noch vor dem Einweichen wird die Rinde mit einem breiten Holzhammer geklopft, so daß sie frei gelegt wird. Der nach dem Einweichen mit Holzkämmen abgelöste Bast wird auf Bambusmatten oder durch Aufhängen auf Bambusstöckchen an der Luft getrocknet. Dieses Rohmaterial enthält 10% reine Faser, d. h. von 10 t Rohmaterial erhält man 1 t Faser. Zum Verspinnen muß jedoch die so gewonnene Ramie noch in Seifen- oder Holzaschelösung entleimt, gewaschen und gebleicht werden. Es gibt auch besondere Maschinen, die die

Herstellung der Ramiefaser besorgen. Nach Europa wird meist die geschälte rohe Ramie verschickt und das Entleimen der Faser nach gut vervollkommnetem Verfahren bewirkt. (Entleimungsverfahren siehe Tropenpflanzer 1926 Nr. 7). In Deutschland geschieht dies u. a. in der vorzüglich eingerichteten Fabrik der Ramie-Gesellschaft in Emmendingen (Baden), in England in Yorkshire.

Die verschiedenen Ramie-Spielarten in China werden häufig ganz verschieden behandelt und liefern auch ganz verschieden feine und lange Fasern ($2^1/_2$ bis 18 Zoll lang). So benutzt man im Yangtse-Tal zur Reinherstellung der Faser Kalkwasser.

Man gewinnt Ramie hauptsächlich in den Provinzen Kwangtung, Hupeh, Shensi, Honan, Szechuan und Kiangsi. Das Yangtse-Tal liefert eine Faser, die besonders für die Ausfuhr bevorzugt wird. Die beste Faser soll in den Gegenden von Kinkiang wachsen. Die in der Nachbarschaft von Hongkong, Kanton, Swatan, Kiangtschan (Hainan) gewonnene Faser wird dort zu Kanton-Leinewand (Grasscloth) verarbeitet oder mit Durchbrucharbeiten vernäht. Besonders feine Faser wird am Linyang-Fluß gewonnen, in dessen Wasser geröttet und gebleicht; daraus werden feine Gewebe, meist an vierzig Fäden auf einen Zoll, hergestellt. Hupeh produziert 330000 Ballen (zu je 60—65 catties (= 36—39 kg) weiße Faser, 10000 Ballen zu 50—55 catties (= 30—33 kg) grüne Faser und 250000 Ballen (zu 50—55 catties = 30—35 kg) „mao pa"-sorte.

Im Süden Chinas unterscheidet man gewöhnlich 3 Handelssorten, und zwar eine weiße oder gelbe, eine grüne und eine braune. Die ersteren sind künstlich getrocknet, die letzteren an der Sonne getrocknet. Unbehandelte Faser heißt „flacky fibre (= gesprenkelte Faser), kurze, harte Faser wird „mao pa" (= Borstenfaser) genannt. Die beste Qualität heißt „Tip-Top" (4 Fuß lang und mehr), es folgt dann „first grade" (3,6—3,7 Fuß lang), „second grade" (3,2—3,3 Fuß lang), „third grade" (über 2 Fuß lang), „white", „coarse" (1,8 Fuß lang) und schließlich „lowest". Hauptplatz für den Handel mit der „weißen" Sorte ist Hankow, für die Sorte „mao pa" die Stadt Wusueh. Hochwertige Sorten werden von andren Maklern aufgekauft, als die minderwertigen. In Hankow allein werden jährlich 6—700000 Picul Ramie umgesetzt (1925/26). Die Verpackung erfolgt in Bündeln, die zu einem Ballen (package) vereinigt werden und 50—60 catties wiegen.

Die Ausfuhr von Ramie aus China betrug im Jahre 1913 171126 Pikul, 1914 129795 Pikul, 1915 161700 Pikul, 1916 210931 Pikul, 1917 276931 Pikul, 1920 187028 Pikul (Wert 2884201 H.T.), 1921 197242 Pikul (Wert 2793754 H.T.), 1922 187280 Pikul (Wert 2943429 H.T.), 1923 155346 Pikul (Wert 2775917 H.T.), 1924 277625 Pikul (Wert 4925030 H.T. Japan allein nahm auf: 1912 103755 Pikul — 1919 196447 Pikul — 1921 179617 Pikul — 1922 169450 Pikul — 1923 155246 Pikul — 1924 277625 — 1925 201495 Pikul.

In neuester Zeit wurden in China (1925) 26000 t Ramiefaser produziert, von denen etwa 10000 t in China verbraucht und 16000 t ausgeführt wurden. Von der ausgeführten Menge nimmt Japan bzw. Korea weit über die Hälfte auf; größere Mengen gehen auch nach Deutschland, Belgien, England und Amerika (U. S. A.). Hankow allein führte aus (1924) nach: Japan (110000 P.), Amerika (2000 P.), England (13500 P.), u. nach Deutschland 6700 Pikul. Die Gesamtausfuhr von Hankow machte 1924 290000 Pikul aus, Wusueh führte 200000 Pikul aus. Deutschland führte aus China im Jahre 1911 24311 dz, 1912 38893 dz und 1913 23290 (im ganzen 23964 dz) Ramie-Bast ein.

Nach den Angaben des chinesischen Zollamts wurden nach Deutschland ausgeführt: 1922 7086 Pikul i. W. von 111625 H.T., 1923 4420 Pikul i. W. von 78866 H.T. und 1924 1102 Pikul i. W. von 17914 H.T.

Daß in China selbst große Mengen von Ramie verarbeitet werden, geht aus den Zahlen der Ausfuhr nach den verschiedenen chinesischen Häfen, in deren Hinterland die Faser z. T. weiter verarbeitet wird, hervor: 1912 16212 t, 1913 15767 t, 1914 14691 t, 1915 18933 t, 1916 19011 t, 1917 23022 t, 1923 140562 Pikul, 1924 63346 Pikul und 1925 81500 Pikul. — Das Gewicht der Ramieballen ist sehr verschieden und schwankt zwischen 224 und 658 lbs.

Industrie. Ein besonders guter Kunde für die Ramiefaser ist Korea, das vornehmlich die Ware von Yangtse-Tal und Tschungking aufnimmt.

In China und Korea wird die Faser namentlich zu Moskitonetzen, Fischnetzen, Wäsche und Kleidern verarbeitet. Ramiestoffe sind nach dem Bleichen sehr weiß, nehmen leicht Farbe an, die sie jedoch wieder verlieren, wenn die Stoffe gedrückt werden. Die hervorragendste Verwendung von Ramiefaser ist die der Verarbeitung zu Glühstrümpfen, zu denen sie sich infolge der Eigenschaft des Nichtrostens sehr gut eignet. (Das Brüchigwerden und Verfärben von Ramiestoffen ist wohl auf falsche Behandlung, z. B. Bleichen mit Chlorkalklösung, zurückzuführen.)

In China (Kowkong in der Nähe des Hafens Kongmoon) wurde im Jahre 1910 eine große Ramie-Rötterei, Spinnerei und Weberei angelegt. Die Verarbeitungsanlage besteht aus 3 Sortier-, 3 Zug-, 2 Hechel-, 1 Verdoppler- und einer Zwirnmaschine. Die Spinnereianlage besteht aus einer Kämm- und 3 Spinnmaschinen, letztere zu 300 Spindeln. Ferner sind vorhanden 6 Spulmaschinen, 4 Flachstühle, 5 Rundstühle für Strümpfe, 4 Strickmaschinen, 8 schnellaufende Nähmaschinen und 3 Ösenmaschinen.

Ramieleinewand wird zu etwa einem Drittel über Hongkong ausgeführt, wovon die Vereinigten Staaten in glatter und gestrickter Ware in naturweißen und dunkelblauen Sorten einen großen Teil abnehmen.

An grasscloth wurde aus China ausgeführt 1913 15550 Pikul, 1914 15803 Pikul, 1915 13712 Pikul, 1916 15680 Pikul und 1917 15783 Pikul, 1919 21094 Pikul, 1922 36585 Pikul (= 3812027 H.T.), 1923 21197 Pikul (= 2539706 H.T.), 1924 24614 Pikul (= 3543932 H.T.). Diese Ausfuhr ging besonders nach Korea, Japan und Hongkong. Im Jahre 1923 führte man 90000 Stücke feine Ramieleinewand und 255000 Stück grobe Leinewand im Gesamtwert von 1364000 Taels aus. In Deutschland wird Ramie in der bekannten Ramiefabrik in Emmendingen (Baden), die 8000 Spindeln besitzt, verarbeitet. — Die Amerikaner (U. S.) stellen Zigarettenpapier aus Ramiepapier her. — In Frankreich werden jährlich 1000 t Ramie verarbeitet (1924).

Von anderen Ländern sei noch kurz folgendes erwähnt:

In Japan wurden auf Formosa (1918) 4684 acres mit Ramie angebaut, die 2271825 lbs. Bast erbrachten. Die Hauptfabrik in Japan, die 1920 340 Arbeiter beschäftigte, ist „The Japan Ramie Speninko".

Auf den Philippinen wurden auf Veranlassung der Regierung ausgedehnte Versuche mit der Ramiepflanze angestellt.

In Niederländisch-Indien erfolgte 1919 der Anbau von Ramie in geringem Maße. Es wurde eine weiße, schön glänzende, starke, leicht verspinnbare Faser gewonnen. Die Ernteergebnisse scheinen jedoch nicht befriedigt zu haben.

In den Malayenstaaten und in Britisch-Indien wird Ramie in bedeutendem Maße gewonnen, ohne daß man es zu einer beträchtlichen Ausfuhr gebracht hätte; so führte man 1923/24 aus Bengal 65 Cwts. Ramie nach England aus.

Chinagras wächst auch vielfach wild in Äquatorial-Afrika bis nach Angola herab, und auch aus Haiti wird berichtet, daß die Pflanze dort in verschiedenen Teilen der Insel vorkommt. Zu industriellen Ausnützungen in diesen Ländern ist es jedoch bisher noch nicht gekommen, da ein regelrechter Anbau nicht stattfindet.

Literatur:
Fesca: Pflanzenbau Bd. 2. — Finance and Commerce Shanghai 1920. — Der Deutsche Leinenindustrielle. — China-Yearbook 1924/25. — „The Chinese Monthly Economic" (Juni 1925). — The Japan Chronicle 1920. — Michette, Félicien: La Ramie. 1925 (2. Aufl.). Société de Propaganda Coloniale Publication de la Section spéciale des cultures coloniales, 45, Avenue Trudaine, Paris. — Foreign Trade of China. I u. II. Shanghai 1924 u. 1925. — „Textilzeitung" vom 13. 5. 1926. — „Handelsberichten" (Holland) vom 23. 7. 1925. S. 1047. — Annual Statement of the Sea Borne Trade of British India. Vol. I. Calcutta 1925. — Spinner und Weber: 1926, Nr. 67. — Tropenpflanzer. — Schilling, E.: „Die Faserstoffe des Pflanzenreiches, 1924. Leipzig.

Espartofaser. (Federpfriemengrasfaser.)

Espartograsfaser wird von der Graminee Stipa tenacissima Linné gewonnen. Esparto ist die Handelsbezeichnung der Faser; in Nordafrika wird sie mit Alfa oder Halfa und in Spanien mit Atocha bezeichnet. Das Gras findet sich in Marokko, Algier, im südlichen Spanien, sowie auf Sizilien. Es wird im allgemeinen nicht angebaut, vielmehr von wildwachsenden Pflanzen im Frühsommer gesammelt. Die Verwendung der aus den Blättern des Grases gewonnenen 10 cm langen glanzlosen Faser wird zur Herstellung von Seilerwaren, Tauen, Packtuch, Matten, Sandalen, Körben, sowie als Polstermaterial benutzt. Auch das Durchzugsstroh durch die österreichischen und italienischen Virginia-Zigarren stammt von der Espartopflanze. Durch Kochen wird eine feine, weiße, feste, leichtverfilzbare Faser gewonnen, die namentlich in England zur Herstellung von Papier verarbeitet wird. — Die spanische Esparto enthält 42 bis 50% Faser, das algerische nur 40 bis 45%. — Die hauptsächlichsten algerischen Produktionsgebiete, die 3976307 ha umfassen sollen, sind: Sidi bel Abbes, Tlemcen, Sig (Oran) Balna (Constantine). Auch in Marokko, Tripolis und Tunis wird Esparto gewonnen. Spanien führt Esparto namentlich von Alicante, Almeria und Malaga aus, von wo es meist nach England kommt.

Bei der Ernte werden nur zweijährige Blätter abgeschnitten, die in Bündeln gebunden, zwei Tage in Haufen gelegt, dann wieder ausgebreitet an der Sonne getrocknet und nochmals gebündelt werden. Das Gras wird sodann in offenen Kesseln 4 bis 8 Stunden gekocht bis die grüne Farbe verschwunden ist, worauf man die Faser 3 bis 8 Tage in fließendem Wasser röttet. Die Weiterverarbeitung geschieht mit einer Holzkeule, wodurch das Entrinden bewirkt wird.

Das Verspinnen und Verweben der Faser findet in Spanien, in den italienischen Provinzen Kalabrien und Toskana, sowie auch etwas in Südfrankreich in der Hausindustrie statt. Über den Umfang des Vorkommens von Pfriemengras sind nähere Angaben nicht bekannt geworden, jedoch sollen in Algerien über 5 Mill. ha und in Tunis 1,2 Mill. ha mit dieser Pflanze bewachsen sein.

Da die Ernten so gut wie vollständig ausgeführt werden, seien die Ausfuhrzahlen, die auf Zuverlässigkeit einen größeren Anspruch erheben dürften, hierangeführt:

(in Tonnen zu je 1000 kg)

	Tripolis	Tunis	Algier	Spanien	Gesamtsumme
1903	32716	32456	63974	49879	179025
1904	46450	25805	82702	45229	200186
1905	36760	26720	84813	42741	191034
1906	35737	27603	86175	38590	188105
1907	36099	24079	99175	43073	202426
1908	23507	35754	86766	46880	192907
1909	21452	51139	85579	39217	197387
1910	24385	34258	91200	44278	194121
1911	17000				
Mittel	30457	32227	85069	43742	

In der Folgezeit wurden ausgeführt: Aus Algier:

1913	11365 t	1916	7980 t	1921	37189 t
1914	8935 t	1918	8600 t	1922	104965 t
1915	8977 t	1920	53982 t	1923	109231 t

1924 . . . . . 117400 t, davon 105000 t allein nach England ausgeführt.

Tunis lieferte: 1911: 39000 t, 1913: 49000 t, 1914: 58000 t; 1915: 32000 t, 1916: 24000 t, 1922: 20500 t, davon nach England 19100 t, 1923: 44870 t (nach England 42000 t), 1924: 7810 t, davon gingen 7151 t nach England, 503 t nach Frankreich, 73 t nach Holland, 54 t nach Algier und 26 t nach Italien. In der Nähe von Algier soll im Jahre 1918 eine große Fabrik zur Verarbeitung von Pfriemengras (auch Diss-Gras) genannt errichtet worden sein, die jährlich 15000 t Papermasse erzeugen soll. Aus Tripolitanien wurden 1913 12217 t ausgeführt, davon entfielen auf Tripolis 6953 t, auf Homs 5264 t, die übrigen Espartogras-Märkte Tripolitaniens (Tabia und Sliten) waren an der Ausfuhr nicht beteiligt. Aus dem Innern kamen auf dem Karawanenwege nur 400 t an.

Spanisch-Marokko führte von Almeria im Jahre 1919 19769 t und von Garrucha im gleichen Jahre 7400 t Espartogras aus.

In Spanien wächst das Gras auf den südöstlichen Hochebenen ebenfalls wild. Eine besonders gute starke Qualität wird dort „Borde" genannt. Von einem ähnlichen Gras wird daselbst Albardin gewonnen, das jedoch auch unter dem Namen Esparto in den Handel kommt. Die durchschnittliche Jahresproduktion des für Industriezwecke verwendbaren Grases wird amtlich auf 50000 t geschätzt (1920).

Im Jahre 1923 wurde in Spanien in nebenstehenden Provinzen Espartofaser gewonnen:

Provinz	Bestand ha	Produktion dz
Madrid	255	638
Toledo	46000	115000
Guadalajara	500	3000
Cuenca	8000	8480
Navarra	2112	1488
Valencia	4500	12825
Alicante	24040	43658
Murcia	100000	150000
Jaén	11760	48040
Malaga	1458	1823
Almeria	223500	349952

Der größte Teil des Espartograses geht nach England.

Deutschland nahm im Jahre 1911 18569 dz, 1912 15064 dz und 1913 14991 dz auf, wovon aus Algier 14139 dz und aus Spanien nur 518 dz kamen.

Literatur.

Fesca: Der Pflanzenbau 2. Teil. — Der Tropenpflanzer (z. B. Febr. 1927, S. 88). — Z. ges. Textilind. — La Riqueza y el Progreso de España. Banco Urquijo. 1924 Madrid. — „Spinner und Weber": 1926, Nr. 69. — Institut Colonial de Marseille: „Le Commerce et la production des Colonies françaises" 1926.

Palmenfasern.

Die **Carludovica**faser von Carludovica palmata Ruiz et Pav., die zu den Cyclantaceae gehört, ist nicht den eigentlichen Palmenfasern zuzurechnen, steht ihnen aber sehr nahe. Aus den Rippen der Blätter gewinnt man das Panamastroh, aus welchem die Panamahüte hergestellt werden. Man gewinnt die Faser besonders in Peru, Ecuador, Kolumbien, Venezuela, Puerto Rico und Honduras. In der Eingeborenensprache nennt man sie Jipijapa. Die Ausfuhr aus Peru und Kolumbien, besonders nach den Vereinigten Staaten, nimmt von Jahr zu Jahr zu. Plantagenmäßig wird Carludovica in den kolumbischen Provinzen Caldas, Antioquia, Nariño und Huila angebaut, wo auf 128 ha im ganzen 58613 kg Panamastroh (1917) gewonnen wurden.

Die **Kokos**faser oder Klapper- oder Koprafaser, auch **Coir** genannt, wird von der die Kokosnuß (Cocos nucifera L., Palmae) umgebenden Hülle gewonnen. Die Faser wird ähnlich wie Hanf in Wasser geröttet. 13 bis 15 Nüsse geben 1 kg Faser. Man gewinnt drei verschiedene Sorten Faser, und zwar die wertvolle Bürstenfaser, ferner die Garnfaser zu Kokoswandbekleidungen, Kokosläufern und Kokosmatten und endlich Füllmaterial für Matratzen und andere Polsterzwecke. Die Faser zeichnet sich durch Elastizität, Leichtigkeit und Dauerhaftigkeit in Luft und Wasser aus. Nur die fast ausgereiften Nüsse liefern gute Fasern. Das Verbreitungsgebiet der Kokosnuß ist bekanntlich sehr groß. Die Faser wird gewonnen auf Zeylon, im Süden Britisch-Indiens, besonders in Madras und Malabar, in den Malayenstaaten, auf Niederländisch-Indien, in China, auf den Philippinen, auf verschiedenen Inseln Ozeaniens, in Marokko, auf Madagaskar und Puerto Rico. Die Produktion von Indien und Zeylon beträgt jährlich etwa 65000 t Coir.

Im Jahre 1925 wurde in Holland ein Patent genommen, nach dem die Coirfasern auch zu juteähnlichen feinen Spinnfasern durch maschinelle Entfernung der Faser von den Schalen, durch Rötten in einer Lauge, Auswaschen und durch Spinnfähigmachen der gerötteten Fasern verarbeitet werden können. Dies war bisher von den Eingeborenen an der Malabar- und Zeylonküste nur durch 1 bis $1^1/_2$jähriges Rötten in den dortigen Stauwassern möglich, während das neue Verfahren nur wenige Stunden erfordert. (Siehe den Aufsatz: „Coir als Spinnfaser“ im D. L. I. vom 5. 3. 1925.)

In Niederländisch-Indien werden nur die kleineren Spielarten gewonnen, welche die für die Bürstenfabrikation geeigneten längeren Fasern nicht liefern. Größere Kopranüsse kommen nur noch auf Bali vor. Kokospalmen stehen in Niederländisch-Indien auf 71750 ha, von denen (1914) 26157 ha ertragsfähig waren. In 525 Unternehmungen wird die Ernte (1924) von 7,76 Millionen Nüssen verarbeitet. Kokosgarn gewinnt man nur aus Fasern von kleineren Früchten, z. B. im Gallebezirk auf Zeylon. Auf Java wird das Rötten nur wenige Tage vorgenommen, während es in Britisch-Indien, besonders in den in Travancore gelegenen Gebieten von Alpat und Anjengo oft viele Monate dauert. Die Ausfuhr an Coir und Coirgeflecht (ohne Coirgarn) aus Britisch-Indien ergibt sich aus der folgenden Zusammenstellung:

	1902	1903	1904	1905	1906	1907	1908	1909
Cwts.	423735	481889	508855	528746	557370	570646	517425	584884
£	265357	322463	334449	354717	368591	380460	365185	425177

	1910	1911	1912	1913	1914	1915	1916
Cwts.	690471	654212	759644	733644	787074	480795	549483
£	495194	472164	546570	557018	604190	383790	431333

	1917	1918	1919	1920	1921	1922	1923	1924
Cwts.	574846	401680	267815	773038	600820	554840	662320	629300
£	439752	309347	236699	1039357				

An Coir ohne Cordage wurde aus Britisch-Indien ausgeführt:

1912/13	266978 Cwts.	
1913/14	259900 „	
1914/15	290394 „	
1915/16	175685 „	Nur unverarbeitete
1916/17	197763 „	Coirfaser:
1917/18	195546 „	in Cwts.
1918/19	218504 „	1910/14 (Mittel) 6800
1919/20	272561 „	7080
1920/21	233430 „	8020
1921/22	235064 „	8480
1922/23		9800
1923/24		7720
1924/25		7400

Coirfabriken gab es in Britisch-Indien (1925) 125, die 8160 Arbeiter beschäftigten; davon befinden sich 63 Fabriken in Travancore und 31 in Madras.

Von der Malabarküste wird Coir von Ichin und Calica aus ausgeführt. Die Coirindustrie ist dort namentlich in Calicut, Tellichery und Cochin zu Hause. Es wurden im Jahre 1921/22: 28000 t Coirgarne und -geflechte im Werte von 9,2 Mill. Rs. ausgeführt, wovon nach England 8200 t, nach Deutschland 4900 t, nach Holland 4700 t und nach den Ver. Staaten 2500 t gingen.

Über die Coirausfuhr aus Zeylon liegen uns ebenfalls nähere Angaben vor. Die Ausfuhr Zeylons erfolgte vornehmlich von den Häfen Kolombo und Galle. China führte 1914 13527 Pikul, 1915 11378 Pikul, 1916 7166 Pikul, 1917 12188 Pikul und 1918 2074000 lbs. Kokosfasern aus. Nach dem Kriege exportierte China 1922 22738 Pikul, 1923 16180 Pikul, 1924 15698 Pikul, 1925 15609 Pikul. Auch in China (Szechwan) blüht die Kokosweberei. Eigenverbrauch 1925 15959 Pikul.

In Puerto Rico waren im Jahre 1916 6091 acr. mit Kokosbäumen bepflanzt. Besonders gut gedeihen sie in Puerto Bai, Arizebo und Bayamon. Puerto Rico führte im Jahre 1916 137 t Coirfasern nach den Vereinigten Staaten aus.

Coir-Ausfuhr aus Zeylon (in Cwts).

	Stränge Cwts.	Bristle Fibre	Mattress Fibre
1921	60710	zus. 202260	
1920	71799	85706	166899
1919	106256	107500	130340
1918	29858	79352	123743
1917	26262	38247	90615
1916	80539	79733	131934
1915	98275	66429	124830
1914	97938	82802	144112
1913	115253	83083	173955
1912	103862	zus. 234565	
1911	115528	195777	
1910	110176	168780	
1909	110976	150360	
1908	110732	173180	
1907	106418	195400	

Marokko lieferte im Jahre 1919 etwa 4,5 Millionen kg Kokosfasern an das Ausland. Es gingen davon nach Frankreich 3,8 Millionen kg. Aus Spanisch-Marokko wurden in derselben Zeit 22200 kg Kokosfasern ausgeführt.

Madagaskar hatte eine Ausfuhr an Kokosfasern von 16,7 t im Jahre 1914, und 1924 6,7 t. Die Hausindustrie in der Verarbeitung von Kokosfasern (Spinnen doppelt gezwirnter Garne) wird besonders auf Zeylon und in Britisch-Indien von Frauen und Kindern betrieben.

Deutschlands Bedarf an Kokosfasern vor dem Kriege war 1913 21145 dz, Hauptausfuhrländer waren Zeylon (11786 dz) und Britisch-Indien (9153 dz). Der jetzige Bedarf Deutschlands (1925) dürfte 1750 t im Werte von etwa 700000 Goldmark nicht übersteigen; der Hamburger Handel in Kokosfasern wird sich auf etwa 2500 t im Werte von 1000000 Mark belaufen haben, da Hamburg in ziemlich großem Umfange an den Verkäufen nach den nordischen Staaten, Holland und Belgien beteiligt ist. Die Einfuhr erfolgte ungefähr zur Hälfte unmittelbar; von Hamburger Einführern wurde auch eine beträchtliche Menge über den Londoner Markt bezogen.

Matratzencoir. a) Kokosgarn. Der Gesamthandel Hamburgs dürfte sich vor dem Kriege auf 16000 t im Werte von etwa 6500000 Mark belaufen haben, wovon etwa 10000 t im Werte von etwa 4000000 Mark auf Deutschland entfielen, während 6000 t im Werte von 2500000 Mark nach Österreich, Ungarn, Holland, den nordischen Staaten, Schweiz, Italien, Frankreich, Rußland und dem Balkan ausgeführt wurden. Die Einfuhr erfolgte fast ausschließlich unmittelbar aus den Produktionsländern China, Britisch-Ostindien und Zeylon, (auch aus Samoa) mit deutschen Dampfern nach Hamburg und teilweise wegen der billigeren Weiterverfrachtung auf den Wasserstraßen nach Süddeutschland und der Schweiz, über Amsterdam, Rotterdam oder Antwerpen. Ganz gelegentlich wurden direkte Einfuhren mit englischen Dampfern über London geleitet mit der Bestimmung für die bezeichneten kontinentalen Häfen.

b) Matratzencoir. Der Bedarf Deutschlands dürfte darin 2250 t im Werte von etwa 360000 Mark betragen, während 750 t im Werte von etwa 120000 Mark nach Österreich, Ungarn, Holland, den nordischen Staaten, Schweiz, Italien, Holland, Rußland und dem Balkan durch Hamburger Einführer gehandelt wurden. Die Einfuhr geschah direkt mit meistens deutschen Dampfern.

Aus Britisch-Indien werden neben den unter „Coir“ genannten Fasern in der Statistik noch die „Fibres for brushes and broomes“ verschiedener Herkunft (zum Teil wohl auch Piassavefasern) ausgeführt. Der Vollständigkeit wegen seien hier einige Ziffern angeführt: Ausfuhr in tons: 1919 20: 8387 t — 1920/21: 2960 t — 1921/22: 3707 t — 1922/23: 4128 t — 1923/24: 5677 t — 1924/25: 6000 t.

Literatur:

Glafey, H. Dr.: Rohstoffe der Textilindustrie 1921. — Der Deutsche Leinenindustrielle. — Der Pflanzenbau, Bd. 2. — Mitt. Forsch. Inst. Sorau 1920. — Statistique du Maroc 1919. — China-Yearbook 1919. — Weekly Times of Ceylon. — Commerce Reports. — Statistic Dep. Board of Trade. Statistical Abstract of Brit. Oversea Dom. and Protect. London 1922. — Annual Statement. Brit. India. Calcutta 1925. — China: Foreige Trade 1925.

Raffia. (Raphia)-Bast. Raffiabast wird von verschiedenen Arten der schönen 15 bis 18 m hohen Raffiapalme gewonnen, besonders von Raphia pedunculata Beauvois = R. Ruffia Mart. (Palmae), die auf Madagaskar große Bestände aufweist. Auch in anderen französischen Kolonien, sowie in Belgisch-Kongo, in Ostafrika, Kamerun, Liberia, an der Elfenbeinküste und im tropischen Südamerika (Brasilien), wird Raffiabast gewonnen. Madagaskar hatte im Jahre 1914 eine Ausfuhr von 4424044 kg im Werte von etwa 2,4 Millionen Frcs. Im ganzen betrug die Ausfuhr aus Madagaskar (Häfen: Majunga, Diego-Suarez und Tamatave):

1913 . . .	5961 t	1915 . . .	4714 t	1922 . . .	3350 t	1924 . . .	6453 t
1914 . . .	4425 t	1916 . . .	4730 t	1923 . . .	9000 t		

In diesen Zahlen ist auch die geringe Erzeugung der übrigen afrikanisch-französischen Kolonien eingeschlossen. Belgisch-Kongo lieferte im Jahre 1917 allein 100000 Säcke aus Raffia, die besonders aus dem Distrikt Sankuru stammen. Auch Zündschnüre werden aus Raffiabast hergestellt.

Raffiabast aus der französischen Kolonie Madagaskar wurde nach Deutschland eingeführt:

Direkte Durchschnittseinfuhr	nach Hamburg etwa	1800 t
Indirekte „	„ „ „	200 t
	zusammen	2000 t

zum Friedenswert von 1200000 Mark.

Hamburg steht in diesem Artikel in schärfster Konkurrenz, vornehmlich mit Marseille, das eine Durchschnittsjahreseinfuhr von etwa 4000 t zu verzeichnen hatte. —

Literatur:

Statistique du commerce des Colonies françaises. — Bull. commercial d'Orient. — Der Deutsche Leinenindustrielle.

Piassavafasern. Die durch Luft und Regen freigelegten Gefäßbündel der Blattscheiden von verschiedenen Palmenarten, namentlich von Attalea funifera Martius, von Leopodinia piassabe Wallace (Para-Piassave), von Caryota urens Linné, sowie von Borassus-Arten (z. B. B. flabellifer L.) liefern grobe Fasern, die infolge ihrer zähen Widerstandsfähigkeit und Haltbarkeit eine große Rolle in der Bürstenindustrie spielen.

Die Ausfuhr von Piassava von der französischen Elfenbeinküste im Jahre 1914 nach England betrug 7620 kg und nach Deutschland 5573 kg, 1924 war die Gesamtausfuhr: 17211 kg. Französisch-Gabon führte 1924 119403 kg im Werte von 29851 Frcs. aus. (Brit.-Indien siehe am Schluß des Artikels über „Coir". In Indien, Zeylon und auf den Philippinen gedeihen die Caryota- und Borssus-Fasern.) Brasilien (Bahia) (Attelea- und Leopoldinafasern) produzierte im Jahre 1922: 2500 t Piassavafasern. England nahm davon die Hälfte ab. Auch Deutschland und die Ver. Staaten erhielten größere Mengen. — Madagaskar lieferte im Jahre 1924: 78,6 t.

Ein wichtiger Piassavafaserlieferant ist auch Sierra Leone, das folgende Mengen (Werte) an Piassavafasern ausführte:

	1907	1908	1909	1910	1911	1912	1913	1914
t	329	516	675	635	906	1146	939	983
£	5748	8628	9859	8842	12502	15462	12280	19492

	1915	1916	1917	1918	1919	1920	1921
t	1283	883	471	569	1059	657	742
£	27491	18998	8300	15065	32172	14810	13068

Hamburg hat in den letzten Vorkriegsjahren fast den ganzen Kontinent mit diesem Rohstoff versorgt, und zwar in:

1. Afrika-Piassava: Die Gesamtproduktion in Liberia betrug 1913 etwa 5500 t im Friedenswert von 3000000 Mark, hiervon sind 3500 t direkte Einfuhr nach Hamburg und ungefähr 2000 t nach Liverpool gegangen, welch letztere z. T. durch Hamburg in den deutschen Verbrauch übergeleitet wurden.

2. Bahia und Madagaskar Piassava: Etwa 400 bis 500 t Einfuhr nach Hamburg, zum Friedenswert von 500000 Mark, fast ausschließlich in Hamburg gehandelt.

Literatur:

Statistique du commerce des Colonies françaises. — Commerce Reports. — Statistical abstract of Oversea etc. London 1922.

Rotang (Rottang, Rotting)-Faser. Calamus Rotang L. (Palmae), eine kletternde Palme, die uns die Rohrstöcke sowie Padang (Stuhlrohr) liefert. Außerdem liefern etwa 200 Calamusarten die genannten gesuchten Handelsartikel, von denen die wichtigsten die folgenden sind: Calamus dioicus Loureiro, C. rudentum Loureiro, C. tenuis Roseburgh, C. viminalis Wildenow.

Die Rotangpalmen finden sich besonders in Niederländisch-Indien und Hinterindien, weniger im tropischen Afrika. Auch in Indochina und China trifft man sie vielfach an. Sie dient zur Herstellung von Flechtwerken, Einlagen für billige Korsetts, aber auch von Möbeln, Körben und Koffern. Die Abfallprodukte finden Verwendung für Matratzen und Kissen. Die Blattgeißeln dieser Palmarten werden zur Herstellung von starken Bindfäden und Schnurmaterial verwendet.

Hauptlieferanten für Rotang sind Niederländisch-Indien, besonders Sumatra und Borneo, sowie Malakka und China.

Die Jahresausfuhr aus Niederländisch-Indien betrug im Jahre 1910 44190 t, 1913 60559 t, 1917 27005 t, 1918 25441 t. Die Ausfuhr in den Jahren 1919 und 1920 war nach dem „Indische Merkuur" gering und betrug nur 1085 bzw. 1623 t, wovon die Hauptmengen nach den Niederlanden und nach Deutschland gingen. Java und Madoera führt nur wenig Rotang aus, so 1923 148 t und 1924 362 t (davon 352 t nach Deutschland). Große Mengen kommen dagegen von den sog. Außenbesitzungen, nämlich: 1921 33854 t — 1922 40153 t und 1924 40315 t.

Indochina führte 1913 15100 Ztr. und 1914 14120 Ztr. aus. Aus China selbst wurden in Pikul 1913 19848, 1914 17045, 1915 32261, 1916 33082, 1917 20115 Pikul, 1923 22477 Pikul (Wert 227123 H.T.) und 1924 22371 Pikul (Wert 229942 H.T.) ausgeführt.

Literatur:

Fesca: Der Pflanzenanbau, 2. Teil. 1907. — Jaarboek van Nederlande 1920. — De Indische Merkuur. — Statistique du Commerce des Colonies françaises. — China-Yearbook. — Deutsches Jahrbuch für Niederl. Indien von Dr. Schöppel. 1925. Verlag Kolff & Co., Batavia u. London. — Dep. of Overseas Trade. Netherland East Indies. London 1924. — Foreign Trade of China, 1924 I u. II, Shanghai. — Die verschiedenen Calamusarten sind bei E. Schilling: „Die Faserstoffe des Pflanzenreiches", Leipzig 1924, aufgezählt.

Zuckerpalmenfaser (Arengafaser, Arenfaser, Gemötöfasern). Die Stammpflanze dieser Faser ist Arenga saccharifera Labill. (Palmae).

Die von den Einheimischen unter dem Namen „Idja" an der Basis der Blattstiele und am Stamm in Form von Netzen befindlichen langen schwarzen Fasern lassen sich in größeren Stücken leicht von den Blattscheiden abreißen. Die Faserstücke werden von den Eingeborenen meistens zum Bedecken der Hütten benutzt, sind aber auch zur Herstellung von Schiffstauen, sowie als Bürstenfasern vielfach verwendet, da sie sehr widerstandsfähig gegen Feuchtigkeit sind. Die Eingeborenen stellen allerhand Gegenstände mit ihrer Hilfe her (z. B. Sandalen). Die Arengafaser findet sich im ganzen indischen Archipel und wurde im Jahre 1913 zu 116 t, 1914 zu 100 t, 1915 zu 52 t, 1916 zu 84 t, 1919 zu 46,1 t und 1920 zu 85 t aus Niederländisch-Indien ausgeführt. Java und Madeira erbrachten 1917 48,5 t, 1918 33,2 t, 1919 45,5 t und 1923 51,3 t und 1924 64,8 t Die Ausfuhr aus Semarang belief sich 1918 auf 1,8 t und 1919 nur auf 41 kg Die Ausfuhr geht zum größten Teil nach den Niederlanden, dann aber in erheblichem Maße nach Australien, geringere Mengen nehmen Großbritannien und Japan auf.

Die Ausfuhr der letzten Jahre ging (in kg):

nach	1923	1924
Deutschland	1198	8835
Niederlande	4978	13985
Großbritannien. . .	15795	15637
Belgien	2859	—
Italien	2069	2098
Australien	23853	24116
anderen Ländern . .	539	—
zusammen	51291	64671

Literatur:

Fesca: Der Pflanzenbau, 2. Teil. — Neue Faserstoffe 1919. — Der Deutsche Leinenindustrielle. — De Indische Merkuur. — Dep. of Overseas Trade. Netherland East Indies. London 1924.

Yareypalmfaser. Die Yareypalme wird auf Kuba angebaut. Yareyfasern wurden im Jahre 1913 2340 t i. W. von 196437 am. $, im Jahre 1919 nur 178 t i. W. von 19395 am. $ und 1920 21 etwa 600 t i. W. von 65495 am. $ ausgeführt.

Zwerg- und Dattelpalmfasern. Die Blattfasern der Zwergpalme (Chamaerops humilis L., Palmae) und die Blattstielbahnen der Dattelpalme (Phoenix dactylifera L., Palmae) werden in den Mittelmeergebieten, besonders in Algerien gesammelt und zu Stricken, Seilen und grobem Gewebe verarbeitet, auch als vegetabilisches Roßhaar (Crin végétal) in den Handel gebracht. Algerien führte im Jahre 1924: 10000 t und 1925: 58000 t von dieser Faser aus. (Vgl. Spinner und Weber 1926, Nr. 69.)

Verarbeitung der ausländischen Fasern zu Seilerwaren.

Von **Hermann Oertel,** Rüstringen und Dr.-Ing. **Fr. Oertel,** Sofia.

Mit 50 Abbildungen.

Im Folgenden soll die Verarbeitung nachstehender Fasern zu Seilerwaren besprochen werden: Indischer Hanf, Manilahanf, Sisalhanf, Neuseelandhanf, Mauritiushanf, Fiquefaser, Espartofaser, Palmenfaser.

Der Manilahanf.

Von den vorgenannten Hänfen hat der Manilahanf in bezug auf die in der Seilerwarenfabrikation verwendeten Gewichtsmengen wohl die größte Bedeutung. Er gehört der Klasse der unechten Baste an und wird aus den Blättern der Musa textilis, einer auf den Philippinen in großem Maßstabe angebauten Bananenart, gewonnen. Manila ist die festeste Faser, die wir kennen; diese Eigenschaft sowie ihre größere Widerstandsfähigkeit im Wasser gegenüber ähnlichen Fasern macht sie in besonderem Maße geeignet zur Herstellung von Tauwerk für Schiffahrt und Fischerei. Die abgeschnittenen Blätter der Pflanze werden maschinell in den Großbetrieben der Pflanzer gequetscht und durch Abspülen vom Blattfleisch befreit. Die zurückbleibenden Fasern, die eine Länge von 4 m und mehr erreichen, trocknet man, sortiert sie nach Feinheitsgraden und verpackt sie in Ballen von etwa 125 kg Bruttogewicht. Die Klassifizierung geschieht an Ort und Stelle durch staatlich ernannte Organe, die Graders. Die Qualitäten, deren Preise zum Teil erhebliche Unterschiede gegeneinander aufweisen, werden mit geringen Ausnahmen nach dem Alphabet bezeichnet. Die in Europa verarbeiteten Marken bewegen sich durchweg zwischen *F*-grade und *M*-grade; unter den feineren und feinsten Graden findet man Fasern von hervorragender Güte und Weichheit mit hohem seidenartigen Glanz in hellgelben bis fast weißen Farbtönen. Meist bedient sich die Luxusindustrie dieser Marken zur Erzeugung feinster kunstgewerblicher Knüpfarbeiten, selten kommen sie jedoch auf den europäischen Hanfmarkt. Hauptstapelplatz für Manilahanf in Europa ist London, von wo aus entweder direkt oder durch Hamburger Importeure die deutsche Industrie versorgt wird.

Die Bandvorbereitung.

Der zu Lager gebrachte Hanf soll nun zu Manilaseilfaden versponnen werden. Die mit Matten umgebenen stark gepreßten Ballen werden durch Zerschneiden der Rohrbänder geöffnet und die zu großen Packen vereinigten Fasern müssen in einzelne „Handvoll“ so abgeteilt werden, daß die Arbeiterin der Anlegemaschine sie ohne Zeitverlust wieder aufnehmen und der Maschine zuführen kann. Es wäre aus Gründen der Platzersparnis und Übersichtlichkeit im Spinnsaal unpraktisch, die Ballen zu diesem Zweck gleich an die Maschine zu bringen. Die Arbeit des „Hanf-Ausnehmens“ geschieht deshalb im Hanflager oder einem gesonderten Raum; zugleich verbindet man damit, wo erforderlich, noch eine Sortierung nach Farbe, Länge und Feinheit. Jede Handvoll wird unter leichtem Zusammendrehen, damit die Fasern sich nicht wieder verwirren, in ein dafür vorgesehenes Gestell gelegt, die fertigen Bunde von etwa 25 kg Inhalt mit Bändern lose umwunden und nun zur Anlegemaschine gebracht. Häufig liegen die Fasern im Ballen stark verwirrt, und es empfiehlt sich schon wegen der großen Länge des Manilahanfes, das Abteilen und Glattlegen von je zwei Arbeiterinnen gemeinschaftlich vornehmen zu lassen.

Nachdem die unzusammenhängenden Faserbündel in ununterbrochener Folge durch schuppenartiges Übereinanderlegen der aus dem Bunde genommenen Handvoll mit nach vorn zeigenden Spitzenenden auf der Anlegemaschine zu einem zusammenhängenden bandartigen Gebilde vereinigt worden sind, muß dem letzteren die erforderliche Feinheit und Gleichmäßigkeit gegeben werden. Das ist die Hauptaufgabe der nachfolgenden Strecken.

Der lange und im Verhältnis zur Hanffaser sehr harte Manila erfordert an Stelle der im vorigen Abschnitt beschriebenen leichten Anlegemaschine einen weit kräftigeren Mechanismus. Anlegemaschinen für Manila und ähnliche grobe

Abb. 1. Kombinierte Anlege und Strecke für Langhanf.

Hänfe besitzen in der Regel 3 Gänge, und zwar einen Gang zum Anlegen des Hanfes und zwei Gänge, die als nachfolgende Strecken benutzt werden. Eine solche kombinierte Anlege und Strecke für Langhanf (Abb. 1) ist etwa in folgenden Hauptabmessungen gehalten:

1 Kopf mit 5 Bändern und 3 Ablieferungen
Einführzylinder $4\frac{1}{2}''$ ∅; Streckzylinder $7\frac{3}{4}''$ ∅
Streckfeldlänge 88 oder 94″
Nadelstärken: 1. Gang Nr. 1, 2. Gang Nr. 4, 3. Gang Nr. 6
Nadellänge: 1. Gang $4\frac{1}{4}''$, 2. Gang 4″, 3. Gang $3\frac{1}{2}''$
Verzugsmöglichkeiten: 8—16 fach
Raumbedarf 5500 × 2900 mm; Kraftbedarf 5 PS.
Hochkantlederdruckwalzen von 20—30″ ∅.

Der erste als Anlege benutzte Gang ist mit einem Anlegetisch ausgerüstet. Seine Druckwalze ist einteilig, die zweite und dritte Walze dagegen zweiteilig, um doublieren zu können. Die Gillbreiten betragen

hinter der ersten Walze 15″ bei 1″ Nadelteilung
hinter der zweiten pro Gill $4\frac{1}{4}''$ bei $^5/_8''$ Nadelteilung
hinter der dritten pro Gill $2\frac{3}{4}''$ bei $^3/_8''$ Nadelteilung.

Kleine Spinnereien mit engbegrenzter Tagesproduktion sind imstande, mit dieser Maschine eine Kleinstzahl Spinnmaschinen zu versorgen, und ersparen durch die Kombination vorerst die Beschaffung einer besonderen Strecke. Normalisierte Systeme wie in der Flachs- und Hanfgarn-Feinspinnerei überall eingeführt, lassen sich in der Grobfaserspinnerei aus technischen und aus Gründen der Praxis kaum durchführen, hier wird vielmehr die Anzahl und die Art der zu einem System zu vereinigenden Maschinen von Fall zu Fall durch die mit der Anlage zu erzielende Produktion bestimmt.

Gegenstand besonderer Sorge ist für den Spinnereipraktiker die Erhaltung und Pflege der schweren und kostspieligen Druckwalzen des Streckzylinders der Vorbereitungsmaschinen, von deren guter Beschaffenheit im wesentlichen das einwandfreie Funktionieren der ganzen Maschine abhängt. Die früher gebräuchliche Konstruktion der Druckwalzen aus Holz ist ganz fallen gelassen. Ihr Verschleiß war sehr erheblich, denn um das Rutschen des Bandes auf dem eisernen Streckzylinder zu verhüten, bedurfte es starker Anpressung der hölzernen Walzen an den Zylinder und allzu häufigen Abdrehens der unrund gewordenen Holzflächen. Allgemein besteht heute die Druckwalze aus einem eisernen Körper, in den eine der Breite des Bandes angemessene Hochkantledereinlage, zusammengesetzt aus einer größeren Anzahl hart zusammengepreßter und in Segmente zerlegter Lederringe, eingelassen wird. Die neuesten Modelle sind bereits mit solchen Druckwalzen bis zu 36″ Durchmesser ausgestattet, die ein stattliches Eigengewicht besitzen und deshalb leichtere Bauart der früheren schweren Druckhebelvorrichtung ermöglichen, sehr zum Vorteil der ganzen Maschinenkonstruktion. Leder hat sich infolge seiner Elastizität bisher am besten bewährt, dennoch gibt auch die Hochkantlederwalze noch manchen Anlaß zu Verdruß durch schlechtes Verziehen, dessen Ursache mitunter schwer aufzuklären ist. Manche Hänfe neigen auch ohne äußerlich erkennbare Ursache an und für sich zum Wickeln, während wiederum Ballen der gleichen Partie die Druckwalzen ohne Hindernis passieren. Nur peinliche tägliche Beobachtung der Druckwalzen auf ihren guten Zustand hin kann den Übelstand des Wickelns auf ein Mindestmaß herabdrücken. Vor allem gilt das für die später noch zu besprechende Sisalfaser.

Arbeitet die kombinierte Anlege und Strecke als einzige Streckmaschine, so läßt man das Band 2mal den zweiten und 2mal den dritten Gang passieren. Der letzte Zug liefert fertiges Spinnband. Nach dem Verlassen des zweiten Ganges werden die Bänder nach der auf eine bestimmte Länge — meist 150 oder 300 m — eingestellten Klingel abgerissen und die Kannen mit nunmehr gleichen Bandlängen zu einem Ansatz zusammengestellt.

Unter „Ansatz“ versteht man Band der Anlegemaschine von bestimmter Länge und bestimmtem Gewicht, welches gesetzmäßig verzogen ein Garn von gegebener Nummer ergibt. Der nächste Streckzug vereinigt alle ihm als Ansatz vorgelegten Bänder zu einem einzigen Bande.

Weit günstiger und produktiver arbeitet eine Anlage, wenn alle drei Gänge der kombinierten Anlegemaschine als Strecke verwendet werden und das Anlegen auf einem Breaker oder Dressing (Abb. 2) geschieht. Die größte Anzahl aller Grobfaserspinnereien ist inzwischen zur Aufstellung eines oder mehrerer Breaker übergegangen und erzielt neben größerer Produktion eine bessere Vorbereitung des Bandes.

Das charakteristische Merkmal des Breakers ist sein Streckwerk: zwei hintereinander liegende Hechelfelder in Form zweier endloser Ketten, die die mit Nadeln besetzten Hechelstäbe tragen und mit verschiedenen Geschwindigkeiten angetrieben werden. Der auf der ersten Kette langsam herangeführte und vom Einführzylinder sowie in den Nadeln der Kettenstäbe fest gehaltene Hanf erfährt an der Übergangsstelle auf das zweite Hechelfeld vermöge dessen schnellerer Bewegung eine recht wirksame, kämmende Bearbeitung, die der Hechelwirkung gleichzuachten ist und vor allen Dingen die krausen und häufig verfitzten Faserspitzen besser zu spalten und parallel zu legen vermag als eine Schraubenstrecke. Die Umlaufsgeschwindigkeit der zweiten Kette kommt derjenigen des Streckzylinders nahe; die Bewegung beider Hechelfelder zu einander entspricht ungefähr dem Verzuge, der zwischen 7 und $15\frac{1}{2}$ gewechselt werden kann. Die Gillbreiten betragen

bei der 1. Kette $21^7/_8''$ mit $^7/_8''$ Nadelteilung
„ „ 2. „ $21^3/_4''$ „ $^3/_4''$ „

Die Ketten tragen zu beiden Seiten Winkelhebel, die in Führungen laufen und die Stäbe zwangläufig senkrecht in das Band einführen und senkrecht wieder herausziehen. Je mehr ein Hechelstab der Forderung des senkrechten Einstechens entspricht, um so näher kann er zum Vorteil der Güte des Bandes an den Streckzylinder herangeführt werden. Das wird beim Kettenhechelstab allerdings nicht in gleichem Maße erreicht wie beim Schraubenhechelfeld, weil

Abb. 2. Breaker.

der erstere vor jedem Zylinder um eine gebogene Gleitbahn gezogen wird, die im Laufe der Zeit durch den Druck der Winkelhebel verschleißt und dadurch ein Umlegen des Stabes, somit schräges Einstechen der Nadeln im Gefolge hat, während das Schraubenstreckwerk seine Faller dicht vor den Zylindern durch Hebe- bzw. Druckdaumen senkrecht von der unteren in die obere Spindel befördert und umgekehrt. Die Geschwindigkeit der Schraubenfallerstäbe ist aber, zumal bei schweren Maschinen, begrenzt, und nur die beim Kettenhechelfeld erreichbare größere Umlaufszahl gibt die Möglichkeit des Auskämmens gleichzeitig mit dem Verziehen.

In Ansehung der großen Banddicke, erheblich größer als die Anlegemaschine sie bildet, hat man beim Breaker von der Verwendung einer Hochkantlederwalze Abstand genommen. Man versieht statt dessen den eisernen Streckzylinder mit tief gehaltenen wellenartigen Längsriffeln, in die eine eiserne Druckrolle mit der gleichen Riffelung durch Federkraft hineingepreßt wird. Da das Ablieferzylinderpaar dieselbe Riffelung besitzt, erhält das Band wellenförmige Eindrücke, die nicht gerade erwünscht sind, bei der späteren Streckung unter Lederdruckwalzen aber wieder verschwinden. Über dem Hechelfeld angeordnete Stabtrommeln drücken das Band in die Nadeln und erleichtern letzteren das Einstechen. Der Breaker erzeugt nur ein einzelnes Band, ein Doublieren findet daher auf ihm nicht statt.

Abb. 3 und 3a zeigt schematisch die Antriebsverhältnisse eines Breakers. Die Maschinentouren können auf 180—200 pro Minute erhöht werden. Die gesamte Streckfeldlänge beträgt 160″,

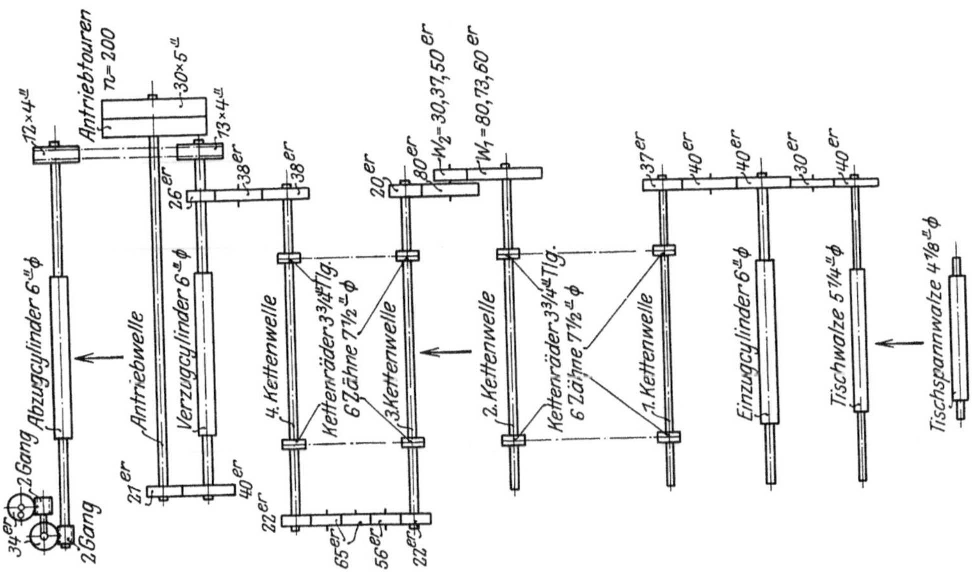

Abb. 3a. Antrieb eines Breakers (Antrieb 200 Touren).

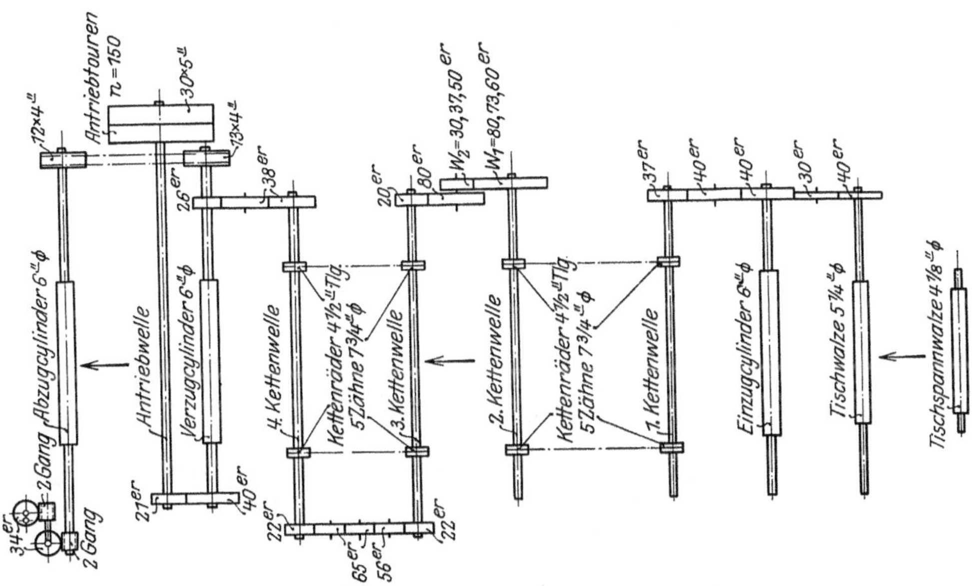

Abb. 3. Antrieb eines Breakers (Antrieb 150 Touren).

Durchmesser des Einführ- und Streckzylinders 6″
Nadellänge: langsame Kette 160 mm, schnelle Kette 135 mm
Nadelstärke: langsame Kette 8 mm ∅, schnelle Kette 8 mm ∅
Raumbedarf 7500 × 2200 mm; Kraftbedarf 5 PS.

Die große Steifheit und geringe Teilbarkeit des Manilahanfes verursacht eine mehr oder minder große Widerspenstigkeit der Faser in allen Stufen des

Spinnprozesses, der man durch Zugabe von Fett zu begegnen sucht. Den Vorgang des Einfettens nennt man

Das Batschen. Zur Verwendung kommen mineralische, tierische und pflanzliche Fette, oder Emulsionen. Die Zusammensetzung ist je nach Erfahrung und Bevorzugung seitens der Spinnereien verschieden, auch können gebrauchsfertig zusammengestellte Batschen im Handel bezogen werden. Nach der älteren Art wird eine ausgebreitete Lage Hanf mit der Mischung bebraust und solcherweise Lage auf Lage, jede unter Zugabe eines Quantums Batsche, übereinandergeschichtet. Nach ein bis zwei Tagen ist die Mischung von der Faser in allen Teilen gleichmäßig aufgenommen und der Hanf kann verarbeitet werden. Spinntechnisch ist diese Methode gegenüber der neueren vorzuziehen, weil der so vorbereitete Hanf infolge feinerer Verteilung der Batsche weniger Neigung

Abb. 4. Kombinierte Fünfbandstrecke.

zum Kleben und Wickeln an den Druckwalzen zeigt, das Fabrikat auch an Aussehen und Glätte gewinnt. Sie ist aber umständlicher, weshalb in den meisten Spinnereien die neuere Art, Zuführung der Batsche während des Auflegens, angetroffen wird. Dazu füllt man einen über dem ersten Hechelfeld des Breakers unmittelbar nach dem Einführzylinder angebrachten Blechkasten mit der Mischung und läßt sie vermittels abstellbarer Brausevorrichtung über die ganze Breite des vorüberziehenden Hanfbandes tropfen. Statt des Blechkastens sind auch Mulden mit von der Maschine in Umdrehung gesetztem Zylinder in Benutzung, der die Flüssigkeit über den Rand der Mulde drückt. Der Ölzusatz ist in beiden Fällen genau zu regulieren; er darf natürlich eine gewisse im Handel übliche Größe nicht überschreiten.

Die Vorteile der Verwendung eines Breakers beruhen darauf, daß zunächst der kostspielige Lohn für Abspitzen der verwirrten Manilafasern erspart wird, denn für gutes Durchziehen der ersten Hochkantlederwalze der kombinierten Anlegemaschine und zur Erzielung möglichst gleichmäßiger Bandbildung ist zumindest bei mittleren und geringeren Marken diese Vorarbeit erforderlich. Sie wird jetzt vom Breaker übernommen, dessen Leistung aber gleichzeitig groß genug ist, um das von der kombinierten Anlegemaschine benötigte Band zweimal und mehr zu verarbeiten. Konnten dem Bande bisher nur 5 Streckzüge erteilt werden, so kommen durch Aufstellung eines Breakers 2 weitere hinzu und außerdem ergibt sich die Möglichkeit, die kombinierte Anlege nun mit größeren Verzügen als bisher und zwar 14fachem Verzug und darüber hinaus arbeiten zu lassen, während ohne Vorhandensein eines Breakers über 10fachen Verzug nicht hinausgegangen werden sollte. Die Produktion der kombinierten Anlegemaschine erhöht sich unter diesen Umständen um das Doppelte und gestattet die Aufstellung einer weiteren Anzahl von Spinnmaschinen und somit erhöhte Rentabilität der Anlage.

War von vornherein die Aufstellung eines Breakers beabsichtigt, so ist der kombinierten Anlegemaschine eine kombinierte Strecke mit 5 Bändern und 88″ Streckweite vorzuziehen. Die kombinierte Fünfbandstrecke (Abb. 4) hat einen Raumbedarf von 5500 × 2900 mm und benötigt zirka 5 PS. Die übrige Ausführung entspricht genau der der kombinierten Anlegemaschine bis auf den Anlegetisch, der hier überflüssig ist.

Der Arbeitsgang auf beiden Maschinen wird vorteilhaft so eingerichtet, daß das Material möglichst 4mal den Breaker passiert, den ersten Gang der kombinierten Fünfbandstrecke als 1. Strcke, die beiden hinter der zweiten Druckwalze befindlichen Gillreihen als 2. Strecke und die beiden letzten Gillreihen als 3. Strecke benutzt. Die Bänder des mittleren Ganges werden doubliert, die des dritten Ganges dagegen nicht; sie laufen in je eine Kanne und stellen fertiges Spinnband dar.

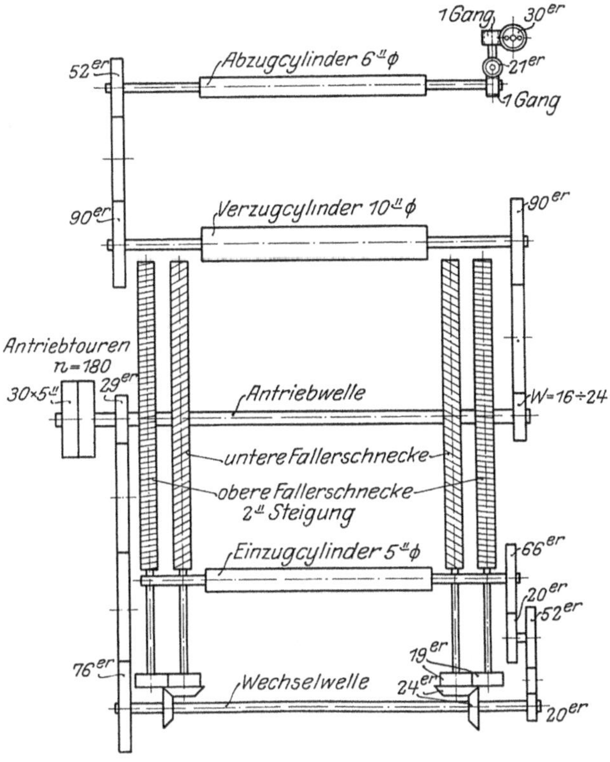

Abb. 5. Antriebsschema einer Strecke.

Eine Vermehrung der Spinnmaschinen zwecks Vergrößerung der Tagesproduktion bis zu einer gewissen Grenze hin erfordert nun von Fall zu Fall die Erweiterung der Bandvorbereitung um neue Maschinen, etwa einer

Grobstrecke mit 4 Bändern, 88″ Streckweite
I. Strecke mit 4 Bändern, 88″ Streckweite
II. Strecke mit 6 Bändern, 88″ Streckweite.

Abb. 5, 5a und 5b zeigen in Form von Räderschemen Einzelheiten der Antriebsverhältnisse. Es haben

Gillbreite: Grobstrecke 8″, I. Strecke 7½″, II. Strecke 4½″
Nadelteilung: Grobstrecke ¾″, I. Strecke ¾″, II. Strecke ½″

und alle drei gemeinsam

Raumbedarf 5200 × 2800 mm, Kraftbedarf ca. 5 PS, Verzüge 9—15fach.

In ihrer Gesamtbauart ähneln sie der Fünfbandstrecke, Abb. 4, und unterscheiden sich in der Hauptsache nur durch anders verteilte Benadelung. Die II. Strecke findet man auch mit Nadeln Nr. 7 × $3^1/_8$″ besetzt. Alle bisher be-

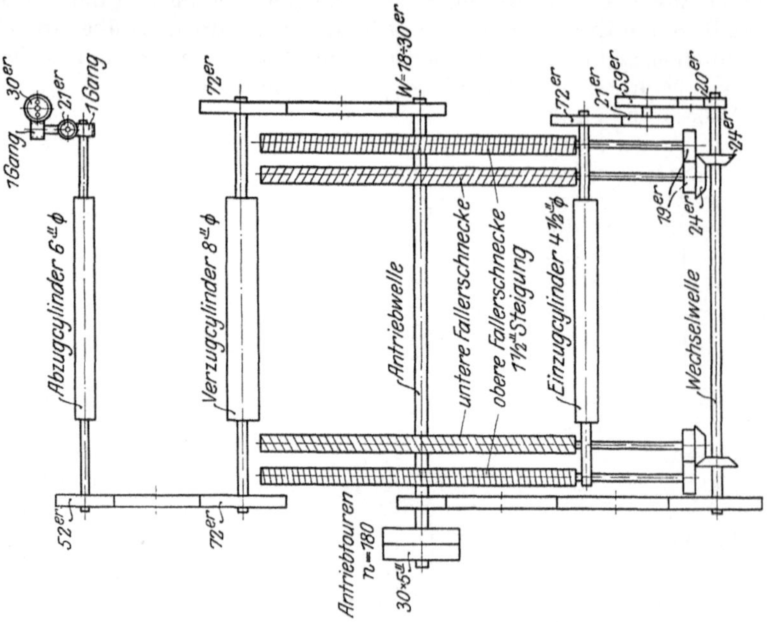

Abb. 5b. Antriebsschema einer Strecke.

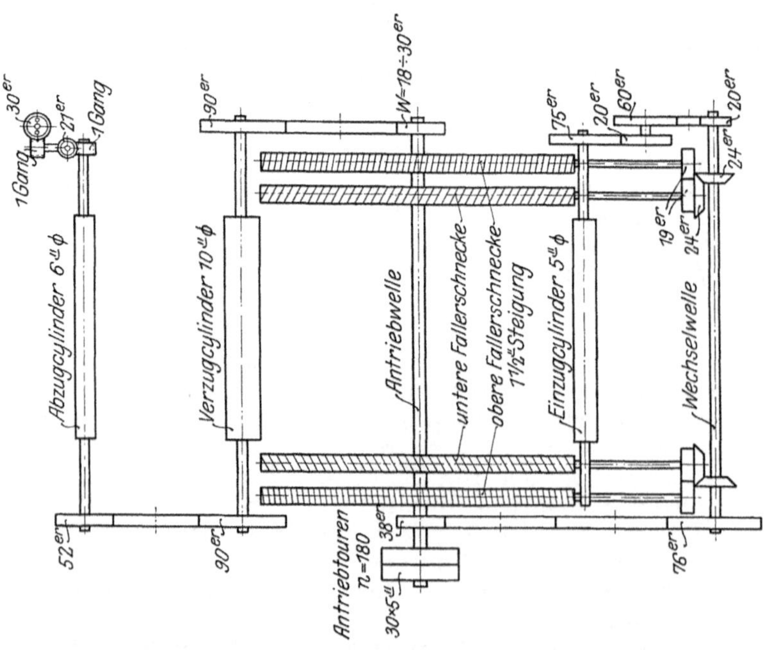

Abb. 5a. Antriebsschema einer Strecke.

schriebenen und eine Anzahl noch folgender Maschinen entstammen der bestrenommierten Spinnereimaschinenfabrik Seydel & Co., Bielefeld, die den Wettbewerb gegen die früher den Markt beherrschenden englischen Fabrikanten mit

Erfolg durchgeführt hat und deren Maschinen heute wohl in allen Seilerwarenfabriken Deutschlands und in manchen ausländischen Spinnereien anzutreffen sind.

In der Praxis erprobte und für bestimmte Tagesproduktionen geeignete Systemzusammenstellungen folgen weiter unten. Bemerkt sei noch, daß einige amerikanische Fabrikanten auch die Strecken nach Art der Breaker mit Doppelketten-Hechelfeld ausführen (Spreader-Apron Head). Solche Strecken zeichnen sich aus durch erheblich gesteigerte Geschwindigkeit der Hechelfelder und eine hierdurch bedingte eigenartige Konstruktion des Streckorgans (Abzug durch Druckwalze in Verbindung mit breiten Lederriemen). Die zu dem System gehörige Feinbandstrecke, der Finisher, hat die gleiche Bauweise, jedoch nur 1 Kette.

Der eigentliche Spinnprozeß.

Zwecks Vermeidung übermäßig massiver Formen, zur besseren Übersichtlichkeit und leichteren Bedienung wird in der Seilgarnspinnerei die automatische Spinnmaschine (Abb. 6) verwendet. Der Spinnautomat weicht

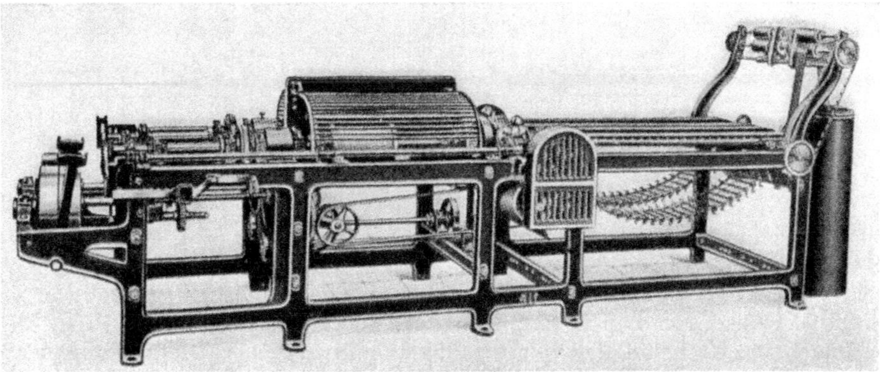

Abb. 6. Automatische Spinnmaschine (Ansicht).

in seiner beschränkten Spindelzahl (gewöhnlich zwei, seltener vier), seinem horizontal gelagerten Flügel und dem Kettenstreckwerk wesentlich von der allgemein üblichen Form der Watermaschine ab. Wie bei allen Watermaschinen erfolgt aber auch hier die Drehung und Aufwindung nach besonderen Gesetzen. Zwei dieser allgemeinen Gesetze lauten:

1. für die Drahtgebung: Der Draht bleibt stets der gleiche, wenn bei fortschreitender Bewicklung der Spule sich deren Geschwindigkeit mehr und mehr der der Spindel nähert.

2. für die Aufwicklung: Eine Aufwicklung ist nur dann möglich, wenn Spindel und Spule gleiche Drehrichtung, jedoch verschiedene Geschwindigkeiten haben, wobei es gleichgültig ist, ob die Spule oder die Spindel voreilt.

In der Baumwollspinnerei wird die voreilende Spule, in der Bastfaserspinnerei ausschließlich die voreilende Spindel angewendet.

Im Sinne obiger Darlegung erhält bei der Gillspinnmaschine die zwangläufig angetriebene Spule durch ein Differentialgetriebe eine von Hub zu Hub wachsende Geschwindigkeit. Der Spinnautomat bedarf eines solchen mechanischen Spulenantriebes zur Garnaufwindung indessen nicht. Seine lose auf der Spulenstange ruhende Spule wird durch das auflaufende Garn von selbst in der Drehrichtung des Flügels mitgerissen und es ist nur noch nötig, das Garn durch entsprechendes Bremsen der Spule immer gleichmäßig gespannt zu halten, wodurch die Aufwindung herbeigeführt wird. Die Bremsvorrichtung besteht aus einer in der hohlen Flügelspindel gelagerten Hohlwelle, einerseits mit dem Spulenträger, in den die Spule eingehängt wird, andererseits mit einer Scheibe ($6^{3}/_{8}''$ ∅ in Skizze 7) zur Aufnahme eines Stahlbandes versehen, dessen Wirkung durch Hebel und Gewicht verstärkt werden kann, wenn der Zug des Fadens sich durch den wachsenden Spulenumfang dauernd vergrößert. Die Hohlwelle mit daranhängender Spule wird außerdem durch eine Schraubenspindel mit Kreuzgewinde (1″ Steigung) seitlich hin- und herbewegt, um das Garn Faden an Faden über die ganze Breite der Spule zu legen. Diese Bewegung entspricht der des auf- und niedergehenden Wagens der Gillspinnmaschine.

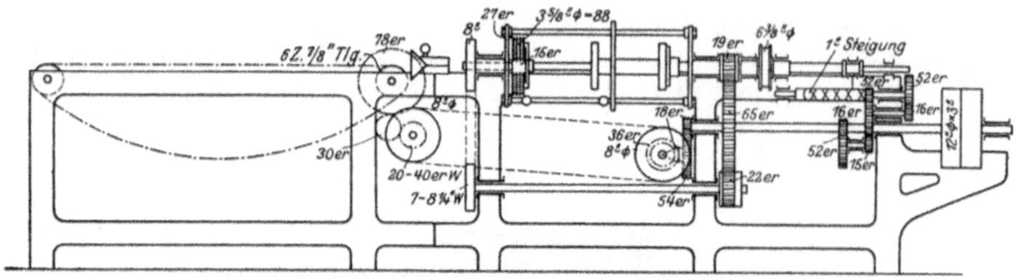

Abb. 7. Automatische Spinnmaschine (schematisch).

Auch das Drehungsorgan unterscheidet sich merklich von dem der Gillspinnmaschine, bei der die Flügel nur für die Drahtgebung in Betracht kommen. Beim Automaten resultiert die Garndrehung aus einer Differenzbewegung zwischen der Tourenzahl des Flügels und derjenigen eines am Flügel auf Zapfen drehbar befestigten Rillenscheibenpaares, der Einzugsrollen ($3^{5}/_{8}''$ ∅), die einmal mit der Geschwindigkeit des Flügels und in seiner Drehrichtung rotieren, zum anderen aber auch noch durch Räder (15er und 27er) und Riemenscheiben (8″ ∅ und 7—8¼″ ∅) von der unteren Maschinenwelle aus einen zweiten Antrieb in entgegengesetztem Drehsinne des Flügels erhalten. Der Faden wird durch die hohle Spindel der Einzugsscheibe (8″) hindurchgezogen, mehrfach um das Rillenscheibenpaar gewunden und über einen Flügelarm zur Spule geleitet. Die Einzugsscheibe erhält geringere Geschwindigkeit als der Flügel, wodurch sie ein Abrollen der 27er Räder auf dem Antriebsrad bewirkt. Die wirkliche Tourenzahl der Einzugsrollen wird um so größer, je langsamer man die Umdrehungen der Einzugsscheibe im Verhältnis zu denen des Flügels hält. Die treibende Riemenscheibe auf der Maschinenwelle ist als Drehungswechsel (W = 7—8¼″) vorgesehen.

Drehungstabelle für automat. Spinnmaschine.

Einzugwechselscheibe	Einzugscheibe 8″ ∅		
	pro 1″ engl.	pro dcm	pro m
7″	0,6554	2,580	25,80
$7^{1}/_{4}''$	0,7371	2,901	29,01
$7^{1}/_{2}''$	0,8418	3,314	33,14
$7^{5}/_{8}''$	0,9087	3,577	35,77
$7^{3}/_{4}''$	0,9811	3,862	38,62
$7^{7}/_{8}''$	1,0736	4,226	42,26
8″	1,1759	4,676	46,76
$8^{1}/_{8}''$	1,3113	5,162	51,62
$8^{1}/_{4}''$	1,4673	5,777	57,77

In nebenstehender Tabelle sind die mit der oben abgebildeten Seydelschen Spinnmaschine erzielbaren Drehungen zusammengestellt.

Die Einzugsrollen erfüllen nun weiterhin noch eine zweite Aufgabe, indem sie gleichzeitig als Streckwalze fungieren und somit neben der Drehung auch den Verzug bestimmen. Während also in der Verzugsformel der Gillspinnmaschine nur der Verzugswechsel als veränderliche Größe erscheint, gehört zur Verzugsformel des Automaten sowohl der Drehungs- als auch der Verzugswechsel.

Die zum Automaten gehörigen beiden Maschinenkonstanten lauten

$$\text{für die Drehung: } D = \frac{1{,}5}{9{,}263 - W_d}$$

$$\text{für den Verzug: } V = \frac{95\,(9{,}263 - W_d)}{W_v}$$

und die

Verzugstabelle für automatische Spinnmaschine.

Einzugwechselscheiben	Verzugswechselräder										
	20	22	24	26	28	30	32	34	36	38	40
7″	10,8	9,85	9,00	8,31	7,75	7,2	6,75	6,35	6,00	5,7	5,4
$7^1/_4$″	9,6	8,72	8,00	7,36	6,85	6,4	6,00	5,65	5,32	5,05	4,8
$7^1/_2$″	8,4	7,65	7,00	6,46	6,00	5,66	5,25	4,95	4,67	4,43	4,2
$7^5/_8$″	7,8	7,10	6,5	6,00	5,55	5,2	4,87	4,6	4,35	4,12	3,9
$7^3/_4$″	7,25	6,58	6,02	5,56	5,11	4,84	4,5	4,25	4,00	3,8	3,6
$7^7/_8$″	6,67	6,05	5,54	5,1	4,75	4,40	4,15	3,9	3,70	3,5	3,3
8″	6,00	5,45	5,00	4,6	4,3	4,00	3,75	3,54	3,33	3,17	3,0
$8^1/_8$″	5,4	4,92	4,5	4,15	3,85	3,60	3,4	3,2	3,00	2,85	2,7
$8^1/_4$″	4,83	4,4	4,04	3,72	3,46	3,22	3,02	2,84	2,70	2,56	2,4

Die Größe des Verzuges wird durch veränderliche Umfangsgeschwindigkeit der Einführwalzen reguliert, die der Maschine das Spinnband aus Kannen zubringen. Das Verzugswechselrad ($W = 20$—40er) ist bequem erreichbar in einem verschließbaren Gehäuse (s. Abb. 6) untergebracht. Sein Antrieb erfolgt von der Maschinenhauptwelle aus, der Antrieb der oben über den Bänderkannen liegenden Einzugswalzen wird durch die Hechelkette vermittelt. Setzt man die Maschine in Gang und verfolgt jetzt das auf der Hechelkette in Fluß gebrachte Band, so erkennt man, daß der Streckvorgang — man bezeichnet ihn auch wohl als „freien Verzug" — hier ganz anders verläuft als auf dem Streckwerk der Gillspinnmaschine und daß hier eine besondere Vorrichtung eingeschaltet werden mußte, welche den Wirkungsbereich der Drehung von dem des Verzuges trennt und den Übertritt der Drehung in das Hechelfeld unterbindet. Diese Funktion übernimmt kurz vor dem Spindelkopf der Nipper, zwei seitwärts trichterförmig ausgebildete Preßbacken, die durch Gewichtsbeschwerung das Band zusammendrücken. Die Konstruktion des Nippers beeinflußt die Form und Glätte des Fadens und wird deshalb ständig verändert und verbessert. Ein bedeutender amerikanischer Spinnerkonzern verfertigt seine als hochwertig bekannten Nipper für seine zugehörigen Fabriken in eigener Regie und behandelt ihre Zusammensetzung als Fabrikgeheimnis.

Durch Konstruktionssonderheiten der vorstehend beschriebenen Organe unterscheiden sich nun die verschiedenen Systeme der Erbauer. Mit geringen Ausnahmen (bekannter geworden ist nur ein von einer englischen Firma in Leeds mit Schraubenstreckwerk ausgerüsteter Automat) gilt das Hechelkettenstreckwerk als normal. Die anfängliche Verwendung vieler kurzer und schmaler Riemen innerhalb der Maschine ist neuerdings nach Möglichkeit durch Einbau von Rädergetrieben ersetzt, denn Spinnfehler wie dick- und dünnstelliges Garn, ungesetzmäßig schwache oder zu hohe Drehung, Fadenbrüche beim Anlassen usw. werden in ihrer Mehrzahl durch Riemenrutsch verursacht. Eine erfahrene Spinnerin richtet darauf ihr besonderes Augenmerk. Von Wichtigkeit ist daneben auch richtige Handhabung der Spulenbremsung. Zu schwache Betätigung der Bremse erzeugt ungesetzmäßig dicken und harten Faden.

Die Seydelsche Maschine Abb. 6 und 7 eignet sich für Garne von ca. 200 bis 400 m pro Kilogramm. Die Gillbreite beträgt 3″; Benadelung 4 oder 6 Nadeln pro 1″ engl., Raumbedarf ca. 4100 × 1000 mm, Kraftbedarf ca. $1\frac{1}{2}$ PS. pro Flügel. Sie erzielt bei

$$\left.\begin{array}{l}410 \text{ Antriebstouren} = 1400 \text{ Flügeltouren}\\ 440 \quad\quad ,, \quad\quad = 1500 \quad\quad ,,\end{array}\right\} \text{pro Minute.}$$

Über diese Flügelumlaufszahlen geht man nur bei leichteren Maschinen für Garne höherer Feinheitsnummern hinaus.

Numerierungssysteme.

Für die zur Besprechung stehenden Fasern wird ausschließlich die Längennumerierung angewendet und zwar

Ne ... die englische Nr. = Anzahl der Gebinde (leas) à 300 Yards à 0,914 m = 274,3 m pro 1 Pfd. engl. à 16 Unzen (= 453,6 gr)

Nm ... die metrische Nr. = Anzahl der *km* resp. m *pro kg* resp. g.

Die Spinnpraxis begnügt sich aber nicht mit diesen Einheitsmaßen, sondern nimmt je nach Erfordernis noch Unterteilungen vor, indem sie die Fadenlängen sowohl in Gebinden als auch in Yards oder in Metern und wiederum die Fadengewichte in englisch Pfund, Unzen oder in Gramm angibt. Alle Beziehungen untereinander tabellarisch zusammengefaßt ergeben folgendes Bild:

Fadenlänge		Fadengewicht	Nummerierung: Ne = engl. Nr.	Nummerierung: Nm = metr.-Nr.
Gebinde Lg	Gp	engl. Pfd.	$Ne = \frac{Lg}{Gp}$	$Nm = 0{,}60475\,\frac{Lg}{Gp}$
	Gu	Unzen	$Ne = 16\,\frac{Lg}{Gu}$	$Nm = 9{,}676\,\frac{Lg}{Gu}$
	Gg	Gramm	$Ne = 453{,}6\,\frac{Lg}{Gg}$	$Nm = 274{,}3\,\frac{Lg}{Gg}$
Yards Ly	Gp	engl. Pfd.	$Ne = 0{,}0033\,\frac{Ly}{Gp}$	$Nm = 0{,}002015\,\frac{Ly}{Gp}$
	Gu	Unzen	$Ne = 0{,}05328\,\frac{Ly}{Gu}$	$Nm = 0{,}03224\,\frac{Ly}{Gu}$
	Gg	Gramm	$Ne = 1{,}4969\,\frac{Ly}{Gg}$	$Nm = 0{,}914\,\frac{Ly}{Gg}$
Meter Lm	Gp	engl. Pfd.	$Ne = 0{,}8364\,\frac{Lm}{Gp}$	$Nm = 0{,}0022\,\frac{Lm}{Gp}$
	Gu	Unzen	$Ne = 0{,}05824\,\frac{Lm}{Gu}$	$Nm = 0{,}0352\,\frac{Lm}{Gu}$
	Gg	Gramm	$Ne = 1{,}654\,\frac{Lm}{Gg}$	$Nm = \frac{Lm}{Gg}$

Daraus errechnet sich

$$\mathbf{Nm = 0{,}605\ Ne}$$
$$\mathbf{Ne = 1{,}654\ Nm}$$

z. B. $Ne = 1;\quad Nm = 0{,}605$
$Nm = 40;\quad Ne = 66{,}16.$

Seit einer Reihe von Jahren sucht man für Hanfgarne statt der englischen die metrische Nummer einzuführen, weshalb man in den Preislisten der Bindfadenfabriken beide Nummern nebeneinander findet. Die Seilerwarenfabriken bezeichnen durchweg nach der metrischen Nummer, für Seilgarne herrscht indessen die Benennung nach der Lauflänge pro Kilogramm vor, sodaß z. B. das bisher besprochene Manilagarn Nr. 0,25 metr. in der Praxis stets als „Manilagarn 250 m pro kg“ angesprochen wird.

Nummer und Drehung.

In engem Zusammenhang mit der Garnnummer steht die Garndrehung. Aufgabe des Spinnens ist die Bildung eines Fadens von gewisser Festigkeit durch Aneinanderlegen mehrerer Einzelfasern, deren jede eine bestimmte Tragfähigkeit besitzt. Das Verbindungsmittel ist die Reibung, kraft welcher die Einzelfasern aneinander haften. Sie muß größer sein als die Gesamtfestigkeit aller Fasern, weil sich die Fasern sonst bei Zugbeanspruchung des Fadens einfach auseinanderziehen würden. Die erforderliche Reibung oder Adhäsion wird nun durch Zusammendrehen der Fasern zum Garn hervorgebracht.

Nach den Gesetzen der Mechanik ist die Reibung das Produkt aus Normaldruck und dem Reibungskoeffizienten und letzterer ist gleich $\operatorname{tg}\alpha$, wenn α den Steigungswinkel der Fasern im Garn bedeutet. Für eine bestimmte Zugfestigkeit muß Winkel α bei Körpern gleicher Gattung stets die gleiche Größe haben, damit der Normaldruck, wie es die Spinnpraxis verlangt, konstant bleibt. Auf Garne verschiedener Durchmesser angewendet verhalten sich unter Berücksichtigung dieser Forderung bei gleichem Steigungswinkel die Steighöhen wie die Umfänge der Schraubenzylinder, d. h. die Steighöhen verhalten sich wie die Fadendicken, die Drehungen pro Längeneinheit aber umgekehrt wie die Fadendicken. Aus den Beziehungen zwischen Durchmesser und Fadengewicht zur Garnnummer ergibt sich weiter, daß sich bei der Längennummer die Fadendicken umgekehrt wie die Quadratwurzeln der Nummern verhalten, daß hingegen die Drehungen pro Längeneinheit proportional der Quadratwurzel der Nummer sind.

Es sei $N_1 = 1$, D_1 = ihre zugehörige Drehung, D = die Drehung einer beliebigen anderen Nummer, so ist nach Vorstehendem

$$\frac{D_1}{D} = \frac{1}{\sqrt{N}} \quad \text{oder} \quad \boldsymbol{D = D_1 \cdot \sqrt{N}}\,.$$

Da nun D_1 die Drehungen für Garn Nr. 1 angibt und die Drehungen der übrigen Nummern gleicher Garngattung dieser Drehung proportional sind, so bezeichnet die Praxis

die Anzahl der Drehungen pro Längeneinheit der Garnnummer 1
als Drehungskonstante oder Drehungskoeffizient

und benennt ihn mit dem Buchstaben α.

Es ergibt also

$$\alpha_e \sqrt{Ne} = \textbf{Anzahl der Drehungen pro '' engl.}$$
$$\alpha_m \sqrt{Nm} = \textbf{Anzahl der Drehungen pro m}$$

und umgerechnet auf die metrische Nummer

$$\alpha_m = \mathbf{1{,}286}\ \alpha_e\,.$$

In der Praxis haben sich untenstehende Drehungskonstanten als brauchbar erwiesen. Die Wahl des Koeffizienten ist von verschiedenen Faktoren abhängig. Zu berücksichtigen sind in erster Linie die Art des Materials, die Länge und Struktur der Fasern, ihre mehr oder weniger leichte Bindung untereinander und der Verwendungszweck des Garnes. Garne als Fertigfabrikat verlangen eine andere Drehung als solche, die der Weiterverarbeitung unterliegen, also noch verwebt, gezwirnt oder geschnürt werden

Garn	α_e	α_m
Indisch. Seilgarn . . .	1,6—2	2,05—2,6
Manila Seilgarn. . . .	1,6—1,9	2,05—2,45
Manila Netzgarn . . .	2—2,5	2,6 —3,2
Sisalgarne	2—2,5	2,6 —3,2
Aloegarne	2,2—2,6	2,85—3,35

sollen. Der Manilaseilfaden wurde mit $\alpha_e = 1{,}7$, also 1,09 Drehungen pro engl. Zoll gesponnen und dazu eine Einzugswechselscheibe von $7^7/_8''$ ∅ am Automaten als nahezu genau passend ausgewählt.

Die gefüllten Automatenspinnspulen sind nun sofort zu entleeren und ihrer Bestimmung wieder zuzuführen, so daß jetzt der Seilfaden in eine neue Form gebracht werden muß, die sich einmal zur Lagerung größerer Garnmengen, zum anderen aber auch zum Versand mit der Bahn als geeignet erweist, wenn, wie es vielfach geschieht, kleine Seilereien mit Garn beliefert werden sollen. Beide Zwecke erfüllt mit geringstem Kostenaufwand die Kreuzspule, Abb. 8, eine zylindrische Papphülse (gelegentlich auch in Holz ausgeführt), auf welcher die schnell hin- und hergeführten Fäden sich kreuzweise übereinanderlegen und gegenseitig festhalten. Bei einem Gewicht von 16—20 kg nimmt sie den Inhalt von ca. 4 Spinnspulen auf und erhält ein so vollkommen festes Gefüge, daß jedes nachträgliche Abschlagen und Verwirren der Garne ausgeschlossen ist. Maße der Hülsen:

Abb. 8. Kreuzspule.

Holzspulen	45 mm ∅,	360 mm lang,	25 mm	Bohrung
Pappspulen	30 ,, ∅,	360 ,, ,,	25 ,,	,,

Die Konstruktion der Kreuzspulmaschine (Abb. 9) ist verhältnismäßig einfach.

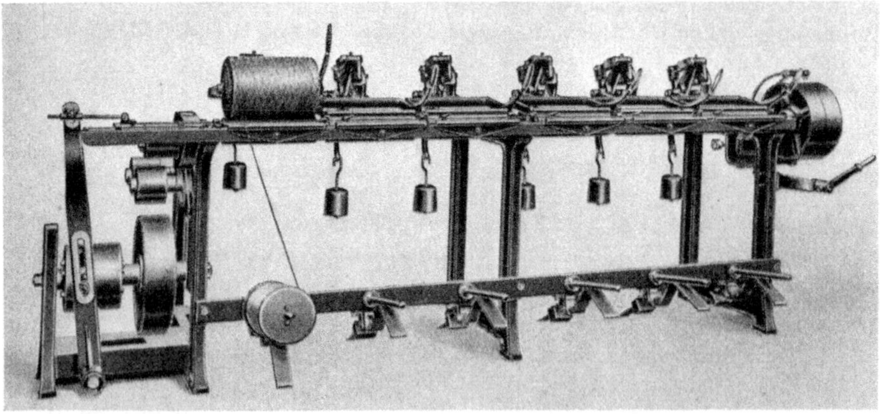

Abb. 9. Kreuzspulmaschine.

Die Firma Seydel & Co., Bielefeld, liefert 5 Größen, sämtlich mit Antriebsscheiben von 90 mm Durchmesser und 200 Umdrehungen pro Minute

12	Spindeln,	ca. 6200 × 1000 mm	Raumbedarf,	ca. 3 PS	Kraftbedarf
10	,,	,, 5400 × 1000 ,,	,,	,, $2^1/_2$,,	,,
8	,,	,, 4500 × 1000 ,,	,,	,, 2 ,,	,,
6	,,	,, 3600 × 1000 ,,	,,	,, $1^1/_2$,,	,,
4	,,	,, 2800 × 1000 ,,	,,	,, 1 ,,	,,

Die volle Spinnspule wird auf den mit Gewichtsbremsung versehenen Spulenhalter gesteckt, das Garnende durch das Auge der Führungsstange gezogen und mit einigen Windungen um die Papphülse gelegt. Der Antrieb des Fadenführers erfolgt durch eine ihn vor dem Zylinder hin- und herbewegende Schlitztrommel, bei anderen Konstruktionen auch durch Herzexzenter. Die auf eine Stahlspindel geschobene und durch Hebel auf den Zylinder gedrückte Papphülse rollt sich auf dem in Umdrehung versetzten Zylinder ab und bewickelt sich mit dem abgezogenen Garn. Eine mechanische Selbstabstellung hebt schließlich die auf einen gewissen Höchstumfang (ca. 380 mm ∅) gefüllte Kreuzspule von der Trommelwelle ab, ohne im übrigen die Maschine still zu setzen. Kleinere Spulenlängen- und Durchmesser sind einstellbar, allerdings auf Kosten der Produktion.

Von der weiteren Verwendung des Seilfadens zu Schiffsseilen und anderem Tauwerk wird später noch gesprochen werden.

Zusammenstellung von Systemen.

Die für eine Anlage vorgesehene Produktion ist nur dann erreichbar, wenn alle ihre Teile reibungslos ineinander arbeiten und jede der bisher behandelten Maschinen in bezug auf die Gesamtleistung richtig dimensioniert ist, denn feste Normen sind hierfür wie bereits angedeutet in der Seilfadenspinnerei nicht gegeben, vielmehr können auch Vorbereitungsmaschinen anderer Zusammensetzung je nach den Bedürfnissen einer Spinnerei erforderlich werden. Auf die Grundbedingungen guten Flusses des Arbeitsprozesses — übersichtliche Aufstellung, richtige Einstellung, sachgemäße Behandlung der Maschinen, aufmerksame Arbeiterschaft und alle damit in Verbindung stehenden Fragen hat der vorige Abschnitt hingewiesen. Sind diese vorhanden, dann ist z. B. mit einem System, bestehend aus

1. 1 Breaker, 88″ Streckweite,
   1 komb. Fünfbandstrecke, 88″ Streckweite, 20 oder 30″ Druckwalzen,
   6 Seilgarnautomaten,
   1 Kreuzspulmaschine mit 6 Spindeln

bei gutem Material und 7 Streckzügen in der auf S. 203, zweiter Absatz, beschriebenen Reihenfolge nachstehendes Tagesergebnis in 8 Stunden zu erwarten:

Garn	von	ca.	220 m	pro kg	bei	47	Drehungen	pro m	ca.	640 kg
,,	,,	,,	250 ,,	,,	,,	47	,,	,,	,,	560 ,,
,,	,,	,,	300 ,,	,,	,,	52	,,	,,	,,	430 ,,
,,	,,	,,	350 ,,	,,	,,	58	,,	,,	,,	320 ,,
,,	,,	,,	400 ,,	,,	,,	58	,,	,,	,,	280 ,,

Diese Produktion läßt sich verdoppeln durch Hinzunahme von 2 Strecken und 6 Automaten, wonach das System enthält:

2. 1 Breaker wie unter 1.
   1 grobe Vorstrecke mit 4 Bändern, 88″ Streckweite, 30″ Druckwalzen,
   1 I. Strecke mit 4 Bändern, 88″ Streckweite, 30″ Druckwalzen,
   1 II. Strecke mit 6 Bändern, 88″ Streckweite, 20″ Druckwalzen,
   12 Seilgarnautomaten,
   1 Kreuzspulmaschine mit 10 Spindeln.

Das Material passiert 3 mal den Breaker, beim zweiten und dritten Mal in je 6—10 Bändern entsprechend der Stärke der Bänder und der Größe des Verzuges, darauf den ersten Gang der groben Vorstrecke und zwar unter Doublierung von 4—6 Bändern. Die 1. Walze liefert den Ansatz in 8—12 Kannen, der auf dem zweiten Gang verstreckt und doubliert wird. Von dem letzteren Bande doubliert die I. Strecke in beiden Gängen wieder je 6—8 Kannen pro Walze und liefert in 2 Kannen ab. Je 4 dieser Bänder pro Gill werden endlich der II. Strecke vorgesetzt, die nach Verstreckung und Doublierung 3 fertige Spinnbänder abliefert. Mit vorstehenden 7 Streckzügen und 10—15fachem Verzug der Vorbereitungsmaschinen sind zu erreichen

Garn	von	ca.	220	m	pro	kg	bei	47	Drehungen	pro	m	ca.	1280 kg
,,	,,	,,	250	,,	,,		,,	47	,,	,,		,,	1125 ,,
,,	,,	,,	300	,,	,,		,,	52	,,	,,		,,	860 ,,
,,	,,	,,	350	,,	,,		,,	58	,,	,,		,,	640 ,,
,,	,,	,,	400	,,	,,		,,	58	,,	,,		,,	560 ,,

Sollen in der Hauptsache nur 220 und 250 m Garne aus besonders geeignetem Material gesponnen werden, wofür unter Umständen 5 Streckzüge ausreichend sind, so läßt sich der dritte Zug auf dem Breaker sowie die zweite Verstreckung an der groben Vorstrecke ersparen. Die dadurch vergrößerte Bandproduktion würde die Versorgung weiterer 6 Automaten gestatten, wenn nicht der Breaker beim zweiten Zuge gegenüber den Strecken etwas im Rückstand bliebe. Das läßt sich aber durch Erhöhung der Breakertouren auf 190 pro Minute ausgleichen, welche Geschwindigkeitssteigerung infolge der starken Konstruktion dieser Maschine ohne Bedenken vorgenommen werden kann. Ein solches reines Seilgarnsystem mit

3. 1 Breaker wie unter 1.
   1 groben Vorstrecke wie unter 2.
   1 I. Strecke wie unter 2.
   1 II. Strecke wie unter 2.
   18 Seilgarnautomaten
   2 Kreuzspulmaschinen à 8 Spindeln

würde dann liefern:

Garn	von	ca.	220	m	pro	kg	bei	47	Drehungen	pro	m	ca.	1950 kg
,,	,,	,,	250	,,	,,		,,	47	,,	,,		,,	1700 ,,

Damit ist die Höchstleistung des Breakers bei zweimaligem Passieren des Materials erreicht. Wenn von den vorhandenen Strecken die Speisung von mehr als 18 Automaten verlangt wird, so muß ein zweiter Breaker zur Aufstellung kommen, dem man dann eine etwas andere Kettenteilung und Benadelung gibt und zwar

bei der 1. Kette $21^3/_4''$ Gillbreite und $^3/_4''$ Nadelteilung,
,, ,, 2. ,, $21^7/_8''$,, ,, $^5/_8''$,,

und der mit 200 Touren angetrieben wird, sodaß die vom I. Breaker abgelieferten Bänder 2mal über den II. Breaker laufen können und der Vorbereitung jetzt 6 Streckzüge zur Verfügung stehen. Das System besitzt demnach:

4. 1 I. Breaker wei unter 1.
   1 II. Breaker
   1 grobe Vorstrecke
   1 I. Strecke
   1 II. Strecke
   22 Seilgarnautomaten
   2 Kreuzspulmaschinen à 10 Spindeln.

Die Produktion dieser Anlage würde betragen:

Garn	von	ca.	220	m	pro	kg	bei	47	Drehungen	pro	m	ca.	2350 kg
,,	,,	,,	250	,,	,,		,,	47	,,	,,		,,	2075 ,,
,,	,,	,,	300	,,	,,		,,	52	,,	,,		,,	1600 ,,
,,	,,	,,	350	,,	..		,,	58	,,	,,		,,	1175 ,,
,,	,,	,,	400	,,	,,		,,	58	,,	,,		,,	1030 ,,

Für Stillstände wurden bei allen Produktionsangaben 20% berücksichtigt. Unter weniger günstigen Verhältnissen — denn nicht jede Spinnerei ist in der Lage, sich nach jeder Richtung hin den Genuß der vorteilhaftesten Einrichtung und Arbeitsweise zu verschaffen — ist die Erweiterung der Vorbereitung angezeigt und wo angängig auch sonst empfehlenswert, um etwaige durch Maschinenschäden verursachte Ausfälle an Bandproduktion zu vermeiden.

Es sei noch kurz die rechnerische Arbeit des Spinnmeisters gestreift, der beispielsweise auf System Nr. 3 ein Manilagarn von 250 m Lauflänge zu spinnen hat. Seinem Spinnplan liegt die Gesamtanordnung der Verzüge und Doublierungen zugrunde, die nach den vorhin geschilderten Arbeitsvorgängen für dieses System etwa wie folgt aussieht:

Klingellänge = 300 m	Grobe Vorstrecke	I. Strecke	II. Strecke	Automat
Verzüge:	9	10	12	4,15
Doublagen:	Ansatz = 1	6	8	—

Das Band passierte 3 mal den Breaker und 1 mal den ersten Gang der groben Vorstrecke; hier wurden je 300 m (Klingellänge) in 1 Kanne geleitet und das Gewicht des aus diesen Kannen zu bildenden Ansatzes wird gesucht. Nach der Formel $N = \frac{L}{G}$ ist der Ansatz die Ausgangsnummer des Bandes für das zu spinnende Garn. Die Verzüge der Strecken und des Automaten verfeinern das Band und erhöhen seine Nummer, die Doublagen verringern sie. Der gesuchte Ansatz läßt sich also in die Formel kleiden:

$$(\text{Ansatz})\ P = \frac{K}{\text{Nr.}} \cdot \frac{V_{\text{Vorstr.}}}{d_{\text{Vorstr.}}} \cdot \frac{V_{\text{I. Str.}}}{d_{\text{I. Str.}}} \cdot \frac{V_{\text{II. Str.}}}{d_{\text{II. Str.}}} \cdot \frac{V_{\text{Aut.}}}{—} \text{ in kg,}$$

also

$$P = \frac{300}{250} \cdot \frac{9}{1} \cdot \frac{10}{6} \cdot \frac{12}{8} \cdot 4{,}15 = 112{,}05 \text{ kg.}$$

Das damit erzielte Garn wird aber von der beabsichtigten Nummer noch Abweichungen erleiden und zwar durch Abfall während des Streckens, durch unvollständigen Verzug, besonders bei dickeren Bändern, und durch die mit der Drehung verbundene Kontraktion. Der Abfall bewirkt Verminderung, die beiden anderen Faktoren Zunahme des Garngewichts. Bezeichnet

b den Betrag des unvollständigen Verzuges in Prozenten,
c die Kontraktion durch Drehung in Prozenten,
w den Abfall in Prozenten,

so ist jetzt

$$\boldsymbol{P_o} = P \cdot \frac{100 + w - (b + c)}{100} \quad \text{das } \textbf{korrigierte Ansatzgewicht.}$$

Werte aus der Praxis sind

$$w = 6\,\%, \quad b = 14\,\%, \quad c = 5\,\%,$$

mithin ist der gesuchte Ansatz

$$\boldsymbol{P_o} = 112{,}05 \cdot \frac{106 - 19}{100} = 97{,}48 \sim \mathbf{97{,}5\ kg.}$$

Prüfung der Garne.

In gut geleiteten Spinnereien werden alle Garne täglich nicht nur auf ihre richtige Nummer, sondern auch auf die von ihnen verlangte Bruchfestigkeit hin kontrolliert und Fehler durch Ermittelung und Abstellung der Ursachen beseitigt.

Die Bruchfestigkeit eines fadenartigen Gebildes wird in Kilogramm pro Quadratmillimeter angegeben. Für einen einfachen Faden läßt sich jedoch der genaue Durchmesser schwerlich bestimmen, weil sich die Fasern im Garn mehr oder weniger stark zusammendrücken lassen und das Garn dann seine zylindrische Form verliert. Man beschränkt sich daher bei Festigkeitsangaben pro Quadratmillimeter auf das Seil, das infolge seiner festen Struktur zuverlässig meßbar ist, doch können auch diese Angaben nur ganz allgemeiner Natur sein, denn innerhalb einer Fasergruppe muß die Bruchfestigkeit naturgemäß für jede Qualität einen anderen Wert haben. So hat man als Vergleichszahlen für die mittlere Bruchfestigkeit von

Baumwollseilen	ca.	5	kg/qmm
geteerten Hanfseilen	„	8	„
ungeteerten Hanfseilen	„	9	„
Manilaseilen	„	11	„

ermittelt. Die Bruchfestigkeit eines bestimmten Garnes muß seinem Verwendungszweck angepaßt werden, und es ist Sache der Praxis, dafür die geeignete Hanfqualität auszuwählen. Von einem Seilfaden der metrischen Nummer 0,25, angenommen aus Manilahanf Qualität *G*-grade, kann eine durchschnittliche Bruchfestigkeit von 100—110 kg verlangt werden.

Apparate zur Messung der Festigkeit sind in verschiedenen Konstruktionen im Gebrauch. Alle besitzen einen festen Aufhängepunkt am unteren und einen beweglichen am oberen Teil der Maschine, die von einander entfernt werden können. Ihre Wirkung beruht darauf, daß der zu untersuchende Faden als Übertragungsmittel ein Gewicht hebt oder eine Feder spannt. Im Augenblick des Zerreißens wird das Gewicht bezw. die Feder und ein damit in Verbindung stehender Zeiger angehalten und das Ergebnis kann auf der Skala abgelesen werden. Die Geschwindigkeit des Zerreißens soll möglichst gleichmäßig sein, und da dies bei den von Hand betätigten Festigkeitsprüfern namentlich von ungeübtem Personal nur schwer zu erreichen ist, hat man selbsttätige Festigkeitsprüfer konstruiert, bei denen die Handkurbel durch ein sinkendes Gewicht oder durch einen Elektromotor ersetzt ist. Häufig findet man an den Apparaten noch eine Vorrichtung, die das Ablesen der Garndehnung während des Zerreißens gestattet. Die Firma Max Kohl, Aktiengesellschaft, in Chemnitz befaßt sich speziell mit dem Bau derartiger Apparate und bringt eine Reihe von Modellen heraus.

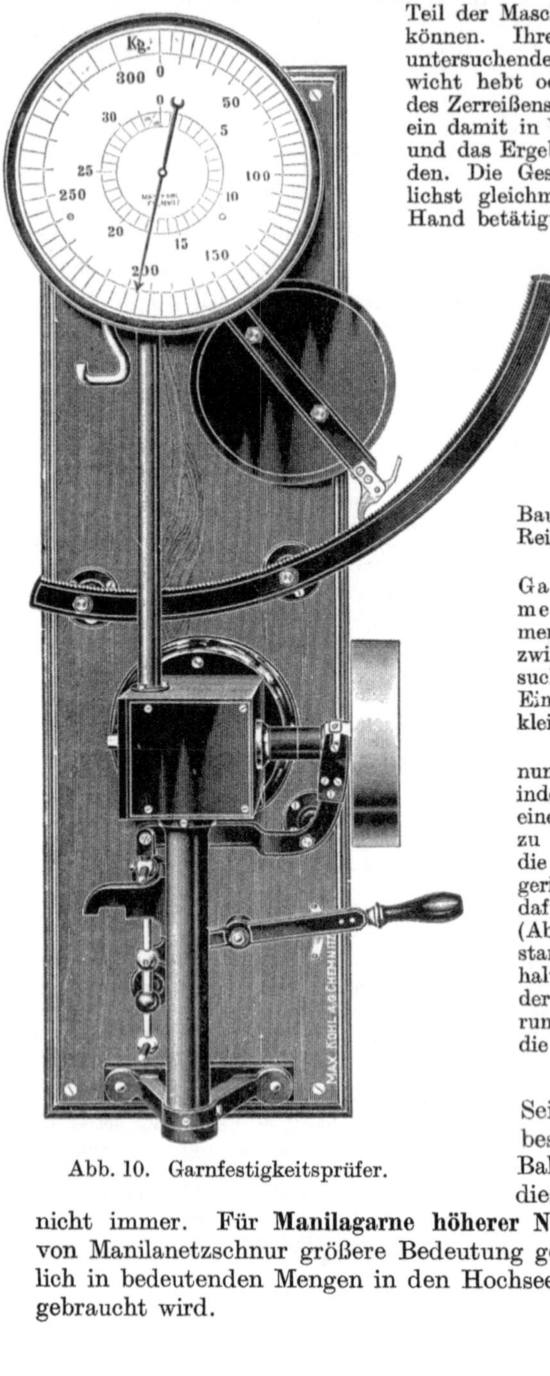

Abb. 10. Garnfestigkeitsprüfer.

Abb. 10 zeigt einen von ihr gelieferten Garnfestigkeitsprüfer mit Dehnungsmesser, für Kraftantrieb durch Riemen, Meßbereich 0—300 kg. Die Entfernung zwischen beiden Aufhängepunkten (die Versuchs- oder Einspannlänge) läßt sich durch Einfügen eines Hakens nach Belieben verkleinern.

Die Kontrolle über die richtige Garnnummer ist ohne Hilfsmittel durchführbar, indem man auf der Seilerbahn oder in einem anderen geeigneten Raum 100 m des zu prüfenden Garnes ausholt, wiegt und die Nummer errechnet. Vorteilhaft und mit geringerem Zeitaufwand bedient man sich dafür aber einer Meter- oder Yardrolle (Abb. 11), ebenfalls genannter Fabrik entstammend. Die Spule wird auf den Spulenhalter gesteckt und das Garn durch Drehen der Kurbel zwischen Scheibe und Beschwerungsrolle hindurchgezogen. Der Zeiger gibt die durchgelaufene Länge an.

Während, wie ausgeführt, der zu Seilfaden und groben Packstrickgarnen bestimmte Hanf unmittelbar aus dem Ballen roh versponnen wurde, genügt dies Verfahren bei dünneren Garnen nicht immer. Für **Manilagarne höherer Nummern** hat z. B. die Fabrikation von Manilanetzschnur größere Bedeutung gewonnen, einer Schnur, die alljährlich in bedeutenden Mengen in den Hochseefischereien zum Stricken der Netze gebraucht wird.

Manilanetzschnur besteht aus folgenden Garnnummern:

Garnzahl und Nr.	3/0,35	3/0,4	3/0,5	3/0,6	3/0,7	3/0,8	3/0,9	3/1	3/1,2
Durchmesser in mm . .	$3^1/_4$	3	$2^3/_4$	$2^1/_2$	$2^1/_4$	2	$1^3/_4$	$1^1/_2$	$1^1/_4$
Metergewicht der Schnur in Gramm	9,4	8,2	6,6	5,5	4,7	4,1	3,6	3,3	2,7

Abb. 11. Meterrolle.

An diese Schnur werden qualitativ hohe Ansprüche gestellt, weshalb hier zunächst eine Verfeinerung des Hanfes durch Hecheln vorgenommen werden muß. Die Hechelarbeit wird ausschließlich mit der Hand geleistet, wozu die Seilerei im allgemeinen nur 3 Hechelgarnituren benutzt, die in der folgenden Tabelle angeführt sind.

Bezeichnung	Hechelfeld in mm	Nadel- Reihen	Zahl	Länge mm	∅ in mm	Dichte pro □″
Grobhechel (Ruffer) . .	460 × 190	5 × 12 4 × 11	104	235	11	0,83
Mittel- oder Schleißhanfhechel	400 × 190	6 × 13 5 × 12	138	235	7	1,17
Fein- oder Kernhechel .	185 × 70	8 × 22 7 × 21	323	120	$5^1/_2$	16

Für Manila kommt man durchweg mit der Schleißhanfhechel aus, und je nach der Beschaffenheit der Faser und dem Verwendungszweck des Garns werden zwei Feinheitsgrade, das Abspitzen und das Abziehen angewandt. Beim Abspitzen bearbeitet der Hechler, Abb. 12, nur die Spitzen und die Fußenden des Hanfes, beim Abziehen aber auch die Mitte d. h. er hechelt den Hanf „handrein“ aus.

Der fertig gehechelte Hanf durchläuft nun alle Stadien der mechanischen Vorbereitung, die man für solche Garne meistens noch um 1—2 Streckzüge vermehrt. Die stärkeren Garnnummern (bis Nr. 0,4) können dann auf dem schon beschriebenen Automaten gesponnen werden, feinere Nummern bringt man jedoch auf Automaten mit höheren Flügeltouren (bis 1800 pro Minute), die außerdem eine etwas feinere Benadelung erhalten. Zur Erhöhung der Produktion werden diese Feinspinner häufig mit vier Flügeln ausgeführt.

Abb. 12. Hecheln.

In vielen Netzgarnspinnereien hat sich von altersher eine besondere Konstruktion der Spinnmaschine, der 6-Spindel-Spinner (Abb. 13), Trawl-Twine-Spinner, eingebürgert, eine der wenigen Maschinen, deren Bau von deutschen Spinnereimaschinenfabriken bisher wohl kaum aufgenommen worden sein dürfte. Die abgebildete Maschine entstammt der bekannten englischen Fabrik Lawson's Hope Foundry in Leeds.

Der Sechsspindler ist eine Kombination von Gillspinnmaschine und Automat, er hat von jener das Schraubenstreckwerk und den durch ein Mangelradgetriebe

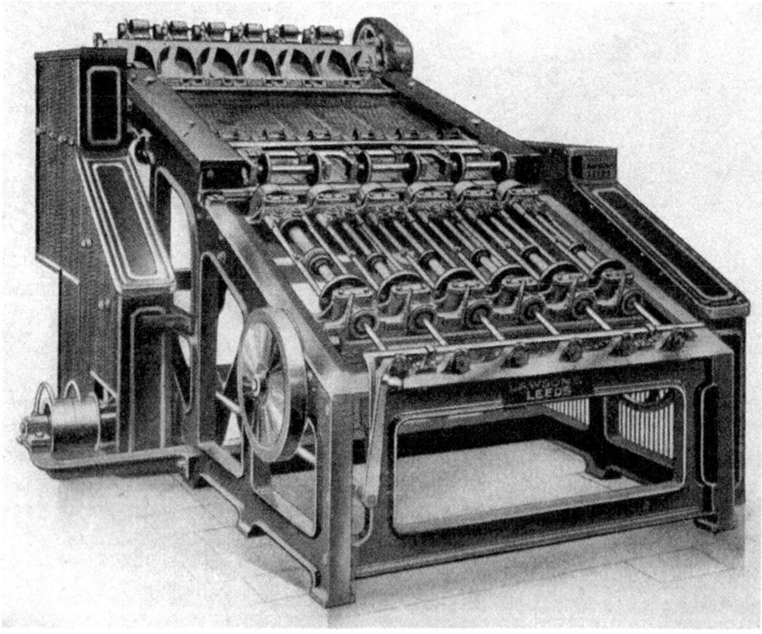

Abb. 13. 6-Spindel-Spinner.

auf- und niedergehenden Wagen entlehnt, vom Automaten den freien Verzug, herbeigeführt durch die im Flügel gelagerten Einzugsrollen. Ihm fehlen aber die Drehungswechselscheiben des Automaten, die beim Sechsspindler durch eine Garnitur Einzugsrollen verschiedener Durchmesser, die der Garnnummer entsprechend gewechselt werden, ersetzt sind. Charakteristisch für die Maschine ist die niedrig gehaltene leicht übersichtliche Bauart und die schräg nach unten geneigte Linie des Streckwerks und der 6 nebeneinander liegenden Spindeln. Alle 6 Spindeln werden von einer Welle aus angetrieben und gleichzeitig angelassen oder stillgesetzt. Die Maschine arbeitet mit

2000 Flügeltouren pro Minute,	8 × 4″ Spulen,
Verzüge: 5,5—21,	Drehungen: 2,4—3,9 pro engl. Zoll,
Streckweite: 71″,	Gillbreite: 1½″,
Nadelnummer und -länge: Nr. 16 × 1″,	
Raumbedarf: 3100 × 2150 mm,	Kraftbedarf ca. 3½ PS.

Ergänzend sei noch bemerkt, daß der Automat (Abb. 6) mit 10 × 8″ Spulen, Nadeln Nr. 13 × 2″ ausgerüstet ist und eine Streckweite von 60″ besitzt.

Das Haupthindernis, statt des wenig produktiven Sechsspindlers und Feinspinnautomaten die Gillspinnmaschine mit ihrer weit höheren Produktion auch für dünne Manilagarne zu verwenden, bestand bisher in der Platz- und Kostenfrage wegen der für Manilahanf erforderlichen großen Streckweite bei solchen lang gebauten Maschinen. Im letzten Jahre hat aber die Firma Seydel & Co., Bielefeld, zwei für Manilagarne brauchbare Gillspinnmodelle, die später noch besprochen werden sollen, auf den Markt gebracht und damit einen fühlbaren Mangel behoben.

Erzeugung der Seilerwaren durch Zwirnen, Schnüren und Seilen.

Der Unterschied in der Anspannung der inneren und äußeren Fasern eines Fadens wächst mit seinem Durchmesser, und zwar bei dicken Fäden in solchem Maße, daß die inneren Fasern nicht mehr belastet werden und für die Festigkeit des Fadens verlorengehen würden. Deshalb vereinigt man besser eine geringere Anzahl Fasern zu einem mäßig starken Garn und mehrere solcher Garne zu einer Schnur oder zu einer Litze, mehrere Litzen wiederum zu einem Seil. Durch das wiederholte Zusammendrehen solcher Faser- bzw. Fadengruppen wird eine innige Berührung der Einzelfasern hervorgerufen, indem sie sich unter der stetigen Einwirkung eines sie aneinanderpressenden Druckes befinden, die ihre Kohäsionskraft vergrößert. Zu beachten ist, daß die Drahtrichtung stets entgegengesetzt ist der Drahtrichtung derjenigen Faser- oder Fadengruppen, die man zusammendrehen will. Hierzu gilt, daß die Drahtwindungen eines rechtsgesponnenen Fadens gleiche Richtung wie der Verlauf einer rechtsgängigen Schraube zeigen und umgekehrt.

Die Vereinigung der Fäden kann nun erfolgen entweder durch bloßes Zusammendrehen, Produkt der Zwirn und die Litze, oder dadurch, daß alle Einzelfäden in ihrer eigenen Drahtrichtung weitergedreht werden bis zu einer solchen Härte, daß die ihnen erteilte Spannung genügt, um sie automatisch zu vereinigen, Produkt die Schnur und das Seil.

Die Schnur besitzt vor dem Zwirn den Vorzug, daß sie stets das Bestreben hat, sich fester zusammenzudrehen, wohingegen gezwirnte Fäden sich von selbst wieder aufdrehen, wenn man sie frei hängend belastet. Geschnürt wird in der Regel mit 2, 3 oder 4, in selteneren Ausnahmen mit 5 und 6 Fäden oder Litzen. Die Fadenzahl beim Zwirnen findet ihre Grenze lediglich im Fassungs- und Drehungsvermögen des Zwirnorgans.

Man unterscheidet:

1. Zwirnen und Schnüren mit ruhendem Fadenstück (ausgespannte Garne und Litzen auf der Seilerbahn),

2. das Fadenstück bewegt sich in achsialer Richtung durch feststehende Lieferungswalzen (Flügel- und Ringzwirnmaschinen), oder durch Einzugsrollen, die mit dem Flügel rotieren (automatische Schnürmaschinen).

Maschinen der letzteren Art dienen nun hauptsächlich zur Herstellung von Manilanetzschnüren und ähnlichen Fabrikaten. Die automatische Schnürmaschine (Abb. 14) zeigt eine solche Maschine in der meist verbreiteten Form. Da der Drehungs- und Aufwindungsvorgang beim Schnüren sich mit dem des Spinnprozesses vollständig deckt, so sind diese Arbeitsorgane denen der automatischen Spinnmaschine völlig gleich. An die Stelle des Streckwerks am Spinnautomaten tritt bei der Schnürmaschine das Vordrehgestell mit mehreren Flügeln (den Vordrehflügeln) zur Aufnahme der gefüllten Spinnspulen. Letztere hängt man wieder wie bekannt an lose in der Flügelspindel gelagerte Spulenteller und hält die ablaufenden Garne durch einfache Gewichtsbremsen gleichmäßig gespannt. Die Vereinigung der von den Vordrahtflügeln herangeführten Fäden geschieht durch den Aufnahmeflügel unter Mitwirkung der kurz vor ihm liegenden Preßbacken (Nipper beim Spinnautomaten). Sie verlangt hier aber noch die Be-

Abb. 14. Automatische Schnürmaschine.

rücksichtigung eines Umstandes, den man beim Spinnen vernachlässigen konnte, nämlich der Notwendigkeit, jeden Faden einzeln so zu führen, daß in der Schnur alle Garne in völliger Gleichmäßigkeit nebeneinander erscheinen. Diesem Zweck dient die vor den Preßbacken der Schnürmaschine angebrachte Registerplatte mit ihren im Kreise angeordneten Löchern, indem sie jedem Faden gesetzmäßig den Einlaufwinkel zum Nipper vorschreibt. Aufnahmeflügel und Vordrahtflügel verrichten nun entgegengesetzte Arbeit. Der Aufnahmeflügel zieht vermittelst seiner Rillenscheiben die Garne von den Spulen der Vordrahtflügel ab und windet die fertige Schnur auf die Aufnahmespule; die Vordrahtflügel hingegen bringen zwar weitere Drehung in ihre Garne hinein, winden jedoch nicht auf, sondern lassen vielmehr ihre Spulen entleeren und fortlaufend wieder durch gefüllte ersetzen. Rillenscheiben sind bei Vordrehflügeln nicht erforderlich; ihre Geschwindigkeit wird durch Wechselscheiben den Bedürfnissen der Schnur jeweils angepaßt.

Wesentlich für das gefällige Aussehen einer Schnur ist die peinlich gleichmäßige Spannung aller Fäden, weshalb die Arbeiterin dauernd zu sorgsamer Bedienung der Vordrahtspulenbremsen angehalten werden muß. Zur Bremsung der Aufnahmespule reicht bei schwereren Schnürmaschinen wegen des höheren Spulengewichts und des hieraus resultierenden stärkeren Zuges die leichte Stahlbandbremse nicht aus. Bei solchen Modellen wird die Bremswirkung dadurch hervorgerufen, daß eine lose auf der Maschinenwelle angeordnete Scheibe, die mehr oder weniger stark an einen auf der Welle festgekeilten Teller mit zwischenliegender Friktionslederscheibe gedrückt werden kann, durch Riemenübertragung die Spulengeschwindigkeit der geringeren Umdrehungszahl der Maschinenwelle nähert. Der Riemen läßt sich durch eine mit Handrad betätigte Druckrolle nach Bedarf spannen.

Der Geschwindigkeit des Vorschubes der hin- und herwandernden Aufnahmespule brauchte beim Aufwinden von einfachen Garnen keine allzu große Bedeutung beigemessen werden, weil sich die verhältnismäßig dünnen Fäden leicht ineinanderlegen und darum genügend dicht gewickelt werden. Anders dagegen bei dickeren Leinen, die auf ebensolchen Maschinen, nur in entsprechend kräftiger Ausführung und mit Aufnahmespulen bis zu 15 × 15″, geschnürt werden. Zu weitläufige Aufwindung würde hier die volle Ausnutzung des Fassungsvermögens der Spule beeinträchtigen und die Produktion herabsetzen. Da solche Leinen auch meist in Stücke bestimmter Länge — gewöhnlich 100 m — aufgeteilt werden, sucht man möglichst große Längen in einem Stück herzustellen und die Leine Schlag an Schlag auf die Spule zu legen, wozu man diese Maschinen mit Wechselrädern ausrüstet und die Umdrehungszahl der Kreuzspindel der jeweiligen Stärke der Leine anpaßt. Liegt nun die erste Lage auf der Spule nach Wunsch, so gilt das nicht ohne weiteres auch für die übrigen, denn je voller die Spule wird, um so langsamer muß von Lage zu Lage der Vorschub von statten gehen, damit immer der gleiche Weg, nämlich die Leinendicke, in der Zeiteinheit von der Spule in horizontaler Richtung zurückgelegt wird. Seydel erzielt diese veränderliche Spulenchangierung durch Einschalten eines Differential-Umlaufrades, das einerseits Antrieb von der Hauptwelle aus erhält, andererseits aber auch mit der Hohlspindel des Spulenträgertellers im Eingriff steht und deren zunehmende Tourenzahl durch das Differentialgetriebe im negativen Sinne auf die Kreuzspindel überträgt. Größere Schnürmaschinen besitzen außerdem häufig eine zwischen Preßbacken und Aufnahmeflügel eingebaute Uhr, deren Zeiger man mit einer Scheibe bestimmten Umfangs in Verbindung bringt und diese durch die fest darauf gepreßte Leine in Umdrehung setzt. Die Länge der über die Scheibe gezogenen Leine kann dann in Metern umgerechnet auf der Uhr abgelesen werden.

Der Maschinentyp nach Abb. 14 wird mit 2 Aufnahmeflügeln für Spulen 10 × 8″ und mit je 3—4 offenen Vordrahtflügeln für Spulen bis 10 × 8″ ausgeführt und eignet sich zur Herstellung von 2, 3 und 4fachen Schnüren von etwa 2—6 mm ∅. Bei ca. 4150 × 1380 mm Raumbedarf benötigt die Maschine etwa $2^1/_2$—3 PS an Kraft. Drehungs- und Produktionszahlen sind umstehender Tabelle zu entnehmen.

Bei Schnüren aus Garn Nr. 0,8 und schwächer ist aber die Leistung obiger Maschine zu gering und statt dessen ein kleinerer Automat mit höherer Tourenzahl und möglichst vier Flügeln zu empfehlen, beispielsweise die Seydelsche vierflügelige automatische Schnürmaschine mit 4 Aufnahmespulen 8 × 5″ und je 3—4 Vordrahtflügeln für Spulen bis 8 × 4″. Bei 1800 Flügeltouren werden bis zu 9 Drehungen pro Zoll erteilt.

In ausgesprochenen Netzgarnspinnereien, vor allem in England, ist noch eine andere Form der Schnürmaschine, die Kabliermaschine (Abb. 15) im Gebrauch. Kabliermaschinen arbeiten in vertikaler Richtung. Je 3 hochgelagerte wagerechte Vordrehspulen führen ihre Garne senkrecht unter ihnen stehenden Aufnahmeflügeln zu, letztere durch geräuschlos arbeitende Schraubenräder angetrieben. Übliche Ausführungen sind einseitige mit 6 oder 2seitige Maschinen mit 12 Spindeln. Eine Kabliermaschine mit 6 Flügeln für Aufnahmespulen 8 × 6½″ und je 3 Vordrahtspulen 8 × 4″, zum Schnüren von

Schnürmaschine für Hartfaserschnüre

2 Aufnahmeflügel, 10 × 8″ Spulen, 4 Vordrehflügel für Spulen bis 10 × 8″, 12 × 3″ Antriebscheiben

350 Antrieb- und 1200 Flügeltouren.

Spinnereimaschinen-Fabrik Seydel & Co. Bielefeld.

Garn-Nr.	Lauflänge per 1 kg	Drehungen									Lieferung / 2 Flügel und Stunde in kg bei 15% Stillständen für			Aufgewundene Länge in Metern einer Spule zuzüglich 20% für Aufwindung			Zeit in Minuten eines Abzuges pro 2 Flügel bei 15% Stillständen		
		2 fach		Wechsel Zoll	3 fach		Wechsel Zoll	4 fach		Wechsel Zoll	2 fach	3 fach	4 fach	4,2 kg Spul.-Gew. 2 fach	4,0 kg Spul.-Gew. 3 fach	4,1 kg Spul.-Gew. 4 fach	4,2 kg Spul.-Gew. 2 fach	4,0 kg Spul.-Gew. 3 fach	4,1 kg Spul.-Gew. 4 fach
		p. 1″	p. 1 m		p. 1″	p. 1 m		p. 1″	p. 1 m										
0,33	200 m	1,649	64,97	$8^{3}/_{8}$	1,134	44,68	8	0,948	37,35	$7^{3}/_{4}$	20,280	44,226	68,334	391	248	197	25	11	7
0,37	220 „	1,649	64,97	$8^{3}/_{8}$	1,257	49,58	$8^{1}/_{8}$	1,033	40,70	$7^{7}/_{8}$	18,456	36,246	57,044	430	273	217	27	13	9
0,42	250 „	1,776	70,07	$8^{7}/_{16}$	1,330	52,40	$8^{3}/_{16}$	1,033	40,70	$7^{7}/_{8}$	15,060	30,168	50,200	488	310	246	33	16	10
0,5	300 „	2,099	82,70	$8^{9}/_{16}$	1,451	57,17	$8^{1}/_{4}$	1,134	44,68	8	10,624	23,032	38,084	586	372	295	47	21	13
0,58	350 „	2,099	82,70	$8^{9}/_{16}$	1,549	61,03	$8^{5}/_{16}$	1,289	50,79	$8^{1}/_{8}$	9,106	18,506	28,714	684	434	344	55	26	17
0,67	400 „	2,309	90,98	$8^{5}/_{8}$	1,641	64,97	$8^{3}/_{8}$	1,366	53,82	$8^{3}/_{16}$	7,236	15,210	23,708	781	496	394	70	32	21
0,7	420 „	2,309	90,98	$8^{5}/_{8}$	1,641	64,97	$8^{3}/_{8}$	1,366	53,82	$8^{3}/_{16}$	6,892	14,486	22,580	820	521	413	73	33	22
0,75	450 „	2,309	90,98	$8^{5}/_{8}$	1,776	70,07	$8^{7}/_{16}$	1,451	57,17	$8^{1}/_{4}$	6,432	12,544	19,834	879	558	443	78	38	25
0,83	500 „	2,592	102,13	$8^{11}/_{16}$	1,924	75,81	$8^{1}/_{2}$	1,451	57,17	$8^{1}/_{4}$	5,162	10,426	17,850	977	620	492	98	46	28
0,92	550 „	2,592	102,13	$8^{11}/_{16}$	1,924	75,81	$8^{1}/_{2}$	1,549	61,03	$8^{5}/_{16}$	4,692	9,478	15,212	1074	682	541	107	51	32
1	600 „	2,592	102,13	$8^{11}/_{16}$	2,099	82,70	$8^{9}/_{16}$	1,649	64,97	$8^{3}/_{8}$	4,302	7,968	13,098	1172	744	590	117	62	38
1,08	650 „	2,920	115,05	$8^{3}/_{4}$	2,099	82,70	$8^{9}/_{16}$	1,776	70,07	$8^{7}/_{16}$	3,520	7,354	11,218	1270	806	640	143	65	44
1,17	700 „	2,920	115,05	$8^{3}/_{4}$	2,309	90,98	$8^{5}/_{8}$	1,776	70,07	$8^{7}/_{16}$	3,270	6,202	10,416	1367	868	689	154	77	47
1,25	750 „	3,342	131,68	$8^{13}/_{16}$	2,309	90,98	$8^{5}/_{8}$	1,924	75,81	$8^{1}/_{2}$	2,666	5,786	8,978	1465	930	738	189	83	55
1,33	800 „	3,342	131,68	$8^{13}/_{16}$	2,352	92,67	$8^{5}/_{8}$	1,924	75,81	$8^{1}/_{2}$	2,500	5,330	8,416	1562	992	787	202	90	58
1,42	850 „	3,342	131,68	$8^{13}/_{16}$	2,592	102,13	$8^{11}/_{16}$	2,099	82,70	$8^{9}/_{16}$	2,352	4,554	7,264	1660	1054	836	214	105	68
1,5	900 „	3,342	131,68	$8^{13}/_{16}$	2,592	102,13	$8^{11}/_{16}$	2,099	82,70	$8^{9}/_{16}$	2,222	4,302	6,860	1758	1116	886	227	112	72
1,58	950 „	3,849	151,65	$8^{7}/_{8}$	2,592	102,13	$8^{11}/_{16}$	2,134	84,08	$8^{9}/_{16}$	1,830	4,074	6,386	1865	1178	935	275	118	77
1,67	1000 „	3,849	151,65	$8^{7}/_{8}$	2,592	102,13	$8^{11}/_{16}$	2,134	84,08	$8^{9}/_{16}$	1,738	3,870	6,066	1956	1240	984	290	124	81
1,75	1050 „	3,849	151,65	$8^{7}/_{8}$	2,920	115,05	$8^{3}/_{4}$	2,352	92,67	$8^{5}/_{8}$	1,654	3,268	5,246	2051	1302	1033	305	147	94
1,83	1100 „	3,849	151,65	$8^{7}/_{8}$	2,920	115,05	$8^{3}/_{4}$	2,352	92,67	$8^{5}/_{8}$	1,580	3,120	5,008	2148	1364	1082	319	154	98
1,92	1150 „	3,849	151,65	$8^{7}/_{8}$	2,920	115,05	$8^{3}/_{4}$	2,352	92,67	$8^{5}/_{8}$	1,512	2,984	4,790	2250	1426	1132	333	161	103
2	1200 „	3,849	151,65	$8^{7}/_{8}$	2,920	115,05	$8^{3}/_{4}$	2,352	92,67	$8^{5}/_{8}$	1,448	2,860	4,590	2344	1488	1181	348	168	107

3facher Ware 2—4 mm Durchmesser, 1000 Flügeltouren, bis 5 Drehungen pro Zoll erfordert etwa 4600 × 2100 mm Raum und 2½—3 PS Kraft.

Die Verkaufsform der Netzschnur ist das Knäuel, die Packungsart der mit Stricken umschnürte Jutesack à 10 Knäuel im Gewicht von 25—27 kg brutto. Die mit Schnur gefüllten Spulen werden also in das Spulenablaufgestell einer Knäuelmaschine eingelegt. In Seilerwarenfabriken sind besonders zwei Formen von Knäuelmaschinen im Gebrauch, die automatische Knäuel-Wickelmaschine für Bindegarn (Abb. 16), 2 oder 3flügelig, zum Wickeln von Bindegarn und Schnüren bis 3 mm Durchmesser auf Knäuel im Gewicht bis zu 3½ kg, und die einflügelige Knäuel-Wickelmaschine für Schnüre von 3—6 mm Durchmesser auf Knäuel von 3—5 kg.

Abb. 15. Kabliermaschine.

Der Vorgang des Knäuelns besteht darin, daß der von der Fabrikationsspule ablaufende Faden vom Flügel um einen langsam drehenden Dorn gelegt wird. Flügel und Dorn sind die eigentlichen Arbeitsorgane. Während die Umdrehungen des Flügels immer die gleichen bleiben, werden die des Dorns in Anbetracht der von Lage zu Lage wachsenden Oberflächengeschwindigkeit des Knäuels dauernd geändert, wozu derselbe mit seinem Rädergetriebe in einem drehbaren Gehäuse gelagert und mit einer Schubstange verbunden ist, die einerseits als Antrieb der Räder im Gehäuse wirkt und am Gegenende durch eine Diskusrolle eigenen Antrieb erhält (s. Abb. 16). Die letztere rollt sich auf dem Umfange eines um seine Längsachse gedrehten Hohlkegels ab und zwar je nach der Stellung des Getriebekastens über dem größten bis zum kleinsten Durchmesser des Kegels. Die Decke des Knäuels erfordert den langsamsten Dorn bei nahezu senkrechter Stellung des Kastens; durch Verschieben der Diskusrolle auf der Stange wird die richtige Fadenlage reguliert, der Kasten bzw. der

Dorn zur Bildung des Knäuelanfangs in die äußerste Schräglage (höchste Drehzahl des Dorns) gebracht und nun das weitere Wechseln der Kastenlage einer Schablone überlassen, deren Konturen der Kasten durch Heben bzw. Senken folgt. Die Kurve des Kegels ist derart konstruiert, daß sie für alle Lagen im Knäuel die passende Drehzahl für den Dorn ergibt. Die Maschinen sind mit

Abb. 16. Knäuelwickelmaschine.

einem Satz solcher Exzenter für verschiedene Knäuelformen- und Größen versehen. Die Benutzung der Schablone ist aber nicht unbedingt erforderlich, eine geschickte Knäulerin findet die richtigen Stellungen der Diskusrolle auch ohne Exzenter durch entsprechende Veränderung der Kastenlage an einem Handgriff. Jedes Knäuel bedarf bei der späteren Verwendung einer gewissen Härte, die aber nicht so groß werden darf, daß es sich nicht mehr vom Dorn abziehen läßt, was trotz der konisch verlaufenden Form des Dorns häufiger passiert, wenn die Spulenbremse nicht sorgsam genug reguliert wurde. Neuere

Konstruktionen erleichtern das Abziehen des Knäuels durch Verwendung eines Dornes mit expandierenden Lamellen, die durch einen Handgriff betätigt werden.

Eine zweiflügelige Bindegarn-Knäuelmaschine braucht etwa 1100×1400 mm Raum, ca. $1\frac{1}{4}$ PS Kraft und leistet bei 600 Flügeltouren in 8 Stunden

Schnur 3—4 mm Durchm.	Garn: 350	500	700 m pro kg
ca. 800	550	400	280 kg

Maschine Abb. 17 ist etwas anders konstruiert. Statt des Kegels bildet jetzt die Diskusrolle den Antrieb für den Dorn. Sie setzt eine Planscheibe, über der sie nach Bedarf verschoben werden kann, in Umdrehung, muß aber während des Wickelns die einmal gewählte Stellung beibehalten. Die passende Drehzahl des Dorns für die inneren Knäuellagen erzielt man durch Einsetzen von Wechsel-

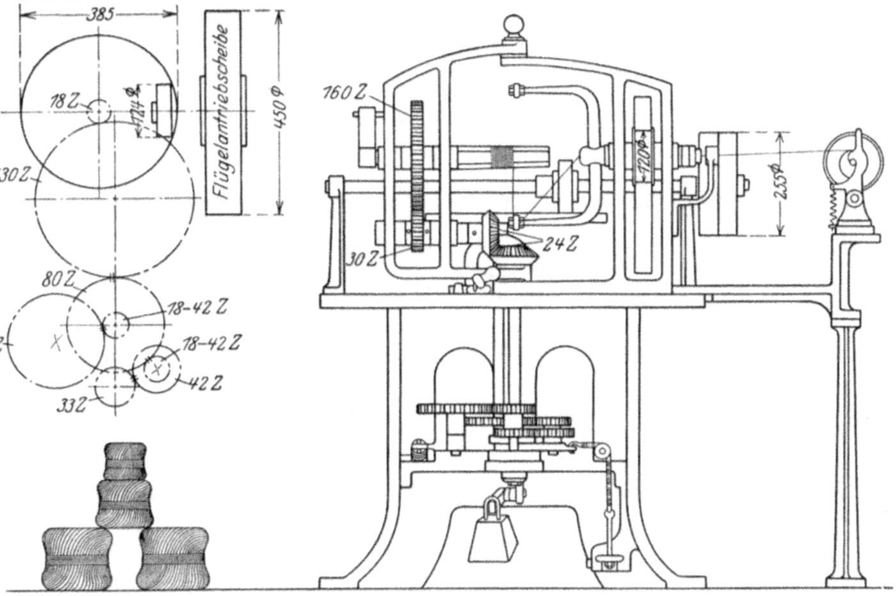

Abb. 17. Knäuelwickelmaschine.

rädern je nach der Schnurdicke, und den Übergang zwischen großer und kleiner Drehzahl durch ein mit dem Fuß betätigtes Zahnradwechselgetriebe.

Mit den beschriebenen Fabrikaten ist die Reihe der aus Manilahanf herzustellenden Artikel keineswegs erschöpft. Sie stellen vielmehr nur charakteristische Beispiele der allgemein üblichen Fabrikationsmethoden dar und könnten um viele vermehrt werden, wozu nicht in letzter Linie das Manila-Erntebindegarn, ein auf Automaten gesponnenes eindrähtiges Garn von ca. 350 m Lauflänge pro Kilogramm, zu nennen wäre, das bis vor wenigen Jahren in der Mähmaschine und der Strohpresse ganz ausgedehnte Verwendung fand. Manche Betriebe der Seilerwarenindustrie haben sich auch auf besondere Artikelgruppen wie Fischnetze, Eisenbahngepäcknetze, Hängematten, Markt- und Jagdtaschen, Gurten, Korbtragebänder, Pferdehalfter, Klöppeleierzeugnisse, Posamenten, Turn- und Sportgeräte und ähnliches spezialisiert und beziehen von den Hanfspinnereien dazu Manilagarne- und Schnüre, wie auch viele Webereien solche Garne zu ihren Produkten verwenden.

Neuerdings hat sich nun ein anderer Rohstoff, die Sisalfaser, mehr und mehr des großen Gebiets dieser Spezialfabrikate bemächtigt, seitdem manche der bisher verwendeten Sisalmarken von den Produzenten qualitativ sehr verbessert und andere bis dahin weniger bekannte Marken in größeren Mengen auf den Markt gebracht worden sind. Die schöne helle, vielfach schneeweiße Farbe macht diese Faser auch in besonderem Maße dazu geeignet. Ihre Verarbeitung und die der ihr wesensverwandten Mauritiusfaser soll daher zunächst besprochen werden.

Der Sisalhanf und Mauritiushanf.

Die Sisalagave (Agave sisalana, Familie der Amaryllidaceen) gedeiht in vielen Tropengegenden. Kultiviert zum Zwecke der Faserausfuhr wird sie vornehmlich in Ost- und Westafrika, Java, Mexiko, in geringerem Maße auch auf den Bahama-Inseln. Sisal ist eine Blattfaser, ihre Gewinnungsart ist die gleiche wie die der Manilafaser, die Versandform der mit Bandeisen oder Draht umschnürte hart gepreßte Ballen im Gewicht von annährend 250 kg. An der Umhüllung ist gewöhnlich schon das Ursprungsland zu erkennen. Nach den Ursprungsländern sind auf den Listen der Hanfimporteure auch die angebotenen Hänfe geordnet, alsdann folgt die Qualitätsnummer oder die abgekürzte Benennung der Plantage. In der Regel findet man verzeichnet:

Javasisal, führende Marke HVA, Qualitätsgrade A, B, C, X und Y, darunter Qualität A mit einer Faserlänge bis 1,45 m, Farbe teils schneeweiß, teils mit leichten Schattierungen nach Gelb und Grün, ausgedehnte Verwendung zu Leinen guter Qualität, Bindegarnen, Webgarnen und Schnüren.

Java-Cantala-Hanf, führende Marken MVC/Tarik und B.U.W./Mento, bis zu 1,40 m lang, weiche und feine Faser von weißer bis weißgelblicher Färbung, zu Wäscheleinen, Flechtleinen, dünneren Garnen und Schnüren verwendet.

Mexikosisal, Qualitäten I und II, gelegentlich auch III, gröbere bis 1,60 m messende gelblich gefärbte Faser, die in großen Mengen vorteilhaft zur Herstellung von Tauwerk und Binde- und Pressengarn Verwendung findet.

Ostafrikasisal und zwar

DOA (Deutsch-Ostafrika) mit 6—7 vorzüglichen nach ihrer Plantage benannten Marken, die sämtlich als Qualität I gelten und vielfach auch noch eine II. Qualität heraussortieren; schöne, kräftige, bis 1,80 m lange Faser, elfenbeinartiger Farbton, vorzüglicher Tauwerk- und Bindegarnhanf.

BOA (Britisch-Ostafrika), nach Qualität I und II gehandelt, Beschaffenheit, Farbe und Verwendungsmöglichkeit wenig unter DOA.

POA (Portugiesisch-Ostafrika), im großen und ganzen gröber und härter, etwas kürzer, weniger rein im Ursprungslande bearbeitet, worunter auch die Farbe leidet, für Tauwerkzwecke passend.

Westafrikasisal, Die Faser ähnelt der letztgenannten Provenienz, der sie annähernd gleichwertig gilt, Zufuhr etwas geringer als DOA und POA.

Bahamasisal. Billigster und qualitativ geringster der angeführten Hänfe, kurze, bis höchstens 0,75 m lange meist sehr unsauber ausgearbeitete grobe Faser, mißfarbig gelb bis grünlich, dient zur Herstellung billiger Stricke und Kordeln aus dicken Garnen, gewöhnlich mit anderen Fasern gemischt.

Mauritiushanf. Die Fasern der Fourcroya gigantea (ebenfalls Familie der Amaryllidaceen), oft fälschlich als Aloehanf angesprochen, zeichnen sich durch ganz besonders große Feinheit, Weichheit und Zerteilbarkeit aus und ergeben weiche schmiegsame Erzeugnisse von angenehmer weißgelblicher Farbe, Glätte und Glanz. Der Hanf wird nach Qualität I und II oder auch nur nach der Plantagenbezeichnung gehandelt. Mauritiushanf kommt außer in Westindien auch in Mittel- und Südamerika vor und wird daselbst Fiquehanf benannt. Besonders voluminöse Ballen, etwa 250 kg schwer, ganz in Juteleinen eingenäht.

Haupthandelsplätze für die Versorgung der deutschen Industrie mit Javahänfen sind Amsterdam, Rotterdam und Hamburg, mit den übrigen Hänfen London und Hamburg. Daselbst wird außer den vorgenannten auch eine größere Anzahl geringerer Marken, nach 4—5 Qualitäten sortiert, auf den Markt gebracht und von Fall zu Fall auf besonderen Listen angeboten. Regierungsseitige Kontrolle über Anbau und Zufuhr besteht nur in Mexiko, aber auch die HVA-Plantagen liefern ständig ein vorzügliches gleichmäßiges Produkt, das mit Recht als Standard der Javahänfe angesprochen werden kann.

Unter allen diesen Hänfen wird man nun Fasern jedweder Beschaffenheit in bezug auf Farbe, Länge, Weichheit, Feinheit und auf Vorhandensein von Werg und Unreinigkeiten finden. Diese Eigenschaften bestimmen die Eignung zu bestimmten Fabrikaten sowie die Vorbereitungsweise der Hänfe und die Wahl

Abb. 18. Hechel.

des passenden Maschinensystems. Ausgesprochene Tauwerkhänfe (Mexiko und Ostafrika) führen verhältnismäßig wenig Werg mit sich und können deshalb roh versponnen werden, auch bei Bindegarnhänfen (Java und DOA) ist Hechelarbeit fast ausnahmslos zu ersparen. Weiche und feine Hänfe müssen aber zunächst auf der Hechel (Abb. 18) von Werg und Knotenbildungen befreit werden (Cantala 3—15%, Mauritius 20—30%). Meistens erfordert Mauritius nach der Mittelhechel auch noch die engere Nadelstellung der Kernhechel.

Tauwerkhänfe werden auf dem auch für Manilahanf benutzten Vorbereitungs- und Spinnautomatensystem in bekannter Weise in Garne umgewandelt, die entweder als Seilfäden (200—250 m), als Garne für Leinen und dickere Schnüre (250—400 m) oder als Pressen- und Bindegarne (330—350 m pro Kilogramm) Verwendung finden.

Von da ab kommt für den Spinnprozeß nur noch die schon mehrfach erwähnte Gillspinnmaschine in Betracht mit einem Satz Vorbereitungsmaschinen, die in bezug auf Streckweite und Benadelung der feineren und kürzeren Sisalfaser angeglichen sind (s. Abb. 20).

Das kleinste normalerweise zum Spinnen mittlerer Garnnummern in den Betrieben anzutreffende System setzt sich ungefähr folgendermaßen zusammen:

1 Breaker (Anlege und Hechelmaschine) in Ausführung wie Abb. 2, jedoch mit der Benadelung des II. Breakers, also

I. Kette $21^3/_4''$ Gillbreite, $^3/_4''$ Nadelteilung,
II. „ $21^7/_8''$ „ $^5/_8''$ „ und mit 150 t/min.

1 komb. Strecke mit 5 Bändern, 65″ Streckweite, 20 oder 30″ Hochkantleder-Druckwalzen, sonstige Ausführung wie Abb. 4.

1 Feinstrecke (Abb. 19) mit 6 Bändern, 42″ Streckweite, 15″ Hochkantleder-Druckwalzen, $3^1/_2$″ Gillbreite, $^1/_4$″ Nadelteilung, 8—16fachem Verzug, ca. 2100 × 2400 mm Raum- und ca. $2^1/_2$ PS Kraftbedarf.

1 Gillspinnmaschine mit 64 Spindeln für Spulen 9 × $4^1/_2$″, 36 oder 42″ Streckweite und 900 Flügeltouren pro Minute.

2—3 Knäuelwickelmaschinen mit 2 Spindeln wie Abb. 16.

Das System gestattet beim

Breaker	komb. Strecke	Feinstrecke
4	3	3

insgesamt 10 Verstreckungen und leistet, wieder unter Zugrundelegung von 20 % Stillständen:

Sisalgarn	ca.	450 m	pro kg	mit 65	Drehungen	pro m	ca.	755 kg	in 8 Std.
„	„	500	„	„ 72	„	„	„	600 „	„ 8 „
„	„	600	„	„ 80	„	„	„	460 „	„ 8 „
„	„	700	„	„ 89	„	„	„	360 „	„ 8 „
„	„	800	„	„ 89	„	„	„	310 „	„ 8 „
„	„	900	„	„ 95	„	„	„	260 „	„ 8 „

Für größere Produktionen muß vorstehende Anlage um weitere 1—2 Breaker, mehrere Strecken, Gillspinn- und Knäuelmaschinen entsprechend erweitert werden.

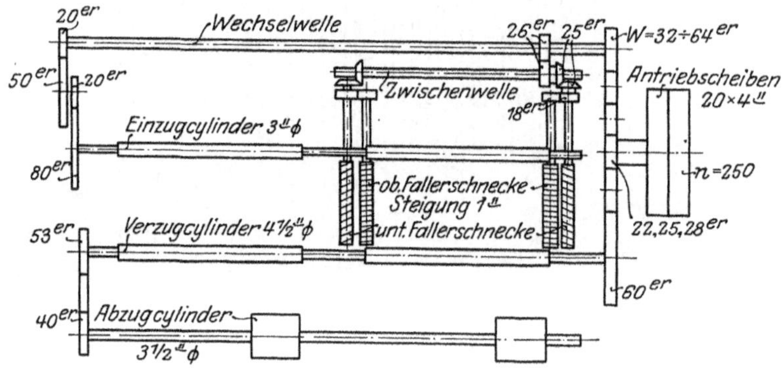

Abb. 19. Feinstrecke (Räderschema).

Die Seydelsche Gillspinnmaschine (Abb. 20) ist zum Spinnen von Garnen ca. 300—1200 m pro Kilogramm eingerichtet, läßt sich aber nur für Garne von etwa 450—800 m pro Kilogramm voll ausnutzen; bei stärkeren Garnen wird das Spulenfassungsvermögen zu gering, und bei Garnen über 800 m pro Kilogramm hinaus die Gesamtanlage für die Leistung der Gillspinnmaschine zu groß und daher unrentabel. Die Gillbreiten betragen 2″ bei 7 Nadeln pro Zoll englisch und die Maschine braucht

bei 36″	Streckweite	ca. 8200 × 1950 mm	Raum	und	ca. 8	PS Kraft
„ 42″	„	„ 8200 × 2200 „	„	„	„ 8	„ „

Ein auf dieser Gillspinnmaschine hergestellter Massenartikel ist in erster Linie das eindrähtige Sisalbindegarn 450—500 m pro Kilogramm. Früher vorwiegend aus Manila in etwa 350 m Lauflänge auf Automaten gesponnen, zieht der Konsum neuerdings das Sisalgarn vor, verwendet aber das 350 m Sisalgarn im allgemeinen nur noch für die Strohpresse der Dreschmaschine, wogegen die zwischenzeitig verbesserten Knüpfapparate der Garbenbinder an Mähmaschinen jetzt mit Garnen von 450—500 m Lauflänge auskommen, die infolge der größeren Meterzahl sparsamer im Gebrauch sind. Der Bedarf wächst von

Jahr zu Jahr, daneben natürlich auch das Bestreben, die Produktion durch Aufstellung leistungsfähigerer Maschinen zu verbilligen. Die Firma Seydel & Co. hat diesem Bedürfnis durch den Bau zweier Neukonstruktionen Rechnung getragen, deren größere Streckweite nunmehr auch das Spinnen von Manilafeingarnen rentabler gestaltet, nämlich einer Gillspinnmaschine mit 40, 60 oder 80

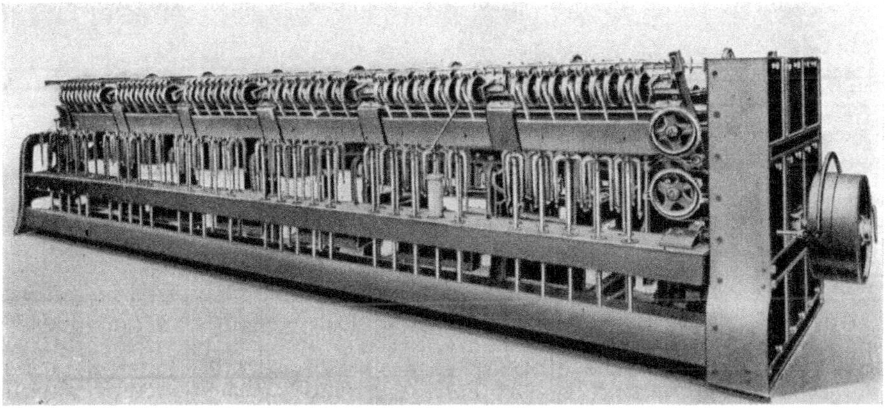

Abb. 20. Gillspinnmaschine.

Spindeln für 8 × 4″ Spulen, 36″, 42″ oder 67″ Streckweite, 1200/1300 Spindeltouren, Arbeitsbereich Garne von 300—1800 m, günstigste Produktion zwischen 600 und 1200 m Lauflänge, und einer Gillspinnmaschine mit 80, 90, 100 oder 110 Spindeln für 7 × 3½″-Spulen, 36″, 42″ oder 67″ Streckweite, 1500 Spindeltouren, Arbeitsbereich Garne von 400—2400 m, günstigste Produktion zwischen 800 und 1800 m Lauflänge.

Folgende Gegenüberstellung, in der alle drei Maschinen auf 80 Spindeln normiert sind zeigt deutlich den Unterschied in der Leistungsfähigkeit:

m pro kg	80 Spdl. 9×4½″-Spule 900 Flügeltouren	80 Spdl. 8×4″-Spule 1200 Flügeltouren	80 Spdl. 7×3½″-Spule 1500 Flügeltouren
ca. 400	ca. 1220 kg	ca. 1500 kg	
„ 450	„ 940 „	„ 1150 „	
„ 500	„ 750 „	„ 1030 „	
„ 600	„ 565 „	„ 755 „	ca. 920 kg
„ 700	„ 440 „	„ 565 „	„ 685 „
„ 800	„ 385 „	„ 490 „	„ 600 „
„ 900	„ 320 „	„ 405 „	„ 525 „
„ 1000	„ 280 „	„ 360 „	„ 425 „
„ 1100	„ 245 „	„ 290 „	„ 385 „
„ 1200	„ 205 „	„ 275 „	„ 360 „
„ 1300		„ 235 „	„ 290 „
„ 1400		„ 215 „	„ 270 „
„ 1500		„ 190 „	„ 235 „
„ 1600			„ 215 „
„ 1700			„ 205 „
„ 1800			„ 180 „

Die Nettogewichte mit Hartfasergarn gefüllter Spulen betragen

bei	10 × 8″	9 × 4½″	8 × 4″	7 × 3½″	Spule
ca.	4500	1250	850	550	g

Nach der Formel $L = \frac{S}{D}$ die Leistung einer Spindel pro Minute errechnet sich die Produktion einer Maschine mit beispielsweise 64 Spindeln, 900 Flügeltouren, 65 Drehungen pro Meter und 20% Stillständen für Garn von 450 m pro Kilogramm aus

$$L = \frac{900 \cdot 64 \cdot 60 \cdot 8}{65 \cdot 450} \cdot 0{,}8 = 755 \text{ kg in 8 Std.}$$

Die abgebildete Maschine hat folgende Verzugs- und Drehungsmöglichkeiten:

Verzugstabelle $V = 0{,}25\, Wv$.

Verzugswechselrad W_v	32	36	40	44	48	52	56	60	64	68	72
V	8	9	10	11	12	13	14	15	16	17	18

Drehungstabelle $D = \frac{89{,}41}{W_d}$ und $\frac{48{,}64}{W_d}$.

Drehungs-wechsel W_d	D		W_d	D		W_d	D	
	51:75	70:56		51:75	70:56		51:75	70:56
30	2,97	1,62	39	2,29	1,25	51	1,75	0,95
32	2,79	1,52	42	2,12	1.16	54	1,65	0,90
34	2,62	1,43	45	1,98	1,08	57	1,56	0,86
36	2,48	1,35	48	1,86	1,01	60	1,46	0,80

Vor- und Gillspinnmaschinen dieser Art dienen zur Herstellung verhältnismäßig dicker Garne, deren gleichmäßige Spannung innerhalb einer Abzugsdauer bedeutenden Kraftverbrauch bedingen würde, wenn sie durch Einzelbremsung jeder Spule erfolgen müßte. Während die Bindfadenfabriken für feinere Garne auch Gillspinnmaschinen mit Einzelbremsung benutzen, verwenden die Hartfaserspinnereien nur solche Gillspinner, bei denen die Fadenspannung mit Hilfe eines Differentialgetriebes vorgenommen wird.

Jede Vor- und Gillspinnmaschine letzterer Art erhält drei gesonderte Antriebe:

1. zum Treiben des Streckwerks,
2. zum Treiben der Spindeln,
3. zum Bewegen der Spulen, sowohl in horizontaler als auch in auf- und absteigender Richtung.

Alle drei Antriebe geschehen von der Hauptwelle aus, jedoch nur die beiden ersten mit gleichbleibenden Umdrehungszahlen, wohingegen die Geschwindigkeit der Spule in gleichem Maße zunehmen muß wie der Spulendurchmesser. Dazu ist die Einschaltung eines Expansionsorgans erforderlich. Die gebräuchlichen Konstruktionen sind entweder Expansionskonusse (Expander) oder Konoiden (2 parallel übereinander liegende konische, durch einen Riemen verbundene Kegel) oder Planscheibe mit Rolle. Die Einrichtung kompliziert sich dadurch, daß es technisch nicht möglich ist, die Spulen direkt vom Expansionsorgan aus anzutreiben, sondern erst durch Vermittlung eines Differentialrädergetriebes. Bekannte Konstruktionen sind die der drei Erfinder Houldworth, Rieter und Brooks & Doxey. — Seydel verwendet bei seinen Gillspinnmaschinen als Expansionsorgan die Konoiden und als Differentialgetriebe die Konstruktion von Brooks & Doxey. Der obere der beiden Kegel erhält direkten Antrieb von der Hauptwelle. Zu Beginn der Wickelung liegt der Konusriemen auf seinem größten Durchmesser, dem der kleinste Durchmesser des unteren Konus gegenübersteht. In Verlaufe eines Abzuges wird er dann allmählich automatisch in seine Endstellung auf der Gegenseite der Konoiden geschoben und treibt nun vom kleinsten Durchmesser oben auf den größten Durchmesser des unteren Kegels. Die Konoidenkurven sind derart konstruiert, daß die Summen der vom Riemen umspannten Kegeldurchmesser in jeder Riemenstellung die gleichen sind. Der untere (getriebene) Konus überträgt seine wechselnden Tourenzahlen (höchste bei leerer, niedrigste bei voller Spule) auf das Differentialgetriebe, welches außer diesem Antrieb auch noch von der Hauptwelle aus Drehung erhält und seine aus diesen beiden Antrieben resultierende Endbewegung schließlich über ein sogenanntes Rädergehänge den Spulen übermittelt und zwar mit negativer Wirkung, sodaß der kleinsten Drehzahl des unteren Kegels (bei voller Spule) die höchste Spulengeschwindigkeit entspricht. Unter Rädergehänge versteht man eine Verbindung mehrerer durch drehbare Lenker in gesetzmäßiger Kurve geführter Räder, die die Bedingung erfüllt, daß in jeder Stellung des auf- und niedersteigenden Spulenantriebsrades der richtige Eingriff aller Zahnräder erhalten bleibt.

Sämtliche Spulenräder sind auf gemeinsamer Welle in dem an einer Zahnstange auf- und abwärtsbewegten Wagen montiert. Die Geschwindigkeit der Wagenbewegung ist wiederum zur Erreichung der idealen Spulenwicklung, nämlich derjenigen, die den Faden in zylindrischen Schichten so auf die Spule windet, daß Schicht neben Schicht möglichst ohne Zwischenruam zu liegen kommt, von Wichtigkeit. Bestimmend für den Wagenweg ist die die Aufwickelung bewirkende jeweilige Tourendifferenz zwischen Spindel und Spule, und damit ist die Wagenbewegung in gleicher Weise auf die Funktion des Expansionsorgans angewiesen. Der Antrieb des Spulenwagens erfolgt deshalb direkt vom Differentialgetriebe aus. Den Durchmessern der verschiedenen Garnnummern wird die Wagengeschwindigkeit im einzelnen durch Verwendung von Wagenwechselrädern angepaßt. Zum Umkehren der Wagenbewegung in seiner höchsten und tiefsten Stellung sind zwei Vorrichtungen vorherrschend, das Wechselgetriebe (auch Kehrzeug genannt) und das an den Seydelschen Maschinen in Anwendung gebrachte Mangelrad.

Bei jeder Umkehr des Wagens beginnt eine neue Lage auf der Spule, die eine andere Spulengeschwindigkeit, also eine Verschiebung des Konusriemens notwendig macht. Das die Verschiebung ausführende Organ ist eine Schraubenspindel in Verbindung mit einem Schaltwechselrad, dessen Zähne durch Klinken festgehalten werden. Der Riemen hat in der Spindel eine feste Führung, die durch ein Gewicht gezogen wird und die Spindel zu drehen sucht, was jedoch die Schaltklinken verhindern. Bei jedem Hubwechsel des Wagens wird eine der beiden Klinken durch den Wagen ausgehoben und dem Schaltwechselrad die Drehung um $^1/_2$ Zahn ermöglicht, der Riemen somit um eine halbe Zahnlänge auf der Spindel und den Kegeln verschoben. Die Zähnezahl des Schaltwechsels ist proportional der Garnnummer und für jede Nummer aus den durch die Maschinenkonstruktion gegebenen Verhältnissen zu errechnen. Nach Beendigung des Abzuges muß der Riemen vermittels des oberen Handrades in seine Anfangsstellung zurückgezogen werden; das untere Handrad dient dabei zur Entspannung des Riemens durch Anheben des unteren Konus.

Wegen der Bedienung von Gillspinnmaschinen sei im übrigen auf das im vorigen Abschnitt Gesagte hingewiesen. Die Berechnung des Ansatzgewichts für ein 450—500 m laufendes Bindegarn erfolgt analog dem auf Seite 213 vorgeführten Beispiel.

Bindegarn wird auf der bereits beschriebenen Bindegarnknäuel-Wickelmaschine auf Knäuel von etwa $2^1/_2$ kg gewickelt und in der bekannten Ballenpackung, 10 Knäuel in einem Jutesack, auf den Markt gebracht.

In neuerer Zeit gewinnt aber auch die amerikanische Methode hier an Boden, Bindegarn auf besonders hart gewickelten Kreuzspulen ohne Papphülse abzuliefern (Abb. 21). Die für diesen Zweck aus Amerika eingeführte Cross Roll or Cheese Spool Winding Machine mit 1, 2, 3 oder 6 Spindeln ist gut durchkonstruiert und leistungsfähig. Die darauf hergestellten Kreuzspulen laufen aus den Behältern der Mähmaschinen und Pressen leicht und ohne Störung ab und haben bei gleichem Raummaß den Vorteil größeren Längeninhalts (eine Kreuzspule 6″ lang und $7^3/_4$″ Durchmesser wiegt ca. 4 kg, ein Knäuel derselben Größe ca. 2 kg). Dem Landwirt erwächst dadurch die Annehmlichkeit, seine Mähmaschinen auf viel weiteren Strecken arbeiten zu lassen, ohne den Bindegarnbehälter neu aufzufüllen. Außerdem wird ein Teil der bisherigen Verpackungskosten erspart.

Abb. 21. Kreuzspule.

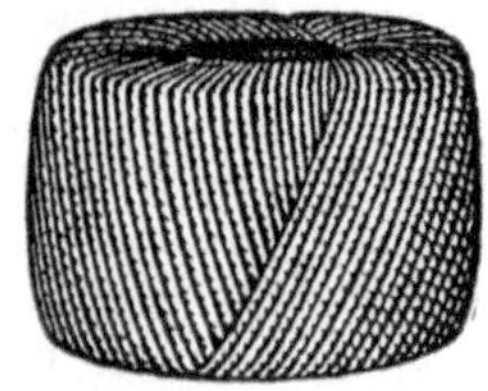

Abb. 22. Kordel.

Mit wachsendem Erfolg konkurriert die Sisalfaser ihres billigeren Preises wegen heute auch mit der Hanffaser bzw. dem Hanfwerg und zwar zur Herstellung eines anderen Massenartikels, der zum Umschnüren von Paketen benutzten Kordel (Abb. 22). Als Kordel bezeichnet man mehrere — gewöhnlich 2 bis 4 — ohne Vordrehung zusammengezwirnte Garne von Nr. 0,45 bis Nr. 0,5 metrisch, aus mittleren Java

Abb. 23. Flügelzwirnmaschine.

— DOA — und ähnlichen Qualitäten ohne Hechelbearbeitung auf Gills 9 × $4^1/_2$″ oder 8 × 4″ gesponnen.

Zum Zwirnen dieser Garne benutzen die Seilerwarenfabriken wohl ohne Ausnahme die Flügelzwirnmaschine (Abb. 23). Seydel liefert dazu Maschinen mit einer Spindelreihe für Spulen 10 × 5″ oder 8 × 4″, bestehend aus Aufsteckrahmen für die Garnspulen, Flügelspindel mit loser Spule und eisernen Zylindern nebst zugehörigen Druckwalzen gleichen Materials, welche den Flügeln die Fäden so zuführen, daß auf eine bestimmte Anzahl Flügelumdrehungen eine bestimmte Fadeneinlauflänge kommt, wozu ein Satz Drehungswechselräder vorhanden ist. Alle zu zwirnenden Fäden sind auf je einer Lieferwalze vereinigt. Die Spindeln werden einzeln durch Lederriemen von den auf der Maschinenwelle aufgekeilten Scheiben angetrieben und jede Spule für sich durch Stahlband oder Backen, die mit Feder und Schraube zum Nachspannen versehen sind, von Hand gebremst. Ein Mangelrad führt den mit Kontragewichten ausbalancierten Spulenwagen auf und nieder. Zwirnmaschinen werden gewöhnlich mit 5 oder 6 Köpfen à 8 Spindeln oder mit 3 oder 4 Köpfen à 10 Spindeln geliefert, oft auch mit besonderer Vorrichtung zur Einzelabstellung jeder Spindel.

Ein häufig ausgeführtes Modell hat folgende Abmessungen und Drehungsmöglichkeiten:

Spindel			Flügel-t/Min.	Spule	Liefer.-Zyl. Ø	Drehungen pro Zoll engl.	Würtel Ø	Trommel Ø	Masch.-Scheiben	Masch.-t/Min.	PS ca.	Länge und Breite in mm
Zahl	Teilung	Ø										
30	$6^1/_2''$	$^3/_4''$	1050	$8\times4''$	$4''$	1,78—5,35	$3''$	$9''$	$20\times4''$	350	8	6500×1600

Drehungstabelle $D = \frac{107}{W_d}$.

W_d	20	22	24	26	28	30	32	34	36	40	44	48	52	56	60
D	5,35	4,87	4,46	4,12	3,82	3,57	3,34	3,15	2,98	2,68	2,43	2,24	2,06	1,92	1,78

Hinderlich und störend sind bei dieser Maschinenkonstruktion, die bisher noch in den meisten Betrieben anzutreffen ist, die Vorarbeiten beim Übergang von Rechts- auf Linkszwirnung und umgekehrt, wobei jede der Riemenscheiben auf der Antriebswelle einzeln

Abb. 24. Differential-Zwirnmaschine.

nach rechts oder links zu versetzen und jeder Riemen für geraden oder gekreuzten Lauf umzulegen ist. Durch mehrfaches Herabfallen der Spindelriemen nach der Umstellung entstehen dann oft noch weitere unliebsame Stillstände. Neuerdings hat Seydel mit dem Bau seiner Differential-Zwirnmaschine (Abb. 24)

für	$10\times6''$-Spulen,	8 Spindeln pro Kopf,		750 Flügeltouren	
oder „	$9\times4^1/_2''$ „	10 „	„ „	900	„
und „	$8\times4''$ „	10 „	„ „	1200	„

hierin Wandel geschaffen. Bei Übergang auf andere Drehung braucht hier nur ein Zwischenrad im Antriebsgehäuse gewechselt, die Riemengabel der Maschinenscheibe versetzt und lediglich der Hauptmaschinenriemen für den entgegengesetzten Einlauf umgelegt werden, welche Arbeit in einem Bruchteil der bei der älteren Konstruktion benötigten Zeit erledigt wird. Die Anwendung des Differentialgetriebes gestattet jetzt auch die Anordnung der wie beim Gill durch Räder angetriebenen Spindeln in 2 Reihen, somit Raum- und außerdem Kraftersparnis gegenüber den vielen Stahlbandbremsen. Ein- und dieselbe Maschine mit 30 Spindeln für $8\times4''$ Spulen braucht

	mit Differentialaufwindung	mit Einzel-Spulenbremsung
Raum	ca. 4000×1950 mm	ca. 6500×1600 mm
Kraft	ca. 4 PS	ca. 8 PS

Zwirnmaschine mit Einzelabstellung für Hartfaserzwirne.

7″ Teilung; 8 × 4″ Spule; 16 × 4″ Antriebscheiben; 360 Antr. und 1200 Spindeltouren.

Garn-Nr.	Lauflänge p. 1 kg	Drehungen									Leistung in kg in 1 Stunde pro Maschine mit 30 Spindeln bei 15% Stillständen			Aufgewundene Länge in Metern einer Spule zuzügl. 5% für Aufwindung b. Spulengewicht v.		
		2 fach		Drehungswechsel	3 fach		Drehungswechsel	4 fach		Drehungswechsel	für 2 fach	für 3 fach	für 4 fach	900 g für 2 fach	860 g für 3 fach	900 g für 4 fach
		p. 1″	p. 1 m		p. 1″	p. 1 m		p. 1″	p. 1 m							
1	600 m	2,84	111,9	35	2,03	80,1	49	1,71	67,4	58	54,8	114,9	181,8	270	172	135
1,17	700 ,,	3,11	122,5	32	2,31	91	43	1,81	71,3	55	42,6	86,4	147,0	315	200	158
1,33	800 ,,	3,31	130,4	30	2,49	98,1	40	1,91	75,3	52	35,4	70,5	122,4	360	230	180
1,5	900 ,,	3,55	139,9	28	2,55	100,5	39	2,03	80,1	49	29,1	60,9	102,0	405	258	203
1,67	1000 ,,	3,68	145,1	27	2,69	106	37	2,16	85,1	46	25,2	51,9	86,1	450	286	225
1,83	1100 ,,	3,82	150,1	26	2,84	111,9	35	2,31	91	43	22,2	45,0	73,5	495	316	248
2	1200 ,,	3,98	156,8	25	2,92	115,1	34	2,49	98,1	40	19,5	39,9	62,4	540	344	270
2,17	1300 ,,	4,14	163,1	24	3,11	122,5	32	2,49	98,1	40	17,4	34,5	57,6	585	372	293
2,33	1400 ,,	4,32	170,2	23	3,21	126,5	31	2,55	100,5	39	15,6	31,2	52,5	630	402	315
2,5	1500 ,,	4,52	178,1	22	3,31	130,4	30	2,69	106	37	13,8	28,2	46,2	675	430	338
2,67	1600 ,,	4,73	186,4	21	3,43	135,1	29	2,76	108,7	36	12,3	25,5	42,3	720	458	360
2,83	1700 ,,	4,73	186,4	21	3,55	139,9	28	2,84	111,9	35	11,7	23,1	38,7	765	488	383
3	1800 ,,	4,97	195,8	20	3,68	145,1	27	2,92	115,1	34	10,5	21	35,4	810	516	405

Im übrigen liefern beide Maschinenarten die gleiche Produktion, die in nebenstehender Tabelle hauptsächlich für dünnere Zwirne zusammengestellt ist.

In der Praxis verwendete Drehungskonstanten:

beim Zwirnen $\alpha_e = 3$ bis 4,25

,, Schnüren $\alpha_e = 3{,}5$,, 4,5.

Der Konsum an dünneren Zwirnen und Kordeln aus Sisal hat stark zugenommen. Wenn es sich dabei um Aufträge von Spezialfabriken handelt, die sie zu feineren Leinen, Gurten, Halftern, Posamenten, Matten, Läufern und ähnlichen Artikeln weiterverarbeiten wollen, so geschieht der Versand gewöhnlich auf großen Kreuzspulen. Packkordel wird dagegen stets geknäuelt und wie Bindegarn in Ballenform gebracht.

Je dünner das Garn, um so besser muß neben der Wahl der geeigneten Marke der Hanf vorbereitet werden. In besonderem Maße gilt dies für die aus Sisal und Mauritius angefertigten **Schnüre**. Ein nicht unbeträchtlicher Teil der Gill- und Antomatengarne verläßt die Fabrik als 2- oder 3drähtige Schnur und wird nicht auf Zwirnmaschinen, sondern auf die in Abb. 14 und 15 vorgeführten 2- und 4flügeligen Schnürautomaten oder Kabliermaschinen genommen. Die Verwendung von Schnüren ist sehr vielseitig, die Herstellung infolge der kleinen Produktion der Schnürautomaten aber teuerer als diejenige von Kordeln. Der höhere Preis wird indessen reichlich aufgewogen durch das gute Aussehen und den festeren Zusammenhalt einer gut gearbeiteten Schnur, bei der sich die von den Vordrahtflügeln kräftig aufgerundeten Garne klar und gleichmäßig nebeneinander abheben. Eben das Fehlen der Vorrunde beim Zwirnen ist die Ursache, weshalb sich die Garnkonturen der Kordel verwischen und die der Garnrunde entgegengesetzte

Zwirndrehung die Fasern mehr oder weniger bloßlegen kann, wodurch dem Zwirn der einer Schnur eigene erhöhte Glanz genommen wird.

Manche Spinnereien verbessern die Qualität ihrer Schnüre noch durch Entfernen der allen Sisalfabrikaten meist anhaftenden borstigen Fasern. Der Handseiler hat dafür ein primitives Verfahren, indem er seine fertigen Leinen im Stück über offener Gas- oder Spiritusflamme absengt, gewöhnlich aber auch die Farbe durch braun angelaufene Sengstellen benachteiligt. Für die fabrikationsmäßige Behandlung der Schnüre ist das umständliche Absengen jedoch nicht mehr ausführbar. Eine amerikanische Textilmaschinenfabrik erzielt gute Resultate mit einer allerdings etwas kostspieligen aber gut funktionierenden Schermaschine, die sich zum Säubern von Garnen, Schnüren und dünnen Leinen bis etwa 5 mm Durchmesser als brauchbar und produktiv erwiesen hat.

Die Hauptarbeitsteile einer solchen Twine Shearing sind 3 Sätze Schermesser, ähnlich den Messern der Baumwollenschermaschinen, aber schwerer als diese. Zwei Messersätze bearbeiten die Unterseite der Fäden, der dritte Satz wirkt auf die Oberseite. Von einem Spulenablaufgestell führt man das Schergut über zwei mit Quernuten versehene Rollen — je eine eingangs und ausgangs der Maschine —, die bis zu 20 Fäden 5 mal nebeneinander die Maschine passieren lassen; alle Fäden kommen infolgedessen bei ihrem Durchlauf durch die Maschine 15 mal mit den Schermessern in Berührung und werden außerdem durch eine gewisse schwingende Bewegung einer der beiden Rollen ständig gedreht, um den ganzen Fadenumfang der Scherwirkung auszusetzen. Eine Bürste zum Aufrauhen erleichtert den Schneidteilen das Erfassen der abstehenden Fasern. Die Messer haben 40″ Schneidfläche. Mit der durchschnittlichen Arbeitsgeschwindigkeit wird eine Produktion von 700—900 m Schnur pro Minute erzielt. Die fertig geschorenen Fäden lassen sich in Kannen auffangen; vorteilhafter ist aber die Aufstellung eines besonderen mechanisch angetriebenen Apparates zur Aufwicklung auf Spulen, die dann gleich zur Knäuelmaschine gegeben werden können.

Auf ein Spezialgebiet der Seilerwarenindustrie, die Klöppelei, soll hier etwas näher eingegangen werden, weil verschiedene Hartfaserspinnereien ihren Betrieben auch eine Abteilung für Klöppeleierzeugnisse angegliedert haben. Wie sich gewisse Industrien im Laufe der Zeit auf bestimmte Gegenden konzentriert haben, so auch die Klöppelei im Erzgebirge und im Wuppertal und die Fabrikation von Klöppelmaschinen in Elberfeld und Barmen, wo alle Arten, Band-, Spitzen- und Schnurklöppelmaschinen zu Hause sind. Für die Seilerwarenindustrie sind die letzteren von Interesse, weil sich Schnüre und Leinen auf ihnen herstellen lassen.

In der Spindelschnur-Flechtmaschine (Abb. 25) der Firma Rittershaus & Blecher, G. m. b. H. in Barmen-U. ist der ursprüngliche auch heute noch überall verwendete Typ verkörpert.

Jeder der beiden Köpfe hat seine 8 Klöppel (Rahmen zur Aufnahme der Garnspule) kreisförmig mit den Fußzapfen in einem Schlitz der Grundplatte stehend angeordnet. 4 Klöppel werden rechts, 4 Klöppel nach links zentrisch um den Flechtpunkt bewegt. Für die Begegnung je zweier Klöppel sind Ausweichstellen geschaffen derart, daß der Führungsschlitz keine ununterbrochene Kreislinie bildet, sondern eine Kette von 8 aneinandergereihten Einzelkreisen. Die durch einen Räderkranz unter der Grundplatte angetriebenen Klöppel gleiten nun abwechselnd nach innen und außen aneinander vorbei und erzeugen dadurch eine 1 flechtige Ware d. h. ein Geflecht, in welchem jedes Garn unter bzw. über dem mit ihm kreuzenden Faden liegt. Man nennt diese Maschine 1 flechtige Rundschnurmaschine, kann aber auf jedes Klöppeltreiberrad auch

2 Klöppel bringen und erhält dann eine 2flechtige Schnur, mithin ein „2 über 2 Geflecht". Andere Maschinen erzielen eine 1flechtige Schnur mit einem System von 12 Klöppeln pro Kopf. — Die nach oben aus den Klöppeln austretenden Garne vereinigen sich im Flechtpunkt, einer die an dieser Stelle gebildete Schnur fest umschließenden Führungsbüchse, die dem Schnurdurchmesser entsprechend gewechselt wird. Um diesen festen Punkt müssen nach Vorstehendem die Garne in schlangenförmiger Bewegung kreisen und naturgemäß abwechselnd mit und ohne Spannung laufen. Zum Ausgleich werden die Fäden nach dem Verlassen der Spule durch ein am Klöppel aufgehängtes bewegliches Gewicht geführt, das von dem gespannten Garn nach oben gezogen, von dem ungespannten gesenkt wird, die beabsichtigte Spannung damit also eintritt. Leer gelaufene Spulen und gerissene Fäden lassen das Gewicht in die tiefste Stellung fallen, worauf ein Ausrückhebel ausgelöst wird, der den Kopf automatisch stillsetzt. — Das Abzugswerk besteht aus einem hölzernen, zur Vermeidung des Rutschens der Schnur mit kurzen feinen Nadeln besetzten Zylinder. Zum Antrieb des Abzugswerks gehören auch die Wechselräder, mit denen die von den Spulen abzuziehende Fadenlänge je nach Art und Stärke der zu erzeugenden Schnüre verändert und die Geflechtsdichte für den Zweck der Ware eingestellt wird. Der Ausdruck „Geflechtsdichtigkeit" oder „Geflechtslänge" entspricht der Drehungsangabe bei auf Schnürmaschinen hergestellten Leinen und Schnüren. Man versteht darunter die Länge in Millimeter, welche die Abzugstrommel liefert, wenn sich 2 Klöppel 1mal kreuzen, die Klöppelantriebsräder also 1 Umdrehung machen. Mit dem Abzugswerk ist zugleich eine Meßuhr zum Ablesen der vom Zylinder abgelieferten Meterlänge und weiterhin der Antrieb für den Haspel verbunden, der die fertige Ware aufnimmt. Jeder Kopf rückt für sich selbst aus und ein. — Klöppelmaschinen verlangen, wenn sie ausreichende Produktion und eine Ware von gefälligem Aussehen und überall gleicher Festigkeit liefern sollen, gutes gleichmäßiges möglichst knotenfreies Garn, dessen Aufwindung auf die Klöppelspulen Aufmerksamkeit und Gewöhnung voraussetzt, vor allen Dingen, wenn mehrere Garne gleichzeitig auf eine Spule zu wickeln sind. Klöppelspulen haben eine von der Gillspinnspule abweichende Form; die Garne müssen auf einer Handhaspel von der Spulerin mit möglichst gleich bleibender Härte und ohne Schleifenbildung umgewickelt werden. Lose und unsauber gearbeitete Spulen verursachen dauernd Stillstände und Fehlstellen im Fabrikat.

Abb. 25. Spindelschnur-Flechtmaschine.

Die abgebildete Maschine ist ein leichtes Modell für Rouleaux- und Markisenschnur. Meistens wird eine etwas kräftigere Konstruktion benutzt, die neben dünneren Schnüren auch Flaggleinen, Loggleinen und vor allen Dingen den für die Seilerei besonders wichtigen Artikel, die Wäscheleine, (Abb. 26) herstellt. Es gibt Spezialbetriebe, die nichts anderes als geflochtene Wäscheleinen auf dieser Maschine produzieren. Das entsprechende Modell von Rittershaus & Blecher ist eine 2köpfige Rundschnur Flechtmaschine mit 8 Klöppeln pro Kopf für $7\frac{3}{4} \times 3''$ Spulen, 138 mm Stich (Stich = Entfernung von Mitte zu Mitte Klöppeltreiber), 90 Umdrehungen der Maschinenscheibe, ca. 1450 × 1000 mm Flächenraum und ca. ½ PS pro Kopf Kraftbedarf, geeignet für Ware von 3—10 mm Durchmesser.

Für Wäscheleinen verwendet man mit Vorliebe aus Cantala- und Mauritiushanf in Längen von 600—1100 m rechts und links gesponnene Gillgarne, jede Klöppelreihe mit besonderer Drehung, damit auch die Garne der der Runde entgegengesetzt laufenden Klöppel in der Schnur geschlossen liegen und Glanz behalten. Der Hohlraum wird gewöhnlich durch einen in die Mitte einlaufenden Herzfaden ausgefüllt, der außerdem auch die der geflochtenen Leine eigentümliche größere Dehnbarkeit bis zu einem gewissen Grade begrenzt. Geklöppelte Wäscheleinen haben vor gedrehten den Vorzug, daß sie sich nicht aufdrehen können, während bei gedrehten Leinen dieser Übelstand nach unrichtiger Behandlung seitens der Hausfrau häufig zu Tage tritt. Von der gängigsten Stärke, etwa 6 mm Durchmesser, nimmt der Maschinenhaspel 1800—2000 m in einem Stück auf. Die bekannte längliche Puppenform, außen quer bewickelt, in der Wäscheleinen zum Verkauf gelangen, macht ein dafür eingerichteter von Hand zu bedienender kleiner Apparat.

Abb. 26. Wäscheleine.

Bei 90 Umdrehungen der Maschinenscheibe führt jeder Klöppel in der Minute $22^1/_2$ Umläufe um den Flechtpunkt aus. Mit den Wechselrädern, die zwei Arten der Einstellung gestatten, sind folgende Geflechtslängen in Millimeter zu erzielen:

$$\text{Geflechtsdichtigkeit } D = 9{,}2 \frac{W_1}{W_2} \text{ bei Einstellung } a.$$

$$D = 4{,}6 \frac{W_1}{W_2} \text{ bei Einstellung } b.$$

$\frac{W_1}{W_2}$	19	23	25	30	33	19	23	25	30	33
19	9,2	11	12	14,5	16	4,6	5,5	6	7,25	8
23	7,6	9,2	10	12	13,2	3,8	4,6	5	6	6,6
25	7	8,5	9,2	11	12,1	3,5	4,25	4,6	5,5	6
30	5,8	7	7,7	9,2	10,1	2,9	3,5	3,8	4,6	5
33	5,4	6,4	7	8,4	9,2	2,7	3,2	3,5	4,2	4,6
	Einstellung *a*					Einstellung *b*				

Die Klöppelantriebsräder machen 90 Umdrehungen in der Minute und das Produkt aus Klöppelrädertouren und Geflechtsdichte ergibt die theoretische Leistung eines Kopfes in der Minute, demnach ist

$$L = 828 \frac{W_1}{W_2} \text{ in mm}$$

und

$$L = 414 \frac{W_1}{W_2} \text{ in mm.}$$

Theoretische Produktion pro Kopf in mm pro Minute

$\frac{W_1}{W_2}$	19	23	25	30	33	19	23	25	30	33
19	820	1000	1090	1210	1440	410	500	540	600	720
23	680	820	900	1110	1220	340	410	450	550	610
25	630	760	820	990	1090	310	380	410	490	540
30	520	630	680	820	910	260	310	340	410	450
33	470	570	620	750	820	230	280	310	370	410
	Einstellung *a*					Einstellung *b*				

Die wirkliche Leistung der Maschine hat je nach der Dicke des Fabrikats und der dazu verwandten Garne mehr oder minder große Abweichungen gegenüber der theoretischen aufzuweisen, wozu bei stärkeren Leinen der häufige Ersatz leer gewordener Spulen nicht unwesentlich beiträgt. Man rechnet für

Schnüre von 4 mm ∅ und $D = 3{,}8$ ca. 5%,
Leinen „ 6 „ „ „ $D = 6{,}4$ „ 10%,
Leinen „ 8 „ „ „ $D = 8{,}5$ „ 15%

und kann in der Praxis bei

Schnur ca. 4 mm ∅	Leine ca. 6 mm ∅	Leine ca. 8 mm ∅
ca. 310 m	ca. 490 m	ca. 620 m

als wirkliche Leistung einer Maschine mit 2 Köpfen bei 8stündiger Arbeitszeit erwarten.

Auch die Technik der Klöppelmaschinen hat neuerlich eine Umgestaltung erfahren und die Konstruktion der sogenannten Schnellflechtmaschinen auf eine andere Grundlage gestellt. Die hölzerne Garnspule ist der handlichen Kreuzspule gewichen, die Spulenträger sind fest auf zwei entgegengesetzt umlaufenden kreisförmigen Schlitten montiert, und da diese Spulenschlitten nicht von einem Zahnrad zum anderen geworfen werden und keine Zahnradstöße auszuhalten haben, sondern elastisch gleitend fortbewegt werden, so arbeiten diese neuen Maschinen mit denkbar großer Schonung der Fäden und ermöglichen neben stärksten Geflechten auch die Verwendung sehr zarter und empfindlicher Garne. Sie zeichnen sich durch ruhigen Lauf und geringen Verschleiß gegenüber der Klöppelmaschine aus, deren Grundplatte und Klöppelfüße unter starker Abnutzung zu leiden haben. Den größten Gewinn hat daraus die Produktionsfähigkeit zu verbuchen; die Umdrehungen der Hauptwelle ließen sich auf 350, die Spulenumläufe um die Flechtachse bis auf 150 in der Minute und die Leistung um das 5—6fache erhöhen, Dieser Arbeitsgeschwindigkeit war die Fadenbremsung durch Klöppelgewicht nicht mehr gewachsen, sie wurde durch eine neuartige Spulenbremsung unter reichlicher Verwendung von Blatt- und Spiralfedern ersetzt, die ihren Zweck aufs beste erfüllt, allerdings einige Anforderungen an die Geschicklichkeit der bedienenden Arbeiterin stellt. Bei richtiger Einstellung wird von den Spulen von Anfang bis zum Ablauf jeweils nur so viel Garn abgezogen, wie im Flechtpunkt benötigt wird, und jeder Faden dauernd straff gehalten, daher ständig gleichmäßiges Geflecht. Fadenbrüche treten bei sachgemäßer Wicklung (auf kleinen Präzisionskreuzspulmaschinen) kaum auf, bei Fadenriß und Fadenende schalten die Maschinen selbsttätig aus.

Von den auf dem Markt erschienenen Konstruktionen sei die Präzisions-Schnellflechtmaschine System Tober (Abb. 27) genannt, die von der Maschinenfabrik Froitzheim & Rudert, Berlin-Weißensee, mit 16, 24, 36 und 48 Spulen gebaut wird und ein 2 über 2 Geflecht erzeugt. Das 16spulige Modell (Abb. 27) ist für alle Flechtgutstärken bis 10 mm Durchmesser bestimmt; Hauptantriebswelle 350 t/min., bis 140 Spulenumläufe bei dünnen, 125 bei dickeren Schnüren; die Innenspulen 60 mm Durchmesser, 100 mm lang, die Außenspulen 100 × 100 mm, Raumbedarf ca. 900 × 1000 mm, Kraftbedarf etwa $^3/_4$ PS.

Die Spulenschlitten arbeiten nach einem patentierten Treibrollensystem, das den Verschleiß auf ein Minimum herabdrücken soll. Die Aufnahmetrommel ist der leichteren Handhabung wegen unten gelagert und mit einer Kreuzspindel und nach der Schnurstärke verstellbarer Verlegeröse versehen, kann also bei jedem Schnurdurchmesser Schlag an Schlag bewickelt werden. Neben ihr liegt lose auf besonderer Welle eine Trommel zur Aufnahme von Füllmaterial für den Leinenhohlraum. Bei Drahtumflechtungen läßt sie den zu umflechtenden Drahtkern durch die durchbohrte Maschinenachse in das Geflecht einlaufen. Am vorteilhaftesten arbeitet die Maschine mit möglichst dünnen Garnen unter Ausnutzung aller 16 Spulen, da die durch Auswechseln der leeren Spulen verursachten Stillstände um so geringer sind, je größer man die in der Maschine untergebrachten Fadenlängen macht. Es kann aber auch nur jede zweite Spule mit Garn besetzt werden, wenn man die übrigen 8 Spulenbremsen (Fliehgewichte) feststellt, wodurch dann ein 8er Geflecht entsteht.

Abb. 27. Schnellflechtmaschine.

Die Konstruktion einer auf der Schnellflechtmaschine hergestellten Schnur wird durch die Fadensteigung ausgedrückt, womit der Abzugsweg bezeichnet wird, den der Faden bei einer Umdrehung der Spule um die Flechtachse zurücklegt. Auf der Maschine läßt sich einstellen die

Fadensteigung in mm

Wechselräder $\frac{1}{2}$	16	21	25	32	40	45	50
50	8,1	10,7	12,7	16,3	20,4	22,9	25,4
45	9	11,9	14,1	18,1	22,6	25,4	28,3
40	10,3	13,4	15,9	20,4	25,4	28,6	31,8
32	12,7	16,7	19,9	25,4	31,8	35,8	39,8
25	16,3	21,4	25,4	32,6	40,7	45,8	51
21	19,4	25,4	30,3	38,8	48,4	54,5	60,6
16	25,4	33,4	39,8	51	63,6	71,5	79,5

Die Maschinenleistung errechnet sich aus Fadensteigung × Umdrehungszahl der Spulen um die Flechtachse und würde für die vorhin angeführten drei Stärken ergeben:

Fabrikat ∅	Fadensteigung	Spulenumläufe	Wechselräder	Stillstände %	eff. Leistung in m/8 Std.
Schnur 4 mm	15,9	140	$\frac{25}{40}$	10	965
Leine 6 mm	25,4	140	$\frac{21}{21}$	15	1450
Leine 8 mm	35,8	120	$\frac{50}{32}$	25	1550

Dabei ist zu beachten, daß die Resultate der Barmer Maschine die Summe der Leistungen von je 2 Maschinenköpfen darstellen. Der größeren Umdrehungszahl entsprechend sind die Spulen der Schnellflechtmaschine häufiger auszuwechseln, die Stillstände daher prozentual höher. Für beide Maschinenleistungeu wurden dünne Garne guter Qualität zugrunde gelegt.

Häufiger als die geflochtene findet man die gedrehte Wäscheleine (Abb. 28), weil in den Seilerwarenfabriken nicht immer Klöppelmaschinen, wohl aber in fast allen Fällen Schnürmaschinen vorhanden sind, überdies auch jeder Seiler gedrehte Wäscheleinen im Handbetrieb herstellen kann. Abgesehen von der Flechtleine wurden bisher von mehrgarnigen Fabrikaten nur solche mit einer Fadengruppe, nämlich Zwirne (bzw. Kordeln) und Schnüre behandelt, deren Grundelemente lediglich einzelne Garne waren. Die Leine besteht nun aus 2 Fadengruppen, indem in jeder ihrer 3 oder 4 Litzen bereits zwei oder mehr Garne zu einem in sich geschlossenen Gebilde vereinigt sind. Der Begriff „Leine" schließt stets das Vorhandensein dieser beiden Fadengruppen ein. (Übrigens werden oft Schnüre und dicke Litzen fälschlich als Leinen angesprochen und umgekehrt dünne Leinen als Schnur; der landläufige Ausdruck „Strick" oder „Packstrick" ist ein Sammelname für alle zu Packzwecken verwendeten Litzen, Schnüre und Fabrikate in Leinenschlag.) Weiterhin besteht aber auch ein Seil aus zwei Fadengruppen und da dieses seiner Herstellung und seinem Wesen nach der Leine völlig gleicht, können Leine und Seil nicht scharf von einander geschieden werden.

Abb. 28. Gedrehte Wäscheleine.

In der Praxis hat sich jedoch allmählich die Gewohnheit herausgebildet, den Bereich der Leinen auf folgende Stärken zu begrenzen:

	3×2 oder mehrfädige Leinen			
	aus Manila und Sisal		aus gehechelter Weichfaser	
∅ mm	ungefähres Durchschnittsgewicht pro m in g	gewöhnlich aus Garn metr./Nr.	ungefähres Durchschnittsgewicht pro m in g	gewöhnlich aus Garn metr./Nr.
11	95	0,2	104	0,2
10	76	0,2	92	0,2
9	62	0,2	74	0,2
8	50	0,35	58	0,35
7	40	0,35	45	0,35
6	28	0,35	33	0,35
5	20	0,4	26	0,45
4	12	0,6	19	0,55
3	8	1,0	15	0,9

Zu den Gewichten und Garnnummern dieser Tabelle ist zu bemerken, daß Material und Verarbeitungsweise beträchtliche Abweichungen herbeiführen können und die eingesetzten Zahlen nur Annäherungswerte darstellen. Ein für Wäscheleinen bestimmtes Garn darf z. B. zur Vermeidung von Flecken in der Wäsche keinerlei Zusätze durch die sonst übliche Batsche enthalten. Die Wäscheleine wird deshalb spezifisch leichter und bei gleichem Gewicht dicker als eine unter Verwendung von Batsche hergestellte Leine. Normal wiegt eine Sisal- oder Aloewäscheleine von

ca.	5	6	7	8 mm Durchm.
durchschnittlich etwa	$15^3/_4$	$22^1/_2$	31	40 g pro m.

Da die Bildung jeder der beiden Fadengruppen je einen besonderen Arbeitsvorgang bedeutet, so ist nacheinander zur Herstellung einer gedrehten Leine erforderlich

1. das Zusammendrehen der Garne zur Litze
2. das Zusammendrehen der Litzen zur Leine.

Eine Leine gewinnt an gutem Aussehen, wenn möglichst dünne Garne verwendet werden, soweit der Fabrikatpreis dies gestattet. Bei gedrehten Wäscheleinen bewegt sich die Garnnummer zwischen 240 und 500 m pro Kilogramm. Der Litzenbildung stehen zwei Wege offen, indem die Garne sowohl durch Zwirnen als auch durch Schnüren zur Litze vereinigt werden können. Im allgemeinen pflegt man für Leinen bestimmte Litzen zu zwirnen, hat aber daneben in der geschnürten Litze ein Mittel in der Hand, die Garne einzeln aus der Litze hervortreten zu lassen und der Leine dadurch die bei besseren Qualitäten sehr beliebte an Handgespinnst erinnernde geperlte Form zu verleihen, wovon bei Wäscheleinen häufig Gebrauch gemacht wird. Die gegebene Maschine ist die in Abb. 14 beschriebene automatische Schnürmaschine für $10 \times 8''$ Aufnahmespulen, deren Vordrehgestell nur durch Abwerfen der Riemen außer Tätigkeit gesetzt werden braucht, um auch gezwirnte Litzen darauf hervorzubringen. Die bekannten Durchschnittssätze für den Drehungsgrad α finden auch bei der gezwirnten und geschnürten Litze Verwendung; die Konstruktion einer Leine kann aber je nach Verwendungszweck und Gewöhnung der Verbraucher so verschiedenartig sein, daß Erweiterungen nach oben und unten in vielen Fällen erforderlich sind und gerade bei Spezialfabrikaten ständig beobachtet werden.

So findet man Litzen zu Wäscheleinen aus Garn von 500 bzw. 240 m pro Kilogramm auf folgende zwei Arten geschnürt:

2fädige Litzen für	aus Garn N_e	Wechselscheibe	Litzendrehung pro $''$	Drehungsgrad
6fäd. vorgeschn. Wäscheleinen 5 mm ∅	0,83	$8^{11}/_{16}''$	2,59	$\alpha_e = 4,3$
desgleichen	0,83	$8^{13}/_{16}''$	3,34	$\alpha_e = 5,45$
8fäd. vorgeschn. Wäscheleinen 8 mm ∅	0,4	$8^{7}/_{16}''$	1,77	$\alpha_e = 4,2$
desgleichen	0,4	$8^{9}/_{16}''$	2,1	$\alpha_e = 4,95$

Die lose geschnürte Litze ergibt demnächst das leichtere Fabrikatgewicht, das natürlich erwünscht ist, die fester geschnürte aber eine Leine von schönerem Aussehen. Nach dem Drehungsgrad der Litze richtet sich auch der Grad derjenigen Drehung, die dem Garn im Vordrehgestell erteilt wird. Die Wahl der geeigneten Wechselräder ist gut geschultem Personal bald geläufig.

Die fertig geschnürten Litzen wandern zur Vornahme des zweiten Arbeitsganges wieder in das Vordrehgestell einer Schnürmaschine, deren Größenverhältnisse die Aufnahme einer Leine der verlangten Stärke gestatten.

Gebräuchlich sind folgende Konstruktionen:

Aufnahme-			Vordreh-		Leinen-		Raum in mm	Kraft pro Aufnahmeflügel ca.
Flügel		Spulenmaße	Flügelzahl	Spulenmaße	∅ in mm	Drehung pro ″		
Zahl	t/min							
2	1050	10 × 10″	4	10 × 8″	3—10	0,55—5,8	4350 × 1400	2 PS
1 2	900	12 × 10″	4	10 × 10″	4—12	0,72—7,26	4950 × 1000 1800	2,5 „
1 2	900	12 × 12″	4	10 × 10″	5—12	0,75—7,7	4950 × 1000 1800	2,5 „
1 2	750	12 × 15″	4	10 × 10″	5—14	0,75—7,7	4950 × 1000 1800	3 „
1	500—600	15 × 15″	4	10 × 10″	6—15	0,35—4	5400 × 1300	4 „

Alle Schnürmaschinen lassen sich durch Umlegen des Hauptriemens und der Drehungsscheibenriemen auf rechten und linken Lauf einrichten. Für den den Litzen zu erteilenden

Abb. 29. Schnürmaschine 15 × 15″.

Vordraht gilt das oben Gesagte. Zur Bestimmung der Leinendrehung oder des „Leinenschlages“, wie man zu sagen pflegt, ist der früher in Anwendung gebrachte Drehungsgrad α nicht mehr geeignet. Man legt einen bequemeren Maßstab nämlich die Zahl der Litzenwindungen pro Meter bei einem bestimmten Leinendurchmesser zu Grunde, und zwar nach folgenden später noch zu entwickelnden Formeln:

$$\text{Litzenwindungen pro m Leine} \begin{cases} n = \dfrac{900}{D} & \text{bei 3 litzigen Leinen} \\ n = \dfrac{1200}{D} & \text{„ 4 „ „} \end{cases}$$

wobei D = Leinendurchmesser. Es entfallen dann

Litzenwindungen auf 1 m Leine
bei einem Leinendurchmesser von

11	10	9	8	7	6	5	4	3 mm	
81	90	100	114	129	150	180	225	300	3 litzig
108	120	136	152	172	200	240	300	400	4 litzig

Der Quotient $\dfrac{\text{Litzenwindungen}}{\text{Litzenanzahl}}$ ist die für die Leine benötigte Anzahl Drehungen pro Meter und bestimmt die erforderliche Drehungswechselscheibe. Wie ersichtlich ist bei den Schnürmaschinen überall der Drehungsmöglichkeit weiter Spielraum gelassen, um die Maschine gelegentlich auch außerhalb der günstigsten Produktionsgrenzen, die wenn irgend angängig nicht überschritten werden sollen, benutzen zu können.

Die vorher geschnürten Litzen wurden zu Leinen geschlagen auf (s. Abb. 29)

Maschine	Leine			Wechsel-scheibe	Leinendrehung		Litzenwindungen	
	∅ mm	Litzen	Garn N_e		pro "	pro m	pro m	entspricht
12 × 12"	5	3 à 2 Garne	0,83	9"	1,45	$57^1/_2$	173	$\frac{865}{D}$
15 × 15"	8	4 à 2 Garne	0,4	8"	0,89	35	140	$\frac{1120}{D}$

Das Fassungsvermögen einer Spule 15 × 15" bei 4" Schaftdurchmesser beträgt etwa

Leinendurchmesser:	5	6	7	$7^1/_2$	10	12	14 mm
Fabrikatlänge:	1550	1200	800	575	300	250	200 m

Die Meßuhr an der Maschine zeigt der Arbeiterin an, wann die Spule abgesetzt werdem muß, um überschießende Abfallenden bei der demnächst von Hand vorzunehmenden handelsüblichen Aufmachung (Wäscheleinen in Puppenform, Stücke von 10—60 m, auf dem Wickelapparat, andere Leinen gewöhnlich in Trossen von 100 m auf einer Handhaspel) zu vermeiden.

Die Verwendung noch größerer Schnürmaschinen führt naturgemäß hinüber auf das Gebiet der automatischen Seilerei, d. h. der Herstellung von Seilen auf Maschinen mit in achsialer Richtung durch Einzugsrollen bewegten Fadengruppen im Gegensatz zur Herstellung von Tauwerk auf langer Bahn bei ruhenden Fadengruppen (s. S. 217).

Die Verwendung der Produkte dieses Fabrikationszweiges, zu denen die Mehrzahl der am Eingange des Abschnittes aufgezählten Fasern als Rohstoff dient, läßt sich ihrer Vielseitigkeit halber mit wenigen Worten nicht beschreiben. Leinen und Seile werden eben täglich zu allen erdenkbaren Zwecken gebraucht.

Die automatische Seilerei wird mit Maschinen betrieben, bei denen

a) die Einzugsrollen wie bei den Schnürmaschinen mit dem Flügel rotieren (Legemaschinen),

b) die Einzugsrollen außerhalb des Flügels liegen (Seilschlagmaschinen).

a) Legemaschinen. Sie unterscheiden sich nur durch größere Abmessungen und langsamere Flügelumdrehungen von den Schnürmaschinen.

Seydel liefert folgende Konstruktionen:

Aufnahme			Vordreh-		Leinen-		Raum in mm	Kraft pro Aufnahmeflügel ca.
Flügel		Spulenmaße	Flügelzahl	Spulenmaße	∅ in mm	Drehung pro "		
Zahl	t/min							
1	475	15 × 15"	4	12 × 12" bis 20 × 20"	10—16	0,35—1,59	6850 × 1300	4,5 PS
1	450	15 × 18"	4	dgl.	10—18	0,35—1,59	6850 × 1300	4,5 „
1	400	18 × 20"	4	dgl.	14—22 evtl. 28	0,32—1,47	7350 × 1300	5 „
1	400	20 × 20"	4	dgl.	dgl.	0,32—1,47	7350 × 1300	5 „

Bei Seilen darüber hinaus werden die Raumverhältnisse im Flügel für die Unterbringung von Einzugsrollen und Spule zu klein.

b) Seilschlagmaschine (Abb. 30). Beide Organe sind bei dieser Maschine, die man für solche stärkeren Seile verwendet, mit zweckentsprechendem Abstand nach außerhalb des Flügels verlegt, wodurch das Seil gleichzeitig vor allzu kurzen schädlichen Biegungen bewahrt bleibt. Sowohl horizontale als auch vertikale Seilschlagmaschinen sind nebeneinander im Gebrauch, letztere vorwiegend für besonders schwere Arbeitsstücke.

Die Abbildung zeigt eine horizontal gebaute Maschine mit 4 Flügeln für Litzenspulen 15 × 15 oder 18 × 20″, geeignet zur Herstellung von Seilen bis zu 38 mm Durchmesser. Der Flügelantrieb erfolgt durch Zahnräder, das fertige Seil wird durch ein Rillenscheibenpaar abgezogen und auf eine eiserne Trommel von 1000 mm Durchmesser gewickelt, wozu eine mit Wechselspindel versehene Führungsgabel vorhanden ist. Die Trommel faßt 280 m Seil von 38 mm Durchmesser. Die Maschine braucht ca. 6000 × 2300 mm Raum und etwa 3 PS Kraft. Zwei Paar Antriebsscheiben gestatten verschiedene Geschwindigkeiten — 250 t/min bei schwachen und 208 t/min bei stärkeren Seilen —, womit eine Produktion von

ca.	950	1400	2400	m in 8 Stunden
bei Seilen von	12	35	38	mm Durchmesser

zu erreichen ist.

Schnürmaschinen, Legemaschinen und Seilschlagmaschinen arbeiten kontinuierlich. Sie bringen die Fäden bzw. Litzen durch Vordrehung auf Härte und vereinigen die vorgedrehten Elemente gleichzeitig zur Schnur bzw. zu einem Seil. Beim Seilen auf der Seilerbahn erfolgen beide Arbeitsvorgänge dagegen getrennt einer nach dem anderen, erst nachdem die Litzen auf Härte gedreht sind, können sie in einem zweiten Arbeitsgange zum Seil zusammengeschlagen

Abb. 30. Seilschlagmaschine.

werden. Hier wie dort hat aber vorher gesondert das Zusammendrehen der Garne zur Litze zu erfolgen.

Zur Vereinigung einer größeren Anzahl Garne zur Litze benutzt man Schnürmaschinen, denen das Vordrehgestell fehlt. Die Garne werden in einem hölzernen Gestell so untergebracht, daß sie übersichtlich geordnet zur Registerplatte geführt werden können. Diese Maschinen heißen Litzen- und Herzenschnürmaschinen (Abb. 31).

Man baut sie gewöhnlich in folgenden Ausführungen:

für Litzen bis	6	8	12	12	16	18	22 mm ∅
Flügel . .	2	2	1	1	1	1	1
Spule . .	10 × 8″	10 × 10″	12 × 12″	15 × 12″	15 × 15″	15 × 18″	18 × 20″

In England und vor allen Dingen in Amerika wird die Massenherstellung von Tauwerk auf Seilschlagmaschinen in erheblich größerem Umfange betrieben als in Deutschland. Dort verwendet man in je 6—7 Größen

Former (Litzenschnürmaschinen) für Litzen bis zu $2^5/_8$″ ∅ = 67 mm

Horizontal Layers (Seilschlagmaschinen) für Seile bis zu $3^1/_4$″ ∅ = 83 mm

Upright Layers (Seilschlagmaschinen, vertikal) für Seile bis zu 16 ″ Umfg. = 130 mm Durchmesser.

Von Amerika aus hat in Deutschland auch ein besonderer Seilereimaschinentyp, die Rope Machine, hier und da Eingang gefunden, der abweichend von den bisher besprochenen die Tätigkeit der Litzenschnürmaschine und der Seilschlagmaschine in einem einzigen Arbeitsvorgang verrichtet. Diese Maschinengattung hat in ihrer Bauweise Ähnlichkeit mit der Seilschlagmaschine, Abb. 30, doch sind die Vordrehflügel noch um einen zweiten Flügel, den Litzenflügel, erweitert, der die aus den Garnen gebildete Litze aufnimmt und gleichzeitig vordreht. In je einem Litzenflügel ist ein gemeinsamer Spulenrahmen zur Aufnahme von 2—15 Garnspulen zentrisch gelagert. Spulenrahmen und Litzenflügel laufen in entgegengesetzter Richtung, jedoch in gleichem Drehsinn in bezug auf die Litzendrehung. Beide Drehungen addieren sich und ergeben eine Litze in der Beschaffenheit, wie eine Litzenschnürmaschine sie liefert. Das die Litzen abziehende Organ ist innerhalb der Litzenflügel eingebaut. Nachdem sie die Flügel verlassen haben, werden die Litzen also auf dem Wege bis

Abb. 31. Litzenschnürmaschine.

zu den Preßbacken auf Härte weitergedreht und darauf wie bei der Seilschlagmaschine zum Seil zusammengeführt und letzteres auf eine eiserne Trommel gewickelt. Amerikanische Fabriken liefern solche Maschinen zur Herstellung von Seilen von $^3/_{16}$—1″ $\varnothing = 4^3/_4$—25,4 mm aus 6—60 Garnen.

Neuseelandhanf.

Ein Rohmaterial, wie geschaffen für die Verarbeitung in der automatischen Seilerei, ist der seit Jahrzehnten in beträchtlichen Mengen importierte Neuseelandhanf.

Die stark verholzte Faser ist ein Bestandteil der Blätter einer auf Neuseeland kultivierten Agave, der Flachslilie (Phormium tenax), nach welcher man sie häufig auch als Neuseelandflachs bezeichnet. Die Blätter dieser Agave enthalten eine Menge zäher gerader Längsfasern von ziemlicher Feinheit, deren Absonderung durch Abschaben, Quetschen und Abspülen ohne sonderliche Schwierigkeiten erreicht wird. Neuseelandhanf spielt in vielen Farbtönen von Weißgelb bis ins Bräunliche hinüber und ähnelt im Aussehen so sehr dem Manilahanf, daß er, mit Manila gemischt, nur von guten Hanfkennern mit Sicherheit in der Mischung festzustellen ist. Die Faser ist erheblich kürzer, weicher im Griff und von geringerer Festigkeit, daher auch billiger als Manila und aus letzterem Grunde als Beimischung zu Manilafabrikaten sehr beliebt, daneben aber ohne Beimengung zu Geweben (Neuseelandhanf läßt sich gut bleichen und färben), Packstricken, Leinen und Tauwerk vielfach verwendet, wird jedoch durch Feuchtigkeit mit der Zeit ungünstig beeinflußt. Früher war auch Neuseelandbindegarn — wie Manilabindegarn gesponnen — ein stark gehandelter Artikel. Der Konsum in Neuseelandhanf hatte in den letzten Jahren nachgelassen und die australische Regierung gibt sich alle Mühe, den Verbraucherkreisen durch Verbesserung der Qualität neuen Kaufanreiz zu bieten. Die regierungsseitig angestellten Graders sortieren in Qualitäten Good fair, High points fair, Fair und Common, die als Standardmarken gelten. London und Hamburg sind die für deutsche Spinnereien in Betracht kommenden Handelsplätze.

Neuseelandhanf wird in Ballen ganz ähnlich wie Manila auf den Markt gebracht und unterliegt der gleichen Bearbeitungsweise, wird jedoch in der Hauptsache als Automatengarn, seltener als Gillgarn versponnen. Je nach dem Grade der Verschiebung in den Preisen gegenüber Manila wird Neuseeland häufig als Ersatzfaser gewertet, wie denn überhaupt bei manchen Fabrikaten gewisse Fasermischungen die besten Resultate zeitigen.

Espartofaser.

Gelegentlich macht man bei passender Marktlage zu diesem Zwecke auch von der Espartofaser Gebrauch und zwar zur Herstellung von groben Stricken und ähnlichen Fabrikaten. Die Espartofaser wird aus den Blättern einiger Grasarten, hauptsächlich von Stipa tenacissima, in Nordafrika und Spanien gewonnen. Die Pflanze kommt nur wild vor und wird nicht angebaut. Die beste Ware kommt aus Spanien, die geringste und dunkelfarbige aus Tripolis; die größte Menge liefert Algier. In der Seilerwarenfabrikation spielt die Faser aber nur eine untergeordnete Rolle.

Einen außerordentlich wichtigen Rohstoff, den man vor dem Kriege in vielen Fällen als Misch- und Ersatzfaser für russischen Hanf betrachtete, besitzt die Seilerwarenindustrie dagegen im

Indischen Hanf.

Als eine der vielen Spielarten unter dem Sammelnamen Hanf gehört er zusammen mit dem europäischen zu den echten Basten, also zur Klasse der Stengelfasern d. h. derjenigen Pflanzen, deren Fasern im Stengel enthalten sind und durch die Röste von den Holzzellen isoliert werden können. Durch Weichheit und weitgehende Zerteilbarkeit unterscheidet er sich deshalb von allen bisher besprochenen Hänfen. Gegenüber dem europäischen kennzeichnet den indischen Hanf (Cannabis sativa Indica) der hohe Gehalt an harzreichen Stoffen (Extrakt als Haschisch bekannt), der dem ersteren völlig fehlt. Die im Handel als indische Hänfe unter den Bezeichnungen Sun — Bombay — Calcutta — Benares — Jubblepore — Deccan —Dewgehuddy — geführten Sorten entstammen meist den Familien der Leguminosen (Crotalaria juncea) und der Malvaceen (Hibiscus cannabinus). Die einjährige etwa 3 m hohe, außer in Indien auch in vielen tropischen Gegenden Ostasiens kultivierte Pflanze wird wie Flachs und Hanf geerntet. Der wichtigste Prozeß für Erzielung guter Qualitäten liegt in der Röste, die in Indien mit besonderen Schwierigkeiten zu kämpfen hat, da es oft an klarem Wasser fehlt und die Röste dann in irgendeinem nahe dem Anbauorte gerade erreichbaren schmutzigen Wassertümpel vorgenommen werden muß. Die Folge ist starke Verschmutzung und unmäßige Staubentwicklung beim Verarbeiten in der Spinnerei, deretwegen indischer Hanf früher von manchem Spinner gemieden wurde. Der immer noch nicht behobene Mangel an Zufuhren aus Rußland hat indes dazu geführt, daß indischer Hanf heute in weitem Maße den Markt für sich gewonnen hat. Der Verteilungsmarkt für den Kontinent ist London; Deutschland kauft zumeist in Hamburg. Gradierung durch Gesetzgebung ließ sich bisher noch nicht erreichen, doch wird von den Behörden allen Bestrebungen, die Zubereitung der Faser zu verbessern, viel Aufmerksamkeit gezollt und darauf hingewirkt, möglichst große Mengen bereits in gehecheltem Zustande zu exportieren, wofür die höheren Preise von den Spinnern gern angelegt werden. Die Hanflisten bringen ständig eine Anzahl anerkannter Qualitätsmarken, getrennt nach Rohhanf und Hechelhanf.

In bezug auf Festigkeit kann indischer Hanf mit dem europäischen nicht Schritt halten, zu Fabrikaten mit hohen Anforderungen an Bruchfestigkeit also nicht verwendet werden, doch eignet sich die auf den ersten Blick kaum von russischem Hanf zu unterscheidende Faser ganz vorzüglich für viele Seilereiprodukte aus Garnen von 200 bis etwa 600 m pro Kilogramm wie Seile, Leinen, Kordel, Packstricke und manche andere Waren. Indischer Hanf ist schon äußerlich sofort an den nicht allzu großen, aber sehr hart gepreßten Ballen in Jutetuch, eng umwunden mit schmalem Bandeisen, zu erkennen.

Auf eine nähere Beschreibung des Spinnvorganges darf verzichtet werden, da die Verarbeitungsweise über Vorbereitungssystem und Gillspinnmaschine bzw. Spinnautomat keine wesentlichen Abweichungen gegen die frühere zeigt. Spinnereien, die für Hart- und Weichfaser keine gesonderten Systeme besitzen, benutzen das erstere auch für indischen Hanf. Größere Fabriken beschaffen für Weichfasergarn vielfach eigene Systeme mit etwas engerer und feinerer Benadelung, die dem Charakter der Faser besser entsprechen. Hier trifft man gelegentlich auch auf eine Spinnmaschine zur Massenherstellung von Seilfäden aus russischem und indischem Hanf, den Trossengarn-Gill-Spinning, einen Gillspinner in gröberer Form.

Eine englische Firma liefert ihn in folgenden Abmessungen:

40 Spindeln mit 650 t/min, 4″ Spindelteilung,
10 × $5^1/_2$″ Spulen, 42″ Streckweite, Lederdruckwalzen,
$2^3/_4$″ Gillbreite, Nadel Nr. 11 × $2^1/_8$″, 4 Nadeln pro Zoll engl.,
Verzüge 7—12, Drehungen 1,25—2,5 pro Zoll engl.,
Raumbedarf ca. 6500 × 2400 mm, ca. 8 PS Kraft.

Die Maschine hat sich bei gut vorbereiteten Bändern bewährt und sichert gute Tagesleistungen.

Für die weitere Behandlung der Garne aus indischem Hanf eignen sich sämtliche Zwirn-, Schnür- und Lege- wie Seilschlagmaschinen, die für Hartfasererzeugnisse in Benutzung sind.

Indische wie überhaupt Weichfaserhänfe sind nun nicht nur für maschinelle Verarbeitung, sondern auch für den Handseiler die gegebenen Rohstoffe.

Die Handseilerei.

Sie hat an Bedeutung im Vergleich zu früheren Zeiten erheblich eingebüßt und die Herstellung von stärkerem Tauwerk völlig den produktiv günstiger arbeitenden mechanischen Hanfseilereien überlassen müssen. Dem tüchtigen handwerksmäßigen Seilermeister ist aber immerhin noch ein genügend großes Arbeitsfeld geblieben, auf dem er erfolgreich mit den Fabriken konkurrieren kann. Dem Seiler gehört die sogenannte Kurzarbeit, Fabrikate in kurzen Längen, neben Wäscheleinen hauptsächlich landwirtschaftliche Bedarfsartikel wie

Heuseile, Ackerleinen, Wagenleinen, Zügel und sonstige Kleinfabrikate, mit denen gewöhnlich Spleiß- und Besatzarbeiten verbunden sind. Jede Seilerwarenfabrik beschäftigt wenigstens einen oder einige fachkundige Seiler, nicht nur um ihre Hechelstände zu besetzen, sondern auch um solche Spezialarbeiten erforderlichenfalls ausführen zu können. In einem Orte des Thüringer Waldes hat sich aus kleinen Anfängen heraus noch eine ganze Kolonie kleiner und mittlerer Seilerwarenfabriken entwickeln und behaupten können, die gerade die Beschäftigung mit Kurzarbeiten zu ihrer Hauptaufgabe gemacht haben und ihre Betriebe von Jahr zu Jahr erweitern und verbessern konnten. Hier steht noch die Handseilerei in voller Blüte, begünstigt auch dadurch, daß dem Hand-

Abb. 33. Leinenrolle.

Abb. 32. Handspinnmaschine.

Abb. 34. Seiler.

seiler in der Anfertigung der vielgebrauchten Spitzstränge- und Stricke bisher noch keinerlei Konkurrenz durch die Maschine erwachsen ist. Zum Spinnen von Garnen, die nach dem Ende zu allmählich dünner werden, ist eine automatisch arbeitende Vorrichtung bis zur Stunde noch nicht geschaffen worden. Man kann aus allen diesen Gründen an der Handseilerei nicht vorübergehen, wenn das Thema „Seilerwarenerzeugung“ folgerichtig behandelt werden soll.

Die wichtigste maschinelle Vorrichtung des Handseilers ist die Spinnmaschine oder das Vorderrad (Abb. 32), gebildet aus einer Anzahl in einem Radkopf halbkreisförmig gelagerter Handradspindeln (Hakenspindeln). Die stählernen Spindeln sind mit hölzernen oder metallenen Rillenwürteln versehen und werden durch eine Spindelschnur von einer eisernen oder hölzernen Treibscheibe aus gemeinsam in Umdrehung versetzt, und zwar entweder durch Drehen an einer Handkurbel oder durch Ziehen vermittelst endloser Zugleine. Die letztere wird in der erforderlichen Entfernung über eine Leinenrolle (Abb. 33) geführt und vom Spinner beim Rückwärtsschreiten mitgezogen. Dazu trägt er am Gurt oder am Oberschenkel eine einfache Klemmvorrichtung, die an jeder beliebigen Stelle der Zugleine anzubringen ist und außer Tätigkeit tritt, wenn er nach vorwärts zur Spinnmaschine zurückgeht. Diese Antriebsmethode macht einen besonderen Dreher überflüssig und bietet die einzige Möglichkeit, die Anzahl der Spindelumdrehungen stets im gleichen Verhältnis zur Fadenlänge zu halten.

Der Spinner (Abb. 34) hat den Hanf so um den Leib gebunden, daß beide Enden sich vorn befinden, und leitet den Spinnvorgang damit ein, daß er ein Büschelchen Fasern herauszieht, mit den Fingern zu einer Schlinge oder Mäsche zusammendreht und sie auf einen der Spindelhaken hängt. Alsdann entfernt er sich langsam rückwärts gehend und die Leine mit sich ziehend vom Spinnrade, indem er ununterbrochen das von selbst erfolgende Ausziehen der Fasern mit der rechten Hand dergestalt leitet und regelt, daß ein Faden von gehöriger Dicke und möglichst vollkommener Gleichmäßigkeit entsteht, auch die neu hinzukommenden Fasern stets mit ihren Enden, nicht mit der Mitte, in den schon gesponnenen Teil des Fadens eintreten. Zugleich hält er zwischen den Fingern der linken Hand ein Stückchen Tuch, den Spinnlappen, durch welches der eben gebildete Faden unter Pressung mit den Fingern (Nipper der automatischen Spinnmaschine) hindurchläuft, um sich zu glätten und nicht vorzeitig die Drehungen denjenigen Fasern mitzuteilen, welche erst noch geordnet werden müssen. Das Benetzen des Spinnlappens mit Wasser befördert die Glättung. Die Reepschläger — so heißen die an der Nordküste Deutschlands in den Reepschlägereien hauptsächlich mit der Herstellung von dickem Schiffstauwerk beschäftigten Spinner — besorgen das Regeln der Fasern mit der linken Hand und führen den Spinnlappen in der rechten, jedenfalls um bei den verhältnismäßig dicken Seilfäden stärkeren Druck ausüben zu können. Solche Garne wurden in früheren Zeiten von vier und mehr Gesellen gleichzeitig vor einem Rade gesponnen und der Dreher hatte dafür aufzukommen, daß die Spindelgeschwindigkeit in richigem Einklang mit dem Fortschreiten der Spinner blieb, damit das Garn die genau abgemessene Anzahl Drehungen erhielt. Beim Antrieb durch Zugleine wählt man einfach den zutreffenden Würteldurchmesser (Abb. 35). Die richtige Feinheit des Gespinstes zu erlangen, ist Sache der Übung und des Augenmaßes, weshalb es als Regel gilt, daß der Spinner beim Übergang auf einen Faden anderer Stärke zunächst nicht mehr als die zu einem Faden vorgeschriebener Länge nötige Menge Material, im voraus abgewogen, mit sich nimmt und bis an das ihm gesteckte Ziel vollständig aufarbeitet. Da der Faden sich auf größeren Längen nicht gerade ausgespannt halten kann, gibt man ihm in Abständen von 15—20 m eine Auflage in Gestalt von Rechen oder Stützen (in Abb. 49 erkennbar), die an der Wand der Seilerbahn befestigt oder in die Erde gestoßen werden. Ist der erste Faden fertig gesponnen und hinten in einen mit Längsspalte versehenen Pflock geklemmt, geht der Spinner nach vorn und zieht auch den Anfang des Fadens, ohne ihn aber vom Spinnhaken zu nehmen, durch die neben jeder Spindel vorhandene Klemmvorrichtung. Damit ist der Faden an der Teilnahme weiterer Drehungen verhindert und der nächste Faden kann an einem benachbarten Haken in Angriff genommen werden. In diesem Zusammenhang soll nur von Garnen

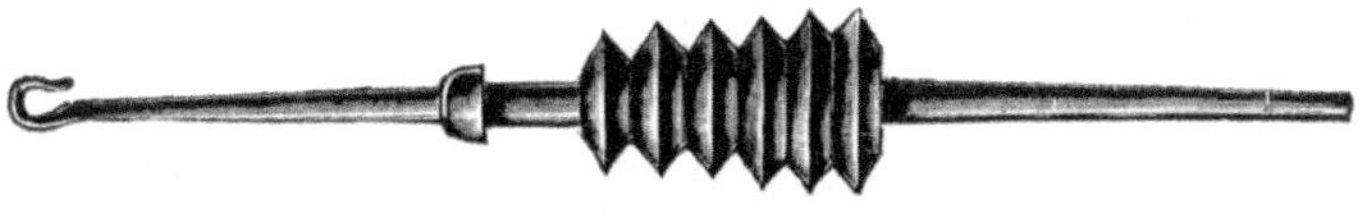

Abb. 35. Würteldurchmesser.

für dünnere Seilerwaren, etwa eine Wagenleine aus indischem oder russischem Hanf, die Rede sein, denn die Behandlung dicker für Tauwerk bestimmter Garne ist eine etwas andere; solche Garne werden aber von Hand nur noch selten gesponnen, sondern vorteilhafter von Hanfspinnereien fertig bezogen.

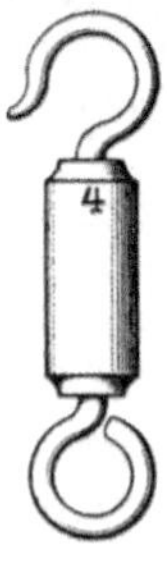

Abb. 36. Nachhänger.

Die gedachte Wagenleine soll aus 16 Garnen, je 4 durch Schnüren zu einer Litze vereinigt, bestehen. Das Schnüren geschieht nun unmittelbar, nachdem der vierte Faden einer Litze fertig gesponnen ist. Der Spinner nimmt die Garne hinten aus dem Pflock, zieht sie mit kräftigem Ruck auch aus den Klemmvorrichtungen am Spinnrad und gibt ihnen einen neuen gemeinsamen Aufhängepunkt im Haken eines Nachhängers (Abb. 36), auch Hänger oder Nadel genannt. Der Nachhänger soll zwei Aufgaben erfüllen, einmal den Drehungen folgen, die die Litze bei der Vereinigung der Fäden empfängt, und zum anderen der durch das Zusammendrehen hervorgerufenen Verkürzung nachgeben. Zunächst müssen sich also Haken und Ring im Gehäuse des Nachhängers leicht drehen; beide Teile sind deshalb entweder auf Laufringen oder auf Kugeln gelagert, und den Ring des gut funktionierenden Nachhängers befestigt der Spinner an der Schnur einer Nachhängerstange (Abb. 37). Für kurze Arbeit genügt dazu eine einfache Stange, oben mit einer Rolle versehen, über welche die Nachhängerschnur durch den Zug der kürzer werdenden Litze allmählich das Belastungsgewicht anheben kann. Für lange Arbeitsstücke bedient man sich einer Differentialschnurstange mit zusammengesetzter Rolle (großer und kleiner Durchmesser), welche es ermöglicht, größere Längen zu schnüren, da hier der Weg des Belastungsgewichts ein relativ kleiner ist. Alle 4 Fäden ruhen jetzt mit gleichmäßiger Spannung hinten gemeinsam im Nachhänger, vorn dagegen einzeln an je einem Haken der Spinnmaschine, und erhalten zunächst durch Bewegen der Zugleine vermehrte Drehung. Nach kurzer Zeit trachten die Fäden bereits energisch danach, sich dieser höheren Drehung wieder zu entäußern, was sich durch Zusammenlegen der Garne, also durch Bildung der Schnur auswirkt. Die Schnurdrehung ist derjenigen der Garne entgegengesetzt. Sie wird sofort vom Nachhänger aufgenommen und damit diese Bewegung gleichförmig vor sich geht und die Fäden sich überall ganz regelmäßig und mit gleichem Drehungswinkel nebeneinanderlegen, muß sie vom Spinner durch Zuhilfenahme eines weiteren Werkzeugs, der Lehre (Abb. 38), unterstützt werden. Die Lehre ist ein aus Hartholz hergestellter Kegel mit bauchiger Mantelfläche, an dessen Umfang für jede Litze der Länge nach eine Rille eingefräßt ist. Sie erinnert an das ebenso geformte Instrument, über welches den Preßbacken der automatischen Schnürmaschine die Garne zugeführt wurden, sie muß hier aber fortbewegt werden, da in der Seilerbahn mit ruhenden

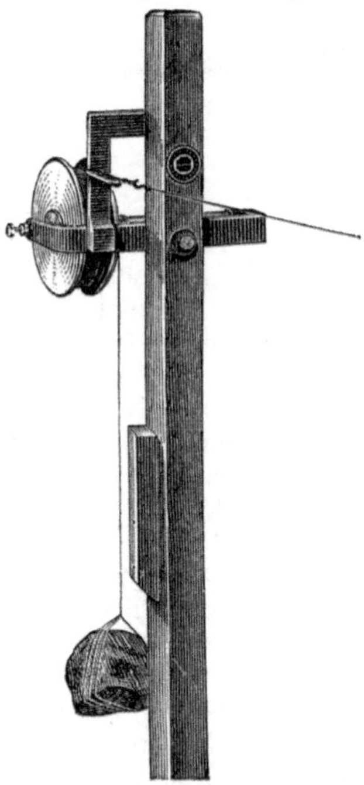

Abb. 37. Nachhängerstange.

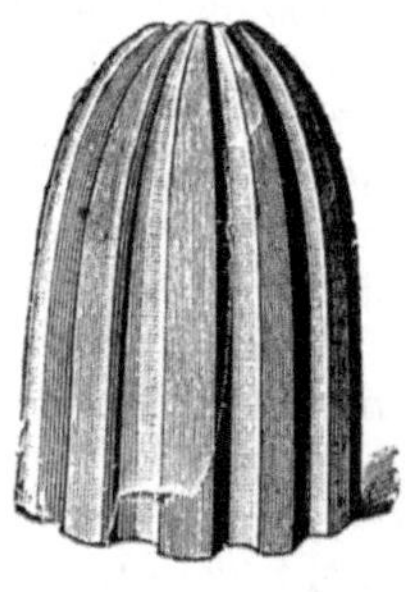

Abb. 38. Lehre.

Fäden geschnürt wird. Der Spinner hält sie in der einen Hand, das dünne Ende dem Nachhänger zugewendet, während er mit der anderen die Zugleine gefaßt hat und auf die Spinnmaschine zuschreitet. Durch die zusammenlaufenden Garne gedrängt hat die Lehre das Bestreben, gegen das Vorderrad hin weiterzugleiten. Je mehr nun vom Spinner die Bewegung der Lehre verzögert wird, desto stärkere Drehung empfängt sowohl jeder einzelne Faden wie auch die Litze im ganzen; er hat von Anfang bis zu Ende genau die gleiche Geschwindigkeit innezuhalten, damit die Litze überall in sich gleich ist. Der Durchmesser der Lehre richtet sich nach der Anzahl und Dicke der zu vereinigenden Garne bzw. Litzen. Größere Lehren sind zwecks leichterer Führung mit einem Leitstock versehen. Der Reepschläger bezeichnet die Lehre als „3 bzw. 4schäftiges Höft". Bei 2garnigen Litzen genügt statt der Lehre ein kleiner Stock, bei ganz dünner Arbeit der bloße Finger. Ist die Lehre bei der Spinnmaschine angelangt, werden die 4 Garne von den Haken genommen, die 4 Mäschen zu einer einzigen zu-

Abb. 39. Geschirr.

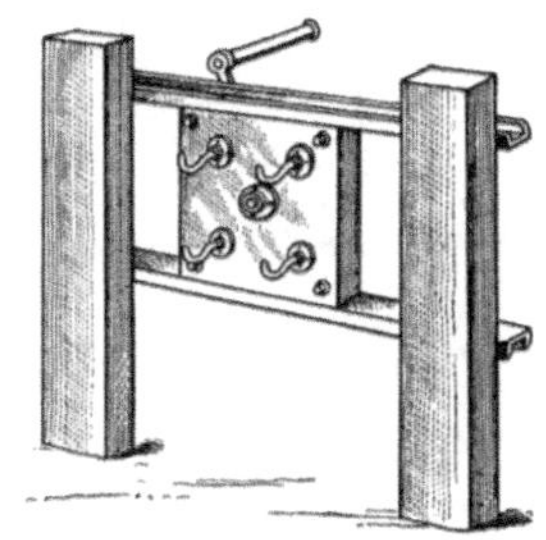

Abb. 40. Kammgeschirr.

sammengesteckt und die Litze abseits auf einen Pflock gehängt. Auch das noch am Nachhänger befestigte andere Litzenende nimmt der Spinner, sobald er mit dem neuen Faden hinten eingetroffen ist, ab und hängt es beiseite. Die Arbeiten des Spinnens und Schnürens wiederholen sich dann so oft, bis eine größere Anzahl Litzen fertiggestellt ist, bevor man die letzteren zur Leine zusammenschlägt oder „seilt".

Das Seilen entspricht der Tätigkeit der Lege- bzw. automatischen Seilschlagmaschine und wird vom Seiler auf dieselbe Art ausgeführt wie das Abschnüren der Litzen. Das Vorderrad muß aber bei Leinen meistens schon durch ein etwas kräftigeres Werkzeug, das Geschirr, und der vorhin verwendete kleine Nachhänger durch einen größeren oder bei stärkeren Leinen durch einen Schlitten mit daran befestigtem Hinterhaken ersetzt werden. Das Geschirr (Abb. 39) ist eine Vorrichtung zum Bewegen mehrerer Haken durch Zahngetriebe. Die Räder der Hakenspindeln stehen im Eingriff mit dem gemeinsamen Antriebsrad, dessen Achse meistens die Kurbel trägt. Bei schwerer Arbeit kann der Antrieb auch direkt auf einen der Haken, bei leichter Arbeit auf ein kleines Vorgelege erfolgen, um den Spindeln größere Geschwindigkeit zu geben. Nach dem Übersetzungsverhältnis zwischen Antrieb und Spindeltouren spricht man von Geschirren mit der Übersetzung 1 auf 3, 1 auf 4 usw. Die Übersetzungsverhältnisse schwanken zwischen 1 auf 1 für schwerste und 1 auf 16 für ganz leichte Arbeit. Geschirre können 3, 4 oder mehrhäkig und ihrer Ausführung nach Kreuzgeschirre (Abb. 39) oder Kammgeschirre zwischen eisernen Platten (Abb. 40) sein.

Als Gegenaufhängung für die Litzen dient, wenn das Werkstück auch für einen größeren Nachhänger (Nachhänger werden normal in 10 Größen geliefert) bereits zu schwer ist, ein Hinter- oder Nachschlaghaken (Abb. 41), ein eiserner durch Handkurbel drehbarer größerer Haken (kann auch als Doppelhaken ausgebildet sein). Der Nachhänger bzw. der Hinterhaken ist in einem Querbalken vorn am Schlitten gelagert. Unter Schlitten versteht man eine mehr oder minder kräftig gebaute Holzschleife, die gewöhnlich auf dem glatten Fußboden steht und mit Steinen nach Erfordernis belastet wird, sodaß sie nur mit angemessenem Widerstande dem Zuge der sich verkürzenden Litzen Folge leistet und fortgleitet.

Arbeitsgang des Seilens: Die Litzen werden vorn auf je einen Haken des Geschirrs, hinten gemeinsam in den Nachhänger oder Hinterhaken gehängt und das hintere Organ an der Drehung verhindert. Sodann bringt man die Litzen durch Drehen am Vordergeschirr auf Härte d. h. auf einen relativ hohen Grad von Drehungen, der ihnen das Bestreben erteilt, sich wieder aufzudrehen, wodurch die zum Schlagen der Leine notwendige Drehung des Nachhängers bzw. Hinterhakens bewirkt wird. Vor dem Zusammenschlagen müssen die Litzen aber zunächst ausgeglichen, mit anderen Worten dadurch auf genau gleiche Länge gebracht werden, daß man den die längste oder die kürzeste Litze tragenden Haken an der Vor- oder Rückwärtsbewegung der übrigen Haken so lange verhindert, bis die gleiche Länge sämtlicher Litzen erreicht ist. Nunmehr wird die Lehre eingesetzt, der Nachhänger bzw. Hinterhaken freigelassen oder auch bei schwerer Arbeit in gleicher Richtung wie die Haken des Vordergeschirrs mitgedreht, und der Seiler schreitet mit der Lehre genau wie beim Schnüren dem Geschirr zu. Damit die Lehre hier nicht an die Haken stößt, werden die Litzen nicht direkt in die Haken eingehängt, sondern meist Gliederhaken oder sogenannte „Stöße“ zwischengeschaltet.

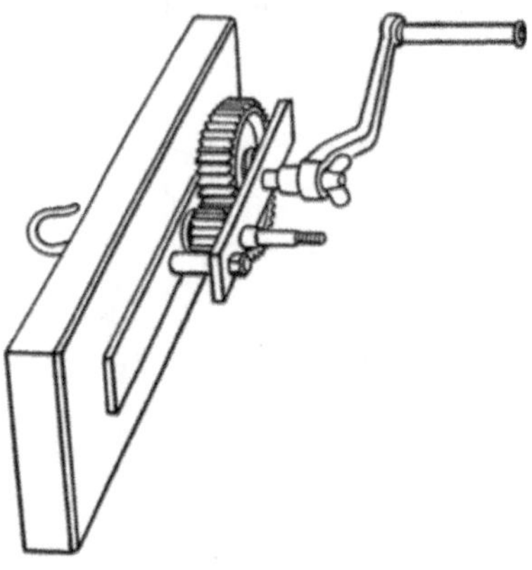

Abb. 41. Hinterschlaghaken.

Alle Fadengebilde, die aus 2, 3 oder 4 Fäden bzw. Litzen durch Schnüren oder Seilen erzeugt wurden, erfahren noch eine Nacharbeit, das

Auftreiben genannt. Wollte man denjenigen Grad der Zusammendrehung, welchen die Schnur oder Leine im fertigen Zustande erfordert, vollständig schon durch das Schnüren oder Seilen erreichen, so müßte bei diesen Arbeiten die Bewegung der Lehre so sehr verzögert werden, daß zugleich ein unzweckmäßig starker Drall in den einzelnen Fäden der Schnur oder den Litzen der Leine entstände. Es wird daher nötig, eine Nachdrehung zu geben, welche die eben genannten Einzelbestandteile in sich selbst nicht auf diese Weise in Mitleidenschaft zieht, und dies geschieht dadurch, daß man die abgeschnürte bzw. geseilte Arbeit an zwei Punkten aufhängt, von denen entweder nur einer oder beide, dann aber in entgegengesetzter Richtung, gedreht werden und das Ganze so schärfer zusammenwinden. Dabei werden die Schnur- bzw. Seilelemente wieder etwas aufgedreht, der ihnen beim Schlagen erteilte Drall also um einen gewissen Grad vermindert, was der fertigen Ware größere Geschmeidigkeit verleiht. Das Auftreiben bewirkt eine Vergrößerung des Leinendurchmessers.

Die benötigten Werkzeuge sind: für leichtere Arbeit das Vorderrad, für schwerere das Geschirr, jedoch beide stets in Verbindung mit dem Folger, einem Haken zum Anhängen des aufzutreibenden Erzeugnisses, der nicht drehbar ist, jedoch der eintretenden Verkürzung nachgeben kann. Bei Schnüren wird der Folger an einem auf dem Erdboden nachschleifenden Holzklotz befestigt, bei schwereren Arbeiten verwendet man den Schlitten mit Hinterhaken, letzterer entweder festgehalten oder in entgegengesetzter Richtung gedreht, um die Arbeit des Auftreibens abzukürzen. Den Grad des Auftreibens bestimmt die vor sich gehende Verkürzung.

Folgerstange und Folgerhaken. Beim Abschnüren am Vorderrad kann das Auftreiben gleichzeitig neben dem Spinnen erfolgen, indem man die aufzutreibende Schnur an den bei jedem Spinnrad vorhandenen Folgerhaken hängt, der sich durch kräftigen Zug selbsttätig auslöst und an der Drehung der Spinnhaken nicht mehr teilnimmt. Dieser Zug wird dadurch hervorgebracht, daß man an dem Orte, bis zu welchem der Folger nachrücken muß, eine Stange — die Folgerstange — aufstellt, die dem weiteren Vorrücken des Folgers zwangsläufig Widerstand entgegensetzt.

Um die Leine verkaufsfähig zu machen, muß ihr jetzt noch die an guten Seilerwaren geschätzte Glätte und ein möglichst hoher Glanz verliehen werden. Diese Arbeit, der alle besseren Fabrikate aus Weichfaserhänfen (russischer, italienischer, indischer usw.) unterworfen werden, nennt der Seiler das Streichen. Die Leinen werden ausgespannt und in trockenem Zustande mit rauhen Körpern wie Kokosgarn oder Drahtgeflecht gerüffelt (hin- und hergerieben), um die noch anhaftenden Schäbeteilchen zu entfernen, sodann mit Wasser angefeuchtet, worauf das Rüffeln, dieses Mal mit weicheren Gegenständen — Pferdehaarstricke oder trockene alte Hanfseile —, wiederholt wird. Kurz vor dem Trockenwerden zieht man mit einem Stück von altem Fischnetz nach einer einzigen Richtung durch und poliert („überholt") auf die gleiche Art zum Schlusse nochmals die völlig getrocknete Leine.

Obige Wagenleine wurde gleich für mehrere Stücke in einer Länge angefertigt, von der der Seiler nun abteilt und die Karabiner einspleißt.

Bei der Bestimmung der Meterzahl, bis zu der gesponnen oder geschnürt werden muß, um eine Leine oder ein Seil von vorgeschriebener Länge zu erhalten, geht die Handseilerei von der Verkürzung aus, die das Garn auf dem Wege bis zur fertigen Ware erfährt. Dazu bedient sie sich der von Alters her bekannten Verkürzungszahlen nachstehender Tabelle:

Ware	Verkürzung	Verhältniszahlen			Zusatzmaß zur Fertiglänge
		Seil	Litze	Faden	
Hanfseil lose geschlagen	$^1/_4$	1	$^9/_8$	$^4/_3$	$+ ^1/_3$
Hanfseil fest geschlagen	$^1/_3$	1	$^5/_4$	$^3/_2$	$+ ^1/_2$
Leine lose geschlagen	$^1/_4$	1	$^9/_8$	$^4/_3$	$+ ^1/_3$
Leine fest geschlagen	$^1/_3$	1	$^5/_4$	$^3/_2$	$+ ^1/_2$

Zu 50 m fertiger Wagenleine waren also bei $^1/_3$ Verkürzung die Garne auf 75 m zu spinnen und die Litzen bis $62^1/_2$ m auf Härte zu schnüren. Die Leine sollte 12 mm Durchmesser erhalten, wozu erfahrungsgemäß ein Metergewicht von 120 g und ein Gesamtgewicht von 6 kg für 50 m gehört. In dieses Gewicht teilen sich 16 Garne und für jedes Garn von 75 m Länge sind dem Spinner 375 g Hanf im voraus abzuwiegen, was einem Faden von 200 m pro Kilogramm entspricht.

Zur Herstellung der schon erwähnten Spitzstränge, einer ausgesprochenen Kurzarbeit, muß die Spinnmaschine mit einer besonderen Vorrichtung, der Strängespinnvorrichtung ausgerüstet sein. Spitz- oder Zugstränge werden aus guten Hänfen in verschiedenen Längen von 2—3½ m gebraucht, sind an ihrem dicken Ende mit einer Öse (Schlinge) versehen und im letzten Drittel bis zum Ende verjüngt gearbeitet. Sämtliche Fäden (gewöhnlich 4 Litzen à 3—4 Garne) müssen zur Erzielung der späteren Strangform dünn auslaufend gesponnen werden.

Der Antrieb der Spinnmaschine erfolgt jetzt durch Zugschnur von einer lose auf der Maschinenwelle sitzenden Scheibe aus, die beim Rückwärtsgehen des Spinners den Zahn einer Sperrklinke eingreifen läßt und die Maschine in Gang setzt. Die Schnur ist wieder am Gurt oder am Oberschenkel befestigt. Sowie der Zug aufhört, setzt die Klinke aus und die Maschine steht still. Bei der Rückkehr des Spinners zur Maschine wickelt sich die Schnur automatisch auf eine durch Feder oder Gewicht betätigte Schnurrolle auf. Während des Spinnens werden gleich die Litzen geschnürt und demnächst vor einem kleinen Geschirr geseilt und aufgetrieben. Die losen Garnspitzen sind vor dem Einsetzen der Lehre gut nach innen zu verstecken. Mit Öse versehen und in Dutzend gebündelt ist der Strang verkaufsfertig.

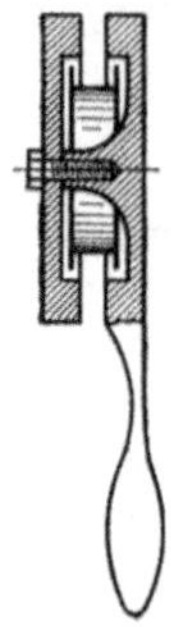

Abb. 42. Anscherrolle.

Soll nun aber ein **Seil**, dessen Litzen mehr als 4 Fäden enthalten, angefertigt werden, so setzt statt des Abschnürens ein anderes Verfahren, das **Abbrühen**, ein. Als Werkzeuge werden verwendet das Vorderrad oder ein nach Bedarf kleines oder großes Geschirr und hinten der Schlitten in Verbindung mit einem einfachen oder übersetzten Nachschlaghaken. Mit dem Vorderrad kann auch ein gleich oder ähnlich gebautes **Hinterrad** zusammenarbeiten, wenn dasselbe auf einem Schlitten oder auf Rollen montiert ist, ebenso mit dem Vordergeschirr unter gleicher Voraussetzung ein **Hintergeschirr**. Für dieses wie für das Hinterrad genügt dann eine etwas leichtere Konstruktion. Das Befestigen der Fäden zwischen Vorder- und Hinterrad erfolgt durch das **Anschirren** oder **Anscheren**: Das auf Haspeln neben dem Vorderrad stehende Garn wird mit seinem Anfang an einem der Haken befestigt, darauf mit der **Anscherrolle** (Abb. 42) gefaßt und nach dem Hinterrade zu ausgezogen, zwei Fäden also zugleich ausgespannt. Sodann hängt man den Faden in den Haken des Hinterrades und wiederholt diesen Vorgang durch Hin- und Hergehen zwischen Vorder- und Hinterrad bzw. Geschirr und Schlitten so lange, bis die für die Litzenbildung erforderliche Fadenzahl vorhanden ist.

Nun kann das Abbrühen beginnen dadurch, daß der Haken des Vorderrades in Umdrehung versetzt wird, während der andere unbeweglich bleibt oder entgegengesetzte Drehung empfängt. Da die Litzendrehung derjenigen des Fadens entgegenläuft, so hat dies zur Folge, daß sich anfangs die Fäden bei ihrer Vereinigung zur Litze um einiges aufdrehen und somit verlängern. Daher wird die vorher gespannte Arbeit merklich schlaff, bald aber tritt das Gegenteil ein, die Litze spannt sich wieder und verkürzt sich, den angemessen belasteten Schlitten nach sich ziehend, bis die vorgesehene Härte erreicht ist. Bei leichter Arbeit am Hinterrad muß der Schlitten etwas nachgeschoben werden. Vorn und hinten an verschiedenen Haken aufgehängt lassen sich mehrere Litzen gleichzeitig abbrühen. Dieses Verfahren verfolgt man oft bei starken und langen Litzen unter Benutzung eines kräftigen mehrhäkigen Geschirrs, weil es dadurch möglich ist, den Drall besser zu verteilen und die Arbeit zu beschleunigen. Zum nachfolgenden Seilen hängt man dann alle Litzen vereinigt an einen Haken des Geschirrs. Litzen für Seile mittlerer Stärke werden aber auch von mehreren Haken des Vordergeschirrs gleich gemeinsam auf einen Haken des Schlittens aufgezogen, der dann beim Abbrühen festgestellt werden muß. Das nachfolgende Seilen und Auftreiben erfährt gegen früher keine Veränderung.

In Seilerkreisen überall bekannte Lieferanten für alle Werkzeuge sind die Firmen E. F. W. Berg, Berlin SO. 16 und die renommierte Seilereimaschinenfabrik Bernh. C. Reutlinger, Frankfurt a. M.

Nachdem sich neuerdings das Netz der Überlandzentralen immer mehr erweitert, ist der Kleinseilerei und Spezialbetrieben in der überaus praktischen „Tomm“-Spinn-, Zwirn- und Schnürmaschine (Abb. 43) der Maschinenfabrik Memmingen, Inh. Theodor Otto, Memmingen i. Bay., jetzt die Möglichkeit erstanden, alle vorbeschriebenen Arbeiten für Waren bis zu 20 mm Durchmesser mit elektrischem Antrieb vorzunehmen und ihre Leistungsfähigkeit ganz bedeutend zu erhöhen.

Abb. 43. „Tomm“-Spinn-, Zwirn- und Schnürmaschine.

Die Maschine besteht aus Antrieb, dem Wechselgetriebe und dem Radkopf. Vom Vorgelege eines Motors aus wird die Maschinenscheibe mit 150 t/min durch 2 Riemen, einen offenen und einen gekreuzten, in Betrieb gesetzt. Rechts und links der Antriebsscheibe läuft auf Leerlaufbuchse je eine Leerscheibe. Eine über die ganze Länge der Seilerbahn gezogene über Rollen geführte und an der Ausrückerstange befestigte Schnur setzt den Spinner instand, nicht nur nach Belieben ein- und auszurücken, sondern auch den Spindeln im Augenblick des Bedarfs rechte oder linke Drehung zu erteilen. Eine zweite Schnur betätigt die Kupplungsrückerstange des im Mittelgehäuse untergebrachten Wechselgetriebes, mit welchem vermittels einer Klauenkupplung dem Radkopf entweder die Übersetzung 1 : 1 oder 1 : 3 gegeben werden kann. Wurde mit 1 : 1 gesponnen, so läßt sich mit einem Handgriff die Spindelumlaufszahl für den Schnürvorgang auf 1 : 3 bringen. Die Einrichtung der „Tomm“ gestattet also die Bedienung der Kupplung wie auch der Ausrückevorrichtung für Rechts- und Linkslauf an jedem beliebigen Punkte der Bahn, so daß der Seiler imstande ist, ohne jede menschliche Hilfskraft mit der „Tomm“ zu arbeiten.

Weiter sind durch Einsetzen von Wechselrädern zwischen Radkopf und Wechselgetriebe veränderliche Hakengeschwindigkeiten laut nachfolgender Tabelle geschaffen:

Haken t/min	Übersetzung	Wechselräder	
		a	b
300	1 : 1	50	20
500	1 : 1	42	28
750	1 : 1	35	35
1125	1 : 1	28	42
1875	1 : 1	20	50
900	1 : 3	50	20
1500	1 : 3	42	28
2250	1 : 3	35	35
3375	1 : 3	28	42
5625	1 : 3	20	50

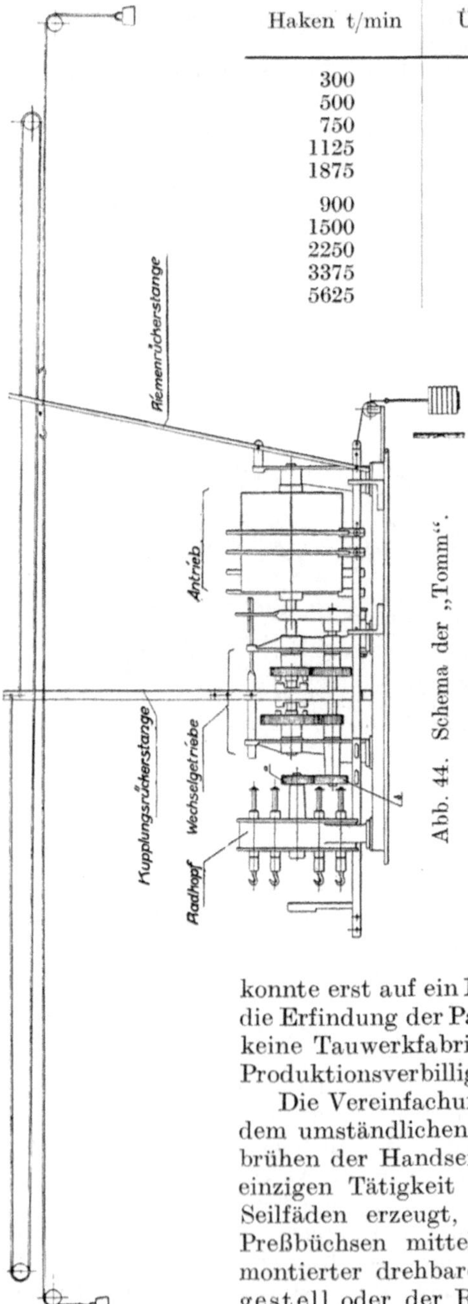

Abb. 44. Schema der „Tomm“.

Auch die 6 Haken sind neuartig konstruiert. Jeder Haken trägt rückwärts eine Feder, die ihn ständig ausrückt. Erst durch leichtes Ziehen wird der Haken eingerückt. Der Faden braucht bei einer Störung während des Spinnens also nur locker gelassen werden, um den Haken sofort in Ruhe zu setzen. Bemerkenswert ist ferner die außerhalb des Radkopfes angebrachte Monogrammgabel. Dieselbe stellt eine automatische Ausrückung dar und tritt in Funktion, sobald die Lehre beim Schnüren oder Seilen vor der Maschine angelangt ist und die Monogrammgabel berührt. Das Schema (Abb. 44) gewährt eine gute Übersicht über das Zusammenarbeiten aller Teile der Maschine.

Die Patentseilerei.

Der große Aufwand an Zeit und Menschenkraft in der Handseilerei konnte erst auf ein Mindestmaß zurückgeführt werden durch die Erfindung der Patentseilerei, auf deren Anwendung heute keine Tauwerkfabrik wegen der durch sie herbeigeführten Produktionsverbilligung mehr verzichten kann.

Die Vereinfachung beginnt sofort bei der Litzenbildung, dem umständlichen und zeitraubenden Anscheren und Abbrühen der Handseilerei. Diese Arbeiten verrichtet in einer einzigen Tätigkeit der Patentauszug, welcher Litzen aus Seilfäden erzeugt, die er durch eine Registerplatte und Preßbüchsen mittels mehrerer auf dem Austreibewagen montierter drehbarer Haken hindurchzieht. Das Spulengestell oder der Rahmen (Abb. 45) dient zur Aufnahme der benötigten Seilfäden, entweder auf Spulen wie in der Abbildung oder auf großen Kreuzspulen, die von der Maschine, Abb. 9, geliefert wurden. Die letztere Anordnung überwiegt. Die Größe des Rahmens ist von der

Zahl der unterzubringenden Spulen abhängig und wird den bestehenden Verhältnissen angepaßt. Besondere Bremsung der Spulen ist meist nicht erforderlich. Genau wie bei der Litzenschnürmaschine führt man auch hier die einzelnen Fäden durch eine Registerplatte (Abb. 46) den Preßbüchsen — schmiedeisernen einteiligen konisch ausgebohrten Zylindern — zu. Da in der Patentseilerei in der Regel mit großen Fadenzahlen gerechnet wird, ist es für die Glätte, die richtige Rundung und das gute Aussehen der Litze von um so größerer Wichtigkeit, daß die Fäden sich zwangsläufig in konzentrischen Ringen umeinanderlegen. Man findet die Lochkreise für dickere Litzen gelegentlich noch auf nur einem Kranzbrett angeordnet, meistens sind sie aber auf zwei Kranzplatten verteilt, derart, daß die Herzfäden die kleine Kranzplatte passieren, die übrigen den äußeren Fadenkranz bilden und beide in je einer eng umschließenden Büchse, der Herzbüchse und der Austreibebüchse, vereinigt werden. Den Durchmesser der Austreibebüchse wählt man um 1 mm größer als den für die Litze rechnerisch ermittelten. Der Einlaufwinkel der Garne zwischen äußerem Lochkreis und Austreibebüchse darf nicht unter 75° betragen. Die Abbildung zeigt eine 3teilige Registerplatte; starke Litzen verlangen eine 1teilige, dünne Litzen können bis zu 6 durch eine 6teilige Registerplatte gleichzeitig ausgezogen werden.

Abb. 45. Spulengestell.

Abb. 46. Registerplatte.

Die Verteilung der Fäden auf die einzelnen Ringe hat unter Beobachtung gewisser Gesetze zu geschehen. Zunächst ist die Anzahl der Deckfäden rechnerisch fesztustellen. Hierfür wie für die übrigen Ringe gilt stets, daß so viel Garne eingezogen werden, daß die Fäden jedes Ringes von den Fäden des darüber liegenden Ringes überdeckt werden. Man geht aus von der Gesamtzahl der zu einer Litze bestimmten Durchmessers d erforderlichen Garne. Ist

$F = \frac{d^2 \pi}{4}$ der Flächeninhalt einer Litze

$f = \frac{1100}{Nm}$ der Flächeninhalt eines Fadens der Meternummer Nm, aus der Praxis ermittelt,

so ist

$$n = \frac{d^2 \pi Nm}{1100 \cdot 4} = \frac{d^2 Nm}{1400} \text{ die pro Litze benötigte Fadenzahl.}$$

Angenommen, eine Litze soll 20 mm Durchmesser erhalten und aus dem früher gesponnenen Manilaseilfaden $Nm = 250$ hergestellt werden, so sind nach Vorstehendem erforderlich

$$n = \frac{20^2 \cdot 250}{1400} = 72 \text{ Garne.}$$

Bei der Berechnung der Deckfädenzahl muß berücksichtigt werden, daß gerade diese eine besonders starke Pressung in der Büchse erleiden, die, wie die Praxis beweist, die Garndicke auf einen durchschnittlichen Flächeninhalt von $f = \frac{677}{Nm}$ reduziert, und es sind so viel Kranzfäden erforderlich, daß deren Summe dem Umfange eines Kreises gleichkommt, dessen Durchmesser um eine Fadendicke kleiner ist als der der Litze. Aus diesen Beziehungen zueinander leitet sich ab

$$n = 0{,}107 \cdot d \cdot \sqrt{Nm} - \pi \text{ die Anzahl der Deckfäden.}$$

Eine Litze von 20 mm Durchmesser muß daher

$$n = 0{,}107 \cdot 20 \cdot \sqrt{250} - \pi = 30 \text{ Deckfäden}$$

erhalten. Die Verteilung der übrigen Garne vollzieht sich nach den Regeln der arithmetischen Progression. In der Praxis hat sich die daraus abzuleitende Differenz von 7—9 Fäden zwischen den einzelnen Ringen als brauchbar erwiesen, und für die besprochene Litze waren die Garne folgendermaßen einzulesen:

1.	2.	3.	4. Ring
30	22	14	6 = 72 Garne.

Dem Werkmeister, der sich mit solchen Rechnungen natürlich nicht befassen kann, stehen für die Verteilung der Fäden durch Überlieferung bekannte Zahlen zur Verfügung, die sich mit obigen decken.

Abb. 47. Antreibewagen.

Die in der Austreibebüchse vereinigten Garne werden kurz durchgezogen, zu einer Mäsche zusammengeknotet und auf einen Haken des Austreibewagens gehängt. Sobald der **Austreibewagen** (Abb. 47) angelassen wird, beginnt sofort das Ausziehen der Garne (das frühere Anscheren) gleichzeitig mit dem Zusammendrehen zur Litze (dem früheren Abbrühen). Dazu sind zweierlei Antriebe notwendig und zwar zum Drehen der Haken und zum Fortbewegen des Wagens. Um die Maschinenscheibe ist ein endloses von einem Stellwagen straff gehaltenes Hanfseil geschlungen, das von der Transmission bewegt wird. Andere Konstruktionen verwenden statt der Scheibe ein Klauenrad wie in der Abb. 49, dessen Klauen verstellbar sind und nach Bedarf eine Vergrößerung der Wagengeschwindigkeit herbeiführen können. Im ersteren Falle bewirkt ein in die Transmission eingefügtes Klauenrad den beabsichtigten Geschwindigkeitswechsel. Die Transmission läßt sich durch eine über die ganze Länge der Bahn gezogene Schnur von jeder Stelle aus ein- und ausrücken. Die Wagenhauptwelle überträgt ihre Drehzahlen auf eine parallel gelagerte Welle, die durch ein konisches Wechselradgetriebe für Rechts- und Linkslauf der Haken unmittelbar auf die Räder der Spindeln treibt und die Haken beim Anlassen der Maschine in Umdrehung versetzt. Die Drehzahl selbst kann durch einen Satz Wechselräder geändert werden. Das Umschalten von Rechts- auf Linkslauf geschieht durch die oben am rückwärtigen Maschinenende sichtbare Kupplungsrückerstange.

Für die Fortbewegung ist innerhalb des Wagens ein Scheibenpaar angeordnet, über das ein straff gespanntes zwischen den Schienen liegendes Grundseil aus Hanf oder Draht geführt wird. Auf der Abbildung ist das Seil fortgelassen, eine der Scheiben aber erkennbar. Das von der Hauptwelle aus durch starke Zahnräder angetriebene Scheibenpaar wickelt sich an dem dauernd in Spannung gehaltenen Grundseil ab und treibt den Wagen von der Registerplatte fort. Bei der Wiedereinfahrt des Wagens werden die Zahnräder außer Eingriff gebracht, worauf sich die lose auf der Welle sitzenden Scheiben ohne Wirkung auf die Eigenbewegung des Wagens am Grundseil entgegengesetzt abrollen. Bei festgesetzter Maschinenscheibe zieht das Transmissionsseil gleich den Wagen nach vorn, wenn man zum Antrieb den zur Registerplatte führenden Trum benutzt.

Die Ausrüstung mit Haken kann auch eine andere sein als die in der Abbildung. Sie richtet sich nach den Bedürfnissen und Wünschen der Besteller. Abb. 47 zeigt ein Fabrikat der Firma E. F. Kamin, G. m. b. H. in Bremen, einer in Fachkreisen rühmlich bekannten Spezialmaschinenfabrik für den Bau von Seilereimaschinen. Ein von genannter Firma vielfach gelieferter Normaltyp, zur Herstellung von Seilen von 10—150 mm Durchmesser geeignet, besitzt 6 Haken von 30 mm Durchmesser und 1 starken Nachschlaghaken 45 mm Durchmesser, 900 mm Spurweite, Hakenköpfe mit Kugellagern versehen, Kraftbedarf zusammen mit der noch folgenden Vorschlagmaschine ca. 15 PS.

Bei einer mittleren Geschwindigkeit von $66^1/_2$ bis 90 Umdrehungen der Maschinenscheibe ist der Wagenweg = 16—21 m pro Minute. Als Wechselräder für die Spindelgeschwindigkeit sind vorgesehen

Nr.	1	2	3	4	5	6	7	8	9	10
$W_1 =$	48	45	34	31	30	28	27	26	25	24
$W_2 =$	12	15	13	16	17	19	20	21	22	23

und die Umkehrung der Zähnezahlen.

Damit werden erzielt folgende

Hakenumdrehungen pro Minute

Mittelhaken $n = 66^1/_3 \frac{W_1}{W_2}$

6 Haken $n = 203 \frac{W_1}{W_2}$

Nr.	1	2	3	4	5	6	7	8	9	10
Mittelhaken	265	199	173	128	117	98	90	82	75	69
6 Haken	812	609	531	393	358	299	274	251	231	212
					Umkehrungen:					
Mittelhaken	16,6	22	25,4	34	37,5	45	49	53,5	58,5	63,5
6 Haken	51	68	91,3	105	115	138	150	164	178	195

und als

Litzendrehungen pro Meter

$$\text{Mittelhaken } D = 4{,}15\,\frac{W_1}{W_2}$$

$$6 \text{ Haken } D = 12{,}7\,\frac{W_1}{W_2}$$

Nr.	1	2	3	4	5	6	7	8	9	10
Mittelhaken	16,6	12,4	10,8	8,1	7,3	6,1	5,6	5,1	4,7	4,3
6 Haken	51	38	33	24	22	20	17	16	14	13
				Umkehrungen:						
Mittelhaken	1,1	1,4	1,6	2,1	2,3	2,8	3,1	3,2	3,6	4
6 Haken	3,2	4,2	4,8	6,6	7,2	8,2	9,4	10,3	11,2	12,1

Die Wahl der Drehung für die Litze hat zur Grundlage, daß ein Seilfaden einer Beanspruchung in der Längsrichtung am leichtesten zu widerstehen imstande ist, wohingegen jede Beanspruchung in der Querrichtung zum schnelleren Verschleiß des Fadens führen muß. Die beste Lage des Seilfadens im fertigen Seil ist darum diejenige, in welcher Fadenmittellinie und Seilmittellinie zusammenfallen. Die Drehungswinkel im Seil und in der Litze müssen also gleich sein, wenn der Faden im Seil achsiale Lage haben soll. Die Entwicklung dieser Beziehungen, die hier übergangen werden muß, ergibt als Resultat

$$\text{Litzendrehungen } n_l = 1000\,\frac{\operatorname{tg}\alpha_l}{d\cdot\pi},$$

wenn d = Litzendurchmesser, $\operatorname{tg}\alpha_l = \operatorname{tg}\alpha\cdot\left(1-\frac{1}{c}\right)$, wobei α = Seildrehungswinkel, und als

Werte für α_l	Kabelschlag	Rundschlag
3schäftiges Seil	27—30°	31—33°
4schäftiges Seil	30—32°	34—36°

Für die gehärtete Litze 20 mm Durchmesser kommt, wie noch ausgeführt werden wird, Drehungswinkel $\alpha = 31^0$ in Frage. Die Litze muß somit 9,55 Drehungen pro Meter erhalten und zunächst mit Wechselräderpaar Nr. 6 (Umkehrung) ausgetrieben werden.

Der Seilermeister wendet die übliche Faustregel an:

Ganghöhe eines Kranzfadens in der Litze = $4^1/_2$ × Litzendurchmesser (fester Schlag)
Ganghöhe eines Kranzfadens in der Litze = 5 × Litzendurchmesser (loser Schlag).

Als Kabel wird ein Seil bezeichnet, welches aus 3 Fadengruppen besteht, also aus 3 fertigen Seilen zusammengeschlagen ist. Ein Kabel besitzt 3 Elemente: Fäden zur Litze zusammengedreht, Litzen zum Seil geschlagen (beim Kabel „Kardeele" genannt) und Kardeelen zum Kabel vereinigt.

Von Wichtigkeit ist nunmehr die Feststellung, wie weit der Wagen ausfahren muß, um aus den Litzen ein Seil von vorgeschriebener Länge zu erzielen. Bestimmend ist dafür die Verkürzung, welche die Litzen beim Zusammenschlagen zum Seil erfahren. Allgemein ist die Verkürzung k

$$k = l\left(\frac{1}{\cos\alpha} - 1\right),$$

worin l die wirkliche Länge des Seils, α den Seildrehungswinkel bedeutet.

Diese Formel wird aber nicht dem Umstande gerecht, daß mancherlei Ursachen das Kürzungsverhältnis zu ändern vermögen, ohne im einzelnen meßbar zu sein, und daß auch die Litze beim Schlagen sehr stark angespannt wird. Infolgedessen ist die tatsächlich erforderliche Länge nicht unwesentlich zu vermindern und man kommt in Anlehnung an die Praxis mit folgenden Zahlen aus, die jedoch nur ein Mittel darstellen und je nach den Erfordernissen für bestimmte Eigenschaften des Seils auch Abweichungen zulassen:

Seile	Verkürzung	Verhältniszahlen			Zusatzmaß zur Fertiglänge
		Seil	gehärtete Litze	Austreiben	
lose geschlagen	$^1/_5$	1	$^7/_6$	$^5/_4$	$+\,^1/_4$
fest geschlagen	$^1/_4$	1	$^7/_6$	$^4/_3$	$+\,^1/_3$

Tauwerk wird gewöhnlich in Originallängen von 225 m gehandelt. Die Litze mußte also bei $^1/_5$ Verkürzung auf 286 m ausgetrieben und bis 263 m gehärtet werden. Die ausgetriebene Litze wird vorn und hinten abgehängt und das Austreiben wiederholt, bis ein größeres Quantum hintereinander geseilt werden kann.

Beim Seilen dient jetzt der am Endpunkt der Litzen stehengebliebene Austreibewagen als Nachschlaghaken. Drei Litzen werden zunächst gemeinsam in einen seiner Haken gehängt, die Spindeln durch die Kupplungsrückerstange außer Tätigkeit gebracht und festgestellt. Als zweiten Aufhängepunkt schiebt man ein seitlich fahrbares und mit mechanischem Antrieb versehenes schweres Vordergeschirr in Gestalt der Vorschlagmaschine (Abb. 48) vor die Registerplatte, deren Haken einzeln je eine Litze aufnehmen.

Abb. 48. Vorschlagmaschine.

Die von der Firma E. F. Kamin für das Zusammenarbeiten mit dem beschriebenen Austreibewagen gebaute Vorschlagmaschine besitzt

6 kleinere Haken 30 mm Durchmesser zum Schlagen von Seilen 10—45 mm stark,
4 große Haken 40 mm Durchmesser zum Schlagen von Seilen 30—150 mm stark.

Zum Antrieb beider Maschinen wird ein- und dasselbe endlose Seil benutzt; der Spindelantrieb ist ganz ähnlich dem der Austreibemaschine, und es kann ebenfalls durch eine Klauenkupplung Rechts- und Linksdraht erteilt werden. Zum Wechseln der Spindelgeschwindigkeit stehen zur Verfügung

Räderpaar Nr.	1	2	3	4	5
$W_1 =$	48	45	40	35	30
$W_2 =$	12	15	20	25	30

und deren Umkehrungen, somit

Hakenumdrehungen pro Minute

$$\text{kleine Haken } n = 66^1/_2 \frac{W_1}{W_2}$$

$$\text{große Haken } n = 203 \frac{W_1}{W_2}$$

Nr.	1	2	3	4	5
große Haken	262	196	131	92	66
kleine Haken	812	609	406	284	203
		Umkehrungen			
große Haken	16,3	21,8	32,5	46,8	66
kleine Haken	51	67,5	101	145	203

Der weitere Vorgang des Seilens spielt sich in bekannter Weise so ab, daß die Vorschlagmaschine zunächst die in regelmäßigen Abständen durch Rechen unterstützten Litzen auf Härte dreht, der Austreibewagen der dadurch hervorgerufenen Verkürzung nachgibt und seinem nunmehrigen Charakter als Schlitten entsprechend vorrückt. Die frühere Belastung des Schlittens mit Steinen wurde beim Austreibewagen durch eine starke mit Hebel betätigte Bandbremse (links unten auf der Zeichnung) ersetzt. Nachdem der Härtepunkt erreicht, wird die Schlagmaschine ausgerückt, das Ausgleichen der Duchten (Litzen) vorgenommen, das Höft eingesetzt und der Nachschlaghaken wieder mit dem Getriebe derart gekuppelt, daß er in gleicher Drehrichtung mit den Haken der Vorschlagmaschine umlaufen muß. Mittels der Zugleine setzt der Seiler endlich beide Maschinen gleichzeitig in Betrieb und geht mit dem Höft nach vorn, wobei sich die Litzen zum Seil zusammenlegen. Dickere Seile entwickeln dabei einen so starken Vortrieb der Lehre, daß diese mit den Händen nicht mehr genügend zurückgehalten werden kann und auf einem Hilfsgerät, dem Topwagen (Abb. 49) montiert werden muß, der dann auch noch zwei Haken zur Befestigung eines Hemmseils trägt, welches bei schwerer Arbeit um das Seil gewunden den Widerstand erheblich vergrößern kann. Die hier verwendete Schlagmaschine (ältere Konstruktion) mit Klauenradantrieb hat die 18 Spindeln so angeordnet, daß 6 dünne Seile in einem Arbeitsvorgang geschlagen werden können. Alle 6 Lehren sind am Topwagen unbeweglich befestigt, und zwar hoch genug, um die Litzen mechanisch aus den Rechen zu heben. In der Zeichnung fehlt das Schienengeleise, weil die Aufnahme auf einem Versuchsstand gemacht wurde. Der sichtbare Trum des Transmissionsseils ist am Boden durch Rollen unterstützt, der rückkehrende Trum wird gewöhnlich in 2—3 m Höhe geführt.

Wenn man von der Anzahl der Seildrehungen pro Meter zunächst einmal absieht, so würde unter Berücksichtigung dessen, was hierzu über das „Auftreiben“ gesagt wurde, der Nachschlaghaken so einzustellen sein, daß seine Drehungen der Tourenzahl entsprächen, die ihm das Seil von selbst erteilt, wenn er freigelassen wäre. Man würde dann mit etwa halber Härte schlagen und die richtige Seildrehung durch nachfolgendes Auftreiben erzielen. Wenn nun auch je nach der verlangten Konstruktion und Beschaffenheit des Seils von diesem Verfahren hier und da Gebrauch gemacht werden muß, so herrscht aber für normale Zwecke die Methode vor, die Arbeit des Auftreibens zum größten Teil schon während des

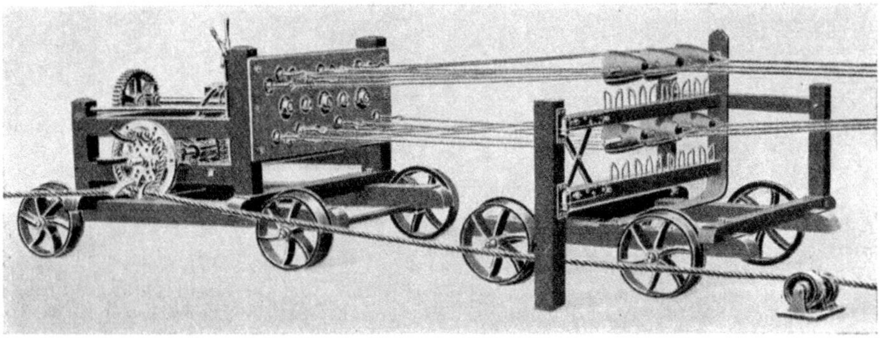

Abb. 49. Topwagen.

Seilens vom Hinterhaken in einem Arbeitsgang verrichten zu lassen, indem man ihn entsprechend schneller umlaufen läßt. Das 40 mm Manilaseil wurde auf letztere Art mit Räderpaar Nr. 3 (große Haken) vorn und Nr. 10 Umkehrung (kleiner Haken) hinten verseilt und darauf noch eine kurze Nachrunde gegeben. Das für ein Seil jeweils zutreffende Maß der Bremsung des Nachschlaghakens zu finden, ist Sache des Gefühls und der Übung.

Über die Anzahl der Litzenwindungen pro Meter wurde schon in der „Automatischen Seilerei“ gesprochen. Unter Zugrundelegung der allgemeinen Formel für Drehung ist $n_0 = 1000 \frac{\operatorname{tg} \alpha}{D \cdot \pi}$ die Anzahl Windungen einer Litze pro Meter Seil, und da ein Seil aus mehreren Litzen besteht, so ist

n = wirkliche Anzahl der Windungen im Seil

das Produkt aus vorstehender Formel und der Litzenzahl. Mittelwerte für die in der Praxis gebräuchlichen Drehungswinkel sind

$\alpha = 50^0$ ($\operatorname{tg} \alpha = 1{,}192$) bei Rundschlag und $\alpha = 45^0$ ($\operatorname{tg} \alpha = 1$) bei Kabelschlag.

Demnach ist, wenn D = Seildurchmesser, die Anzahl der Litzenwindungen:

bei 3litziger Ausführung $n = 1000 \frac{1}{D \cdot \pi} \cdot 3 = \frac{955}{D}$ Kabelschlag

$$n = 1000 \frac{1{,}192}{D \cdot \pi} \cdot 3 = \frac{1140}{D} \text{ Rundschlag}$$

bei 4litziger Ausführung $n = 1000 \frac{1}{D \cdot \pi} \cdot 4 = \frac{1274}{D}$ Kabelschlag

$$n = 1000 \frac{1{,}192}{D \cdot \pi} \cdot 4 = \frac{1519}{D} \text{ Rundschlag.}$$

Leinen werden in der Regel etwas länger geschlagen. In nachstehender Tabelle sind neben den Litzenwindungen verschiedener Seilstärken auch Durchschnittsgewichte normaler Trossen aus Hart- und Weichfaserhänfen zusammengestellt.

Tauwerk in Rundschlag.

Durchmesser mm	Litzenwindungen pro m		Ungefähres Metergewicht in g	
	3schäftig	4schäftig	Manila und Sisal	russ., indisch. u. Schleißhanf
100	11,4	15,2	7000	7750
90	12,7	16,9	5660	6270
80	14,3	19	4480	4960
70	16,3	21,7	3430	3800
60	19	25	2520	2790
50	23	30	1750	2280
40	29,5	38	1120	1240
32	35,5	47	720	795
28	41	53	550	605
24	47	63	400	445
20	57	76	280	310
18	63	84	225	250
16	71	95	180	200
14	81	108	135	150
12	95	126	110	120

Zur Bestimmung des erforderlichen Litzendurchmessers für ein Seil von vorgeschriebener Stärke bedient man sich des geometrisch errechenbaren Verhältnisses $c = \frac{D}{d}$, worin D der Seildurchmesser und d der Litzendurchmesser ist.

Dann ergeben sich als Werte für c:

Rundseil	3schäftig	....	normal: 2	fest geschlagen: 2,15
	4 ,,		,, 2,33	,, ,, 2,54
Kabel ..	3 ,,	à 3 Litzen	,, 4,62	
	4 ,,	à 4 ,,	,, 5,43	

und es ist nunmehr

$$d = \frac{D}{c} \text{ der Litzendurchmesser.}$$

Beim Schlagen 4schäftiger Seile entsteht im Inneren ein Hohlraum, den man durch das Herz, ein dünnes Seil aus Garnen geringerer Qualität, ausfüllt, damit die Litzen sich regelmäßig und geordnet zusammenfügen und keine Litze in den Hohlraum eingeklemmt wird (bohriges Seil). Der Durchmesser d_2 des Herzens ist

$$d_2 = 0{,}5 - 0{,}75\ d.$$

Das mehrfach erwähnte Manilaseil 40 mm Durchmesser 3schäftig erhielt, normal geschlagen, einen Litzendurchmesser $d = \frac{40}{2} = 20$ mm.

Der Litzendurchmesser bzw. der Flächeninhalt der Litze bildet auch den Ausgangspunkt für die Berechnung der effektiven

Seilfestigkeit.

Für gewöhnlich erspart man sich allerdings die Umrechnung und bezieht alle Festigkeitsangaben auf den vollen Seilquerschnitt, der gegenüber dem effektiven Querschnitt der tragenden Fasern sich im Mittel wie 1 : 0,73 verhält. Genaue allgemein zutreffende Angaben über die absolute Festigkeit von Seilen lassen sich nur von Fall zu Fall machen, denn sie ist in erster Linie von der Güte und der Beschaffenheit der verwendeten Fasern abhängig, die selbst bei gleichen Hanfmarken mitunter ganz beträchtliche Abweichungen zeigen. Sie nimmt fernerhin noch ab während der Herstellung infolge der durch das Zusammendrehen der Fadengruppen veränderten Struktur des Seils und diese Festigkeitsverminderung wächst mit dem Querschnitt der Litzen. Bei dickeren Seilen kann die Bruchfestigkeit um 50% und darüber differieren. Auf den vollen Seilquerschnitt bezogen pflegt man anzunehmen als

Bruchfestigkeit in Kilogramm pro Quadratmillimeter von 3schäftigen Rundseilen

Seil ∅ in mm	100	90	80	70	60	50	40	32	28	24	20	18	16	14	12
Manila Handelsware	4,27	4,37	4,55	4,7	4,95	5,2	5,45	5,75	5,95	6,05	6,15	6,25	6,3	6,35	6,45
Manila besserer Marken	5,5	5,8	6,1	6,4	7	7,3	7,6	8,3	8,5	8,7	8,8	8,85	8,9	8,95	9
Schleißhanf	4,78	4,85	5,05	5,25	5,45	5,75	6,1	6,4	6,55	6,75	6,85	6,9	7	7,1	7,15

Für ein aufs äußerste beanspruchtes Manilaseil von 40 mm Durchmesser dürfte also der Bruch zu erwarten sein bei einer Belastung von

$1250 \cdot 5{,}45 = \sim 6800$ kg (normale Handelsware) oder

$1250 \cdot 7{,}6 \;\; = \sim 9500$ kg (aus sehr guten Hänfen hergestellt).

Als Konservierungsmittel gegen Feuchtigkeit wird seit altersher der Teer verwendet. Besonders in der Schiffahrt spielt geteertes Weichfasertauwerk (seltener geteert Manila) eine große Rolle. Teer aus Laubhölzern (Buchenholzteer) ist geringer in Qualität und wird, da Teer mit der Zeit die Faser ungünstig beeinflußt, nur für billigeres Tauwerk gebraucht. Die besseren Qualitäten werden aus Nadelhölzern gewonnen. Beliebt sind finnische und schwedische Teere. Schweden liefert die beste und teuerste Marke, den Umeå-Meilerteer.

Abb. 50. Trossenhaspel.

Das Teeren des Tauwerks geschieht entweder durch Teeren im Stück d. h. Durchziehen fertiger dünnerer Seile durch einen mit heißem Teer gefüllten Behälter, oder bei dickerem Tauwerk in Form der Fadenteerung. Im letzteren Falle zieht man eine Anzahl Garne, zwischen 12 und 24, zusammen durch ein mit Dampfschlange geheiztes Teerbassin, führt sie durch eine mit Gewicht beschwerte Klinke, die den überschüssigen Teer wieder abstreift, und windet die Garne mechanisch einzeln auf Holzspulen, welche hiernach zum Austreiben in den Rahmen eingelegt werden. Die Aufnahmefähigkeit der Hänfe ist sehr verschieden. Weichfaserhänfe (Schleißhanf, russischer, italienischer, indischer usw.) eignen sich besser zum Teeren als solche aus Hartfaser (Manila, Sisal usw.). Sie ist zudem von der Form der Fabrikate abhängig; lose Erzeugnisse nehmen leichter Teer auf als fest geschlagene Seile und ähnliche Artikel. Bis zu einem gewissen Grade läßt sich der Teergehalt regulieren, indem bei Stückteerung eine bestimmte Geschwindigkeit beim Durchziehen beobachtet wird und bei der Fadenteerung die Klinke entsprechend belastet werden kann. Normal ist bei Weichfaserseilen ein Teergehalt von 16—18% und ein solcher von 12—14% bei Manilaseilen.

Das letzte Hilfsgerät, das dem Tauwerk die bekannte Form der mit Bändern abgebundenen Trosse geben muß, ist der Trossenhaspel (s. Abb. 50). Der Handhaspel auf der Abbildung wird auf einem Topwagen montiert und nimmt, von hinten nach vorn fahrend, das Seil auf. Meistens wird der Haspel ortsfest eingebaut und das Seil entweder durch Drehen des Haspels von Hand aufgewunden, wobei ein Junge mit dem festgehaltenen Ende der Trosse folgen muß, oder man treibt für schwerere Trossen den Haspel mechanisch an.

Maße gehaspelter Manila Trossen, 220 m lang

Seil ∅ in mm	15	18	28	30	32	34	38	42	56
Stück ∅ in mm	480	500	750	780	810	830	1000	1050	1250
Stück Höhe in mm	300	390	460	480	480	480	510	550	700

Man rechnet als Raumbedarf für 1 cbm Tauwerk etwa 450 kg.

Palmenfaser.

In den Seilereien der Küstengebiete findet noch ein anderer Rohstoff, die Palmenfaser, vielfach Verwendung. Von zahlreichen Palmenarten werden die verschiedenartigsten Fasern geliefert. So gewinnt man die Spinnfasern zu Kokosgarnen aus der Frucht der Kokospalme (Cocos nucifera), die an den Küsten fast aller Tropenländer vorkommt. Indien und Ceylon treten durch große Produktion hervor. Kokos ist eine Fruchtfaser und gehört zu den unechten Basten, sie ist in noch stärkerem Maße als die Blattfasern verholzt, außerordentlich steif und schwer zerteilbar, zeichnet sich aber durch große Widerstandsfähigkeit gegen mechanische Abnützung aus, wird deshalb auch besonders vorteilhaft zu Schiffsfendern und Matten verwendet. Sie ist der feste faserige Stoff des Fruchtfleisches, welches die Steinschale der Kokosnüsse in ziemlich dicker Lage äußerlich umgibt. Man gewinnt die Faser, indem man die unreifen Nüsse mehrere Monate lang in Meerwasser legt, das in Fäulnis übergegangene Fleisch abklopft, stampft und mit Wasser überschwemmt. Die übrigbleibenden rotbraunen Faserbündel werden dann auf Wölfen und durch Hecheln in etwa 300 mm lange Fasern zerlegt, die jedoch, soweit sie zur Tauwerkfabrikation dienen sollen, nicht als Fasern auf den Markt gebracht, sondern von den Eingeborenen an Ort und Stelle zu Garn gesponnen und zweckmäßigkeitshalber gleich 2fach geschnürt werden. Wegen der Kürze und Sprödigkeit des Materials fallen die Garne wenig gleichmäßig aus und man beschränkt sich im großen und ganzen auf 2 Nummern. Die Schnüre, schlechthin Kokosgarn oder Coir genannt, werden demnach als „feingarniges" bzw. „grobgarniges" Kokosgarn gehandelt. Haupthandelsplatz ist Hamburg, das ständig eine größere Anzahl bekannter Marken auf den Listen der Importeure notiert.

Die Vorarbeit vor der Verwendung in der Seilerei beschränkt sich auf das Umwickeln der in Ballen gepackten Garnfissen auf Spulen, die gleich im Austreiberahmen untergebracht werden können. Austreiben und Schlagen geschieht auf die vorbeschriebene Art. Die Festigkeit der Kokosfaser ist gegenüber den bisherigen Spinnstoffen gering; Tauwerk mittlerer Stärken erreicht z. B. eine durchschnittliche Bruchfestigkeit von ca. 1,3 kg pro Quadratmillimeter. Kokostauwerk, das hauptsächlich in der Schiffahrt Verwendung findet, darf aus diesem Grunde nur sehr geringen Belastungen ausgesetzt werden. Entsprechend niedrig liegen die Gewichte dieser spezifisch sehr leichten Faser, die zum Vergleich hier angeführt seien:

Kokostauwerk

Seil ∅ in mm	100	90	80	70	60	50	40	32	28	24	20	18	16	14	12
ungefähres m-Gewicht in g	3850	3280	2720	2150	1590	1050	700	410	385	295	160	135	100	73	55

Sachverzeichnis.

Druck von Oscar Brandstetter in Leipzig.

Verlag von Julius Springer in Berlin W 9

Die Unterscheidung der Flachs- und Hanffaser

Von

Prof. Dr. **Alois Herzog**, Dresden

Mit 106 Abbildungen im Text und auf 1 farbigen Tafel

VIII, 109 Seiten. 1926. RM 12.—; gebunden RM 13.20

Aus dem Inhalt:

Einleitung. Physikalische und chemische Eigenschaften der Bastzellen von Flachs und Hanf. Allgemeines und Größenverhältnisse. — Zerstörungsformen der Bastzellen des Flachses und Hanfes. — Faserenden. — Querschnittsformen. — Verholzung. — Verhalten gegen Quellungsmittel, Mikro- und makrochemische (Färbe-) Verfahren. — Optisches Verhalten. — Leitelemente. — Kristallführendes Parenchym aus der Rinde des Hanfstengels. — Oberhäute. — Rindenzellen mit braunem Inhalt. — Grobe holzige Splitter. — Allgemeine Eigenschaften der technischen Fasern. — Länge der ausgearbeiteten Flachs- und Hanffaser. — Teilbarkeit. — Festigkeit und Widerstandsfähigkeit gegen Witterungseinflüsse. — Geruch. — Farbe. — Merzerisierter Flachs. — Quantitative Bestimmungen. — Bestimmungstafeln. — Schema des Ganges der Untersuchung von ungebleichten Flachs- und Hanffasern. Unterscheidung von gebleichten Flachs- und Hanffasern.—Unterscheidung von ungebleichten Flachs- und Hanffasern,— Bestimmungstafel für merzerisierten Flachs und andere glänzende Fasern. — Verzeichnis der zur Untersuchung von Flachs und Hanf erforderlichen Reagenzien. — Literaturverzeichnis.

Handbuch der Spinnerei

Von

Ing. **Josef Bergmann** †

o. ö. Professor an der Technischen Hochschule in Brünn

Nach dem Tode des Verfassers ergänzt und herausgegeben von

Dr.-Ing. e. h. **A. Lüdicke**

Geh. Hofrat, o. Professor emer., Braunschweig

Mit 1097 Textabbildungen. Erscheint Mitte Juni 1927

Aus dem Inhalt:

Die mechanische Technologie der Faserstoffe. Die mechanische Technologie der Spinnerei. — Allgemeine Grundgesetze über das Spinnen. — Das Handspinnen. — Die Handspindel. — Die Spinnräder. — Das Maschinenspinnen. — Die Feinspinnmaschinen. — Periodisch spinnende Maschinen. — Kontinuierlich spinnende Maschinen. Die Eigenschaften der Gespinste. — Garnnumerierung. — Die Handelsformen der Garne und Zwirne. Die verschiedenen Spinnereizweige. — Die Spinnereizweige für das Verspinnen der pflanzlichen Faserstoffe. — Die Baumwollspinnerei. Die Baumwolle. — Die Flachsspinnerei. — Der Flachs oder Lein. — Das Verspinnen des Flachses. — Die Hanfspinnerei. — Der Hanf. — Die Jutespinnerei. — Die Jute. — Das Verspinnen der Nesselfasern. — Die Spinnerei für das Verspinnen der tierischen Rohstoffe. — Die tierischen Wollen und Haare. — Die Kunstwollgarn-Spinnerei. — Das Verspinnen der Kammwolle. — Die Seide. — Die Kunstseide. — Die Asbestspinnerei. — Die Papiergarnspinnerei.

Technik und Praxis der Kammgarnspinnerei

Ein Lehrbuch, Hilfs- und Nachschlagewerk

Von

Direktor **Oskar Meyer** und **Josef Zehetner**

Oskar Meyer: Spinnerei-Ingenieur zu Gera-Reuß

Josef Zehetner: Spinnerei-Ingenieur, Betriebsleiter in Teichwolframsdorf b. Werdau i. Sa.

Mit 235 Abbildungen im Text und auf einer Tafel sowie 64 Tabellen

XI, 420 Seiten. 1923. Gebunden RM 20.—

Neue mechanische Technologie der Textilindustrie. Ein Hand- und Hilfsbuch für den Unterricht an Textilschulen und technischen Lehranstalten, sowie zur Selbstausbildung in der Faserstoff-Technologie. Von Dr.-Ing. e. h. **G. Rohn,** Schönau bei Chemnitz. In drei Bänden nebst Ergänzungsband.

Erster Band: **Die Spinnerei.** Zweite, neubearbeitete Auflage. Von Prof. Dr.-Ing. **Edwin Meister,** Dresden. In Vorbereitung.

Zweiter Band: **Die Garnverarbeitung.** Die Fadenverbindungen, ihre Entwicklung und Herstellung für die Erzeugung der textilen Waren. Mit 221 Textabbildungen. XVI, 168 Seiten. 1917. Gebunden RM 5.—

Dritter Band: **Die Ausrüstung der textilen Waren.** Mit einem Anhange: Die Filz- und Wattenherstellung. Mit 196 Textfiguren. XX, 240 Seiten. 1918. Gebunden RM 7.—

Ergänzungsband: **Textilfaserkunde** mit Berücksichtigung der Ersatzfasern und des Faserstoffersatzes. Mit 87 Textfiguren. X, 94 Seiten. 1920. Gebunden RM 3.—

Mechanisch- und physikalisch-technische Textiluntersuchungen. Von Prof. Dr. **Paul Heermann,** Abteilungsvorsteher der Textilabteilung am Staatl. Materialprüfungsamt in Berlin-Dahlem. Zweite, vollständig umgearbeitete Auflage. Mit 175 Abbildungen im Text. VIII, 270 Seiten. 1923. Gebunden RM 12.—

Färberei- und textilchemische Untersuchungen. Anleitung zur chemischen Untersuchung und Bewertung der Rohstoffe, Hilfsmittel und Erzeugnisse der Textilveredelungsindustrie. Von Prof. Dr. **Paul Heermann,** Abteilungsvorsteher der Textilabteilung am Staatl. Materialprüfungsamt in Berlin-Dahlem. Vereinigte vierte Auflage der „Färbereichemischen Untersuchungen" und der „Koloristischen und textilchemischen Untersuchungen". Mit 8 Textabbildungen. X, 370 Seiten. 1923. Gebunden RM 15.—

Betriebseinrichtungen der Textilveredelung. Von Prof. Dr. **Paul Heermann,** Berlin-Dahlem und Ingenieur **Gustav Durst,** Fabrikdirektor, Konstanz a. B. Zweite Auflage von „Anlage, Ausbau und Einrichtungen von Färberei-, Bleicherei- und Appretur-Betrieben" von Dr. Paul Heermann. Mit 91 Textabbildungen. VI, 164 Seiten. 1922. Gebunden RM 7.50

Technologie der Textilveredelung. Von Prof. Dr. **Paul Heermann,** früher Abteilungsvorsteher der Textilabteilung am Staatlichen Materialprüfungsamt in Berlin-Dahlem. Zweite, erweiterte Auflage. Mit 204 Textabbildungen und einer Farbentafel. XII, 656 Seiten. 1926. Gebunden RM 33.—

Die Kunstseide und andere seidenglänzende Fasern. Von Dr. techn. **Franz Reinthaler,** a. o. Professor an der Hochschule für Welthandel, Wien. Mit 102 Abbildungen im Text. VI, 166 Seiten. 1926. Gebunden RM 14.40

Die Kunstseide auf dem Weltmarkt. Von Dr. **Martin Hölken** jr., Geschäftsführer der Hölken-Seide G. m. b. H. in Barmen. Mit 1 Diagramm im Text. IV, 82 Seiten. 1926. RM 3.90

Die Herstellung und Verarbeitung der Viskose unter besonderer Berücksichtigung der Kunstseidenfabrikation. Von Ing.-Chemiker **Johann Eggert.** Mit 13 Textabbildungen. VI, 92 Seiten. 1926. RM 6.60

Die künstliche Seide, ihre Herstellung und Verwendung. Mit besonderer Berücksichtigung der Patent-Literatur bearbeitet von Dr. **K. Süvern,** Geh. Regierungsrat. Fünfte, stark vermehrte Auflage. Unter Mitarbeit von Dr. H. Frederking. Mit 634 Textfiguren. XX, 1108 Seiten. 1926. Gebunden RM 64.50

Die mikroskopische Untersuchung der Seide mit besonderer Berücksichtigung der Erzeugnisse der Kunstseidenindustrie. Von Prof. Dr. **Alois Herzog,** Vorsteher der Biologischen Abteilung am Deutschen Forschungsinstitut für Textilindustrie und Dozent an der Sächs. Technischen Hochschule in Dresden. Mit 102 Abbildungen im Text und auf 4 farbigen Tafeln. VII, 197 Seiten. 1924. Gebunden RM 15.—

Taschenbuch für die Färberei mit Berücksichtigung der Druckerei. Von **R. Gnehm.** Zweite Auflage, vollständig umgearbeitet und herausgegeben von Dr. **R. v. Muralt,** dipl. Ing.-Chemiker, Zürich. Mit 50 Abbildungen im Text und auf 16 Tafeln. VII, 220 Seiten. 1924. Gebunden RM 13.50

Praktikum der Färberei und Druckerei für die chemisch-technischen Laboratorien der Technischen Hochschulen und Universitäten, für die chemischen Laboratorien höherer Textil-Fachschulen und zum Gebrauch im Hörsaal bei Ausführung von Vorlesungsversuchen. Von Dr. **Kurt Brass,** a. o. Professor der Technischen Hochschule Stuttgart, an der Chemischen Abteilung des Technikums und des Forschungs-Instituts für Textil-Industrie, Reutlingen. Mit 4 Textabbildungen. VI, 86 Seiten. 1924. RM 3.30

Die neuzeitliche Seidenfärberei. Handbuch für Seidenfärbereien, Färbereischulen und Färbereilaboratorien. Von Dr. **Hermann Ley,** Färbereichemiker. Mit 13 Abbildungen. VI, 160 Seiten. 1921. RM 6.—

Betriebspraxis der Baumwollstrangfärberei. Eine Einführung von **Fr. Eppendahl,** Chemiker. Mit 8 Textfiguren. VIII, 117 Seiten. 1920. RM 4.—

Grundlegende Operationen der Farbenchemie. Von Dr. **Hans Eduard Fierz-David,** Professor an der Eidgenössischen Technischen Hochschule in Zürich. Dritte, verbesserte Auflage. Mit 46 Textabbildungen und einer Tafel. XIII, 270 Seiten. 1924. Gebunden RM 16.—

Chemie der organischen Farbstoffe. Von Dr. **Fritz Mayer,** a. o. Hon.-Professor an der Universität Frankfurt a. M. Zweite, verbesserte Auflage. Mit 5 Textabbildungen. VII, 265 Seiten. 1924. Gebunden RM 13.—

Enzyklopädie der Küpenfarbstoffe. Ihre Literatur, Darstellungsweisen, Zusammensetzung, Eigenschaften in Substanz und auf der Faser. Von Dr.-Ing. **Hans Truttwin,** Wien. Unter Mitwirkung von Dr. R. Hauschka, Wien. XX, 868 Seiten. 1920. RM 42.—

Die Apparatfärberei der Baumwolle und Wolle unter Berücksichtigung der Wasserreinigung und der Apparatbleiche der Baumwolle. Von **E. J. Heuser.** Mit 191 Textfiguren. VII, 301 Seiten. 1913. Gebunden RM 8.40

Die Mercerisation der Baumwolle und die Appretur der mercerisierten Gewebe. Von **Paul Gardner,** technischer Chemiker. Zweite, völlig umgearbeitete Auflage. Mit 28 Textfiguren. IV, 196 Seiten. 1912. Gebunden RM 9.—

Kenntnis der Wasch-, Bleich- und Appreturmittel. Ein Lehr- und Hilfsbuch für technische Lehranstalten und die Praxis von Ing.-Chemiker **Heinrich Walland,** Professor an der Technisch-Gewerblichen Bundeslehranstalt Wien I. Zweite, verbesserte Auflage. Mit 59 Textabbildungen. X, 337 Seiten. 1925. Gebunden RM 16.50

Die Gaufrage. Das Einpressen von Mustern in Textilien, Papier, Leder, Kunstleder, Zelluloid, Gummi, Glas, Holz und verwandte Stoffe. Von **Wilhelm Kleinewefers.** Mit 59 Textabbildungen. 117 Seiten. 1925. Gebunden RM 15.—

Die Getriebe der Textiltechnik. Ein Beitrag zur Kinematik für Maschineningenieure, Textiltechniker, Fabrikanten und Studierende der Textilindustrie von Prof. Dr.-Ing. **Oscar Thiering,** Budapest. Mit 258 Textabbildungen. IV, 134 Seiten. 1926. RM 12.—; gebunden RM 13.50

Die Trockentechnik. Grundlagen, Berechnung, Ausführung und Betrieb der Trockeneinrichtungen. Von Dipl.-Ing. **M. Hirsch,** Beratender Ingenieur V. B. I., Frankfurt a. M. Mit 234 Textabbildungen, einer schwarzen und 2 zweifarbigen *i-x*-Tafeln für feuchte Luft. XIV, 366 Seiten. 1927. Gebunden RM 31.80

Theorie der Heißlufttrockner. Ein Lehr- und Handbuch für Trocknungstechniker, Besitzer und Leiter von gewerblichen Anlagen mit Trockenvorrichtungen. Für den Selbstunterricht bearbeitet von **W. Schule.** Mit 34 Textfiguren und 9 Tabellen. IV, 174 Seiten. 1920. Unveränderter Neudruck. 1921. RM 5.50

Das Trocknen mit Luft und Dampf. Erklärungen, Formeln und Tabellen für den praktischen Gebrauch. Von Baurat **E. Hausbrand,** Berlin. Fünfte, stark vermehrte Auflage. Mit 6 Textfiguren, 9 lithographischen Tafeln und 35 Tabellen. VIII, 185 Seiten. 1920. Unveränderter Neudruck. 1924. Gebunden RM 8.—

Verlag von Julius Springer in Berlin W 9

Technologie der Textilfasern

Herausgegeben von

Dr. R. O. Herzog

Professor, Direktor des Kaiser-Wilhelm-Instituts für Faserstoffchemie
Berlin-Dahlem

Übersicht über die vorläufig erscheinenden Bände:

Band I:

Chemie und Physik der faserbildenden Stoffe. In Vorbereitung.

Band II: Erster Teil

Spinnerei. Von Geh. Hofrat Prof. Dr. A. Lüdicke. Mit 440 Textabbildungen.
Erscheint im Juni 1927.

Band II: Zweiter Teil

Weberei. Von Geh. Hofrat Prof. Dr. A. Lüdicke. Mit 452 Textabbildungen.

Die Maschinen zur Band- und Posamentenweberei. Von Prof. K. Fiedler. Mit 166 Textabbildungen.

Bindungslehre. Von Johann Gorke. Mit 236 Textabbildungen.
Erscheint im Juni 1927.

Band II: Dritter Teil

Wirkerei und Stickerei, das Netzen und die Filetstickerei. Von Fachschulrat Carl Aberle. Mit 439 Textabbildungen.

Maschinenflechten und Maschinenklöppeln. Von Walter Krumme. Mit 77 Textabbildungen.

Die gegenwärtig gebräuchlichsten Arten von Flecht- und Klöppelmaschinen. Von Geh. Regierungsrat Prof. H. Glafey. Mit 23 Textabbildungen.

Samt, Plüsch, künstliche Pelze u. dergl. Ihre Herstellung und Veredelung. Von Geh. Regierungsrat Prof. H. Glafey. Mit 144 Textabbildungen.

Teppiche. Von H. Sautter. Mit 108 Textabbildungen.

Stickmaschinen. Von Dipl.-Ing. R. Glafey. Mit 33 Textabbildungen.
Erscheint im Juni 1927.

Band III:

Künstliche organische Farbstoffe. Von Prof. Dr. H. E. Fierz-David. Mit 18 Textabbildungen, 12 einfarbigen und 8 mehrfarbigen Tafeln. XVI, 719 Seiten. 1926.
Gebunden RM 63.—

Band IV: Erster Teil:

Botanik und Kultur der Baumwolle. Von Geh. Regierungsrat Prof. Dr. L. Wittmack. Mit etwa 90 Textabbildungen. Erscheint Herbst 1927.

Band IV: Zweiter Teil

Mechanische Technologie der Baumwolle. Von Geh. Regierungsrat Prof. H. Glafey.
In Vorbereitung.

Band IV: Dritter Teil

Chemische Technologie der Baumwolle. Von Direktor Dr. Haller.

Mechanische Hilfsmittel zur Veredelung der Baumwolltextilien. Von Geh. Regierungsrat Prof. H. Glafey. Mit etwa 260 Textabbildungen.
In Vorbereitung.

Band IV: Vierter Teil

Die Baumwollwirtschaft. Von Direktor Dr. P. König. In Vorbereitung.

Technologie der Textilfasern

Herausgegeben von

Dr. R. O. Herzog
Professor, Direktor des Kaiser-Wilhelm-Instituts für Faserstoffchemie
Berlin-Dahlem

Band V: Erster Teil

Flachs. In Vorbereitung.

Band V: Zweiter Teil. Hanf und Hartfasern

Die Hanfpflanze. Von Prof. Dr. O. Heuser. Mit 35 Textabbildungen.

Die Hanfweltwirtschaft. Von Direktor Dr. P. König.

Mechanische Technologie des Hanfes. Von Oberingenieur O. Wagner. Mit 20 Textabbildungen.

Chemische Technologie des Hanfes. Von Dr. v. Frank.

Weltwirtschaft und Landwirtschaft der Hartfasern und anderer Fasern. Von Direktor Dr. P. König.

Verarbeitung der ausländischen Fasern zu Seilerwaren. Von Hermann Oertel und Dr.-Ing. Fr. Oertel. Mit 50 Textabbildungen. Erscheint im Juni 1927.

Band V: Dritter Teil

Jute. Von Direktor Dr.-Ing. E. Nonnenmacher. In Vorbereitung.

Band VI:

Technologie der Seide. Von Dr. Hermann Ley. Mit etwa 400 Textabbildungen. In Vorbereitung.

Band VII: Kunstseide

Kolloidchemie der Kunstseide. Von Prof. Dr. R. O. Herzog. Mit 6 Abbildungen.

Nitrokunstseide. Von Prof. Dr. A. v. Vajdaffy. Mit 41 Textabbildungen.

Kupferoxydammoniakzellulose. Von Prof. Dr. W. Traube.

Kupferseide. Von Dr. H. Hoffmann. Mit 17 Textabbildungen.

Viskosekunstseide. Von Dr. R. Gaebel. Mit 43 Textabbildungen.

Azetatseide. Von Dr. A. Eichengrün. Mit 5 Textabbildungen.

Die Färberei der Kunstseide. Von Dr. A. Oppé.

Mechanische Technologie der Kunstseidenverarbeitung. Von Prof. Dipl.-Ing. E. A. Anke. Mit 90 Textabbildungen. VIII, 354 Seiten. 1927. Gebunden RM 33.—

Wirtschaftliches. Von Dr. Fritz Loewy.

Band VIII:

Wolle. In Vorbereitung.

Band IX—X: Ergänzungsbände. In Vorbereitung.

GPSR Compliance

The European Union's (EU) General Product Safety Regulation (GPSR) is a set of rules that requires consumer products to be safe and our obligations to ensure this.

If you have any concerns about our products, you can contact us on ProductSafety@springernature.com

In case Publisher is established outside the EU, the EU authorized representative is:

Springer Nature Customer Service Center GmbH
Europaplatz 3
69115 Heidelberg, Germany

Batch number: 10704763

Printed by Printforce, the Netherlands